Kim Scott

RADICAL CANDOR – Authentisch führen

RADICAL CANDOR – AUTHENTISCH FÜHREN

WIE SIE ALS FÜHRUNGSKRAFT DURCH OFFENHEIT UND TRANSPARENZ ÜBERZEUGEN

von

KIM SCOTT

Aus dem Amerikanischen übersetzt von
JANA FRITZ und BRITTA RADONIC

VERLAG FRANZ VAHLEN MÜNCHEN

KIM SCOTT ist Mitbegründerin und CEO der Firma »Radical Candor«, welche Geschäftsführer berät und Trainingseinheiten für Unternehmen anbietet. Sie war zuvor Coach für Führungskräfte bei Dropbox, Twitter und vielen anderen Start-ups im Silicon Valley. Scott war Mitglied der Fakultät der Apple University und arbeitete auch bei YouTube und Google. Sie lebt mit ihrer Familie im Silicon Valley.

vahlen.de

ISBN Print: 978 3 8006 7281 3
ISBN E-Book (ePDF): 978 3 8006 7282 0
ISBN E-Book (ePUB): 978 3 8006 7283 7

Druck und Bindung: Beltz Grafische Betriebe GmbH
Am Fliegerhorst 8, 99947 Bad Langensalza

Satz: Fotosatz Buck
Zweikirchener Straße 7, 84036 Krumhausen
Produktion: Sieveking Agentur, München
Umschlag: Ralph Zimmermann – Bureau Parapluie

myclimate
shape our future

vahlen.de/nachhaltig

Gedruckt auf säurefreiem, alterungsbeständigem Papier
(hergestellt aus chlorfrei gebleichtem Zellstoff)

Für ANDY SCOTT,
die wunderbare Mischung aus Romantik
und Stabilität in meinem Leben.
Für unsere Kinder BATTLE und MARGARET,
die uns täglich wahnsinnig Freude machen
und uns inspirieren, für unsere ELTERN,
die uns alles beigebracht haben,
und für unsere GESCHWISTER, die uns
geholfen haben, uns zu finden.

INHALTSÜBERSICHT

TEIL 2

VORWORT ZUR ÜBERARBEITETEN AUFLAGE

Wertschätzend aufrichtige Worte über Radical Candor

Letztes Jahr stieg ich nach einem Nachtflug aus dem Flugzeug aus, und als ich mein Handy einschaltete, waren unzählige Nachrichten eingegangen. Meine Familie, Freunde und Bekannten wollten wissen, ob ich die Folge der Comedy-Serie *Silicon Valley* am Abend zuvor auf HBO gesehen hätte. Die Serie ist eine oft urkomische (und manchmal auf die Spitze getriebene) Parodie der Arbeit, die meine berufliche Laufbahn bestimmt hat. Die schlechte Nachricht war, dass Radical Candor als Feigenblatt für das unerträgliche Verhalten verlogener Führungskräfte parodiert worden war. Die meisten meiner Freunde gaben mir den Rat, mir keine Gedanken darüber zu machen – in *Silicon Valley* parodiert zu werden sei eine gute Sache. Nimm es Dir nicht so zu Herzen.

Ich war mir da nicht so sicher. Ich hatte ein Buch geschrieben, in dem ich den Rat erteilte, auf Kritik zu hören, sie sich zu Herzen zu nehmen und daraus zu lernen. Ich wusste, dass auch ich mich daran halten sollte.

Was die Serie *Silicon Valley* so witzig macht, ist die Art und Weise, wie sie die Tendenz in der Tech-Branche auf die Schippe nimmt, traditionelles raubtierähnliches Verhalten in der Geschäftswelt mit idealisierenden Formulierungen darzustellen. Obwohl ich es anders beabsichtigt hatte, wurde der Begriff »Radical Candor«, (»wertschätzende Aufrichtigkeit«) womöglich mit manipulativer Unaufrichtigkeit (»Manipulative Insincerity«) und aggressiver Offenheit (»Obnoxious Aggression«) in einen Topf geworfen.

In dieser Folge will Ben Burkhardt der COO für den Helden der Serie Richard Hendricks werden. Ben rät Richard, seine Mitarbeiterinnen und Mitarbeiter schlecht zu behandeln und knüpft seinen Rat an eine neue Managementphilosophie: »Ran Can«. Er verkörpert alles, was in *Silicon Valley* überspitzt dargestellt werden soll: Er ist aalglatt, wortgewandt und absolut verlogen. Zudem ist er ein Feigling. Als sein Chef das Restaurant betritt, in dem er sich mit Richard trifft, versteckt Ben sich – und schreibt sein Verhalten erneut »Radical Candor« zu.

In der Folge wird sogar eine Fake-Version meines Buches, das von Ben geschrieben wurde, gezeigt. (Ich habe es überarbeitet, um den gefährlichen Weg zu beschreiben, der in der Folge so gut dargestellt wurde: »The Asshole's Journey: von aggressiver Offenheit zu manipulativer Unaufrichtigkeit«).

Durch die Folge von *Silicon Valley* konnte ich etwas Wichtiges lernen: Einige Leute benutzen wertschätzende Aufrichtigkeit als Freibrief, um sich wie Idioten zu benehmen, da aggressive Offenheit und manipulative Unaufrichtigkeit mit wertschätzender Aufrichtigkeit verwechselten. Ich hatte ein Modell entwickelt, um genau dieser Verwechslung entgegenzuwirken, aber es war nicht deutlich genug.

Als ich das Buch schrieb, war ich voller Hoffnung, dass es als Erinnerung dafür dienen würde, was grundlegendes Mitgefühl tatsächlich bedeutet. Die falsche Darstellung von Radical Candor in dieser Folge von *Silicon Valley* machte mir klar, dass es noch einiges zu tun gab, um dieses Ziel zu erreichen.

Ein paar Monate später war Dilbert an der Reihe zu zeigen, wie unerträgliche Chefs Radical Candor missbrauchen (siehe unten). Auf der einen Seite fällt es schwer, etwas von einem Karikaturisten ernst zu nehmen, der einmal in seinem Blog geschrieben hatte, dass »Frauen aus genau demselben Grund von der Gesellschaft anders behandelt werden, aus dem Kinder und geistig Behinderte anders behandelt werden«. Auf der anderen Seite verdeutlicht der Comic die mögliche Verwechslung zwischen Radical Candor und aggressiver Offenheit.

Das Wort »Radical« in *Radical Candor* ist zugleich positiv wie negativ. Da das Wort einerseits Härte und andererseits Gewissenhaftigkeit ausdrückt, erregt es Aufmerksamkeit.

Der Nachteil des Begriffs »Radical Candor« ist, dass er dem Ethos des Silicon Valley »sei schnell und breche Regeln«, sowie »jetzt scheitern, und sich erst später selbst zur Verantwortung ziehen« allzu sehr ähnelt. Ein weiterer Grund dafür, dass Radical Candor so oft missverstanden wird, ist, dass der Begriff mit »Radical Transparency« von Ray Dalio verwechselt wird.

Während Dalio und ich derselben Meinung sind, dass es wichtig ist, jemandem gegenüber aufrichtig zu sein, liegt in seiner Philosophie der Fokus nicht auf der Wertschätzung. Bei ihm liegt der Schwerpunkt eher darauf, zu »führen wie jemand, der eine Maschine bedient, um ein Ziel zu erreichen«.[1] Zudem erfordern Beziehungen ein gewisses Maß an Privatsphäre. Ich bin zwar für Transparenz, aber wenn es um Unternehmensergebnisse geht, bin ich davon überzeugt, dass Radical Transparency weder gute Arbeitsbeziehungen befördert noch zu psychologischer Sicherheit beiträgt oder in einer produktiven Kultur des Unternehmens mündet, in der die Angestellten glücklich sind.

Für mich deutet das Wort »radical« auf eine Managementphilosophie hin, die sowohl neu als auch ganz anders ist als das, was es früher gab. Die Vorstellung, dass Chefs ihre Macht nutzen sollten, um sich wie Tyrannen zu verhalten, ist überholt und profan, und nicht neu und wertschätzend. Die wichtigste Erkenntnis aus Radical Candor ist, dass Kommando und Kontrolle Innovationen blockieren und die Fähigkeit eines Teams, die Effizienz von Routineaufgaben zu verbessern, beeinträchtigen können. Sowohl Chefs als auch Unternehmen erzielen bessere Ergebnisse, wenn sie freiwillig auf einseitige Macht verzichten und ihre Teams und Kollegen dazu ermutigen, sie zur Rechenschaft zu ziehen, wenn sie nicht mehr versuchen, ihre Mitarbeiter zu kontrollieren, und stattdessen Eigenverantwortung befördern. Die Vorstellung dahinter besteht darin, dass Zusammenarbeit und Innovationen gedeihen, wenn Mobbing und Bürokratie durch Beziehungen zwischen Menschen ersetzt werden. Mit »radical« meine ich »wesentlich«, und zwar im Sinne des »Kleinen Prinzen« vom französischen Schriftsteller Antoine de Saint-Exupéry: »Man sieht nur mit dem Herzen gut. Das Wesentliche ist für die Augen unsichtbar.«

Seitdem der Begriff »Radical Candor« ins Lexikon aufgenommen wurde, muss ich das Wort »radical« permanent neu definieren. Das müssen Sie nicht tun. Das wäre recht mühsam, und ich versuche, Ihnen das Leben zu erleichtern, und nicht schwerer zu machen. Wenn Sie also damit beginnen, Radical Candor umzusetzen, und Ihnen vielleicht nicht ganz klar ist, was es bedeutet, gebe ich Ihnen hier eine Methode an die Hand, um sicherzugehen, dass jeder versteht, dass es *nicht darum geht*, sich wie ein Idiot zu verhalten. Nutzen Sie diese neue Version des Radical-Candor-Modells (siehe S. 13). Sie können es direkt aus diesem Buch ausschneiden. Sie können es auch

1 In seinem Buch geht es nur auf zehn Seiten darum, wie »bedeutsame Arbeit und bedeutsame Beziehungen« kultiviert werden.

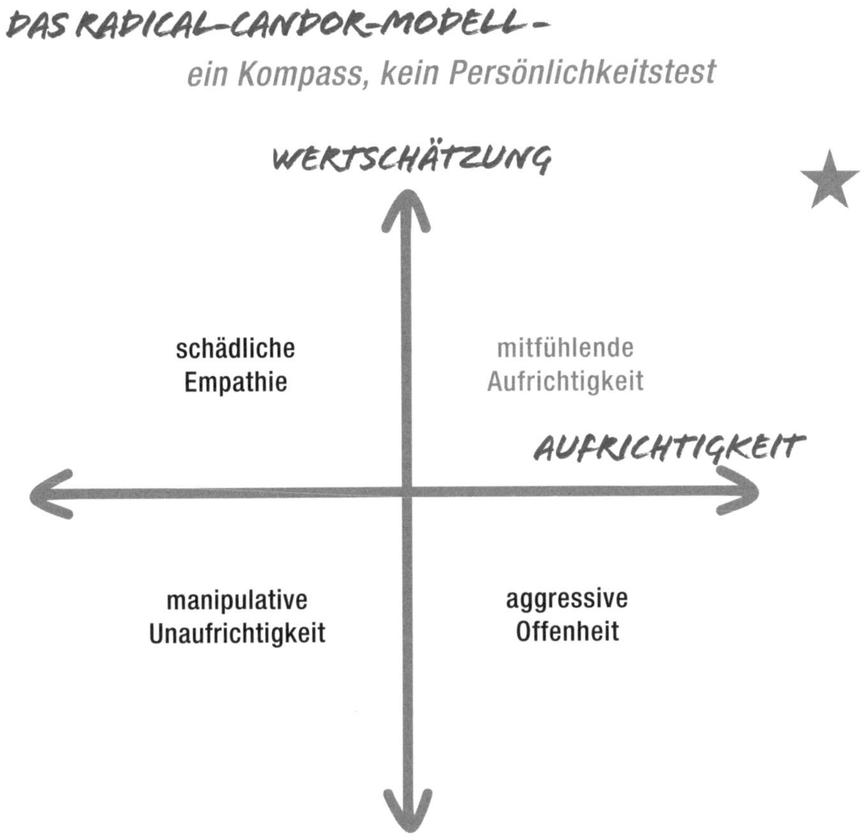

kopieren und an den Kühlschrank, über Ihren Schreibtisch oder an einen anderen Ort hängen, um sich immer wieder daran zu erinnern. Sie können auch Ihren Kolleginnen und Kollegen eine Kopie zukommen lassen.

Nutzen Sie DAS RADICAL-CANDOR-MODELL wie einen Kompass, um Ihre Gespräche zielführender zu gestalten. Nutzen Sie es bitte NICHT als Persönlichkeitstest, um sich selbst oder andere zu beurteilen. Schreiben Sie keine Namen in die Quadranten. Denn jeden Tag befinden wir uns mehrmals in einem anderen Quadranten.

Mitfühlende Aufrichtigkeit

Der Unterschied zwischen schädlicher Empathie und mitfühlender Aufrichtigkeit ist womöglich verwirrend. Daher lohnt es sich, diesen Unterschied genau unter die Lupe zu nehmen. In seinem *Buch Against Empathy: The Case for Rational Compassion* (*Gegen Empathie: Ein Plädoyer für rationales Mitgefühl*) erklärt der Psychologe Paul Bloom, wie durch Empathie unsere

Gefühle so stark fokussiert werden, dass wir nicht in dem Maße klar strukturiert argumentieren können, wie wir es sollten. Durch Empathie sind wir auch auf den Augenblick fokussiert, wodurch es uns schwerer fällt, die langfristigen Auswirkungen unseres Handelns zu erkennen. Und genau das passiert bei schädlicher Empathie. Wir sind dann so sehr darauf fixiert, in dem Moment die Gefühle einer Person nicht zu verletzen, dass wir ihr etwas verschweigen, das sie auf lange Sicht aber wissen sollte.

Selbstverständlich bin ich nicht gegen Empathie – und Paul Bloom ist es auch nicht. (Ich habe sowohl Empathie als auch Mitgefühl, auch wenn diese beiden Wörter recht gefährlich sein können.) Die Autorin und Lehrerin des Zen-Buddhismus' Joan Halifax erläutert die Beziehung zwischen Empathie und Mitgefühl so: »Gesunde emotionale Empathie trägt zu einer liebevolleren Welt bei. Auf der einen Seite kann sie soziale Beziehungen, Sorgen und Einsichten befördern. Auf der anderen Seite ist sie womöglich die Quelle von Kummer und Burn-out. Zudem kann sie zu moralischer Apathie führen oder dazu, dass man sich zurückzieht. Empathie ist nicht Mitgefühl. Verbundenheit, Resonanz und Sorgen führen nicht unbedingt dazu, dass man etwas unternimmt. Jedoch ist Empathie ein Teil des Mitgefühls. Und eine Welt ohne gesunde Empathie – so glaube ich – ist eine Welt, in der es keine gefühlte Verbundenheit gibt, die uns alle in Gefahr bringt.«[2]

Jeff Weiner, CEO von LinkedIn, ist ein Unternehmenschef, der das Mitgefühl in den Mittelpunkt der Führungsaufgaben stellt. »Den Rat, den ich meinem 22-jährigen Ich geben würde, ist, mitfühlend zu sein. In diesem Alter war ich nicht sehr mitfühlend. Eigentlich war ich bis zum Ende meiner Karriere nicht besonders mitfühlend … Als ich 30 Jahre alt war, stieß ich auf ein Buch mit dem Titel *Die Regeln des Glücks*. Darin geht es um die Lehren des Dalai Lama, [der] es folgendermaßen erklärt: Stellen Sie sich vor, Sie wandern einen Bergpfad entlang. Sie treffen auf eine Person, die von einem Felsbrocken getroffen und deren Brust zerquetscht wurde. Die empathische Reaktion wäre nun, das gleiche Gefühl des Erstickens zu empfinden, wodurch Sie hilflos wären. Die mitfühlende Reaktion wäre, zu erkennen, dass diese Person Schmerzen hat. Und Sie tun alles in Ihrer Macht Stehende, um den Felsbrocken zu entfernen. So können Sie verhindern, dass die Person erstickt. Anders ausgedrückt ist Mitgefühl Empathie plus Handeln.«[3] Am Anfang seiner Karriere hatte Jeff Weiner tatsächlich den Ruf, recht hart

2 Joan Halifax: *Standing at the Edge* (New York: Flatrion Books, 2018)

3 Aus Jeff Weiners Rede vor Universitätsabsolventen im Jahr 2018 in Wharton.

zu sein. Also ist er ein Beispiel für die transformativen Möglichkeiten von Selbsterkenntnis und persönlichem Wachstum.

Mitfühlende Aufrichtigkeit betrifft das Herz (Wertschätzung) *und* den Verstand (Aufrichtigkeit). Leider ist der Begriff Radical Candor nicht für jeden verständlich.

Legen Sie Ihr Handy weg und schauen Sie den Menschen in die Augen

Radical Candor stellt den Aufbau guter Beziehungen in den Mittelpunkt der Arbeit eines jeden Chefs. Zu meinen Lieblingsaussagen in diesem Buch gehören die Sätze: »Beziehungen sind der Mittelpunkt Ihrer Arbeit. Wenn Sie der Meinung sind, [Ihrer Verantwortung als Manager gerecht zu werden], *ohne* belastbare Beziehungen zu unterhalten, machen Sie sich etwas vor. Ich möchte damit nicht sagen, dass unkontrollierte Macht, Kontrolle und Autorität nicht funktionieren können. Sie funktionieren in einer Herde von Pavianen oder in einem totalitären Regime besonders gut. Wenn Sie jedoch dieses Buch lesen, streben Sie das nicht an.«

Es ist mir peinlich, sagen zu müssen, dass ich das Thema aus den Augen verloren habe, nachdem ich das Buch fertiggestellt hatte. Als das Buch zum größten Teil redigiert, aber noch nicht gedruckt worden war, hatte ein wenig Zeit zur Verfügung. Ich fing an, darüber nachzudenken, wie Software dazu beitragen könnte, dass die Menschen die Ideen aus diesem Buch in die Praxis umsetzen. Daher traf ich mich mit einem Risikokapitalgeber zum Mittagessen, um herauszufinden, was er von der Idee hielt. Er bot mir eine Summe an, die zehnmal höher war als der Vorschuss zu diesem Buch. Es hatte vier Jahre gedauert, dieses Buch zu schreiben. Das Mittagessen dauerte nur knapp eine Stunde. Mir drehte sich der Kopf, was nicht dazu führte, dass ich klar denken konnte: *Radical Candor? Dafür gibt es nun eine App!* Und somit war Candor, Inc. geboren.

Tatsächlich war diese Idee gar nicht *so* lächerlich. Russ Laraway, eine der besten Führungskräfte, mit denen ich je zusammengearbeitet habe, hat Candor, Inc. mit mir zusammen gegründet. Zur Geschäftsleitung gehörte zudem Shona Brown, die mehr als jede andere die Kultur von Google optimiert hat. Meine Investoren waren einige der erfolgreichsten im Silicon Valley. Also war es *offensichtlich* für viele kluge Köpfe eine gute Idee. Das war sie aber nicht.

Nachdem wir drei verschiedene Versionen unserer Software getestet hatten, wurde uns klar, dass eine App ganz und gar nicht förderlich war, wenn wir die Menschen dazu bringen wollten, ihre Handys in die Tasche zu stecken, sich gegenseitig in die Augen zu blicken und einfach nur zu *reden*. Matt Dailey, ein Ingenieur, der mit uns zusammenarbeitete, machte auf ein weiteres Problem aufmerksam, das Software nicht lösen konnte. »Kim, du rätst den Leuten immer wieder, das, was sie über persönliche Beziehungen wissen, bei der Arbeit anzuwenden. Das Problem ist aber, dass viele Menschen nicht wissen, wie man zu Hause, am Arbeitsplatz oder sonst wo Beziehungen führt.« Unsere App gab hier keine Hilfestellung. Aber das Buch hat geholfen. Und die Vorträge haben geholfen, und die Workshops. Die Software nicht.

Also haben wir unser Software-Unternehmen wieder zugemacht. Russ beschloss, die Managementideen, die uns am Herzen lagen, in die Praxis umzusetzen, indem er bei einem Unternehmen in die Vollen ging: Er wurde Vice President für das Personalwesen bei Qualtrics. Ich entschloss mich dazu, mich breit aufzustellen: Ich gründete ein weiteres Unternehmen, Radical Candor LLC, mit Jason Rosoff und Amy Sandler. Wir konzentrieren uns auf Pädagogik (wie man wertschätzende Aufrichtigkeit lehrt) sowie auf die kognitiven Verhaltenstechniken – und darauf, wie wir Menschen helfen können, sich Radical Candor zur Gewohnheit zu machen. Womöglich werden wir in Zukunft noch herausfinden, wie wir Technologien nutzen können, um diese Ideen in die Praxis umzusetzen. Im Moment konzentrieren wir uns allerdings darauf, direkt, das heißt persönlich mit einzelnen Führungskräften und ihren Teams zu arbeiten. Wir haben vor Hunderten von Unternehmen und Tausenden von Menschen auf der ganzen Welt Vorträge gehalten und mit ihnen Workshops durchgeführt. Dabei haben wir viel darüber gelernt, wie wir diese Ideen Wirklichkeit werden lassen können. Im Nachwort fassen Jason, Amy und ich zusammen, was wir darüber gelernt haben, die Ideen, die in diesem Buch dargestellt werden, in die Praxis umzusetzen.

Diversity und Inclusion

Diversity und Inclusion sind womöglich die Themen, bei denen wir wertschätzende Aufrichtigkeit am meisten brauchen, aber am wenigsten anbieten oder einfordern. Fast jedes Mal, wenn wir einen Vortrag halten oder einen Workshop durchführen, bekommen meine Kollegen und ich Reaktionen wie: »Wie wirkt sich Diversity auf die Fähigkeit einer Person aus, wertschätzend aufrichtig zu sein?« oder »Wertschätzende Aufrichtigkeit ist für Frauen gefährlicher als für Männer, und noch gefährlicher für schwarze Frauen als für weiße Frauen, für homosexuelle Frauen noch gefährlicher als für heterosexuelle Frauen. Sind Sie sicher, dass wertschätzende Aufrichtigkeit für Menschen, die nicht so privilegiert sind wie Sie, ungefährlich ist?«

Ein weiterer Einwand ist: »Ich bin ein weißer Mann. Wenn ich direkt und offen bin, wie es wertschätzende Aufrichtigkeit erfordert, denken alle, ich sei ein Arschloch.« Viele fragen mich: »Wie konnten Sie als Frau in Ihrem Buch so wenig über Geschlechter schreiben?« Ein großer schwarzer Mann wies mich, eine kleine weiße Frau, einmal darauf hin: »Die Art und Weise, wie die Leute wertschätzende Aufrichtigkeit von dir wahrnehmen, ist völlig anders als bei mir. Was für dich ungefährlich ist, ist für mich gefährlich. Und ich gehe davon aus, dass das, was bei mir funktioniert, bei dir nicht funktioniert.«

Und er hatte absolut recht. Einer der Gründe, warum ich für dieses Buch nicht den Titel »Mitfühlende Aufrichtigkeit« gewählt habe, war, dass ich eine Frau bin und nicht zu »weich« erscheinen wollte. Darauf bin ich ganz und gar nicht stolz, aber so ist es nun einmal. Und ich wusste aus meiner eigenen Erfahrung, dass meine Antwort an ihn – »Die Beurteilung von wertschätzender Aufrichtigkeit liegt auf Seiten des Rezipienten und nicht auf der des Senders« – kaum die Oberfläche der Komplexität kratzt, die damit einhergeht, uns gegenseitig Feedback zu geben. Es ist schon schwer genug, jemanden darauf hinzuweisen, dass er etwas zwischen den Zähnen oder einen Grammatikfehler gemacht hat. Aber wie schwierig ist es, jemanden darauf hinzuweisen, dass er voreingenommen ist? Sie wollen zum Ausdruck bringen, dass das, was der andere gesagt hat, nicht zu akzeptieren ist, aber gleichzeitig auch Mitgefühl zeigen – und Sie wissen, dass Sie das Risiko eingehen, eine ziemlich defensive und vermutlich auch unfaire Antwort zu bekommen. Außerdem müssen Sie sich selbst schützen.

Diese Fragen und Gespräche veranlassten meine Kollegen und mich dazu, mit Second City Works zusammenzuarbeiten. Das ist das Schulungszentrum für Führungskräfte des Comedy-Clubs, in dem Tina Frey, Stephen Colbert und unzählige andere ihre Comedy-Ausbildung erhielten. Gemeinsam mit Second City Works untersuchen wir, wie man Improvisation nutzen kann, um Radical Candor zu üben, um der Voreingenommenheit am Arbeitsplatz mit Kompetenz und Würde – und dem richtigen Quäntchen Humor – zu begegnen. Im Nachwort finden Sie weitere Informationen dazu.

Die Frage, wie wir Radical Candor nutzen können, um die Ausdauer für echte Gespräche über Diversity und Integration zu entwickeln, ist das Thema meines nächsten Buches. Darin wird es um die Beantwortung folgender Fragen gehen: Wie können Sie Radical Candor nutzen, um unbewussten Vorurteilen, Überzeugungen und geschlechterspezifischem Mobbing am Arbeitsplatz zu begegnen? Wie können Sie am besten darauf antworten, wenn Sie das Feedback bekommen, bei diesen Themen auf der falschen Seite zu stehen? Was können Sie unternehmen, wenn es ein Machtungleichgewicht gibt, und wertschätzende Aufrichtigkeit zu gefährlich ist oder nicht genügt? Und wie können Sie als Führungskraft verhindern, dass sich geschlechterspezifische Ungleichheiten am Arbeitsplatz etablieren und Ihre Unternehmenskultur zerstören?

Lassen Sie Ihre Kultur nicht toxisch werden

Erfolgreiche Start-ups haben zu Anfang oft eine Kultur, in der man gegenseitig auf eine sehr direkte und sogar heftige Art und Weise aufrichtig ist. Aber man zeigt auch, dass man sich umeinander kümmert. Das liegt daran, dass solche Unternehmen klein anfangen, dass die Menschen, die sich gegenseitig gut kennenlernen, miteinbezogen werden, und man gemeinsam ums Überleben kämpft. Wenn das Unternehmen jedoch wächst und neue Mitarbeiterinnen und Mitarbeiter hinzukommen, ist es unmöglich die Namen von allen zu kennen, geschweige denn mit allen eine enge Beziehung zu haben. Die Art der Aufrichtigkeit, die so einfach ist, wenn sich die Menschen untereinander gut kennen, wird zunehmend schwierig. Weil viele diese lockere und freundschaftliche Kultur der Anfangszeit nicht verlieren wollen, zögern sie, Probleme aufzuzeigen und ziehen sich von der Aufrichtigkeit auf die schädliche Empathie zurück. Da aggressive Offenheit wirksamer ist als schädliche Empathie, hat diese Art des Verhaltens einen Vorteil. Menschen mit schlechten Verhaltensweisen fangen an zu gewinnen und steigen im Unternehmen auf. Viele Menschen ziehen sich auf manipulative Unaufrichtigkeit zurück, wenn sie mit einem Idioten, der Macht hat, konfrontiert werden, und zwar eher aus instinktivem Selbstschutz als aus absichtlichem Fehlverhalten. In einem solchen Umfeld werden die Menschen angespornt, sich vor denjenigen, die höhergestellt sind als sie selbst, auf manipulative Unaufrichtigkeit zurückzuziehen, und vor denjenigen, die unter ihnen stehen, auf aggressive Offenheit. Die Kultur wird toxisch – viele buckeln nach oben und treten nach unten, und nur wenige sind bereit, die Wahrheit auszusprechen. Diese Art des Verhaltens führt zwar nicht unmittelbar dazu, dass ein Unternehmen untergeht, aber zum langsamen und qualvollen Tod von Innovationen und zu einem Leben in stiller Verzweiflung.

Das ist die schlechte Nachricht. Die gute ist, dass viele große und kleine Unternehmen mittlerweile Maßnahmen ergreifen, um eine Kultur zu schaffen, in der Wertschätzung und Aufrichtigkeit Hand in Hand gehen. Wenn die Menschen lernen, beides gleichzeitig zu tun, verschafft schlechtes Verhalten keinem einen Vorteil. Schlechtes Verhalten wird bestraft und nicht belohnt, die Wahrheit kommt ans Licht, und das Umfeld ist sowohl für Erfolg als auch Glück zuträglicher.

Ich hoffe, dass Sie sich mir anschließen, um dafür zu sorgen, dass die Konzepte in diesem Buch nicht als Entschuldigung dafür genommen werden, wenn sich der Chef unmöglich verhält. Ich hoffe, dass die Lektüre von Radical Candor Ihnen dabei eine Hilfestellung gibt, einen Weg zu finden, um am Arbeitsplatz Ihr perfektes und am besten zum Ausdruck kommendes Ich zu sein. Sie können Teams aufbauen, in denen die Mitglieder die beste Arbeit ihres Lebens machen und die besten Beziehungen in ihrer Karriere aufbauen. Sie können nicht nur Ihre Arbeit, sondern auch die Menschen, mit denen Sie arbeiten, lieben.

EINFÜHRUNG

Wie die meisten von uns hatte auch ich einmal einen schrecklichen Chef – ein Mensch, der davon überzeugt war, dass Demütigung ein gutes Motivationsinstrument sei. Einmal setzte mich ein Kollege irrtümlicherweise bei einer E-Mail in einem längeren E-Mail-Verkehr in CC, in dem mich mein Chef wiederholt lächerlich gemacht hatte. Als ich meinen Chef zur Rede stellte, antwortete er mir, dass ich mir meinen »süßen Kopf nicht darüber zerbrechen sollte«. Also wirklich.

Unter anderem gründete ich wegen dieser Erfahrung mein eigenes Unternehmen – Juice Software. Mein Bestreben war es, ein Umfeld zu schaffen, in dem die Menschen die Arbeit *und* einander mochten. Meine Freunde lachten mich oft aus, wenn ich ihnen das erzählte, so als ob ich von einer Kommune und nicht von einem Unternehmen spräche. Aber es war mir ernst damit. Ich verbrachte mehr als acht Stunden am Tag bei der Arbeit. Wenn ich es nicht genießen würde, zu arbeiten und mit meinen Kollegen zusammen zu sein, wäre der Großteil meiner kurzen Zeit auf diesem Planeten keine glückliche.

Es gelang mir zwar, die Fehler, die mein Chef gemacht hatte, nicht zu machen – das war gar nicht schwer –, aber leider machte ich eine Reihe anderer Fehler. Ich war bestrebt, eine positive und stressfreie Umgebung zu schaffen. Dabei vergaß ich jedoch den schwierigen, aber notwendigen Teil des Chefseins: den Menschen klar und deutlich zu sagen, wenn ihre Arbeit nicht gut genug war. Ich versäumte es, ein Klima zu schaffen, in dem diejenigen, die ihre Arbeit nicht erledigten, das rechtzeitig gesagt bekommen, um Abhilfe zu schaffen.

Wenn ich auf diese Zeit zurückblicke, denke ich sofort an eine Person, die ich hier »Bob« nenne. Bob war einer dieser Menschen, die man sofort ins Herz schließt und einem die Arbeit zur Freude machen. Er war ein netter, lustiger, fürsorglicher und hilfsbereiter Kollege. Und er hatte außerdem einen hervorragenden Lebenslauf und großartige Referenzen. Er schien ein erstklassiger Kandidat zu sein und ich war froh, ihn einstellen zu können. Es gab nur ein einziges Problem: Er machte einen schlechten Job. Kurz nachdem ich ihn eingestellt hatte, verlor ich mein Vertrauen in ihn. Er hatte *wochenlang* an einem Dokument gearbeitet, um zu erklären, dass Juice den Menschen ermöglichte, Excel-Tabellen zu erstellen, die sich automatisch aktualisierten. Als ich das Dokument las, an dem er so fleißig gearbeitet hatte, war ich schockiert, dass es völlig zusammenhanglos war – eine Art Wortsalat. Und wenn ich an die Situation zurückdenke, als er mir das Dokument übergab, war mir schon klar, dass Bob auch wusste, dass seine Arbeit nicht gut genug war – ich konnte in seinen Augen lesen, dass er sich schämte, und in seinem Lächeln, dass er sich entschuldigen wollte, als er mir das Dokument gab. Das war nicht zu übersehen.

Lassen Sie uns genau hier einen Moment innehalten. Wenn Sie als Führungskraft arbeiten, wissen Sie, dass dieser Moment in der Beziehung zwischen Bob und mir entscheidend war. Zudem war er ein Richtungsweiser für den Erfolg oder Misserfolg meines Teams. Bobs Arbeit war nicht einmal annähernd gut genug. Unser Unternehmen war sehr klein und kam gerade erst auf die Beine. Daher war es uns überhaupt nicht möglich, seine Arbeit noch einmal zu machen oder das, was liegengeblieben war, aufzuholen. Obwohl ich das wusste, konnte ich mich nicht überwinden, das Problem anzusprechen, als ich ihn sah. Ich hörte mich selbst sagen, dass die Arbeit ein guter Anfang sei und dass ich ihm helfen würde, sie zu Ende zu bringen. Er lächelte unsicher und ging.

Was war hier geschehen? Zunächst einmal mochte ich Bob, und ich wollte nicht zu hart mit ihm ins Gericht gehen. Er war sichtlich durch den Wind, als wir uns noch einmal trafen, um das Dokument zu besprechen, und ich befürchtete, er könnte sogar anfangen zu weinen. Da ihn alle so sehr mochten, dachte ich zudem, dass alle denken würden, ich sei eine blöde Kuh, wenn er tatsächlich weinen würde. Zweitens hatte er in der Vergangenheit gute Arbeit geleistet, sofern seine Referenzen nicht gefälscht waren. Womöglich war er durch irgendetwas zu Hause abgelenkt, oder er war noch nicht an unsere Arbeitsweise gewöhnt. Was auch immer der Grund gewesen sein mochte, ich redete mir ein, dass er sicherlich auf das Leistungsniveau zurückkehren würde, aufgrund dessen er den Job bekommen hatte. Drittes konnte ich das Dokument vorerst selbst korrigieren, und das wäre sicherlich schneller, als ihm zu zeigen, wie man es anders macht.

Sehen wir uns zunächst an, wie sich das auf Bob auswirkte. Vergessen Sie nicht, dass er wusste, dass seine Arbeit nicht gut genug war. Also stiftete mein falsches Lob Verwirrung bei ihm an. Dadurch wurde er verleitet, so weiterzumachen wie bisher. Da ich das Problem nicht ansprach, nahm ich ihm den Anreiz, sich mehr anzustrengen, und ließ ihn in dem Glauben, alles sei in bester Ordnung.

Es ist sehr schwer, anderen zu sagen, wenn sie Mist gebaut haben. Sie *möchten* die Gefühle eines andern nicht verletzen, weil Sie kein Sadist sind. Zudem möchten Sie nicht, dass die anderen Teammitglieder Sie für einen Idioten halten. Und Ihnen wurde Zeit Ihres Lebens beigebracht: »Wenn du nichts Nettes zu sagen hast, sag' gar nichts.« Und plötzlich ist es Ihre *Aufgabe*, etwas, das nicht nett ist, zu sagen. Sie müssen das, was Sie ihr Leben lang trainiert haben, plötzlich anders machen. Management ist ganz schön schwierig.

Erschwerend kam hinzu, dass ich zehn Monate lang immer wieder denselben Fehler machte. Vermutlich ist Ihnen bewusst, dass Sie wegen jeder schlecht ausgeführten Aufgabe und wegen jeder Deadline, die nicht eingehalten wird und auf die Sie nicht hinweisen, zuerst verärgert und dann wütend sind. Sie halten nicht mehr nur die Arbeit, sondern auch den Menschen für schlecht. Das macht es schwierig, ein Gespräch auf Augenhöhe zu führen. Sie wollen dann mit dieser Person womöglich überhaupt nicht mehr sprechen.

Und selbstverständlich wirkte sich mein Verhalten nicht nur auf Bob aus. Andere aus dem Team fragten sich, warum ich so schlechte Arbeit akzeptierte. Sie folgten meinem Beispiel und versuchten ebenfalls, für ihn einzuspringen. Sie korrigierten seine Fehler und übernahmen seine Aufgaben oder machten seine Arbeit noch einmal, und zwar in der Regel dann, wenn sie eigentlich hätten schlafen sollen. Zuweilen ist es nötig, für andere eine kurze Zeit lang einzuspringen, zum Beispiel, wenn jemand eine Krise durchmacht. Aber wenn diese Situation zu lange anhält, fordert sie ihren Tribut. Diejenigen, deren Arbeit extrem gut gewesen war, begannen, nachlässig zu werden. Wir verpassten Fristen. Ich wusste ja, warum das so war. Deshalb ging ich nicht allzu hart mit ihnen ins Gericht. Dann fingen *sie* an, sich zu fragen, ob ich den Unterschied zwischen extrem gut und mittelmäßig kannte. Womöglich nahm ich die verpassten Fristen ja gar nicht ernst. Wie es oft der Fall ist, wenn die Menschen sich nicht sicher sind, ob die Qualität dessen, was sie tun, geschätzt wird, wurden die Ergebnisse schlechter, und die Arbeitsmoral sank.

Als ich fürchtete, mein Team zu verlieren, wusste ich, dass ich handeln musste. Ich lud Bob auf einen Kaffee ein. Er hatte erwartet, nett mit mir zu plaudern. Aber stattdessen feuerte ich ihn, nachdem ich ein paar Mal dazu ansetzen musste. Und nun saßen wir unglücklich da mit unseren Muffins und Milchkaffees vor der Nase. Nach ein paar Minuten quälender Stille schob Bob seinen Stuhl zurück, wobei das Metall über den Marmor quietschte, schaute mir direkt in die Augen und sagte: »Warum hast du mir denn nie etwas *gesagt*?«

Während ich darüber nachdachte, mir aber keine passende Antwort einfiel, stellte er mir eine zweite Frage: »Warum hat mir denn *keiner* je etwas gesagt? Ich dachte, ich sei Euch wichtig!«

Das war der Tiefpunkt meiner Karriere. Ich hatte eine Reihe von Fehlern gemacht, und Bob musste die Suppe auslöffeln. Es war nicht nur so, dass mein anfängliches Lob nicht echt war – ich hatte Bob nie kritisiert. Ich hatte ihm auch nie die Gelegenheit gegeben, *mir* Feedback zu geben. Das hätte ihm die Möglichkeit gegeben, Dinge anzusprechen, und er hätte womöglich eine Lösung gefunden. Das Schlimmste war aber, dass ich keine Kultur geschaffen hatte, in der Bobs Kolleginnen und Kollegen ihn selbstverständlich gewarnt hätten, als die Dinge anfingen, aus dem Ruder zu laufen. Der Zusammenhalt des Teams bekam Risse, und das zeigte sich an unseren Ergebnissen. Nicht zu loben oder zu kritisieren hatte katastrophale Auswirkungen auf das Team und unsere Ergebnisse.

Kein Feedback und ein nicht funktionierendes Team, das schlechte Ergebnis erzielt, sind unmittelbar miteinander verknüpft. Es war nicht nur für Bob zu spät. Es war für das ganze Unternehmen zu spät. Nur kurze Zeit, nachdem ich Bob entlassen hatte, musste ich das Unternehmen schließen.

Google: ein Gefühl der Freiheit bei der Arbeit

Es war 2004 und ich brauchte einen Job. Also rief ich Sheryl Sandberg, eine Kommilitonin von der Wirtschaftsuni, an. Sie hatte drei Jahre zuvor bei Google angefangen. Erst kurze Zeit vorher hatte ich bei der Hochzeit eines gemeinsamen Freundes neben ihr gesessen. Was mir imponierte, war, dass sie sich sehr um die Menschen in ihrem Team bei Google kümmerte. Aber ich hatte das Gefühl, dass sie nicht denselben Fehler machen würde, den ich mit Bob gemacht hatte. Im Laufe der Zeit sollte ich erfahren, dass das tatsächlich stimmte.

Nach einem Spießrutenlauf von 27 Bewerbungsgesprächen erhielt ich das Angebot, für Sheryl zu arbeiten. Ich sollte ein Team von 100 Leuten leiten, das für den Vertrieb und Kundendienst von kleinen und mittelgroßen AdSense-Kundengruppen zuständig war.[4] Damals wusste ich nicht einmal, was AdSense war. Was ich allerdings wusste, war, dass die Google-Kultur meinen Traum, ein Umfeld zu erschaffen, in dem die Menschen ihre Arbeit und einander mögen, wieder zum Leben erweckte, und dass Sheryl eine großartige Chefin war. Wie ein Freund von mir später einmal scherzhaft sagte: »Im Silicon Valley fällt man nicht nach unten, man fällt nach oben.« (Seien Sie versichert, dass Bob auch wieder auf die Beine gekommen ist.)

Kurz nachdem ich bei Google angefangen hatte, wurde ich Zeuge von produktivem, aber extrem direktem Feedback. Ich hatte ein Meeting mit Larry Page, Co-Founder von Google, und Matt Cutts, der das Team zur Bekämpfung von Webspam leitete.[5] Wir diskutierten über einen Vorschlag von Matt und mir. Larry hatte einen anderen, subtileren Vorschlag, den ich nicht verstand. Aber offensichtlich verstand Matt Larrys Vorschlag, mochte diesen aber nicht. Matt, der normalerweise ein sehr angenehmer und unkomplizierter Mensch ist, widersprach sehr heftig. Als Larry nicht nachgab, fing Matt an, ihn anzuschreien. Er sagte, Larrys Idee sei »so großer Mist«, dass er nicht mehr hinterherkomme.

Matts Reaktion verunsicherte mich. Ich mochte ihn und hatte Angst,

4 **AdSense** ist das Anzeigenprodukt, das Sie nutzen, wenn Sie mit Google Geld machen möchten. AdSense schaltet Werbeanzeigen auf Ihrer Webseite oder Ihrem Blog. Wenn Sie beispielsweise eine Webseite zum Thema Camping haben, können Sie eine »Ads by Google«-Box auf Ihrer Seite einfügen, und Google befüllt diese Box beispielsweise mit Anzeigen zu REI-Zelten oder Schlafsäcken von North Face. Wenn ein Anwender diese Box sieht oder daraufklickt, bekommen Sie Geld. Sie können die »Ads by Google«-Box mittels eines Codes, den Google Ihnen zuschickt, auf Ihrer Seite einfügen.

5 **Webspam**: Seiten, die den Google-Algorithmus austricksen. Man kann sich das vorstellen wie Junk-Mails oder Anrufe von Telefonverkäufern, die Sie beim Abendessen stören.

dass er gefeuert werden könnte, da er Larrys Position so vehement kritisierte. Und dann sah ich, dass Larry breit grinste. Er ließ nicht nur zu, dass Matt aufrichtig zu ihm war, er schien es sogar zu genießen. Ich konnte an der offenen und fröhlichen Art, mit der er auf die Meinungsäußerung reagierte, ablesen, dass er es gut fand, wenn Matt und alle anderen bei Google sich trauten, die Chefs und insbesondere ihn selbst zu kritisieren. Es ergab keinen Sinn, dieses Gespräch als »nett« oder »gemein«, »unhöflich« oder »höflich« zu bewerten. Es war produktiv und kollaborativ. Es war von Freiheit geprägt. Es führte zur besten Lösung. Wie hatte Larry das erreichen können?

Ich entschloss mich zu dem Versuch, Larrys Beispiel zu folgen. Statt mich darauf zu konzentrieren, meinem Team »Feedback zu geben«, forderte ich sie auf, mir zu sagen, wenn *ich* falsch lag. Ich machte alles, was in meiner Macht stand, um die Leute dazu zu bringen, mich zu kritisieren oder zumindest mit mir zu *reden*. Nach ein paar Fehlversuchen (dazu später mehr) fing das Team an, sich zu öffnen. Wir diskutierten nun offen, und wir hatten mehr Spaß miteinander. Ich hatte Glück, denn ich konnte ein paar sehr gute Leute einstellen, und zwar Russ Laraway, mit dem ich ein neues Unternehmen, Candor, Inc., gründete, sowie Jared Smith, Co-Founder von Qualtrics, in dessen Aufsichtsrat ich mittlerweile einen Posten habe. Ich lernte ebenso viel von den Menschen, die für mich arbeiteten, eine gute Chefin zu sein, wie von den Menschen, für die ich arbeitete. Wir experimentierten damit, keine Entscheidungen in unseren Besprechungen mit den Mitarbeiterinnen und Mitarbeitern zu treffen, sondern sie an diejenigen weiterzugeben, die am nächsten an den Fakten waren. Und wir wurden effizienter. Um auf allen Ebenen die »Wahrheit an die Macht« zu bringen, experimentierten wir mit »Fix-it-Wochen für das Management« und sorgfältig geplanten »Manager-Feedback-Sessions«.

Ich werde all diese Techniken und mehr in der zweiten Hälfte dieses Buches erläutern. Aber an dieser Stelle ist wichtig zu wissen, dass sich die Managerinnen und Manager bei Google nicht einfach auf »Macht« oder »Autorität« verlassen konnten, um etwas zu erreichen. Sie mussten einen anderen, besseren Weg finden.

Nachdem ich sechs Jahre bei Google gearbeitet hatte, war ich davon überzeugt, genau das getan zu haben: Ich hatte gelernt, wie man ein besserer Chef ist. Ich wiederholte meinen Fehler mit Bob nicht, aber ich wurde auch kein Arschloch. Die Unternehmen, die ich leitetet, hatten ihren Umsatz um mehr als das Zehnfache auf mehrere Milliarden Dollar gesteigert. Ein Großteil dieses Wachstums gründete auf Produkten und nicht auf dem Vertrieb.

Aber selbstverständlich haben wir auch dazu beigetragen. Wir waren von Effizienz besessen und konnten die Mitarbeiterzahl in Nordamerika *reduzieren*, obwohl der Umsatz in schwindelerregende Höhen stieg – das ist die Definition von Skalieren. Im Laufe der Zeit gehörten neben AdSense auch Online-Sales und Operations von YouTube und DoubleClick zu meinem Team. Wir fingen mit einem Team in Nordamerika an. Die schrullige, lebenslustige Kultur des Teams war stark genug, um eine verbindende Kraft zwischen Dublin, São Paulo, Buenos Aires, New York, Mountain View, Sydney, Seoul, Tokio, Peking und Singapur zu sein.

Ich stellte allerdings fest, dass mich die wichtigsten unternehmerischen Kennzahlen (Kosten pro Klick, Umsatz etc.) immer weniger interessierten. Was mich wirklich interessierte, war herauszufinden, wie ich diese von mir entwickelte »bessere Art«, Chef zu sein, definieren und anderen beibringen konnte. Es handelte sich aber immer noch eher um einen Instinkt als um eine Philosophie. Ich brauchte Zeit zum Nachdenken, damit ich das ausformulieren konnte.

Apple: »Wir stellen Leute ein, die uns sagen, was wir tun sollen, und nicht andersherum«

Es gab bei Google keinen Job, der es mir erlaubt hätte, mich zurückzulehnen und einfach nur *nachzudenken*. Und eine operative Position lässt nicht viel Zeit, in Ruhe nachzudenken. Glücklicherweise hatte Steve Jobs fünfzehn Kilometer Richtung Süden die Apple University gegründet. Mein Professor an der Wirtschaftsuni Richard Tedlow hatte gerade Harvard verlassen, um sich Jobs' neuem Projekt für gute Führung anzuschließen. Er beschrieb den Auftrag, den die Apple University hatte, folgendermaßen: »Wir wollen der Anziehungskraft des unternehmerischen Mittelmaßes trotzen.« Ein wichtiger Teil bei der Umsetzung dieses Ziels war die Entwicklung eines Kurses: *Managing at Apple*. Als mir der Job angeboten wurde, diesen Kurs zu entwickeln und durchzuführen, habe ich die Chance mit beiden Händen ergriffen.

Managing at Apple war für jene, die zum ersten Mal als Führungskraft fungierten, gedacht, aber gestandene Führungskräfte waren der Meinung, dass der Kurs besonders für leitende Mitarbeiterinnen und Mitarbeiter in ihren Teams nützlich sei. Obwohl die Teilnahme an dem Kurs nicht verpflichtend war, bestand unser größtes Problem darin, mit der Nachfrage Schritt zu halten. In der Zeit, in der ich bei Apple arbeitete, nahmen Tausende an diesem Kurs teil, und die Bewertungen waren hervorragend. Und noch viel mehr Menschen haben den Kurs besucht, seitdem ich weg bin.

Ich habe dabei genauso viel gelernt wie gelehrt. Ein Gespräch, das ich mit einer Führungskraft von Apple führte, half mir, den entscheidenden Fehler in meinem Teambildungsansatz zu Beginn meiner Karriere zu erkennen. Ich hatte mich immer auf diejenigen konzentriert, die am ehesten befördert würden. Ich nahm an, dass das in einem Wachstumsunternehmen so sein müsse. Dann wies mich diese Führungskraft darauf hin, dass alle Teams nicht nur Wachstum, sondern auch *Stabilität* benötigten, um richtig zu funktionieren; nichts funktioniert richtig, wenn alle der nächsten Beförderung nachjagen. Sie nannte die Leute in ihrem Team, die außergewöhnlich gute Ergebnisse hervorbrachten, aber für eher langsames Wachstum standen, die »Felsen in der Brandung«, da sie wie der Fels von Gibraltar in ihrem Team waren. Diese Menschen liebten ihre Arbeit und waren Weltklasse darin, aber sie wollten den Job der Führungskraft nicht, und sie wollten auch kein Steve Jobs sein. Sie waren da, wo sie waren, glücklich. Diejenigen, deren Wachstumskurve steiler verlief – die, die verrückt würden, wenn sie in einem Jahr immer noch denselben Job machen müssten –, nannte sie Superstars. Sie waren die Wachstumsquelle in ihrem Team. Die Führungskraft wies ausdrücklich darauf hin, dass eine Balance zwischen beiden notwendig sei.

Das war eine Offenbarung. Apple wuchs schnell und wurde *größer* als Google. Und doch bot Apple Platz für Menschen mit ganz unterschiedlichen Ambitionen. Man musste in dem, was man tat, sehr gut sein und seine Arbeit lieben. Aber man musste sicherlich *nicht* von Beförderungen besessen sein, um bei Apple eine tolle Karriere hinzulegen. Bei Google hatte ich die sogenannten »Felsen in der Brandung« systematisch unterschätzt. Das war ein Fehler und führte zu einer Menge Unzufriedenheit bei denjenigen, die einen bedeutenden Beitrag leisteten. Googles Tendenz zu Mitarbeitern, deren Wachstumskurve steil verläuft, war zum Teil die Reaktion auf die Norm in herkömmlichen Unternehmen, in denen den Menschen, die »alles verändern« wollen, in der Regel die Flügel gestutzt werden. Apple hat Platz für alle Arten von Ambition geschaffen, und das war einer der Gründe dafür, warum das Unternehmen so groß geworden ist, während es »der Anziehungskraft der unternehmerischen Mittelmäßigkeit« getrotzt hat.

Google gilt als Unternehmen, das von unten nach oben arbeitet und selbst sehr jungen Mitarbeiterinnen und Mitarbeitern erlaubt, Entscheidungen zu treffen. Die Rolle der Führungskräfte besteht hauptsächlich darin, sich rauszuhalten, manchmal zu helfen, niemals aber sich zu sehr einzumischen. Ich hatte das genaue Gegenteil von Apple erwartet und mich auf das Narrativ des alles kontrollierenden Steve Jobs eingestellt, der seine brillante Vision von oben verkündete, keinen Widerspruch duldete und sein Team dazu antrieb, diese umzusetzen. Aber dem war nicht so.

Ein Kollege erzählte mir eine Anekdote über ein Gespräch mit Steve Jobs, die zeigt, warum das so war. Mein Kollege stellte Jobs mehrere durchaus vernünftige Fragen: »Wie stellen Sie sich den Aufbau des Teams vor? Wie groß wird das Team sein?« Jobs knappe Antwort lautete: »Nun, wenn ich eine Antwort auf all diese Fragen hätte, bräuchte ich Sie nicht, oder?« Das war grenzwertig, was das Thema Höflichkeit betraf, aber auch ermutigend. In einem Interview mit Terry Gross formulierte Jobs seinen Ansatz etwas abgeschwächter: »Bei Apple stellen wir Leute ein, die uns sagen, was wir tun sollen, nicht andersherum.« Und tatsächlich war das auch meine Erfahrung in diesem Unternehmen.

Bei Apple und Google hatte die Fähigkeit eines Chefs, Ergebnisse zu erzielen, mehr mit Zuhören und Verstehen zu tun, als damit, den Mitarbeiterinnen und Mitarbeitern zu sagen, was sie tun sollen. Zudem hat es mehr mit Diskutieren als Befehlen, mehr damit, die Mitarbeiter zu Entscheidungen zu bringen, als selbst die Entscheidungsträger zu sein, mehr mit Überzeugen als damit, Anweisungen zu geben, und mehr mit Lernen als mit Wissen zu tun.

Ihre Beziehungen sind das A und O Ihres Jobs

Es gibt jedoch einen himmelweiten Unterschied zwischen Autonomie und Vernachlässigung. Ich habe durch meine Erfahrung mit Bob gelernt, wie es sich anfühlt, wenn man das falsch macht. Nachstehend beschreibe ich, was ich darüber gelernt habe, es richtigzumachen.

In den Kursen *Managing at Apple* spielten wir oft ein Video ab, in dem Steve Jobs seinen Ansatz, wie er Kritik äußert, erläutert. Er brachte etwas sehr Wichtiges auf den Punkt: »Sie müssen das so machen, dass Ihr Vertrauen in die Fähigkeiten Ihrer Mitarbeiter nicht infrage gestellt wird, aber es darf auch nicht zu viel Raum für Interpretationen geben... und das ist sehr schwer.« Er fuhr fort: »Es macht mir nichts aus, falsch zu liegen. Und ich gebe zu, sehr häufig falsch zu liegen. Das macht mir nicht wirklich viel aus. Was wichtig für mich ist, ist, dass wir das Richtige tun.«[6] Amen! Wer könnte dem schon widersprechen?

Wenn Sie aber ein bisschen zurückspulen, hören Sie die Frage, auf die Jobs geantwortet hat. Jemand hatte ihn gefragt, warum er so oft den Satz »Deine Arbeit ist scheiße« sage. Auf den ersten Blick ist dieser Satz gelinde

6 http://www.magpictures.com/stevejobsthelostinvterview/.

gesagt nicht dazu geeignet, Vertrauen aufzubauen, oder Ihr Team dazu zu ermutigen, Risiken einzugehen. Er fühlt sich wie Mobbing an, und in einigen Fällen ist er das womöglich auch gewesen. Ich kann niemandem empfehlen, *einen solchen Satz* zu sagen. Anfänglich habe ich das auf eine flapsige Art gelöst. Ich sagte: »Vergessen Sie nicht, dass Sie nicht Steve Jobs sind.«

Das hat die Leute immer zum Lachen gebracht. Aber eigentlich habe ich damit ein wichtiges Thema umgangen. Ich dachte an die Meinungsverschiedenheit zwischen Matt Cutts und Larry Page zurück. Aus irgendeinem Grund konnten sie sich anschreien, und es war ok. Warum war das so? Ich würde selbstverständlich niemals sagen »Deine Arbeit ist scheiße!«, oder meine Kolleginnen und Kollegen anschreien.

Oder doch? Ich erinnere mich an die Zeit bei Google, als wir AdSense international ausrollten. Jared Smith, mit dem ich schon bei Juice zusammengearbeitet hatte und der auch zu meinem Team bei Google gehörte, verwechselte ständig die Slowakei und Slowenien und tat so, als ob der Unterschied keine Rolle spielte. Nachdem er die beiden Länder in einem dreißigminütigen Meeting zum fünften Mal verwechselt hatte, schnauzte ich ihn an: »Es heißt Slowakei, du Dummkopf!«

Jared und ich hatten lange genug zusammengearbeitet, dass er und auch alle anderen im Raum wussten, wie sehr ich ihn respektierte. Er konnte mir das auf dieselbe liebevoll unhöfliche Art zurückgeben, und gelegentlich tat er das auch. Mein unverblümtes Korrigieren war einfach ein kurzes, wirkungsvolles Mittel, um ihn zur Konzentration aufzufordern. Er machte den Fehler nicht noch einmal. Der einzige Grund, warum es ok war, so mit Jared zu sprechen, war die *Beziehung*, die wir im Laufe der Jahre aufgebaut hatten.

Ich will damit *auf keinen Fall* sagen, dass man fluchen, schreien oder unhöflich sein muss, um ein guter Chef zu sein. Ich würde das nicht empfehlen. Denn selbst wenn sich Ihre Beziehung so weit entwickelt hat, dass Sie davon ausgehen, dass gegenseitiger Respekt selbstverständlich ist, verstehen Sie als Chef manchmal die Signale falsch. Der springende Punkt ist, dass Sie vertrauensvolle Beziehungen aufbauen müssen, die diese Art der Kommunikation unterstützen, wenn Sie jemand sind, der auf diese Art und Weise kommuniziert. Zudem müssen Sie Mitarbeiterinnen und Mitarbeiter einstellen, die sich Ihrem Stil anpassen können.

Silicon Valley war ein ideales Umfeld, um die Beziehungen zwischen Chefs und ihren Mitarbeitern zu untersuchen. Vor 20 Jahren gab es im Silicon Valley weder Weiterbildungen zum Thema Mitarbeiterführung, noch wurde diese belohnt. Heute sind die Unternehmen jedoch *besessen* davon, aber vermutlich nicht aus den Gründen, die Sie sich womöglich vorstellen –, dass die Unternehmen von New-Age-Gurus geleitet werden, die immerzu auf der Suche nach einer Theorie sind, oder dass die Menschen dort grundlegend anders sind als überall sonst auf der Welt. Es liegt auch nicht daran, dass die Unternehmen riesige Budgets für Weiterbildung haben, oder daran, dass sie Einblick in die menschliche Natur haben, was ihnen durch den Zugang zu Big Data möglich ist.

Nein, der Grund, warum sich das Silicon Valley als idealer Ort für die Untersuchung der Beziehungen zwischen den Chefs und ihren direkten Mitarbeitern herausgestellt hat, ist, dass der Kampf um »Talente« dort sehr *intensiv* ist. So viele großartige Unternehmen im Silicon Valley wachsen und stellen ein, sodass es keinen Grund gibt, bei einem Unternehmen zu bleiben, wenn man unglücklich ist oder denkt, dass das eigene Potenzial verschwendet wird. Und es gibt auch keinen Grund, die »Arschloch-Steuer« zu zahlen. Wenn Sie Ihren Chef nicht mögen, kündigen Sie, da Sie wissen, dass zehn andere Unternehmen schon Schlange stehen, um Sie einzustellen. Folglich ist der Druck, der auf den Unternehmen lastet, diese Beziehungen richtig zu gestalten, enorm groß.

Selbst im Silicon Valley lassen sich Beziehungen nicht skalieren. Genauso wie Sie kann Larry nur mit einer Handvoll von Menschen eine echte Beziehung haben. Aber die Beziehungen, die Sie mit einer Handvoll Ihrer Mitarbeiter haben, wird sich enorm auf die Ergebnisse Ihres Teams auswirken. Wenn Sie ein großes Unternehmen leiten, können Sie nicht mit jedem eine Beziehung haben. Aber die Beziehung, die Sie mit Ihren direkten Mitarbeiterinnen und Mitarbeitern haben, wirkt sich auf deren Beziehung zu ihren direkten Mitarbeitern aus. Dieser Dominoeffekt trägt wesentlich dazu bei, eine positive Unternehmenskultur zu schaffen – oder sie zu zerstören. Beziehungen lassen sich nicht skalieren, die Kultur schon.

Ist »Beziehung« wirklich das richtige Wort? Ja, das ist es. Die Beziehung zwischen Eric Schmidt, CEO von Google zwischen 2001 und 2011, und Larry Page war eine der interessantesten in der Geschichte der Unternehmenswelt. Und die Bereitschaft von Tim Cook, dem damaligen COO und heutigen CEO von Apple, Steve Jobs einen Teil seiner Leber zu spenden, und die Weigerung von Jobs, das anzunehmen, sind Beispiele von einer tiefgehenden persönlichen Beziehung.

Was ist die eigentliche Natur dieser Beziehung? Manager-Kapitalismus ist ein recht neues Phänomen. Daher wurde diese menschliche Beziehung von den alten Philosophen nicht beschrieben. Obwohl fast jeder heutzutage einen Chef hat oder schon mal einen hatte, ist das Wesen dieser Beziehung in der Philosophie, Literatur, in Filmen und allen anderen Formen, in denen wir die Beziehungen, die unser Leben bestimmen, ergründen, zu kurz gekommen. Das möchte ich ändern, denn das Wichtigste daran, ein guter Chef – bei Apple, Google oder sonst wo auf der Welt – zu sein, ist eine gute Beziehung.

Der Begriff, der diese Beziehung am besten beschreibt, ist Radical Candor.

WIE SIE DIESES BUCH NUTZEN SOLLTEN

Als ich dieses Buch geschrieben habe, hatte ich Sie als Leser dabei im Blick. Was ich nicht nur aus meinen eigenen Erfahrungen, sondern auch aus dem Coaching von Führungskräften gelernt habe, ist, dass Chefs sich häufig *allein* fühlen, egal wie gut das Umfeld ist. Sie schämen sich dafür, ihren Job nicht gut zu machen, sind sich sicher, dass alle anderen besser sind, und deshalb können sie keine Hilfe suchen, oder haben Angst dies zu tun. Selbstverständlich ist kein Chef perfekt. Was mich antreibt, die in diesem Buch beschriebenen Konzepte und Methoden weiterzugeben, ist der Wunsch, Ihnen dabei zu helfen, nicht die gleichen Fehler zu machen, die ich gemacht habe. Aus diesem Grund erzähle ich auch so viele Geschichten von mir selbst.

Teil 1 dieses Buches soll Sie beruhigen. Ein guter Chef zu sein ist für alle schwierig, egal wie erfolgreich sie erscheinen mögen. Sie werden einen Teil Ihrer eigenen Erfahrungen in den hier beschriebenen Geschichten aus dem echten Leben wiederfinden. Ich hoffe, Sie werden auch den Optimismus erfahren, der sich aus dem Wissen ergibt, dass Sie erstens nicht allein sind, und zweitens, ein besserer Ansatz womöglich weniger schwierig ist, als Sie befürchten. Ihre Menschlichkeit ist eine Bereicherung für Ihre Effektivität und keine Belastung.

Teil 2 enthält eine Anleitung: einen schrittweisen Ansatz, um wertschätzend aufrichtige Beziehungen zu Ihren direkten Mitarbeiterinnen und Mitarbeitern aufzubauen, und wie Radical Candor Sie dabei unterstützt, Ihrer Hauptverantwortung als Chef gerecht zu werden, nämlich Ihr *Team* so zu *führen*, dass *Ergebnisse* erzielt werden.

Im Laufe der Lektüre sind Sie womöglich von der Vielzahl der Dinge, die ich Ihnen als Managerin vorschlage, überwältigt. Atmen Sie tief durch. Mein Ziel ist es, dass Sie Zeit sparen. Auf keinen Fall möchte ich Ihren Kalender mit Meetings vollstopfen. Tatsächlich müssen Sie Zeit mit Ihren direkten Mitarbeiterinnen und Mitarbeitern verbringen, um ein guter Chef zu sein, aber Sie müssen nicht Ihre *ganze* Zeit mit ihnen verbringen. Wenn Sie jede einzelne Idee in diesem Buch umsetzen sowie jedes Tool und jede Technik anwenden, wird sich die Zeit, die Sie für die Führung Ihres Teams aufwenden, auf ungefähr zehn Stunden pro Woche belaufen. Und diese zehn Stunden sollten Ihnen später enorme Zeitverluste und Kopfschmerzen ersparen. Ich schlage auch vor, dass Sie ungefähr fünfzehn Stunden pro Woche dafür reservieren, über die Arbeit in Ihrem eigentlichen Fachgebiet nachzudenken und Ihre Aufgaben zu erledigen. Danach bleiben noch fünfzehn Stunden übrig, wenn man eine Vierzigstundenwoche zugrunde legt. Hoffentlich können Sie diese Stunden für sich selbst nutzen. Wenn es Ihnen allerdings so wie mir geht, werden Sie die meiste Zeit davon nutzen, um unvorhergesehene Aufgaben zu erledigen.

Obwohl ich dieses Buch vor allem für Sie als Chef geschrieben habe, möchte ich Ihren Chef sowie die Personalabteilung und diejenigen, die für Weiterbildung und Mitarbeiterentwicklung zuständig sind und Sie unterstützen, nicht außen vor lassen. Als ich bei Google ein Team von siebenhundert Mitarbeiterinnen und Mitarbeitern leitete, bemerkte ich, dass Führungskräfte immer wieder dieselben Fehler machten. Trotz der Vorhersehbarkeit stellte es sich als recht schwer heraus, erfolgreich einzugreifen, was mich entmutigte. An manchen Tagen kam es mir so vor, als ob ich einem Zugunglück in Zeitlupe zusehen musste, das ich schon ein Dutzend

Mal vorher gesehen hatte. Das war die schlimmste Form eines Déjà-vus. Dasselbe Gefühl konnte ich auch an den Gesichtern der Mitarbeiter aus der Personal- und Personalentwicklungsabteilung ablesen, die mir mit Rat und Tat zur Seite standen, als ich dieses Buch geschrieben habe. Ich hoffe, das wird Sie davon abhalten, vorhersehbare Fehler immer und immer wieder zu machen.

Radical Candor ist auch unmittelbar relevant für diejenigen, die mit den Themen Diversity und Führung zu kämpfen haben. Geschlechtsspezifische, kulturelle und die ethnische Herkunft betreffende Unterschiede sorgen *tatsächlich* auch dafür, dass es schwerer wird, wertschätzend aufrichtige Beziehungen zu führen. Es ist schon furchteinflößend, bei Menschen, die so aussehen wie wir selbst, wertschätzend aufrichtig zu sein. Noch beängstigender ist es, wenn die Menschen anders aussehen als wir selbst, eine andere Sprache sprechen oder eine andere Religion haben. Wir alle neigen eher dazu, bei Menschen, die anders als wir sind, »schädlich empathisch« oder »aggressiv offen« oder »manipulativ unaufrichtig« zu sein. Wenn wir alle lernen, dieses Unbehagen zu überwinden und uns auf eine gemeinsame Menschlichkeit zu besinnen, kann das einen enorm großen Unterschied machen.

TEIL 1

EINE NEUE MANAGEMENT-PHILOSOPHIE

1.

WERTSCHÄTZEND AUFRICHTIGE BEZIEHUNGEN AUFBAUEN

Bringen Sie Ihr ganzes Ich mit zur Arbeit

MAN NENNT ES MANAGEMENT, UND ES IST IHRE AUFGABE

Normalerweise verspürte ich einen kleinen Anflug von Freude, wenn ich aus dem Aufzug stieg und das riesige ehemalige Lagerhaus im East Village betrat, das wir als Büro für Juice Software, dem Start-up, das ich im Jahr 2000 mitgegründet hatte, angemietet hatten. Aber an jenem Tag fühlte ich mich einfach nur gestresst.

Die Software-Ingenieure hatten nicht nur Tag und Nacht, sondern auch an den Wochenenden an einer Beta-Version unseres Produktes gearbeitet, die eine Woche später fertig sein sollte. Das Sales-Team hatte dreißig namhafte Kunden für das Testen der Beta-Version gewinnen können. Wenn diese Kunden unser Produkt einsetzen würden, könnten wir eine weitere Finanzierungsrunde auf die Beine stellen. Wenn nicht, hätten wir innerhalb von sechs Monaten kein Geld mehr.

Es gab ein Hindernis: mich. Am Abend zuvor hatte mir einer unserer Business Angels und Investoren, Dave Roux, mitgeteilt, dass er die Preisgestaltung für völlig falsch halte. »Ruf' dir in Erinnerung, als du das letzte Mal einen Gebrauchtwagen gekauft hast – einen, der weniger als 10.000 US-Dollar gekostet hat. Und nun denk' an den Verkäufer. So werden deine Verkäufer sein. Das sind diejenigen, die dich auf dem Markt repräsentieren.« Ganz tief drinnen wusste ich, dass Dave recht hatte. Aber ich konnte nicht zu meinem Sales-Team oder den anderen Mitgliedern der Führungsriege gehen, um alles zu ändern, und zwar nur, weil ich ein Bauchgefühl hatte. Ich musste mich hinsetzen und eine Analyse durchführen – und zwar schnell. Ich sagte alle meine Vormittagsmeetings ab und tat genau das.

Ich war noch nicht richtig im Büro, als ein Kollege plötzlich auf mich zukam. Er musste sofort mit mir sprechen. Er hatte gerade erfahren, dass bei ihm möglicherweise eine Nierentransplantation anstand, und er war völlig durcheinander. Nach einer Stunde und zwei Tassen Tee schien er sich etwas beruhigt zu haben.

Ich ging zu meinem Schreibtisch, an einem der Entwickler vorbei, dessen Kind auf der Intensivstation lag. *Ich muss einfach nachfragen.* »Wie ging es deinem Sohn gestern Abend?«, fragte ich. Es ging ihm nicht besser – und als er mir erzählte, wie die Nacht verlaufen war, hatten wir beide Tränen in den Augen. Ich überredete ihn, zu gehen und um sich selbst zu kümmern, bevor er wieder ins Krankenhaus musste.

Danach war ich erschöpft und ging an unserem Qualitätsbeauftragten vorbei. Von *seiner* Tochter gab es bessere Neuigkeiten: Sie hatte gerade in einer zentralen Matheprüfung die höchste Punktzahl im ganzen Bundesstaat erzielt. Er wollte darüber reden. Und in mir ging es hin und her zwischen Mitleid und Party.

Als ich dann an meinen Schreibtisch zurückkam, hatte ich weder Zeit noch emotionale Reserven, um über Preisgestaltung nachzudenken. Alle diese Menschen waren mir wichtig, aber ich war auch erschöpft und frustriert, dass ich keine »echte« Arbeit erledigen konnte. Im Laufe des Tages rief ich meine CEO-Coachin Leslie Koch an, um mich zu beschweren.

»Besteht mein Job darin, ein großartiges Unternehmen aufzubauen?«, fragte ich. »Oder bin ich nur eine Art emotionaler Babysitter?«

Leslie, eine Ex-Führungskraft von Microsoft mit einer starken Meinung, konnte sich kaum zurückhalten. »Das ist kein Babysitten«, sagte sie. »Das nennt man Führung, und das ist dein *Job*!«

Immer dann, wenn ich denke, dass ich etwas »Wichtigeres« zu tun habe, als den Menschen zuzuhören, erinnere ich mich an Leslies Worte: »Es ist dein *Job*!« Ich habe Leslies Worte schon Dutzende Male gegenüber Führungskräften zitiert, die nach ein paar Wochen zu mir kommen und sich darüber beschweren, dass sie sich wie »Babysitter« oder »Psychologen« vorkommen.

Wir unterschätzen die »emotionale Arbeit«, die damit einhergeht, Chef zu sein. Dieser Begriff ist für gewöhnlich für Menschen reserviert, die im Dienstleistungssektor oder im Gesundheitswesen arbeiten: Psychiater, Krankenschwestern, Ärzte, Kellnerinnen, Flugbegleiter. Aber wie ich auf den folgenden Seiten erläutern werde, ist diese emotionale Arbeit nicht nur Teil Ihres Jobs, sie ist entscheidend, wenn es darum geht, ein guter Chef zu sein.

WIE MAN EIN GUTER CHEF IST

In meinem Metier werde ich von fast allen, die ich treffe, gefragt, wie man als Chef/Manager/Führungskraft besser wird. Mir werden Fragen von den Leuten gestellt, die für mich gearbeitet haben, von den CEOs, die ich gecoacht habe, von meinen Kursteilnehmerinnen und -teilnehmern und von denjenigen, die einen meiner Vorträge gehört haben. Mir werden Fragen von Menschen gestellt, die ihre Führungsprobleme auf unserer Webseite (radicalcandor.com) beschrieben haben. Aber die Fragen kommen auch von gestressten Eltern, die bei einer Schulaufführung neben mir sitzen und nicht wissen, wie sie dem Babysitter beibringen sollen, den Kindern nicht so viele Süßigkeiten zu geben; von einem Bauunternehmer, der frustriert ist, weil seine Mannschaft nicht pünktlich zur Arbeit erscheint; von der Krankenschwester, die gerade zur Oberschwester befördert wurde und mir erzählt, wie sie das alles verwirrt (während sie meinen Blutdruck misst, und ich denke, ich sollte lieber ihren messen); von einem Geschäftsmann, der mit übertriebener Geduld telefoniert, während wir ein Flugzeug besteigen, dann das Handy zuklappt und die Frage stellt: »Warum habe ich diesen gottverdammten Idioten eingestellt?«, wobei er keinen direkt anspricht; von einer Freundin, die immer noch an den Gesichtsausdruck eines Mitarbeiters denken muss, den sie vor Jahren entlassen musste. Egal, wer die Fragen stellt, sie offenbaren in der Regel eine zugrundeliegende Angst: Viele denken, sie seien nicht so gut, wenn es um Führungsaufgaben geht, als in dem »eigentlichen« Teil ihrer Arbeit. Häufig fürchten sie, ihre direkten Mitarbeiter *im Stich zu lassen.*

Obwohl ich es nicht mag, diese Art Stress zu sehen, finde ich die Gespräche produktiv, da ich weiß, dass ich helfen kann. Am Ende der Gespräche sind die Menschen viel zuversichtlicher, ein guter Chef sein zu können.

Oftmals gibt es eine lustige Vorgeschichte zu den Fragen, die mir gestellt werden, denn die meisten mögen das Wort für ihren Job nicht: »Chef« erinnert an Ungerechtigkeit, »Manager« hört sich bürokratisch an, »Führungskraft« klingt selbstverherrlichend. Ich bevorzuge das Wort »Chef«, weil bei der Unterscheidung zwischen Führung und Management Führungskräfte in der Regel als Angeber, die eigentlich gar nichts tun, und Manager als kleinliche Vollstrecker definiert werden. Zudem gibt es einen problematischen Hierarchieunterschied, der in den beiden Wörtern steckt, so als ob Führungskräfte nicht mehr führen müssten, wenn sie ein bestimmtes Erfolgsniveau erreicht haben, und ganz neue Manager nicht führen müssen. Richard Tedlow behauptet in der Biografie über Andy Grove, dem legendären CEO von Intel, dass Management und Führung wie Vor- und Rückhand sind. Man muss beide gut beherrschen, um zu gewinnen. Ich hoffe, dass Sie am Ende dieses Buches etwas Positiveres mit allen den drei Begriffen Chef, Manager und Führungskraft verbinden.

Nun, da wir die Semantik aus dem Weg geräumt haben, stellt sich als Nächstes häufig eine recht einfache Frage: Was *tun* Chefs/Manager/Führungskräfte eigentlich? An Besprechungen teilnehmen? E-Mails verschicken? Den Mitarbeiterinnen und Mitarbeitern sagen, was sie tun sollen? Strategien entwickeln und davon ausgehen, dass andere sie umsetzen? Es ist verlockend, sie für Faulenzer zu halten.

Letztendlich sind Chefs allerdings für die Ergebnisse verantwortlich. Sie erreichen die Ergebnisse nicht, indem sie die ganze Arbeit selbst machen, sondern indem sie die Mitarbeiterinnen und Mitarbeiter in ihrem Team anleiten. **Chefs leiten Teams, um Ergebnisse zu erzielen.**

Die Fragen, die mir als Nächstes gestellt werden, drehen sich um jede dieser drei Verantwortungsbereiche, die Führungskräfte ausfüllen müssen: Führung, Teambildung und Ergebnisse.

Erstens: *Führung*

Führung wird häufig auch als »Feedback« bezeichnet. Menschen *fürchten sich* vor Feedback. Sie fürchten sich davor, Feedback zu erhalten, das Lob, das sich womöglich gönnerhaft anfühlt, und insbesondere auch die Kritik. Sie fürchten sich auch davor, Feedback zu geben. Was, wenn sich ihr Gegenüber in die Enge getrieben fühlt? Wenn die Person anfängt zu schreien? Wenn sie damit droht zu klagen? Wenn sie in Tränen ausbricht? Was, wenn sie sich weigert, die Kritik anzunehmen oder nicht weiß, wie sie das Problem beheben soll? Was, wenn es *gar keinen* einfachen Lösungsweg *gibt*, um das Problem zu beheben? Was sollte ein Chef dann sagen? Aber es ist auch nicht einfacher, wenn das Problem tatsächlich einfach und offensichtlich *ist*. Warum weiß die Person nicht bereits, dass es ein Problem gibt? Muss ich das wirklich *ansprechen*? Bin ich zu nett? Bin ich zu gemein? All diese Probleme hängen so schwer über den Menschen, dass sie häufig vergessen, Ratschläge von anderen einzuholen und sich gegenseitig zu unterstützen.

Zweitens: *Teambildung*

Der Aufbau eines Teams, in dem es einen Zusammenhalt zwischen den Teammitgliedern gibt, bedeutet, die richtigen Menschen für die richtigen Aufgaben zu finden: einstellen, entlassen, befördern. Sobald Sie dann die richtigen Leute auf den richtigen Jobs haben, wie sorgen Sie dafür, dass sie weiterhin motiviert sind? Insbesondere im Silicon Valley wird immer wieder die Frage gestellt: Warum möchten alle einen neuen Job, wenn sie nicht einmal den Job, den sie gerade haben, ausfüllen können? Warum erwarten Millennials, dass sie eine Anleitung für ihre Karriere erhalten, ähnlich einem Lego-Bausatz. Warum gehen die Leute wieder, sobald sie sich eingearbeitet haben? Warum fahren sie immer wieder vor die Wand? Warum machen nicht alle ihren Job und lassen mich meinen machen?

Drittens: *Ergebnisse*

Viele Führungskräfte sind permanent frustriert, dass es schwieriger zu sein scheint, Dinge zu erledigen, als es sein sollte. Wir haben gerade das Team verdoppelt, aber die Ergebnisse sind nicht doppelt so gut. Tatsächlich sind sie sogar noch schlechter. Woran liegt das? Zuweilen gehen die Dinge zu langsam voran: Die Leute, die für mich arbeiten, würden bis in alle Ewigkeit diskutieren, wenn ich sie ließe. Warum können sie keine Entscheidungen treffen? Aber manchmal geht auch alles zu *schnell*: Wir haben unsere Deadline nicht eingehalten, weil das Team überhaupt nicht willens war, ein wenig zu planen. Sie bestanden darauf, einfach drauflos zu feuern ohne Vorbereitung, ohne Ziel. Warum können sie nicht nachdenken, bevor sie etwas unternehmen? Oder sie arbeiten auf Autopilot: Sie tun in diesem Quartal genau dasselbe, was sie im letzten Quartal gemacht haben. Warum erwarten Sie dann andere Ergebnisse?

Führung, Teambildung und Ergebnisse: Das sind die Verantwortlichkeiten eines jeden Chefs. Das gilt auch für alle, die Menschen führen – CEOs, Mittelmanager und all jene, die zum ersten Mal eine Führungsposition haben. CEOs haben womöglich breiter gesteckte Probleme, die sie zu bewältigen haben, aber dennoch müssen auch sie mit anderen Menschen zusammenarbeiten, und zwar mit all ihren Macken, Fähigkeiten und Schwächen, die für ihren Erfolg bei der Unternehmensführung genauso existieren und entsprechend relevant sind wie in ihrer allerersten Führungsposition.

Es ist selbstverständlich, dass Führungskräfte, die sich fragen, ob sie bei ihren Mitarbeiterinnen und Mitarbeitern alles richtig machen, mich zu diesen drei Themen befragen wollen. Ich werde im Laufe dieses Buches alle drei Themen detailliert erläutern.

BEZIEHUNGEN UND NICHT MACHT BRINGEN SIE VORAN

Aber die wichtigste Frage, die Frage, die den Kern dessen, was einen guten Chef ausmacht, betrifft, wird für gewöhnlich nicht gestellt. Eine Ausnahme bildete Ryan Smith, CEO von Qualtrics. Ich hatte gerade angefangen, ihn zu coachen, und seine erste Frage lautete: »Ich habe gerade mehrere neue Führungskräfte für mein Team eingestellt. Wie kann ich mit jeder von ihnen schnell eine Beziehung mit gegenseitigem Vertrauen aufbauen?«

Nur wenige Menschen konzentrieren sich zunächst auf die eigentliche Schwierigkeit der Führung, die Ryan angesprochen hat: eine vertrauensvolle Beziehung zu jeder Person, die Ihnen direkt unterstellt ist, aufzubauen. Wenn Sie ein großes Unternehmen leiten, können Sie nicht mit jedem eine Beziehung haben. Aber Sie *können* die Menschen, die Ihnen direkt unterstellt sind, wirklich kennenlernen. Vieles steht dem jedoch im Weg: in erster Linie Machtdynamik, aber auch Angst vor Konflikten, Sorgen über die Grenzen des Angemessenen oder »Professionellen«, Angst vor Glaubwürdigkeitsverlust, Zeitdruck.

Nichtsdestotrotz sind diese Beziehungen der eigentliche Kern Ihrer Arbeit. Sie sind ausschlaggebend dafür, ob Sie als Führungskraft (1) eine Feedbackkultur (Lob und Kritik) etablieren können, die dafür sorgt, dass sich jeder in die richtige Richtung bewegt; (2) genau wissen, was jedes Teammitglied motiviert, um Burn-out und Langeweile zu verhindern und um das Team zusammenzuhalten; und (3) gemeinsam Ergebnisse erzielen zu können. Wenn Sie glauben, diese Dinge *ohne* gute Beziehungen erreichen zu können, machen Sie sich etwas vor. Ich sage nicht, dass unkontrollierte Macht, Kontrolle oder Autorität nicht funktionieren können. Sie funktionieren besonders gut in einer Pavian-Herde oder in einem totalitären Regime. Wenn Sie aber dieses Buch lesen, ist das nicht das, was Sie anstreben.

Ihre Verantwortlichkeiten und Beziehungen beeinflussen sich gegenseitig positiv. Sie stärken Ihre Beziehungen, indem Sie lernen, wie Sie am besten Feedback bekommen, geben und dazu ermutigen; indem Sie die richtigen Menschen für die richtigen Aufgaben in Ihrem Team einsetzen;

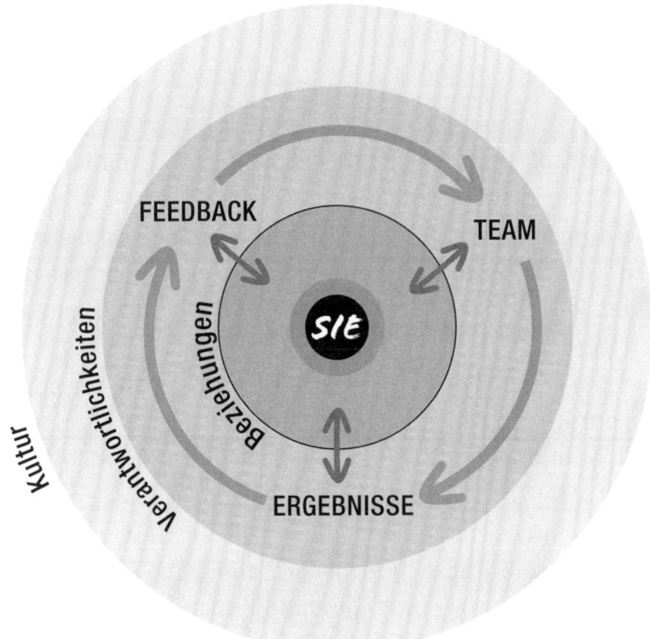

und indem Sie gemeinsam Ergebnisse erzielen, von denen Sie als Einzelperson nicht zu träumen wagen. Natürlich können sich Verantwortlichkeiten und Beziehungen auch gegenseitig negativ beeinflussen. Wenn Sie den Menschen nicht genau das Feedback geben, das sie brauchen, um ihre Arbeit erfolgreich zu erledigen, oder Menschen Aufgaben übertragen, die sie nicht wollen oder für die sie nicht geeignet sind, oder Mitarbeiterinnen und Mitarbeiter dazu drängen, Ergebnisse zu erzielen, die sie als unrealistisch erachten, untergraben Sie das Vertrauen.

Ihre Beziehungen und Verantwortlichkeiten verstärken sich gegenseitig, positiv wie negativ. Und diese Dynamik bringt Sie als Führungskraft voran – oder bewirkt genau das Gegenteil. Die Beziehung, die Sie mit Ihren direkten Mitarbeitern haben, beeinflusst deren Beziehungen zu den direkten Mitarbeitern sowie Ihre Teamkultur. Ihre Fähigkeit, vertrauensvolle, menschliche Beziehungen zu Ihren direkten Mitarbeiterinnen und Mitarbeitern aufzubauen, wird die Qualität von allem, was kommt, definieren.

Die Definition dieser Beziehungen ist von entscheidender Bedeutung. Sie sind zutiefst persönlich, und sie sind nicht wie alle anderen Beziehungen in Ihrem Leben. Die meisten von uns sind allerdings nicht, wie sie diese Beziehungen aufbauen können. Radical Candor, das zugrundeliegende Konzept dieses Buches, kann Ihnen dabei helfen.

RADICAL CANDOR

Vertrauen aufzubauen kann nicht erreicht werden, indem man einfach »dies oder das macht, und schon hast du eine gute Beziehung«. Wie alle menschlichen Beziehungen ist die Beziehung zwischen Chefs und ihren direkten Mitarbeitern unvorhersehbar und unterliegt keinen allgemeingültigen Regeln. Ich habe jedoch zwei Dimensionen ermittelt, die Ihnen zusammen dabei helfen werden, sich in eine positive Richtung zu bewegen.

Bei der ersten Dimension geht es darum, mehr als »nur professionell« zu sein. Es geht darum, sich zu engagieren, mehr von sich preiszugeben als nur das Arbeits-Ich, und jeden Ihrer Mitarbeiter zu ermutigen, das gleiche zu tun. Es genügt nicht, sich nur für die Fähigkeit der Menschen, dass sie ihren Job erledigen, zu interessieren. Um eine gute Beziehung zu haben, müssen Sie ganz Sie selbst sein und sich für jeden Ihrer Mitarbeiter als Mensch interessieren. Es geht nicht nur ums Geschäft. Es ist persönlich, und das heißt *äußerst* persönlich. Ich bezeichne diese Dimension als »Wertschätzung«.

Zu der zweiten Dimension gehört es, den Menschen zu sagen, wenn deren Arbeit nicht gut genug ist – aber auch wenn sie es ist; wenn sie den neuen Job nicht bekommen, den sie haben wollten, oder wenn Sie einen neuen Chef einstellen, der ihnen vorgesetzt ist; wenn die Ergebnisse keine weiteren Investitionen in das, woran sie gerade arbeiten, rechtfertigen. Negatives Feedback zu geben, schwierige Entscheidungen zu treffen, wer was in einem Team macht, und die Messlatte für die Ergebnisse hochzuhängen – ist das nicht die Aufgabe einer jeden Führungskraft? Die meisten haben jedoch eben damit zu kämpfen. Zu Menschen aufrichtig zu sein nervt sie in der Regel, und zunächst scheint das auch keine gute Methode zu sein, um eine Beziehung aufzubauen oder zu zeigen, dass man sich »persönlich interessiert«. Und doch ist Aufrichtigkeit häufig die beste Methode, um ihnen zu zeigen, dass Sie sich interessieren, wenn Sie der Chef sind. Diese Dimension nenne ich »Aufrichtigkeit«.

»Radical Candor« ist das, was passiert, wenn man »Wertschätzung« und »Aufrichtigkeit« kombiniert. Wertschätzende Aufrichtigkeit baut Vertrauen auf und öffnet die Tür für die Art von Kommunikation, die Ihnen dabei hilft, die Ergebnisse zu erzielen, die Sie anstreben. Und sie spricht direkt die Ängste an, die Menschen mir gegenüber zum Ausdruck bringen, wenn sie Fragen zu den Führungsproblemen, mit denen sie konfrontiert werden, stellen. Es hat sich herausgestellt, dass die Menschen, die Ihnen vertrauen und überzeugt davon sind, dass Sie sich um sie kümmern, viel eher bereit sind, (1) Ihr Lob und Ihre Kritik zu akzeptieren sowie darauf zu reagieren; (2) Ihnen zu sagen, was sie wirklich denken, was *Sie* gut und, was noch wichtiger ist, was Sie nicht so gut machen; (3) sich untereinander genauso zu verhalten, das bedeutet, den Felsblock immer wieder auf den Hügel zu rollen; (4) ihre Rolle im Team anzunehmen und (5) sich darauf zu konzentrieren, *Ergebnisse zu erzielen.*

Warum »radical«? Ich habe dieses Wort gewählt, weil so viele von uns darauf konditioniert sind, nicht zu sagen, was sie wirklich denken. Das ist zum Teil adaptives Sozialverhalten, das uns dabei hilft, Konflikte zu vermeiden oder Peinlichkeiten zu umgehen. Aber für einen Chef ist eine solche Vermeidungsstrategie katastrophal.

Warum »Candor«? Am wichtigsten dafür, alle daran zu gewöhnen, direkt zu sein, wenn sie zueinander (und auch zu sich selbst!) aufrichtig sind, ist zu betonen, klar genug zu kommunizieren, sodass es keinen Interpretationsspielraum gibt, aber auch dafür, dass *Demut* mit im Spiel ist. Ich habe »Candor« statt »Ehrlichkeit« gewählt, weil es nicht sehr demütig ist, wenn man glaubt, die Wahrheit zu kennen. Mit Aufrichtigkeit geht einher, dass Sie schlicht und einfach Ihre Sicht der Dinge darlegen. Sie erwarten aber auch, dass die Menschen ihre Sicht zum Ausdruck bringen. Falls sich tatsächlich herausstellt, dass Sie sich geirrt haben, möchten Sie das wissen. Zumindest *hoffe* ich, dass Sie das wissen möchten.

Das Überraschendste an wertschätzender Aufrichtigkeit ist womöglich, dass das, was daraus folgt, häufig genau das Gegenteil ist von dem, was Sie befürchten. Sie fürchten, dass die Menschen wütend oder rachsüchtig werden. Stattdessen sind sie in der Regel *dankbar* für die Chance, die Dinge zu besprechen. Und selbst wenn die Menschen anfänglich wütend, verärgert oder missmutig sind, stellen sich solche Emotionen als vorübergehend heraus, wenn die Person weiß, dass sie Ihnen wirklich am Herzen liegt. In dem Maß, wie Ihre Mitarbeiterinnen und Mitarbeiter wertschätzend aufrichtig zueinander sind, verbringen Sie weniger Zeit mit Mediation. Wenn wertschätzende Aufrichtigkeit vom Chef gefördert und unterstützt wird, fließt die Kommunikation, unterschwelliger Ärger kommt ans Licht und wird aufgelöst, und die Menschen fangen an, nicht nur ihre Arbeit, sondern auch *diejenigen*, mit denen sie zusammenarbeiten, und den *Ort*, an dem sie arbeiten, zu lieben. Wenn die Menschen ihre Arbeit lieben, ist das ganze Team erfolgreicher. Das daraus entstehende Glücksgefühl ist der Erfolg über den Erfolg hinaus.

WERTSCHÄTZUNG: DIE ERSTE DIMENSION VON RADICAL CANDOR

Meine erste Lektion, warum Wertschätzung so wichtig ist, bekam ich am 4. Juli 1992 in Moskau, als ich mit zehn der weltweit besten Diamantschleifer, die ich einstellen wollte, im Regen unter einer Plane stand. Ich arbeitete für ein New Yorker Diamantenunternehmen. Zwei Jahre zuvor hatte ich am College meinen Abschluss in russischer Literatur gemacht. Mein Studium schien für meine damalige Aufgabe nicht relevant zu sein. Sie erforderte lediglich gesunden Menschenverstand und kein tiefergehendes Verständnis der menschlichen Natur. Ich musste diese Menschen davon überzeugen, der sich in staatlicher Hand befindenden russischen Fabrik, die das Gehalt in fast wertlosen Rubeln auszahlte, den Rücken zu kehren. Ich konnte die Diamantschleifer aber in US-Dollar bezahlen – und zwar in ganz schön vielen. Und so motiviert man die Menschen, oder? Man bezahlt sie einfach.

Das ist falsch. Die Diamantenschleifer wollten etwas essen.

Also stellten wir uns unter die Plane und aßen Schaschlik – gegrillte

Fleischstücke – und kleine säuerliche Äpfel. Und während sie mich mit Fragen löcherten, ging eine Flasche Wodka herum. Ihr erster Auftrag sollte sein, einen 100-Karat-Diamanten zu schleifen und daraus ein Paar einzigartige Ohrringe zu fertigen. »Wer kann so große Juwelen kaufen?«, wollten die Diamantenschleifer wissen. Ich erklärte ihnen, das sei ein Geschenk eines saudischen Scheichs an seine Frau, die Zwillinge erwartete. Was wusste ich darüber, für das Schleifen von Diamanten Laser zu nutzen? Ich versprach ihnen, sie mit nach Israel zu nehmen, damit sie dort die modernste Technologie sehen konnten. Diese war allerdings immer noch weniger effizient als die alten Schleifscheiben aus Kupfer, die sie benutzten. Sie wollten Englisch lernen. Ich versprach ihnen, sie selbst zu unterrichten. »Wäre es auch möglich, etwa einmal pro Woche zusammen zu Mittag zu essen?« Selbstverständlich. Während wir die Flasche Wodka leermachten, stellten sie eine weitere Frage: »Wenn alles hier in Russland den Bach runterginge, würden Sie uns und unsere Familien hier rausholen?« Mir wurde klar, dass diese Frage die einzige war, die tatsächlich von Bedeutung war. Als sich unser Essen dem Ende näherte, erkannte ich, dass das Wichtigste, was ich tun konnte, das Russland nicht konnte, darin bestand, mich *persönlich zu kümmern.*

Die Diamantenschleifer nahmen den Auftrag an. Und plötzlich hatten all jene langen Nächte, in denen ich lange russische Romane gelesen hatte, einen Sinn für meine Karriere, in die ich hineingestolpert war. Ich hatte eine zutiefst ambivalente Einstellung, wenn es darum ging, Chef zu werden, da ich sie für roboterartige Traummörder oder Dilbert-artige Seelenzerstörer hielt. Nun aber erkannte ich, dass die Frage, die mich dazu bewogen hatte, russische Literatur zu studieren – warum einige Menschen produktiv und fröhlich leben, während andere sich, so wie Marx es formulierte, von ihrem Job entfremdet fühlen – für den Job eines Chefs so wichtig ist. Tatsächlich bestand ein Teil meines Jobs darin, herauszufinden, wie man für mehr Freude und weniger Elend sorgen kann. Meine Menschlichkeit war ein Kennzeichen und keine Bürde für meine Effektivität.

Zwei Jahre nach unserem gemeinsamen Essen organisierte ich die erste Reise für die Männer außerhalb ihres Heimatlandes. Ich half ihnen, mit dem Widerspruch, den sie zwischen der Welt, so wie sie sie sahen, und dem, was sie aufgrund ihrer sowjetischen Erziehung erwarteten, zurechtzukommen. Ich sorgte dafür, dass sich ihr Englisch verbesserte. Ich verbrachte Zeit mit ihren Familien. Sie hatten für unser Unternehmen Diamanten geschliffen, mit denen ein Umsatz von mehr als 100 Millionen US-Dollar pro Jahr erzielt wurde.

Es ist wohl offensichtlich, dass gute Chefs sich persönlich um ihre direkten Mitarbeiterinnen und Mitarbeiter kümmern müssen. Nur wenige beginnen ihre Karriere und denken, *Ich mache mir nichts aus Leuten, also bin ich ein guter Chef.* Und dennoch passiert es allzu oft, dass die Angestellten denken, sie würden wie Schachfiguren oder als Minderwertige behandelt – nicht nur in der Unternehmenshierarchie, sondern auf einer fundamentalen menschlichen Ebene.

Einer der Gründe, warum die Menschen sich nicht »persönlich kümmern«, besteht in der Erwartungshaltung, »professionell zu sein«. Dieser Satz verleugnet etwas Wesentliches. Wir sind alle menschliche Wesen mit menschlichen Gefühlen, und selbst auf der Arbeit wollen wir als solche gesehen werden. Wenn das nicht passiert, wenn wir denken, wir müssten die Person, die wir eigentlich sind, unterdrücken, um unseren Lebensunterhalt zu verdienen, entfremden wir uns. Das führt dazu, dass wir es hassen, zur Arbeit zu gehen. Für die meisten Chefs bedeutet, professionell zu sein, pünktlich zur Arbeit zu kommen, seine Aufgaben zu erledigen, keine Gefühle zu zeigen (es sei denn, es geht um »Motivation« oder andere vom Ende her motivierten Bemühungen). Das Ergebnis ist, dass sich *keiner,* so wie er wirklich ist, bei der Arbeit wohlfühlt.

Mein Coach bei Google Fred Kofman hatte ein Motto, das dem Ansatz, der für so viele Manager destruktiv ist, »immer professionell« zu sein, widersprach: »Bring dein ganzes Ich mit zur Arbeit.« Dieser Satz wurde zu einem geflügelten Wort. Wenn Sie ihn googeln, bekommen Sie mehr als acht Millionen Treffer. Sheryl Sandberg zitierte ihn in ihrer Festrede in Harvard 2012, der Autor Mike Robbins widmete ihm einen TEDx-Talk im Jahr 2016, und Stewart Butterfield, CEO von Slack, setzte ihn ganz nach oben auf der Prioritätenliste für sein Unternehmen. Sein ganzes Ich mit zur Arbeit zu bringen ist eines dieser Konzepte, die nicht so genau definierbar sind, aber Sie entwickeln ein Gefühl dafür, wenn Sie sich dafür öffnen. Das bedeutet häufig, dass Sie das Verhalten selbst gestalten, indem Sie gegenüber Ihren direkten Mitarbeiterinnen und Mitarbeitern eine gewisse Verletzlichkeit an den Tag legen –oder einfach zugeben, wenn Sie einen schlechten Tag haben –und dafür sorgen, dass es einen sicheren Raum gibt, in dem die anderen das Gleiche tun können.

Neben der schon zwanghaften Beachtung der »Professionalität« gibt es einen anderen, weniger moralisch einwandfreien Grund, warum sich die Menschen nicht »persönlich kümmern«. Wenn sie Chef werden, halten sich einige bewusst oder unbewusst für besser oder klüger als die Menschen, die für sie arbeiten. Diese Einstellung macht es unmöglich, ein hervorragender

Chef zu sein. Sie führt lediglich dazu, dass die Leute ihnen in den Hintern treten wollen. Es gibt nur wenige Dinge, die menschlichen Beziehungen noch mehr schaden als ein Gefühl der Überlegenheit. Deshalb hasse ich das Wort »Vorgesetzter« als Synonym für »Chef«. Ich vermeide auch die Verwendung des Wortes »Angestellter«. Ich habe einmal für einen Mann gearbeitet, der mir erzählte, dass es in jeder Beziehung einen gibt, der seine Macht missbraucht, und einen, der das mit sich machen lässt. Ich muss nicht betonen, dass ich nicht sehr lange für ihn gearbeitet habe. Selbstverständlich *gibt es* Hierarchien, wenn Sie der Chef sind. Es hat keinen Sinn, so zu tun, als gäbe es sie nicht. Vergessen Sie nur nicht, dass es sich um einen *Job* handelt, der Chef zu sein, und nicht um ein Werturteil.

Wertschätzung ist genau das Gegenteil sowohl von roboterhafter Professionalität als auch von Arroganz der Führungskräfte. Warum spreche ich von »Wertschätzung« und nicht nur von »Fürsorge«? Da es nicht genug ist, sich um die Arbeit oder die Karriere einer Person zu sorgen. Nur wenn Sie sich tatsächlich um die *ganze Person mit Ihrem ganzen Ich* kümmern, können Sie eine Beziehung aufbauen.

Bei Wertschätzung geht es weder darum, sich an Geburtstage oder die Namen von Familienmitgliedern zu erinnern. Noch geht es darum, die weniger schönen Details Ihres Privatlebens zu teilen, oder bei Firmenveranstaltungen, an denen Sie am liebsten nicht teilnehmen würden, gezwungenermaßen mit den anderen zu plaudern. Bei der Wertschätzung geht es darum, Dinge zu tun, von denen Sie bereits wissen, wie sie zu tun sind. Es geht darum anzuerkennen, dass wir alle Menschen sind, die ein Leben und Ziele haben, die nicht nur auf das Arbeitsleben beschränkt sind. Es geht darum, Zeit für echte Gespräche zu finden; einander auf menschlicher Ebene kennenzulernen; zu erfahren, was für die Menschen wichtig ist; mit den anderen darüber zu reden, warum wir morgens aufstehen und zur Arbeit gehen wollen – und was das Gegenteil bewirkt.

Es geht jedoch nicht nur darum, dass Sie durch die Art und Weise, wie Sie an Ihre Aufgaben herangehen, zeigen, dass Sie sich kümmern. Vielmehr müssen Sie sich wirklich für die Menschen interessieren, aber auch darauf vorbereitet sein, im Gegenzug gehasst zu werden. In dem Film *Miracle*, in dessen Mittelpunkt der Cheftrainer des olympischen Eishockeyteams der USA steht, wird das recht gut dargestellt. Der Cheftrainer Herb Brooks macht aus dem Team eine Einheit, indem er ihnen so viel abverlangt, dass er der gemeinsame Feind des Teams wird. Wenn man diesen Film sieht, wird deutlich, wie sehr er sich um jeden einzelnen Spieler sorgt. Und es schmerzt, mit anzusehen, wie lange es dauert, bis die Spieler das erkennen.

Chef zu sein fühlt sich zuweilen so an wie eine einsame Einbahnstraße – besonders zu Anfang. Das ist aber nicht schlimm. Wenn Sie dem Gegenwind standhalten können, ist es wahrscheinlicher, dass die Mitglieder Ihres Teams gegenüber ihren Mitarbeiterinnen und Mitarbeitern gute Chefs sind, sobald sie welche haben. Wenn die Menschen wissen, was es bedeutet, einen guten Chef zu *haben*, ist es selbstverständlicher für sie, selbst ein guter Chef *sein* zu wollen. Sie zahlen es einem womöglich niemals zurück, aber sie geben es wahrscheinlich weiter. Die Belohnung dafür, Menschen dabei zu beobachten, wie sie aufblühen und den anderen helfen aufzublühen, ist unbezahlbar.

AUFRICHTIGKEIT: DIE ZWEITE DIMENSION VON RADICAL CANDOR

Der Philosoph Joshua Cohen, der Führungskräfte bei Twitter und Apple sowie Studenten in Stanford und am MIT unterrichtete, versteht es sehr gut zu erklären, warum es nicht nur dafür, einen guten Job zu machen, sondern auch dafür, gute Beziehungen aufzubauen, unerlässlich ist, gegenseitig aufrichtig zu sein. Er nutzt häufig das folgende Zitat von John Stuart Mill:

> *»Die Quelle von allem, was bei einem Menschen als intellektuelles oder moralisches Wesen achtbar ist, [ist], dass seine Fehler korrigierbar sind. Er ist in der Lage, seine Fehler wiedergutzumachen, wenn er darüber spricht und Erfahrungen sammelt. Erfahrungen allein sind nicht genug. Es muss auch Gespräche geben, um zu zeigen, wie Erfahrungen interpretiert werden müssen.«*

Anderen gegenüber aufrichtig zu sein und sie zu ermutigen, Ihnen gegenüber aufrichtig zu sein, trägt dazu bei, vertrauensvolle Beziehungen aufzubauen, weil es zeigt, dass Sie (1) ausreichend großes Interesse haben, nicht nur auf die Dinge, die schlecht laufen, sondern auch auf die, die gut laufen, hinzuweisen; und (2) gewillt sind zuzugeben, wenn Sie falschliegen, und Sie sich dafür engagieren, die Fehler, die Sie oder andere gemacht haben, zu korrigieren. Aber da Aufrichtigkeit auch häufig bedeutet, anderer Meinung zu sein oder Nein zu sagen, gehen mit diesem Ansatz eher Konflikte einher, als dass diese vermieden werden könnten.

Der ehemalige US-Außenminister Colin Powell sagte einmal, dass Verantwortung zu tragen zuweilen bedeutet, die Menschen zu verärgern.[7] Sie müssen akzeptieren, dass die Leute in Ihrem Team manchmal wütend auf Sie sind. Wenn niemals jemand wütend auf Sie ist, dann fordern Sie Ihr Team vermutlich nicht ausreichend heraus. Das Wichtigste ist – so wie in jeder Beziehung –, wie Sie mit dieser Wut umgehen. Wenn das, was Sie sagen, wehtut, seien Sie sich darüber im Klaren, dass die andere Person Schmerz empfindet. Tun Sie nicht so, als täte es nicht weh, oder sagen Sie nicht, es »sollte« nicht wehtun. Zeigen Sie einfach, dass Sie sich sorgen. Streichen Sie den Satz »nimm' es nicht persönlich« aus Ihrem Wortschatz – er ist beleidigend. Bieten Sie stattdessen an, das Problem zu beheben. Tun Sie aber nicht so, als sei es kein Problem, nur damit sich jemand besser fühlt. Am Ende bauen Sie die besten Beziehungen in Ihrer Karriere durch Wertschätzung auf, auch wenn Sie den Menschen gegenüber aufrichtig sind.

Der Teil »Aufrichtigkeit« dieses Modells kann insbesondere zu Beginn recht schwer sein. Sie müssen womöglich die Arbeit von jemandem kritisieren oder einer Person eine andere Aufgabe übertragen, während Sie noch dabei sind, Vertrauen aufzubauen. Ich verwende in diesem Buch viel Zeit darauf, Ihnen zu zeigen, wie Sie das tun können. Es ist jedoch nicht der schwierigste Teil. Der schwierigste Teil besteht darin, die Menschen dazu aufzufordern, Ihnen gegenüber aufrichtig zu sein, und zwar genauso direkt, wie Sie es den Menschen gegenüber sind. Sie müssen sie ermutigen, Ihnen gegenüber so aufrichtig zu sein, dass *Sie* womöglich derjenige sind, der verärgert oder wütend ist. Daran muss man sich gewöhnen – insbesondere die eher »autoritären« Führungskräfte. Aber wenn Sie so vorgehen, werden Sie eine Menge über sich selbst und darüber, wie andere Menschen Sie wahrnehmen, erfahren. Dieses Wissen wird es Ihnen und Ihrem Team ermöglichen, bessere Ergebnisse zu erzielen.

Mein Co-Founder Russ stellte vor Kurzem Elisse Lockhart als Verantwortliche für das Content-Marketing von Candor, Inc. ein. Russ hat eine ziemlich genaue Vorstellung davon, wie wir Radical Candor beschreiben. Elisse, die neu im Team war, hielt sich daher mit ihrer Meinung zurück. Russ, der sich nicht nur dieser Dynamik bewusst war, sondern auch der Tatsache, dass er ihr Chef war, war sehr darauf bedacht, Elisse zu ermutigen, uns beiden gegenüber genauso aufrichtig zu sein wie wir ihr gegenüber.

Genügend Vertrauen zwischen Menschen aufzubauen, sodass sie

7 Vgl. Harari, O.: The Powell Principles: 24 Lessons from Colin Powell, a Legendary Leader. New York, Mc Graw-Hill 2002, S. 4

unabhängig davon, wer an wen berichtet, aufrichtig zueinander sein können, erfordert Zeit und Aufmerksamkeit. Ich erlebte einen Erfolgsmoment beim Aufbau dieses Vertrauens, als Russ und Elisse zusammen an einem Blogpost für unsere Webseite arbeiteten. Elisse war mit einigen von Russ vorgeschlagenen Formulierungen nicht einverstanden und sagte dies auch. Sie diskutierten darüber, wobei ihre Argumente ein paar Mal hin- und hergingen. Und dann schien es so, als ob Elisse einen Rückzieher machen wolle. Russ, der das mitbekam, sagte in Anlehnung an Jim Barksdale von Netscape jedoch mit einem entgegengesetzten Angebot: »Wenn wir die Daten darüber haben, was funktioniert, schauen wir uns die Daten an. Wenn wir aber nur Vermutungen haben, nehmen wir deinen Vorschlag.« Russ stimmte den Änderungsvorschlägen von Elisse zu, und die Daten über die Resonanz auf Elisses Formulierungen gaben ihr recht.

Dadurch war sie so sehr beflügelt, dass sie das nächste Mal, als sie ihre Sichtweise darstellen sollte, dies mit noch mehr Nachdruck tat, und zwar mit so viel mehr Nachdruck, dass sie Angst hatte, bei ihrem Chef eine Grenze überschritten zu haben. Das hatte sie aber nicht. Und um das klarzustellen, schickte Russ ihr den Jerry-Maguire-Clip »Hilf mir, um dir zu helfen« zu.

In dem Film geraten Jerry und sein Klient in einen heftigen Streit, und die Pointe besteht darin, dass Rod zu Jerry sagt: »Siehst du, das ist der Unterschied zwischen uns. Du denkst, wir streiten, und ich denke, dass wir endlich miteinander reden!«

WAS RADICAL CANDOR NICHT IST

Wir haben bereits über die Bedeutung von Demut gesprochen. Radical Candor ist kein Freibrief dafür, unnötig unfreundlich zu sein oder jemanden »vor den Kopf zu stoßen«. Sie sind nicht wertschätzend aufrichtig, wenn Sie ihren Satz mit »Lassen Sie mich wertschätzend aufrichtig zu Ihnen sein« beginnen. Wenn Sie diesem Satz Aussprüche folgen lassen wie »Sie sind ein Lügner, und ich vertraue Ihnen nicht« oder »Sie sind ein Blödmann«, haben Sie sich selbst wie ein Blödmann verhalten. Es handelt sich nicht um wertschätzende Aufrichtigkeit, wenn Sie Ihre Wertschätzung nicht zum Ausdruck bringen.

Wertschätzende Aufrichtigkeit ist auch keine Einladung dafür, pingelig zu sein. Um den Menschen gegenüber aufrichtig zu sein, benötigt man eine große Portion Energie – nicht nur die Menschen, denen Sie gegenüber aufrichtig sind, sondern auch Sie selbst. Also setzen Sie sie nur für die Dinge ein, die wirklich wichtig sind. Eine gute Daumenregel für jede Beziehung ist, drei unwichtige Dinge am Tag unerwähnt zu lassen.

Bei Radical Candor geht es nicht um Hierarchien. Wertschätzende Aufrichtigkeit erfolgt nach »oben«, »unten« und »seitwärts«. Auch wenn Ihr Chef und Ihre Kollegen sich dieser Methode nicht verschrieben haben, können Sie einen wertschätzend aufrichtigen Mikrokosmos für sich selbst und die Menschen in Ihrem Team erschaffen. Es ist Ihr gutes Recht, bei Ihrem Chef und Ihren Kollegen etwas vorsichtiger vorzugehen. Wenn es aber nicht möglich ist, bei Ihrem Chef und Ihren Kollegen wertschätzend aufrichtig zu sein, empfehle ich schlussendlich, sich ein anderes Arbeitsumfeld zu suchen, wenn das möglich ist.

Bei wertschätzender Aufrichtigkeit geht es weder darum zu plaudern noch um grenzenlose Extrovertiertheit, die die Introvertierten in Ihrem Team erschöpfen oder Sie selbst ermüden, falls Sie der Introvertierte sind. Es geht nicht darum, sich zusammen zu betrinken oder Go-Kart zu fahren, Laser Tag zu spielen oder bei nicht enden wollenden Abendessen mit Kollegen zusammenzusitzen. Bei solchen Aktivitäten kann man gut Dampf ablassen, aber sie nehmen viel Zeit in Anspruch und sind sicherlich nicht die effizienteste Methode, um die Menschen, mit denen Sie arbeiten, kennenzulernen oder ihnen Ihre Wertschätzung entgegenzubringen.

Wertschätzende Aufrichtigkeit beschränkt sich weder auf die Kultur im Silicon Valley, noch ist sie eine typische US-amerikanische Eigenschaft. Vielmehr ist sie eine menschliche Eigenschaft. Tatsächlich habe ich angefangen, über Radical Candor nachzudenken, als ich für ein israelisches Unternehmen arbeitete.

RADICAL CANDOR IST UNIVERSELL MENSCHLICH, ABER RELATIV BEI ZWISCHENMENSCHLICHEN UND KULTURELLEN ASPEKTEN

Beide Dimensionen von Radical Candor sind immer kontextabhängig. Sie werden vom Zuhörer bewertet und nicht vom Sprecher. Radical Candor ist keine Sache der Persönlichkeit, des Talents oder einer kulturellen Beurteilung. Radical Candor funktioniert nur dann, wenn sich die andere Person darüber im Klaren ist, dass Ihre Bemühungen der Wertschätzung und der Aufrichtigkeit im guten Glauben erfolgen.

Wir müssen uns immer bewusst sein, dass das, was für eine Person wertschätzend aufrichtig scheint, für die andere Person oder ein Teammitglied unerträglich (oder zu emotional) sein kann. Radical Candor erfordert mehr Anpassungen, wenn wir das Unternehmen wechseln, und sogar noch mehr, wenn wir in ein anderes Land gehen. Was in einem Land funktioniert hat, kann man nicht 1:1 in ein anderes Land übertragen.

* * *

Kommen wir nun zu Radical Candor nach israelischer Art. Kurz nachdem ich meinen Abschluss in Wirtschaftswissenschaften gemacht hatte, fing ich bei Deltathree an, einem Start-up für Voice-over-IP mit Sitz in Jerusalem. Ich war in den Südstaaten aufgewachsen, wo die Menschen fast alles tun, um einen Konflikt oder Streit zu vermeiden. In Israel war genau das Gegenteil der Fall. Gespräche schienen mit einer besonders brutalen Direktheit geführt zu werden. Ich werde nie vergessen, wie Noam Bardin, Deltathrees COO, einen Entwickler anschrie: »Diese Software, die du entwickelt hast, könnte fünfzehnmal effizienter sein. Du weißt, dass du es hättest besser machen können. Jetzt müssen wir alles, was du gemacht hast, in die Tonne kloppen und ganz von vorne anfangen. Wir haben einen Monat verloren, und wofür? Was hast du dir dabei *gedacht*?«

Das schien sehr hart zu sein, fast schon unhöflich…

Ich fing an, die israelische Kultur besser zu verstehen, als mich Jacob Ner-David, einer der Co-Founder von Deltathree für ein gemeinsames Sabbat-Abendessen zu sich nach Hause einlud. Seine Frau Haviva Ner-David studierte noch und wollte Rabbinerin werden, was in der orthodoxen Gemeinde eher selten ist. Sie wurde von einer Reihe von Menschen in ihrer Synagoge dafür angegriffen. Jacob unterstützte seine Frau nach Kräften, und die beiden erklärten zusammen, wie sie die traditionelle Lehre interpretierten. So wie Jacob und seine Frau die uralten Interpretationen der Schrift infrage stellten, erinnerte mich daran, wie Noam seinen Entwickler herausgefordert hatte. Wenn es in Ordnung war, die Lehre von Gott zu hinterfragen und neu zu interpretieren, war es selbstverständlich auch kein Zeichen von Respektlosigkeit, heftig miteinander zu streiten. Ich war in einer ganz anderen Kultur groß geworden. Dort, wo ich aufgewachsen war, war es durchaus üblich zu glauben, dass Gott die Welt genau an sieben Tagen erschaffen hat, und die Evolution ins Spiel zu bringen wurde als Ketzerei erachtet. Ich war keine Kreationistin, genauso wenig wie Noam ein orthodoxer Jude war. Aber irgendwie hatte die religiöse Kultur unserer Jugend Auswirkungen auf unsere Bereitschaft, bei der Arbeit zueinander aufrichtig zu sein. Mir wurde klar, dass ich Noams Aufrichtigkeit als ein Zeichen des Respekts und nicht der Unhöflichkeit auffassen sollte.

Ich machte eine komplett andere Erfahrung, als ich ein paar Jahre später in Tokio ein Team leitete. Das Team war sehr frustriert darüber, wie das Produktteam in der Google-Zentrale Anzeigen in der mobilen App handhabte. Yahoo! wuchs schnell, und eine Reihe von japanischen Konkurrenten lag nur knapp dahinter. Aber das japanische Team war zu höflich, um gegenüber dem Produktteam die Probleme klar zu benennen. Folglich wurden sie auch nicht behoben. Als ich sie dazu drängte, den Ansatz für die mobilen Applikationen in der Google-Zentrale infrage zu stellen, sahen mich die Teammitglieder an, als sei ich verrückt geworden.

Das Team in Tokio dazu zu bringen, den Verantwortlichen gegenüber in gleicher Weise wie Noam Bardin in Jerusalem aufrichtig zu sein, hätte nicht funktioniert. Die Art von Streit, die in Tel Aviv als Zeichen des Respekts verstanden würde, wäre in Tokio beleidigend gewesen. Selbst der Begriff »Radical Candor« wäre zu aggressiv gewesen. Dass ich in den Südstaaten aufgewachsen war, half mir, die japanische Sichtweise zu verstehen: In beiden Kulturen wird sehr viel Wert darauf gelegt, wie man sich benimmt, und dass man in der Öffentlichkeit keinem widerspricht. Also ermutigte ich mein Team in Tokio, »auf höfliche Art beharrlich« zu sein. Am liebsten drückten sie ihre Wertschätzung durch Höflichkeit aus. Durch Beharrlichkeit konnten sie die Richtung, die die Produktentwicklung einschlug, am besten infrage stellen.

Ich habe mich sehr gefreut zu sehen, was dabei herauskam. Das Team in Tokio war nicht nur beharrlich, sondern wollte auch gehört werden und rückte auch nicht davon ab. Unter anderem dank ihrer höflichen Beharrlichkeit wurde ein neues Produkt, AdSense für mobile Applikationen, entwickelt.

Noch eine meiner Lieblingsgeschichten über Radical Candor ist die von Roy Zhou, der für Russ arbeitete und das AdSense-Team in China leitete. Anfänglich war er Russ und mir gegenüber sehr respektvoll, aber sobald wir ihn einmal überzeugt hatten, dass wir tatsächlich herausgefordert werden wollen, war er nicht mehr zu bändigen. Es war ein echtes Vergnügen, mit ihm zu arbeiten – und er war eine der Führungskräfte bei Google, die mehr als alle anderen wertschätzend aufrichtig war. Vor ein paar Jahren bekam er die Gelegenheit, Präsident von Yoyi Digital, einer Online-Werbeplattform in Peking, die fünfhundert Angestellte hat, zu werden. Nach ein paar Monaten deckte er einige erhebliche Probleme im Unternehmen auf. Er sprach diese sowohl bei der Führungsriege als auch bei allen Angestellten an. Roy strengte sich außerordentlich an, um seinem Team seine Wertschätzung zu zeigen und auch, dass er alles in seiner Macht Stehende tun würde, um ihnen zum Erfolg zu verhelfen. Er sorgte dafür, dass sie einen erheblichen Aktienanteil erhielten, und er nahm vor einer neuen Finanzierungsrunde eine Hypothek auf sein Haus auf, sodass sie rechtzeitig ihr Gehalt bekamen. Mittlerweile leitet Roy eines der erfolgreichsten Unternehmen in China.

Ich habe auf der ganzen Welt Teams geleitet. Am überraschendsten für mich war, dass die Briten trotz ihrer Höflichkeit in der Regel aufrichtiger waren als die New Yorker. Dies liegt am Bildungssystem, in dem mündliche Argumentationsführung genauso wichtig ist wie die schriftliche. Aber ich habe aus erster Hand erfahren, dass es möglich ist, in Tel Aviv wie Tokio, in Peking wie Berlin wertschätzend aufrichtig zu sein.

2.

FEEDBACK – BEKOMMEN, GEBEN UND FÖRDERN

Wie Sie eine Kultur der offenen Kommunikation schaffen

DIE »ÄHM«-GESCHICHTE

Kurz nachdem ich bei Google angefangen hatte, hielt ich vor dem CEO und den Unternehmensgründern eine Präsentation über die Performance von AdSense. Obwohl AdSense recht erfolgreich war und meine Chefin neben mir saß und dadurch ihre Unterstützung zum Ausdruck brachte, war ich nervös. Glücklicherweise hatten wir eine gute Geschichte zu erzählen: Das Geschäft wuchs mit einer noch nie dagewesenen Geschwindigkeit. Als ich mich im Raum umschaute, konnte ich die Aufmerksamkeit von CEO Eric Schmidt erregen. Er schaute hinter seinem Computer hervor, als ich berichtete, wie viele neue Kunden sich im vergangenen Monat registriert hatten. Ich hatte ihn von seiner E-Mail ablenken können – was für ein Triumpf! »Wie viele, hast du gesagt?«, fragte er. Ich wiederholte die Zahl, und er fiel fast vom Stuhl. Ich hätte mir keine bessere Reaktion wünschen können. Nachdem ich meine Präsentation beendet hatte, überkam mich ein Gefühl der Euphorie gepaart mit Erleichterung, so wie es nach einer erfolgreichen Präsentation häufig der Fall ist. Meine Chefin wartete an der Tür auf mich, und ich erwartete fast schon ein High five von ihr. Stattdessen fragte sie mich, ob ich mit ihr zu Fuß zum Büro zurückgehen würde. Mir wurde flau. Etwas war schiefgelaufen. Aber was?

»Du wirst hier bei Google eine großartige Karriere machen«, sagte sie. Sie wusste ganz genau, wie sie meine Aufmerksamkeit bekommen konnte – ich hatte drei gescheiterte Start-ups hinter mir und brauchte dringend ein Erfolgserlebnis. »Und deine Fähigkeit, dich intellektuell auf beide Seiten in einer Diskussion einzulassen, und nicht nur von deiner eigenen überzeugt zu sein, hat dir da drin viel Glaubwürdigkeit eingebracht.« Sie nannte drei oder vier spezielle Dinge, die ich gesagt hatte, um ihren Standpunkt zu verdeutlichen. Ich hatte mir Sorgen gemacht, meine Position nicht vehement genug vertreten zu haben. Also war das Balsam für meine Seele. »Ich habe eine Menge von der Art und Weise, wie du mit den Fragen umgegangen bist, gelernt.« Das fühlte sich nicht wie eine Schmeichelei hat. Ich konnte an der Art, wie sie stehenblieb und mir in die Augen sah, erkennen, dass sie es ernst meinte. Sie wollte, dass ich erkannte, dass etwas, das ich für eine Schwäche gehalten hatte, tatsächlich eine Stärke war.

Das war sehr interessant, aber ich wollte erst später darüber nachdenken. Nach wie vor war mir flau. Ein Damoklesschwert schwebte über mir. Was hatte ich falsch gemacht? »Aber etwas ist nicht gut gelaufen, oder?«

Sheryl lachte. »Du willst dich immer darauf konzentrieren, was du hättest besser machen können. Das verstehe ich. Ich mache das auch. Wir lernen mehr aus den Fehlern als aus Erfolgen. Aber ich möchte, dass du dich für eine Minute darauf konzentrierst, was gut gelaufen ist. Denn insgesamt ist es *wirklich* gut gelaufen. Das war ein Erfolg.«

Ich hörte, so gut ich konnte, zu. Schließlich sagte sie: »Du hast sehr häufig ›ähm‹ gesagt. Ist dir das bewusst?«

»Ja«, antwortete ich. Ich weiß, ich sage das zu oft.« Bestimmt machte sie den kleinen Spaziergang nicht, um über »ähm« zu sprechen. Wen kümmerte es, wenn ich »ähm« sagte, wenn ich solch eine schwierige Situation durchstehen musste.

»Weil du nervös warst? Soll ich dir einen Sprachcoach besorgen? Google zahlt das auch.«

»Ich war nicht nervös«, sagte ich und machte eine abwehrende Handbewegung, so als ob ich eine Fliege verscheuchen wollte. »Das ist nur ein Tick, wenn ich spreche, denke ich.«

»Es gibt keinen Grund dafür, sich von einem Tick während des Sprechens ins Bockshorn jagen zu lassen.«

»Ich weiß.« Und ich machte eine weitere Geste zum Verjagen von Fliegen.

Sheryl lachte. »Wenn du das mit deiner Hand machst, denke ich, du missachtest das, was ich sage. Ich sehe schon, wenn ich zu dir durchdringen möchte, muss ich sehr, sehr direkt sein. Du bist einer der klügsten Menschen, die ich kenne. Aber wenn du so oft ›ähm‹ sagst, hörst du dich dumm an.«

Das hat dann tatsächlich meine Aufmerksamkeit erregt.

Sheryl wiederholte ihr Hilfeangebot. »Gut ist, dass ein Sprachcoach dir wirklich mit deinen ›ähms‹ helfen kann. Ich kenne jemanden, der großartig dafür wäre. Du kannst das definitiv beheben.«

GUTES FEEDBACK »OPERATIONALISIEREN«

Denken Sie für einen Moment darüber nach, wie Sheryl mit der Situation umgegangen ist. Obwohl das Gespräch insgesamt gut gelaufen war, ließ sie sich nicht davon abhalten, mich auf etwas hinzuweisen, das ich verbessern musste. Sie machte das sofort, sodass meine Reputation bei Google keinen Schaden nahm. Sie begann damit, mich auf die positiven Aspekte meiner Präsentation hinzuweisen, und sie tat dies gründlich und aufrichtig. Sie versuchte nicht, nach dem Sandwich-Modell die Kritik zwischen zwei unaufrichtige positive Aspekte einzuschieben. Ihr erster Ansatz war sanft, aber direkt. Als klar wurde, dass ich ihr nicht richtig zuhörte, wurde sie direkter. Aber selbst dann achtete sie besonders darauf, nicht »persönlich« zu werden, es nicht auf eine wesentliche Charaktereigenschaft herunterzubrechen. Sie sagte, ich »hörte« mich dumm »an«, nicht ich *sei* dumm. Und ich war damit nicht allein. Sie bot mir konkrete Hilfe an. Ich fühlte mich nicht, als sei ich ein Idiot mit Fehlern, sondern ein wertvolles Teammitglied, in das sie willens war zu investieren. Es tat trotzdem ein bisschen weh.

Dieses Gespräch war in zweierlei Hinsicht äußerst effektiv. Erstens wollte ich dadurch das »ähm«-Problem sofort beheben; nach nur drei Terminen mit einem Sprachcoach hatte ich schon eine merkliche Verbesserung erzielt. Zweitens lernte ich Sheryl zu schätzen und ich war inspiriert, *meinem* Team besseres Feedback zu geben. Die Art, wie sie Lob und Kritik äußerte, brachte mich dazu, darüber nachzudenken, wie ich anderen Menschen diesen Führungsstil beibringen könnte.

Und das alles hat sich aus einem zweiminütigen Gespräch ergeben.

Wahnsinn. Wie oft haben Sie versucht, Feedback zu geben, was total in die Hose gegangen ist? Wie können Sie wie Sheryl Feedback geben, und zwar so, dass es zwar um eine spezielle Situation geht, aber auch ein Dominoeffekt erzeugt wird, wodurch sich die Art der Kommunikation bei allen verändert?

In den zehn Jahren seit diesem Gespräch mit meiner Chefin habe ich die nächste Generation von Führungskräften im Silicon Valley gecoacht, um deren Feedback-Ansatz zu verändern, sowohl hinsichtlich des Lobs als auch der Kritik. Es ist erstaunlich einfach. Jeder kann das lernen. Für gutes Feedback gibt es zwei Dimensionen: Wertschätzung und Aufrichtigkeit. Wie wir in Kapitel 1 beschrieben haben, handelt es sich um Radical Candor, wenn Sie beides gleichzeitig tun. Es ist auch nützlich, sich im Klaren darüber zu sein, was passiert, wenn Sie eine Dimension nicht gut hinbekommen (schädliche Empathie), oder die andere (aggressive Offenheit) oder beide (manipulative Unaufrichtigkeit). Wenn Sie Klaren darüber sind, was passiert, wenn Sie Wertschätzung oder Aufrichtigkeit nicht hinbekommen, können Sie es vermeiden, in alte Muster zurückzufallen, die uns allen nur allzu bekannt sind.

Viele derjenigen, die ich coache, empfinden dieses Modell als hilfreich, um sich bewusster zu machen, welche Art von Feedback sie erhalten, geben und fördern. Ein weiterer wichtiger Punkt, den ich bei meinen Klienten betone: Es ist äußerst wichtig, sich an die Lehre aus der »ähm«-Geschichte zu erinnern –, sich nicht auf Persönlichkeitsmerkmale zu beziehen. Die

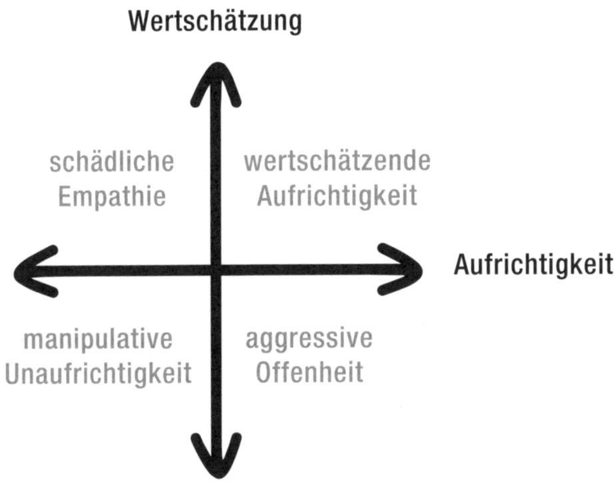

Bezeichnungen für jeden Quadranten beziehen sich auf *Feedback*, nicht auf *Persönlichkeitsmerkmale*. Sie sind eine Möglichkeit, um sowohl Lob als auch Kritik richtig einzuschätzen, und die Menschen dabei zu unterstützen, beides besser zu machen. Sie sind nicht dafür gedacht, Menschen abzustempeln. Wenn Sie die Menschen abstempeln, wird es schwieriger, eine Verbesserung zu erzielen. Letztendlich verbringt jeder etwas Zeit in allen Quadranten. Wir alle sind nicht perfekt. Ich habe noch nie jemanden getroffen, der *immer* wertschätzend aufrichtig ist. Noch einmal: Dies ist kein »Persönlichkeitstest«.

Lassen Sie uns nun einen Blick auf alle Quadranten werfen.

RADICAL CANDOR

Feedback gehört nicht nur an den Arbeitsplatz. Ab und zu ist ein Fremder wertschätzend aufrichtig, was Ihr Leben verändern kann, wenn Sie zuhören. Das passierte mir, kurz nachdem ich einen Golden Retriever namens Belvedere bekommen hatte. Ich *liebte* Belvedere und *verwöhnte* sie nach Strich und Faden. Das führte dazu, dass sie nicht zu kontrollieren war. Eines Abends gingen wir spazieren, und Belvy begann, an ihrer Leine zu zerren, als wir an einer roten Ampel standen, und das, obwohl die Autos nur ein paar Meter vor uns vorbeirasten. »Komm schon, meine Süße, sitz«, flehte ich sie an. »Die Ampel wird gleich grün.« Trotz meiner Beruhigungsversuche zerrte sie noch fester an der Leine und versuchte, auf die Straße zu laufen.

Ein Fremder, der auch über die Straße gehen wollte, schaute mich an und sagte: »Ich sehe, dass Sie Ihren Hund wirklich lieben.« In den zwei Sekunden, die er brauchte, um das zu sagen, zeigte er, dass er sich für mich interessierte und nicht, dass er mich verurteilte. Als Nächstes forderte er mich direkt heraus. »Aber dieser Hund wird sterben, wenn Sie ihm nicht beibringen, sitz zu machen!« Das war direkt, unglaublich direkt. Dann beugte sich der Mann, ohne um Erlaubnis zu fragen, zu Belvy runter, zeigte mit dem Finger auf den Bürgersteig und sagte mit lauter, fester Stimme: »SITZ!«

Und sie machte sitz. Ich starrte sie erstaunt an.

Er lächelte und erklärte mir: »Das war nicht gemein. Das war klar und deutlich!« Die Ampel schaltete um, der Mann ging davon und ließ mich mit Worten zurück, nach denen man leben sollte.

Denken Sie einen Moment darüber nach, wie das auch hätte laufen können. Der Mann hätte auch ganz leicht etwas Verurteilendes sagen können (»Sie sollten keinen Hund besitzen, wenn Sie nicht wissen, wie man mit einem Hund umgeht!«). Er hätte mich damit in die Ecke gedrängt und mich davon abgehalten, seinen einfachen, aber wichtigen Rat anzunehmen. Stattdessen lobte er meine Liebe zu meinem Hund und erklärte, warum seine Empfehlung die richtige Methode war (nicht gemein, sondern klar und deutlich!). Es wäre durchaus möglich gewesen, dass ich ihm gesagt hätte, er solle sich zum Teufel scheren und sich um seine eigenen Angelegenheiten kümmern. Aber das hielt ihn nicht zurück. Er war auf seine Weise eine Führungspersönlichkeit. Und ich vermute, er ist in seinem Job ein guter Chef.

Zugegeben, ich habe keine Beziehung zu ihm aufgebaut. Wenn ich aber mit ihm zusammengearbeitet hätte, statt ihn nur auf der Straße zu treffen, wäre diese kleine Interaktion der Keim gewesen, aus dem eine Beziehung hätte entstehen können.

Ich hoffe, ich habe noch nie mit einem Menschen wie mit einem Hund gesprochen, aber ich werde die Worte des Fremden nie vergessen. »Das ist nicht gemein, das ist klar und deutlich!« Diese Worte sind zu meinem Führungsmantra geworden, das mir dabei hilft, den Fehler, den ich in der Einführung beschrieben habe, als es darum ging, dass ich Bob nicht gesagt habe, dass seine Arbeit nicht gut genug war, nicht noch einmal zu machen. Meine Bemühungen, nett zu sein, führten dazu, dass ich ihn entlassen musste. Das war ganz und gar nicht nett. Der kurze Vorfall an der Ampel hat mir gezeigt, dass ich nicht viel Zeit dafür aufwenden muss, eine Person kennenzulernen oder Vertrauen aufzubauen, *bevor* ich wertschätzend aufrichtiges Feedback gebe. Tatsächlich besteht eine gute Möglichkeit darin, wertschätzend aufrichtiges Lob und Kritik zu äußern, um jemanden kennenzulernen und Vertrauen aufzubauen.

Wertschätzend aufrichtiges Lob

»Das bewundere ich an dir«

Vor Kurzem habe ich mit meinem Co-Founder Russ ein Video gedreht, in dem es darum geht, wie man am besten wertschätzend aufrichtiges Lob äußert. Russ sprach darüber, warum es wichtig ist, ganz konkretes Lob zu geben, und er führte ein Beispiel aus der Little League an, in der er Jugendliche und Kinder coachte. »Ich bewundere, dass du dich als Coach in der Little League engagierst«, sagte ich, ohne vorher darüber nachgedacht zu haben. Ich hatte ihm das schon seit Langem sagen wollen, und in dem Moment kam es mir einfach in den Kopf. Er sagte: »Dankeschön.« Normalerweise wäre es dabei geblieben. Aber später wurde mir klar, dass mein Lob nicht konkret gewesen war. Ich hatte Russ nicht gesagt, *warum* ich bewunderte, dass er sich als Coach engagierte. Ich erwähnte die Ironie gegenüber Russ. Er antwortete: »Nun, das eigentliche Problem ist, dass ich nicht davon überzeugt bin, dass du es ernst gemeint hast. Du hasst Sport! Jetzt wurde mir klar, dass es noch schlimmer war, als ich gedacht hatte. Es ging nicht nur darum, dass ich nicht konkret und wenig hilfreich gewesen war. Er wusste, dass ich mich für ihn interessierte, dachte aber, mein Lob sei nicht aufrichtig gewesen.

Da war es wieder, mein Problem: Wir gaben Leuten Ratschläge für gutes Lob, und ich konnte es nicht. Eigentlich hätte es ganz einfach sein sollen. Ich sprach doch mit Russ, meinem Co-Founder, den ich schon seit Jahren kannte. Sinnvoll zu loben ist schwierig. Deshalb ist es so wichtig, das eigene Feedback zu bewerten, um herauszufinden, wie es bei den Menschen ankommt. Nun, da ich wusste, wie Russ sich fühlte, versuchte ich es noch einmal.

»Neulich habe ich dir das Leben schwer gemacht, weil du früher aufgehört hast zu arbeiten, um zum Training zu gehen. Und dann hat es mir leidgetan«, sagte ich. »Denn eigentlich bewundere ich dich sehr dafür, dass du dich als Coach in der Little League engagierst. Du schaffst es wie kein anderer, deine Arbeit und dein Privatleben unter einen Hut zu bringen. Ich frage mich immer, ob ich genug Zeit mit meinen Kindern verbringe. Und das Beispiel, das du als Trainer für mich bist, hilft mir, es besser zu machen. Auch die Dinge, die du in der Positive Coaching Alliance gelernt hast, waren enorm hilfreich für unsere Arbeit.«

Diesmal war meine Aussage in einen Kontext eingebettet, viel persönlicher und konkreter. Und diesmal sagte Russ: »*Das* war jetzt aber wirklich wertschätzend aufrichtiges Lob!«

Wertschätzend aufrichtige Kritik

Um weiterhin zu gewinnen, muss man die Siege kritisieren

Andre Iguodala, der Swingman der Golden State Warriors, hat erklärt, warum die Bereitschaft, zu den Menschen, mit denen man zusammenarbeitet, aufrichtig zu sein, von so großer Bedeutung ist. Das Geheimrezept für Erfolg ist, gute Spieler darauf hinzuweisen, was sie hätten besser machen können, auch wenn sie gerade ein Spiel gewonnen haben. *Insbesondere* dann, wenn sie gerade ein Spiel gewonnen haben. Wenn man auf einem Berg wohnt, ist das Problem, dass man immer den Berg hinaufgehen muss, um nach Hause zu kommen. Selbstverständlich waren Andres Mannschaftskameraden nicht immer erfreut über seine wertschätzend aufrichtige Kritik. Sie beschuldigten ihn zuweilen der aggressiven Offenheit. Aber wie wir im nächsten Abschnitt sehen werden, sieht aggressive Offenheit ganz anders aus und fühlt sich auch ganz anders an.

AGGRESSIVE OFFENHEIT

Wenn Sie jemanden kritisieren und sich nicht einmal zwei Sekunden Zeit nehmen, um zu zeigen, dass Sie sich für den anderen interessieren, fühlt sich Ihr Feedback für den Empfänger aggressiv offen an. Ich sage es nicht gern, aber wenn Sie nicht wertschätzend aufrichtig sein können, ist die zweitbeste Option, aggressiv offen zu sein. Zumindest wissen die Menschen dann, was Sie denken und wo sie stehen. Folglich kann Ihr Team Ergebnisse erzielen. Das erklärt den Vorteil, den Arschlöcher scheinbar in dieser Welt haben.

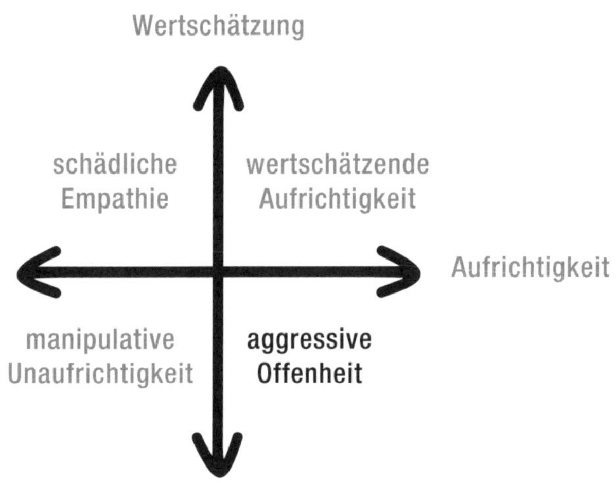

Ich möchte an dieser Stelle klar und deutlich sein. Ich weigere mich, mit Menschen zusammenzuarbeiten, die sich nicht die Mühe machen, ein gewisses Maß an menschlichem Anstand zu zeigen. Ich möchte, dass Sie sich Ihre Menschlichkeit bewahren. Wenn mehr Menschen wertschätzend aufrichtig sind, gibt es weniger Gründe dafür, aggressive Offenheit zu tolerieren.

Aber hier existiert ein Paradoxon, wenn man ein guter Chef sein möchte. Die meisten Menschen haben *lieber* ein aufrichtiges »Arschloch« als Chef als einen, dessen »Nettigkeit« der Offenheit im Weg steht. Ich habe einmal einen Artikel gelesen, in dem behauptet wurde, dass die Menschen lieber für ein »kompetentes Arschloch« als für einen »netten Inkompetenten« arbeiten würden. Dieser Artikel drückte genau aus, in welchem Dilemma ich mich als Führungskraft befand. Natürlich wollte ich nicht inkompetent sein. Ich wollte aber auch kein Arschloch sein.

Glücklicherweise ist die Zweiteilung in »Arschloch oder inkompetent« falsch. Sie müssen sich nicht für eines der beiden Extreme entscheiden. Immer wieder habe ich es erlebt, dass es auf lange Sicht netter war, direkt zu sein, selbst wenn die Äußerung von Kritik kurzzeitig für Verärgerung sorgte. (»Das ist nicht gemein, das ist klar und deutlich!«) Zudem treibt die Angst, als Blödmann abgestempelt zu werden, viele Menschen zu manipulativer Unaufrichtigkeit oder schädlicher Empathie. Beides ist für die Kolleginnen und Kollegen eigentlich schlimmer als aggressive Offenheit, wie wir in den folgenden Kapiteln noch sehen werden.

Dennoch ist aggressive Offenheit lähmend, besonders an den Extrempunkten. Wenn Chefs ihre Mitarbeiterinnen und Mitarbeiter klein machen, sie vor anderen blamieren oder gar ausschließen, fällt ihr Verhalten in diesen Quadranten. Aggressive Offenheit führt zuweilen zu großartigen Ergebnissen auf kurze Sicht, aber auf lange Sicht sorgt sie für etliche Leichen in ihrem Kielwasser. Nehmen wir als Beispiel die Figur in *Der Teufel trägt Prada*, die von Anna Wintour inspiriert und von Meryl Streep gespielt wurde. Oder Bobby Knight, dem Basketball-Coach aus Indiana, der eine positive Erfolgsbilanz vorweisen konnte, aber mit Stühlen um sich geworfen und einen Spieler gewürgt haben soll und am Ende dann gefeuert wurde. Wenn Chefs andere kritisieren, um sie zu demütigen, statt sie dabei zu unterstützen, sich zu verbessern, oder wenn sie sie vor den anderen Teammitgliedern persönlich angreifen oder Lob als »Babysitting für das Ego« abtun, empfinden die Menschen um den Chef herum dessen Verhalten als aggressiv offen.

Die schlimmste Form der aggressiven Offenheit kommt dann zum Vorschein, wenn eine Person die Schwachstellen einer anderen kennt und sich diese dann zum Ziel nimmt, entweder als eine Art sportlicher Wettkampf oder um Dominanz zu demonstrieren. Ich hatte einmal einen Chef, der wirklich wusste, wie er meine Knöpfe drücken konnte. Er besaß das, was ich als »grausame Empathie« bezeichnete. Fast nichts lässt das Vertrauen schneller schmelzen, als wenn man sein Wissen darüber, wie eine andere Person tickt, dazu benutzt, sie zu verletzen.

Es kommt häufig vor, dass Chefs ihr Mitarbeiterinnen und Mitarbeiter als minderwertig ansehen, die ohne Gewissensbisse erniedrigt werden können; dass Angestellte ihre Chefs als Tyrannen betrachten, die gestürzt werden müssen; und dass Kollegen sich gegenseitig als Feinde, die gegeneinander kämpfen, betrachten. Wenn die Feedback-Kultur derart giftig ist, ist Kritik eher eine Waffe denn ein Instrument, das der Verbesserung dient. Der Feedback-Geber fühlt sich mächtig und der -Empfänger schlecht. Sogar Lob fühlt sich womöglich wie ein zweifelhaftes Kompliment und nicht wie eine Würdigung der erfolgreichen Arbeit an. »*Diesmal* hast du es ja mal richtig gemacht.«

Aggressiv offene Kritik

Frontalangriff

Sehen wir uns das Beispiel an, wie ein ehemaliger Kollege von mir, den ich »Ned« nenne, Kritik geübt hat. Ned organisierte eine Party für sein weltweites Team und bat die Leute, in ihren Landestrachten zu kommen. Die Kultur des Unternehmens war eher skurril, und alle kamen in witzigen Kostümen. Ned, der neu im Unternehmen war, kam in einem teuren Smoking. Ich denke, er kam sich albern vor, weil er für seine eigene Party in absurder Weise overdressed war. Und um mit seiner eigenen Unsicherheit zurechtzukommen, schaltete er auf den Modus um, andere zu erniedrigen. Er ging auf einen Freund von mir zu, einen seiner neuen direkten Mitarbeiter, der sich für die Party als Wichtelmännchen verkleidet hatte. Vor etlichen Partygästen grölte er: »Ich hatte gesagt, du solltest deine Landestracht anziehen und nicht, dich als Trottel zu verkleiden.«

Es ist verlockend, Ned als Blödmann abzustempeln, aber das ist genau die Art des Abstempelns, die Radical Candor uns lehrt zu vermeiden. Das innere Wesen der Menschen zu beschuldigen und nicht das Verhalten, das sie an den Tag legen, lässt keinen Raum für Veränderung. Und warum hat sich Ned nicht verändert? Weil sich nie jemand die Mühe gemacht hat, sein Verhalten zu hinterfragen. Also gab es für ihn keinen Grund zu lernen. Seine Unverschämtheit wurde immer schlimmer.

Ich bin nicht stolz darauf, zugeben zu müssen, dass ich auch den Mund gehalten habe. Ich war dabei, als Ned meinem Freud sagte, er sehe aus wie ein Trottel, und ich schwieg. Auch später sagte ich nichts, als ich mit Ned allein war. Weil ich Ned bereits als Arschloch abgestempelt hatte, und deshalb war es mir nicht wert, mit ihm zu sprechen. Also machte ich den grundlegenden Fehler, ihn abzustempeln. Damit war mein Verhalten manipulativ unaufrichtig. Ich schäme mich immer noch dafür. Wenn irgendjemand eine Dosis wertschätzender Aufrichtigkeit gebraucht hätte, dann war es Ned.

Vergessen Sie nicht, dass es sich bei aggressiver Offenheit um ein Verhalten und nicht um ein Persönlichkeitsmerkmal handelt. Keiner ist immer ein echtes Arschloch. Nicht einmal Ned. Und wir alle sind irgendwann einmal aggressiv offen. Ich leider auch. Ich behaupte, dass ich für gewöhnlich kein Arschloch bin, aber hier ist eine Situation, in der ich mich wie eins verhalten habe:

Ein paar Monate nachdem ich bei Google angefangen hatte, hatte ich eine Auseinandersetzung mit Larry Page über sein Vorgehen hinsichtlich einer Richtlinie. Ich war total frustriert und schickte ungefähr dreißig Leuten, darunter auch Larry, eine E-Mail, in der stand: »Larry behauptet, er wolle die Informationen der Welt ordnen, aber durch seine Richtlinie schafft er lediglich ›unübersichtliche Websites‹, die die Informationen der Welt durcheinanderbringen.« Ich schrieb noch mehr und deutete an, dass Larry diese Richtlinie nur wolle, weil er sich darauf konzentriere, den Umsatz von Google zu erhöhen, statt das Beste für den Nutzer zu tun.

Wenn Larry für mich gearbeitet hätte und nicht umgekehrt, hätte ich nie so eine arrogante und vorwurfsvolle E-Mail geschrieben. Ich hätte ihn unter vier Augen gefragt, warum er eine Richtlinie befürwortet, die scheinbar der Mission von Google widerspricht. Wenn ich seiner Argumentation gefolgt wäre, wäre es dabei geblieben. Wenn ich nicht einverstanden gewesen wäre, hätte ich – wiederum unter vier Augen – erläutert, dass er scheinbar nicht konsequent sei, und ich hätte versucht, seine Beweggründe zu verstehen. Natürlich bin ich aber bei Larry nicht so vorgegangen. Wenn ich das gemacht hätte, hätte ich erfahren, dass er mir nicht nur fünfzehn, sondern einhundertfünfzehn Schritte voraus war. Ich wusste einfach noch nicht, wie die Dinge funktionierten.

Warum habe ich mich so verhalten? Zum Teil, weil ich davon überzeugt bin, dass es einen besonderen Platz in der Hölle für diejenigen gibt, die »nach unten treten und nach oben buckeln«. Wenigstens habe ich *diesen* Fehler nicht gemacht. Und doch hatte mein Fehler nur einen anderen Anstrich. Ich habe Larry nicht wirklich für ein menschliches Wesen gehalten. Ich sah ihn als eine Art Halbgott an, den ich ungestraft angreifen konnte. Grundlegender menschlicher Anstand ist etwas, das jeder dem anderen schuldet, und zwar unabhängig von dessen Position. Und es war ja nicht so, als ob sich Larry der Kritik gegenüber verschloss, wie ich es ja in seinem Gespräch mit Matt Cutts gesehen hatte. Er hatte mir keinen Grund gegeben, meine Kritik so lautstark zu äußern.

Der Vorfall mit Larry ist ein gutes Beispiel dafür, wie Kritik ohne Wertschätzung aggressiv offen sein kann. Ich dachte vermutlich, wertschätzend aufrichtig zu sein – »den Mächtigen die Wahrheit sagen« –, ich war es aber nicht. Ich war ein leuchtendes Beispiel für einen »Frontalangriff«. Das ist immer noch besser, als von hinten anzugreifen, aber immer noch echt schlecht.

Das erste Problem mit meiner E-Mail bestand darin, dass sie keine Demut verkörperte. Ich hatte gerade erst bei Google angefangen und wusste weder viel darüber, wie die Google-Systeme funktionierten, noch hatte ich mir die Mühe gemacht herauszufinden, warum Larry die Position, die er vertrat, eingenommen hatte. Stattdessen stellte ich eine Reihe von Annahmen auf und schlussfolgerte – so wie sich herausstellen sollte zu unrecht –, dass Larry sich mehr dafür interessierte, Geld zu machen als für die Mission von Google. Zudem waren meine Anmerkungen überhaupt nicht hilfreich, weil ich das zugrundeliegende Problem, das Larry zu lösen versuchte, nicht verstand. Ein weiterer Fehltritt bestand darin, dass ich Larry öffentlich kritisiert hatte und nicht, so wie ein respektvoller Umgang es vorsieht, unter vier Augen. Und was am schlimmsten war, ich hatte ihn persönlich angegriffen. Ich hätte über die Richtlinie für AdSense sprechen sollen, aber stattdessen griff ich Larrys Persönlichkeit an und beschuldigte ihn, gierig und heuchlerisch zu sein. Wie ich in den darauffolgenden sechs Jahren erkennen sollte, war Larry keines von beidem. Er war fair und konsequent. Aber der Punkt ist hier, dass ich nicht über Larrys Charakter hätte sprechen sollen, weder positiv noch negativ. Ich habe seine Persönlichkeit kritisiert.

Aggressiv offenes Lob

Komplimente abschwächen

Lob kann ebenfalls aggressiv offen sein. Schauen Sie sich einmal die E-Mail an, die eine Führungskraft eines legendären Unternehmens im Silicon Valley ihrem Team mit ungefähr 600 Mitgliedern gesendet hat. 70 Teammitglieder hatten gerade einen Bonus erhalten. Ich habe die Namen entfernt, um die Leute nicht noch mehr in Verlegenheit zu bringen:

> Von: **JohnDoe** <JohnDoe@corpx.com>
> Datum: 27. April, 11.53 Uhr
> Betreff: Bonusempfänger!
> An: giantteam@corpx.com
>
> Liebes Giant-Team,
> im dritten Quartal haben einige von euch mehr als die anderen eine wirklich hervorragende Leistung erbracht und für Corpx einen bedeutenden Beitrag geleistet. Diese Teammitglieder und ihre Leistungen werden mit einem Sonderbonus für das dritte Quartal gewürdigt, der vom Managementteam zugeteilt wurde. Ich möchte die Gelegenheit ergreifen, und euch mitteilen, um wen es sich bei diesen hervorragenden Menschen handelt, und euch in der untenstehenden Liste einen Überblick über das, was sie erreicht haben, geben.
>
> John
> John Doe
> Vice President, Giant Team
> Weltweit

- **Person 33:** Verkäufer der Stufe 5, er hat den höchsten Umsatz im Quartal bis dato von allen Display-Verkäufern erzielt: 7,5 Millionen US-Dollar im dritten Quartal. Sein Grundgehalt von 70.000 US-Dollar und sein mögliches zu erzielendes Jahreseinkommen von 116.000 US-Dollar liegen 50 Prozent unter dem, was auf dem Markt erzielt werden kann; hohes Abwanderungsrisiko.
- **Person 39:** Sie hat all die Drecksarbeit erledigt, um XYZ auf den Weg zu bringen. Sie hat nicht enden wollende Excel-Tabellen erstellt, Aktualisierungen durchgeführt, Telefongespräche zu Rechtsthemen geführt und großartige Arbeit geleistet (weit über ihrem Status der Stufe 3).
- **Person 72:** Außergewöhnlicher Einsatz in den letzten vier Monaten und länger. Zusätzliche Verantwortung als Vertreter von John Doe.

Stellen Sie sich vor, wie sich Person 33 gefühlt haben mag, als sie sah, dass vertrauliche Informationen über ihr Gehalt an sechshundert Personen weitergeleitet worden waren. Ich gehe nicht davon aus, dass sie sich besser gefühlt hat, als sie erfuhr, dass sie nur die Hälfte von dem, was sie eigentlich verdienen sollte, bekommen hatte, und dass ihr Chef dachte, dass sie sich wahrscheinlich nach einem anderen Job umsehen würde.

Stellen Sie sich vor, wie motivierend es für Person 39 gewesen sein muss zu erfahren, dass sie die ganze »Drecksarbeit« gemacht hatte. Ich bezweifle, dass es ein Trost für sie war zu erfahren, dass sie »weit über ihrem Status der Stufe 3« war. Zumindest hatte es etwas Komisches, dass Person 72 einen Bonus erhalten sollte, weil sie die Vertretung von John übernommen hatte. Anders ausgedrückt bedeutete das, dass das Unternehmen demjenigen, der eng mit John zusammenarbeitete, einen Bonus zahlen musste, weil John so ein Blödmann war. Auch wenn bei John Doe das Sprichwort »Im Zweifel für den Angeklagten« gelten und man davon ausgehen sollte, dass er einfach nur faul oder unsensibel war, und nicht absichtlich verletzend, steht außer Zweifel, dass er keine Wertschätzung für seine Mitarbeiterinnen und Mitarbeiter gezeigt hat. Er hatte offensichtlich diese Informationen gesammelt, indem er alle Führungskräfte, die für ihn arbeiteten, gebeten hatte, ihm Begründungen für die Vergabe des Bonus' zu schicken. Er interessierte sich aber so wenig für die Menschen, die er lobte, dass er sich nicht einmal die Mühe gemacht hatte, die Begründungen zu lesen. Er kopierte diese lediglich und fügte sie in eine neue E-Mail ein und schickte sie ab. Es ist wahrlich nicht einfach, Komplimente zu machen, mit denen auch noch ein großer Bonus verbunden ist, und gleichzeitig dafür zu sorgen, dass sie sich schlechter und nicht besser fühlen. Aber mit der E-Mail hat John Doe das geschafft.

MANIPULATIVE UNAUFRICHTIGKEIT

Manipulativ unaufrichtiges Feedback wird immer dann gegeben, wenn man sich nicht genug für eine Person interessiert, um ihr gegenüber aufrichtig zu sein. Menschen geben manipulativ unaufrichtiges Lob und üben ebensolche Kritik, wenn sie sich zu sehr darauf bedacht sind, gemocht zu werden, oder wenn sie denken, sie könnten eine Art politischen Vorteil erlangen, indem sie sich verstellen – oder wenn sie einfach zu müde sind, um sich um andere zu kümmern oder um eine Diskussion zu führen. Manipulativ unaufrichtiges Feedback spiegelt selten wider, was der Feedbackgeber tatsächlich denkt. Es ist vielmehr ein Versuch, die emotionalen Knöpfe des Gegenübers zu drücken, um dadurch einen persönlichen Vorteil zu erlangen. »Er ist glücklich, wenn ich ihm sage, dass ich seine blöde Präsentation gut fand, und das wird das Leben für mich leichter machen, als wenn ich ihm erkläre, warum sie Mist war. Langfristig muss ich wirklich jemanden finden, der ihn ersetzt.«

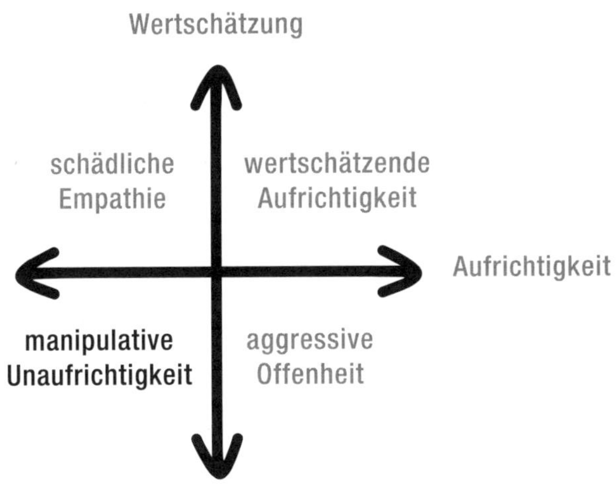

Der Chief Design Officer von Apple Jony Ive berichtete von einer Zeit, als er sich in verbaler Zurückhaltung üben musste, als er Kritik an der Arbeit seines Teams übte. Als Steve Jobs ihn darauf ansprach, warum er nicht deutlicher gesagt habe, was falsch gelaufen sei, antwortete Jony: »Weil mir mein Team am Herzen liegt.« »Nein, Jony, du bist einfach nur sehr eitel. Du möchtest, dass die Menschen dich mögen.« Als er die Geschichte erzählte, sagte Jony: »Ich war furchtbar sauer, weil ich wusste, dass er recht hatte.«

Das ist der Grund dafür, warum Colin Powell einmal gesagt hat, dass Führung zuweilen bedeutet, dass man bereit sein muss, Menschen zu verärgern. Wenn Sie sich zu viele Gedanken darüber machen, wie die Leute Sie wahrnehmen, sind Sie weniger bereit, das zu sagen, was notwendig ist. Wie Jony sind Sie womöglich der Ansicht, das liege darin begründet, dass Sie sich um Ihr Team kümmern, aber ehrlich gesagt, sorgen Sie sich in diesen allzu menschlichen Momenten vielleicht zu sehr darum, was die Menschen über Sie denken – mit anderen Worten um Sie selbst. Ich habe das auch erlebt. Das haben wir alle.

Interessieren Sie sich für die Menschen, die Ihnen gegenüber aufrichtig sind. Sich Sorgen darüber zu machen, ob sie sich für Sie interessieren oder nicht, ist jedoch keine »Wertschätzung« und wird Sie vermutlich nur in die falsche Richtung auf der Achse »Aufrichtigkeit« schieben. Das wird nicht dazu beitragen, dass Ihr Team gute Ergebnisse erzielt oder einen Schritt in Richtung seiner Träume macht. Lassen Sie die Eitelkeit hinter sich, und lenken Sie Ihre Aufmerksamkeit auf die Wertschätzung. Wenn Sie sich jedoch nicht für Ihre Mitmenschen interessieren, verschwenden Sie nicht nur Ihre Zeit, sondern auch die der anderen, da Sie versuchen, sich zu verstellen.

Aufgrund von traditionellen Sichtweisen und Ratschlägen aus dem Management fordern Chefs ihre Mitarbeiterinnen und Mitarbeiter eher weniger heraus, statt sich um sie zu kümmern. Im Allgemeinen wirkt das sich daraus ergebende Lob und die Kritik auf die Angestellten und die Mitarbeiter wie Schmeichelei oder Verleumdung. Unnötig zu erwähnen, dass dies nicht dazu beiträgt, Vertrauen zwischen Chefs und ihren direkten Mitarbeiterinnen und Mitarbeitern aufzubauen.

Manipulativ unaufrichtiges Lob

Die falsche Entschuldigung

Kommen wir noch einmal zurück auf meine aggressiv offene E-Mail an Larry Page. Nachdem ich sie verschickt hatte, riefen mich einige Leute an und fragten, warum zum Teufel ich das getan hätte. Mir wurde klar, dass ich unglaublich unhöflich gewesen war, und ich schämte mich etwas dafür – und hatte auch ein wenig Angst. Was hatte ich mir nur dabei *gedacht*?

Ich verstand *immer noch nicht*, warum meine Einschätzung von Larrys neuer Richtlinie falsch war, aber jetzt ging es mir eher darum, meinen Job zu behalten. Das nächste Mal, als ich ihn sah, sagte ich zu ihm: »Es tut mir leid wegen dieser E-Mail. Ich weiß, dass du recht hast.« Nun, es wäre überhaupt nicht falsch gewesen, mich für meinen Tonfall zu entschuldigen. Aber stattdessen änderte ich ohne Erklärung meinen Standpunkt. Meine

Unaufrichtigkeit war deutlich zu sehen, und das war genau die falsche Entscheidung. Larry hatte ein feines Gespür für Unaufrichtigkeit, und ich bin keine gute Lügnerin. Er sagte nichts, aber sein verächtlicher Blick sprach Bände. Als Larry davonging, lächelte ein Kollege, der neben mir stand, in verständnisvoller Solidarität und flüsterte mir zu: »Er mag es lieber, wenn du nicht mit ihm einer Meinung bist.«

Wenn Sie sich schlecht verhalten und dafür gerügt werden, ist eine allzu natürliche Reaktion, sich weniger aufrichtig zu verhalten und eher politisch zu agieren – sich von der aggressiven Offenheit hin zu einem noch schlimmeren Ort, der manipulativen Unaufrichtigkeit, zu bewegen. Es wäre besser gewesen, nichts zu sagen, statt sich auf der Achse der »Wertschätzung« in die falsche Richtung zu bewegen. Besser wäre es gewesen, sich auf der Achse der »Aufrichtigkeit« nach oben zu bewegen – sich die Mühe zu machen, Larrys Denkweise zu verstehen und dann eine Lösung zu finden, bei der seine und meine Bedenken berücksichtigt wurden. In diesem Kontext wäre es vermutlich besser angekommen zuzugeben, dass ich mich falsch verhalten hatte.

SCHÄDLICHE EMPATHIE

Es gibt eine Anekdote aus Russland über einen Mann, der den Schwanz seines Hundes amputieren muss. Er liebt ihn aber so sehr, dass er ihm jeden Tag nur einen Zentimeter abschneidet, statt ihn auf einmal ganz abzuschneiden. Sein Wunsch, dem Hund Schmerzen und Leid zu ersparen, führt nur zu mehr Schmerzen und Leid. Lassen Sie es nicht zu, selbst ein solcher Chef zu werden!

Das ist ein extremes Beispiel für schädliche Empathie. Diese ist für die meisten Managementfehler, die ich in meiner Laufbahn beobachten konnte, verantwortlich. Die meisten Menschen wollen Spannungen und Unbehagen bei der Arbeit vermeiden. Sie sind wie wohlmeinende Eltern, die es nicht ertragen können, ihre Kinder zu disziplinieren. Sie sind wie ich mit meinem Hund Belvy.

Chefs haben nur selten die Absicht, die Erfolgschancen eines Angestellten zunichtezumachen oder das ganze Team zu schädigen, indem Sie schlechte Leistungen durchgehen lassen. Und doch ist das oft das Ergebnis von schädlicher Empathie. In ähnlicher Weise zeigt Lob, das schädlich empathisch ist, keine Wirkung, da es in erster Linie dazu geäußert wird, dass sich die betreffende Person besser fühlt. Es wird aber nicht auf wirklich gute Arbeit hingewiesen und angeregt, dass es mehr davon gibt. Das waren meine schmerzhaften Fehler mit Bob, den ich nicht kritisiert hatte und dann entlassen musste. Diese Geschichte habe ich in der Einführung beschrieben.

Schädliche Empathie kann auch einen Chef davon abhalten, um Kritik zu bitten. Wenn ein Chef seinen Mitarbeiter um Kritik bittet, fühlt er sich typischerweise im besten Fall unwohl, im schlimmsten Fall hat er Angst. Statt das Unbehagen zu überwinden, um einen Mitarbeiter dazu zu bringen, den Chef zu kritisieren, ist er womöglich so sehr darauf bedacht, das Unbehagen abzumildern, dass er die ganze Angelegenheit einfach fallen lässt.

Wenn Chefs allzu sehr darauf bedacht sind, dass möglichst alle miteinander auskommen, ermutigen sie ihre Mitarbeiter nicht dazu, sich gegenseitig zu kritisieren, und zwar aus Angst, Zwietracht zu sähen. Sie schaffen die Art von Arbeitsumgebung, in der »nett sein« Vorrang vor Kritik hat und damit vor der Verbesserung der tatsächlichen Leistung.

Chefs machen oft den Fehler zu denken, dass sie eine Beziehung zu ihren direkten Mitarbeitern aufbauen können, wenn sie im Quadranten »schädliche Empathie« verweilen und *danach* erst zu »wertschätzender Aufrichtigkeit« übergehen. Es ist durchaus angenehm, mit diesen Chefs zu arbeiten, aber im Laufe der Zeit merken die Mitarbeiterinnen und Mitarbeiter, dass das einzige Feedback, das sie bekommen, »gute Arbeit« oder andere unspezifische positive Kommentare sind. Sie sind sich bewusst, dass sie auch Dinge falsch gemacht haben, wissen aber nicht welche. Ihre direkten Mitarbeiter wissen nie, wo sie stehen, und ihnen wird die Gelegenheit verwehrt, zu lernen und sich weiterzuentwickeln. Sie werden dann oft hingehalten oder entlassen. Das ist wohl kein guter Weg, um eine Beziehung aufzubauen. Auf der anderen Seite haben sie keine Ahnung, dass etwas nicht stimmt, bis eine Person kündigt, wenn schädliche Empathie die Chefs davon abhält, Kritik zu *erbitten*. Es erübrigt sich zu erwähnen, dass diese Strategie auf keiner der beiden Seiten für Vertrauensaufbau sorgt.

Schädlich empathisches Lob

»Ich wollte nur etwas Nettes sagen«

Ein Freund von mir erzählte mir eine Geschichte über ein abschreckendes Beispiel einer Führungskraft, die »nur etwas Nettes sagen wollte«. In der Nacht vor einer Produkteinführung lief er um 2 Uhr morgens umher, traf zufällig einen Entwickler, »Anatoly«, und fragte ihn nach einer bestimmten Funktion. Anatoly beantwortete seine Frage und gab ihm auch Informationen zu mehreren wichtigen Aspekten der Funktion. Bei der Party nach der

Produkteinführung, die einige Tage später stattfand, beglückwünschte er Anatoly vor dem ganzen Unternehmen zu seiner hervorragenden Arbeit im Zusammenhang mit der Funktion. Das Problem war, dass Anatoly nur einer von mehreren guten Ingenieuren war, die an dem Projekt gearbeitet hatten. Und diese dachten nun, dass sich Anatoly die Anerkennung für die Funktion einheimste. Anatoly war peinlich berührt und schickte allen Mitarbeiterinnen und Mitarbeitern des Unternehmens eine E-Mail, in der er alle auflistete, die mit ihm zusammen an dem Projekt gearbeitet hatten.

Meinem Freund wurde klar, dass er schädlich empathisch gewesen war. Eigentlich hatte er Anatoly mit seinem Lob nur glücklich machen wollen. Er hatte ihn aber stattdessen den Wölfen zum Fraß vorgeworfen. Mein Freund gab den Führungskräften in seinem Unternehmen folgenden Rat: Wenn ihr ein ernst gemeintes Lob aussprechen wollt, dann recherchiert so lange, bis ihr wirklich wisst, wer was getan hat, und warum das so toll war. Seid bei Lob genauso konkret und gründlich wie bei Kritik. Schaut euch alle Details genau an.

AUF DEM WEG ZU RADICAL CANDOR

Wenn ich mit Menschen über den Aufbau einer Kultur der wertschätzenden Aufrichtigkeit spreche, finden sie sie gut, haben aber oft Angst, sie zu etablieren. Mein Rat ist, das Konzept zunächst zu erklären und dann die Leute zu bitten, *zu Ihnen* wertschätzend aufrichtig zu sein. Fangen Sie damit an, Feedback zu *erhalten*, und nicht damit, Feedback zu geben. Und wenn Sie dann anfangen, den anderen Feedback zu geben, sollten sie mit Lob und nicht mit Kritik beginnen. Und wenn Sie zu Kritik übergehen, sollten Sie zunächst herausfinden, wo der schmale Grat zwischen wertschätzender Aufrichtigkeit und aggressiver Offenheit verläuft.

Beginnen Sie damit, Kritik zu erbitten, nicht damit, sie zu üben

Kritisieren Sie nicht, wenn Sie nicht vorher gezeigt haben, dass Sie selbst kritikfähig sind

Es gibt mehrere Gründe dafür, warum es einen Sinn ergibt, mit dem Aufbau einer Kultur der wertschätzenden Aufrichtigkeit zu beginnen, indem Sie andere bitten, Sie zu kritisieren. Zunächst ist das die beste Methode, um zu zeigen, dass Sie sich im Klaren darüber sind, auch oft falsch zu liegen, und dass Sie wissen möchten, wenn das so ist; Sie wollen herausgefordert werden. Zweitens werden Sie eine Menge lernen. Nur wenige Menschen nehmen Sie so genau unter die Lupe wie diejenigen, die für Sie arbeiten. Vermutlich wird Sie das davon abhalten, schlecht konzipierte E-Mails wie die, die ich an Larry geschickt habe, zu versenden. Drittens werden Sie eine genauere Vorstellung davon bekommen, wie Ihr Feedback bei den anderen ankommt, je umfangreicher Ihre eigenen Erfahrungen sind, die Sie machen, wenn Sie kritisiert werden. Viertens ist es eine gute Möglichkeit, Vertrauen aufzubauen und Ihre Beziehungen zu stärken, wenn Sie Kritik erbitten.

Chefs erhalten wertschätzend aufrichtiges Feedback von ihren Teams nicht bloß, indem sie offen für Kritik sind, sondern indem sie *aktiv* Feedback *einfordern*. Wenn jemand mutig genug ist, Sie zu kritisieren, kritisieren Sie die Kritik nicht. Wenn Sie mitbekommen, dass jemand eine Kollegin oder einen Kollegen in unangemessener Weise kritisiert, sagen Sie etwas! Wenn aber jemand Sie in unangemessener Weise kritisiert, ist es sowohl Ihre Aufgabe zuzuhören, um zu verstehen, was der andere meint, als auch die Offenheit zu belohnen. Genauso wichtig wie das Einfordern von Kritik ist es, sie unter den Teammitgliedern zu fördern. (Sie finden konkrete Tools und Techniken, um Feedback von Ihren Mitarbeiterinnen und Mitarbeitern zu erbitten und dazu zu ermutigen in Teil 2, Kapitel 6.)

Als ich bei Google gearbeitet habe, waren es häufig die Kolleginnen und Kollegen aus dem Team in Dublin, die denkwürdige Kritik mir gegenüber vorbrachten. Pointiert formulierte Kritik war enorm hilfreich, sobald ich den ersten Schock überwunden hatte. David Johnson sagte einmal zu mir, nachdem ich eine besonders unüberlegte E-Mail verschickt hatte: »Kim, du klickst immer so schnell auf ›Senden‹!« Bis zum heutigen Tag habe ich die warnende Stimme von David im Ohr, bevor ich auf »Senden« klicke. Und obwohl ich ihn seit Jahren nicht mehr gesehen habe, rettet er mich immer noch fast einmal pro Woche davor, eine E-Mail zu versenden, die ich später bereue.

Ein anderes Mal verschob ich den Beginn eines Meetings mit dem Team in Dublin, weil ich die Zeit am Morgen mit meinen neugeborenen Zwillingen genießen wollte. Ich dachte, jeder würde das verstehen, aber ein Kollege, der auch vor Kurzem Vater geworden war, sagte: »Weißt du, Kim, wir haben auch Kinder!« Ohne darüber nachzudenken, hatte ich das Meeting in die Abendessenszeit der Kinder verschoben. Ich schämte mich sehr, aber sobald ich meine Ablehnung überwunden hatte, war ich ihm dankbar, dass er mich darauf hingewiesen hatte. Extrem wichtig war es, wenn ich Kritik von meinem Team in Dublin einholen wollte, nicht ablehnend zu reagieren. Wenn ich von dem Team in Japan Kritik einholen wollte, bestand die

Schwierigkeit hingegen darin, das Schweigen auszuhalten. Ich werde mein erstes Meeting mit dem AdSense-Team in Tokio nie vergessen. Ich hatte den Plan, regelmäßig Meetings mit ihnen abzuhalten, um von ihnen Vorschläge, Bedenken oder Verbesserungen zu bekommen. Meine Erfahrung mit solchen Meetings in anderen Ländern war, dass jemand *etwas* sagen würde, wenn ich eine Frage wie »Was könnte ich machen oder sein lassen, um euer Leben zu verbessern?« stellte und dann in meinem Kopf bis sechs zählte. Ich zählte bis zehn. Nichts. Ich formulierte die Frage anders. Immer noch nichts. Schlussendlich erzählte ich ihnen eine Geschichte von Toyota, die ich während meines Studiums gehört hatte. Die Führungskräfte malten ein großes rotes Quadrat auf den Boden des Fließbands, um die kulturellen Tabus gegen Kritik am Management zu bekämpfen. Neue Mitarbeiterinnen und Mitarbeiter mussten sich am Ende ihrer ersten Woche in dieses Quadrat stellen und durften erst wieder herauskommen, wenn sie mindestens drei Dinge, die sie während ihrer Fließbandarbeit erlebt hatten, kritisierten. Die permanenten Verbesserungen, die durch diese Praxis erzielt wurden, waren Teil des Erfolgs von Toyota. Ich fragte mein Team, was sie davon hielten: Brauchten wir auch ein rotes Quadrat? Sie lachten, und weil sie befürchteten, ich könnte irgendwo ein rotes Quadrat hinmalen, öffnete sich einer der Kollegen ein klein wenig. Offen gesagt war das nicht viel – eine Beschwerde über den Tee im Büro – aber ich belohnte die Offenheit reichlich. Ich dankte der Person vor allen anderen, verschickte eine handgeschriebene Notiz, bewilligte ein Budget, damit besserer Tee gekauft werden konnte, und ich sorgte dafür, dass jeder wusste, dass es nun besseren Tee gab, weil sich jemand darüber im Meeting beschwert hatte. Später gab es dann substanziellere Themen.

Lob und Kritik im Gleichgewicht halten

Kümmern Sie sich mehr um Lob, weniger um Kritik, seien Sie aber vor allem aufrichtig

Wir lernen mehr aus unseren Fehlern als aus unseren Erfolgen, mehr aus Kritik als aus Lob. Warum ist es dann aber so wichtig *mehr* zu loben als zu kritisieren? Dafür gibt es mehrere Gründe. Erstens lenkt Lob die Menschen in die richtige Richtung. Es ist genauso wichtig, die Menschen wissen zu lassen, was sie mehr machen sollten, wie ihnen zu sagen, was sie weniger tun sollten. Zweitens spornt Lob die Menschen an, sich immer weiter zu verbessern. Anders ausgedrückt bewirkt Lob viel mehr als ein gutes Gefühl bei den Menschen. Es kann sie sogar direkt herausfordern.

Einige Experten empfehlen ein Verhältnis von Lob zu Kritik von 3:1, 5:1

oder sogar 7:1. Es gibt aber auch jene, die die Sandwich-Methode für Feedback vertreten: Lob am Anfang und am Ende und dazwischen eine Portion Kritik. Der Risikokapitalgeber Ben Horowitz hatte recht damit, diesen Ansatz als »Shit-Sandwich« zu bezeichnen. Er ist der Meinung, dass diese Technik durchaus funktionieren könnte, aber nur mit weniger erfahrenen Menschen. Ich habe allerdings festgestellt, dass ein durchschnittliches Kind diese Technik ebenso durchschaut wie eine Führungskraft.

Mit anderen Worten ist die Vorstellung eines »richtigen« Verhältnisses zwischen Lob und Kritik gefährlich. Denn sie kann dazu führen, dass Sie Dinge sagen, die unnatürlich, unaufrichtig oder einfach nur lächerlich sind. Wenn Sie denken, Sie müssten für jedes negative Feedback, das Sie jemandem geben, zwei gute Dinge sagen, werden Sie ihm solche Sachen sagen wie: »Die Schriftart, die du für die Präsentation gewählt hast, hat mich echt umgehauen. Aber inhaltlich hatten Sie nicht so viel zu sagen... Aber ich bin immer wieder beeindruckt, wie aufgeräumt dein Schreibtisch ist.« Herablassendes oder unaufrichtiges Lob wie dieses untergräbt das Vertrauen und schadet Ihren Beziehungen genauso wie übertrieben harsche Kritik.

Wenn es um Kritik geht, sind die meisten Menschen besorgt, die Gefühle der anderen zu verletzen, also sagen sie häufig nichts. Bei Lob sind einige bestrebt, den anderen eine Freude zu bereiten, sodass sie immerzu etwas sagen, manchmal sogar Unsinniges. Es gibt auch Menschen, die gar nicht daran gewöhnt sind, ein Lob auszusprechen. *Wenn ich dich nicht entlasse, heißt das, dass du gut bist.* Das ist jedoch nicht gut genug. Andy Grove erzählte mir, er habe erkannt, dass es an der Zeit gewesen sei, seine Kompetenzen in Sachen Lob zu verbessern, als er ein laminiertes Stück Papier an seinem Arbeitsplatz gefunden habe, auf dem stand: *Sag etwas Nettes.*

Wenn ich Kritik übe, versuche ich, nicht so viel darüber nachzudenken und mich darauf zu konzentrieren, »es einfach zu sagen«. Wenn ich mir zu viele Gedanken darüber mache, wie ich es sagen soll, werde ich vermutlich kneifen und nichts sagen. Und wenn ich Lob äußere, versuche ich, mir zumindest *bewusst* zu machen, dass Lob auch schiefgehen kann. Karen Sipprell, eine Kollegin bei Apple, stellte zwei Fragen, die sehr aufschlussreich waren: »Wie viel Zeit verwendest du darauf, sicherzustellen, dass alle Fakten stimmen, bevor du jemanden kritisierst? Und wie viel Zeit verwendest du darauf, sicherzustellen, dass alle Fakten stimmen, bevor du jemanden lobst?« Idealerweise verbringt man genauso viel Zeit damit, die Fakten für eine Kritik zusammenzutragen wie für ein Lob.

Die tückische Grenze zwischen aggressiver Offenheit und wertschätzender Aufrichtigkeit erkennen

»Deine Arbeit ist scheiße«

Wertschätzend aufrichtige Kritik ist sowohl bei Google als auch bei Apple ein wichtiger Bestandteil der Unternehmenskultur, hat aber in beiden Unternehmen eine andere Gestalt. Google legt mehr Wert auf Wertschätzung als auf Aufrichtigkeit. Also würde ich Kritik dort als wertschätzende Aufrichtigkeit mit einer Prise schädlicher Empathie beschreiben. Bei Apple ist es genau andersherum. Also würde ich die Kritikkultur dort als wertschätzende Aufrichtigkeit mit einer Prise aggressiver Offenheit beschreiben.

In der Einführung habe ich kurz einen Dokumentarfilm erwähnt, in dem der Technikjournalist Bob Cringely Steve Jobs interviewt und ihn fragt, was er damit meine, wenn er den Leuten sage: »Deine Arbeit ist scheiße.«[8] Es lohnt sich, das Transkript zu lesen, um die tückische Grenze zwischen aggressiver Offenheit und wertschätzender Aufrichtigkeit zu erkennen.

> **CRINGLEY: Was bedeutet es, wenn Sie jemandem sagen, seine Arbeit sei scheiße?**
> **JOBS: Für gewöhnlich bedeutet das, dass seine Arbeit scheiße ist. Manchmal bedeutet das: »Ich denke, dass deine Arbeit scheiße ist. Und ich – ich liege falsch damit.«**

Zu sagen »Deine Arbeit ist scheiße« ist im Allgemeinen nicht in Ordnung. Diese Aussage befindet sich mitten im Quadranten »aggressive Offenheit«. Aber im Laufe des Interviews stellte Jobs jedoch klar, was er mit seiner Äußerung gemeint hatte.

> **JOBS: Das Wichtigste, was man meiner Meinung nach für jemanden tun kann, der wirklich gut ist und auf den man sich verlassen kann, ist, ihn darauf hinzuweisen, wenn seine Arbeit nicht gut genug ist. Und zwar klar und deutlich… und sie wieder auf den richtigen Weg bringen.**

Bemerkenswert ist Jobs Selbsterkenntnis. Er ist darauf bedacht, seine Kritik nicht auf die Persönlichkeit abzustellen. Er sagt nicht »wenn sie nicht gut genug sind«, sondern »wenn ihre *Arbeit* nicht gut genug ist«. Das ist ein großer Unterschied. Jobs kämpft mit dem Problem, das häufig auftritt, wenn man

---

8 Sie können die Outtakes des Interviews für den PBS-Dokumentarfilm *Triumph of the Nerds* in *The Lost Interview* sehen.

eine andere Person kritisiert: dem zugrundeliegenden Zuordnungsfehler. Dabei werden Persönlichkeitsmerkmale und nicht externe Ursachen in den Fokus gerückt. Es ist einfacher, den Fehler in der Person zu suchen, als den Fehler im Kontext dessen zu suchen, was diese Person tut. Es ist ganz einfach zu sagen: »Du bist nachlässig.« Viel schwieriger ist es zu sagen: »Seit einiger Zeit arbeitest du Tag und Nacht, und das beeinträchtigt mittlerweile deine Fähigkeit, Fehler in der Logik zu erkennen.« Das ist aber auch viel weniger hilfreich.

»Deine Arbeit ist scheiße« zu sagen ist viel besser als »du bist scheiße« zu sagen. Aber auch das ist total unverschämt. Was Jobs als Nächstes sagt, ist jedoch entscheidend: Damit Kritik wirksam ist, ist es unerlässlich, »diese *klar und deutlich* zu äußern und den *Grund* zu erläutern … und sie wieder *auf den richtigen Weg* zu bringen«. [Kursiv von mir.] Anders ausgedrückt ist »deine Arbeit ist scheiße« nicht genug, auch wenn die Formulierung weniger aggressiv ist. Der Chef muss den *Grund* erläutern; das bedeutet, er muss sich dafür einbringen, dass sich die Person verbessert. Am Ende des Interviews erläuterte Jobs, warum er die Formulierungen so gewählt hat.

> **JOBS: Du musst das so tun, dass das Vertrauen in ihre Fähigkeiten nicht infrage gestellt wird, es aber auch *nicht zu viel Spielraum für Interpretationen* gibt … und das ist sehr schwer. [Kursiv von mir.]**

»Deine Arbeit ist scheiße« lässt sicherlich keinen Spielraum für Interpretationen, aber ich gehe davon aus, dass die meisten Menschen das Vertrauen in ihre Fähigkeiten infrage stellen. Es liegt mir fern, diese Wortwahl zu rechtfertigen, aber es gibt ein paar Gründe, warum es nicht so schlimm ist, wie es klingt, wenn man so etwas sagt. Zunächst ist die Art der Beziehung ein entscheidender Faktor. In der Einführung habe ich eine Geschichte erzählt, als ich einen Mitarbeiter in meinem Team als Dummkopf bezeichnet habe. Ich empfehle Ihnen nicht, das auch zu tun. Ich konnte das nur aufgrund der Beziehung, die wir hatten, sagen. Ich wusste, dass er sich darüber im Klaren war, dass ich ihn sehr bewunderte, und dass ich diese Formulierung nur benutzt hatte, um seine Aufmerksamkeit zu bekommen. Zweitens könnte es der Fall sein, dass Sie es mit sehr kompetenten Menschen zu tun haben, sodass sie bis an die Grenze gehen müssen, denn sie neigen dazu, kritische Anmerkungen herauszufiltern.

Jobs macht *in der Tat* deutlich, warum Feedback häufig eine Gradwanderung ist. Ich empfinde es nach wie vor als äußerst schwierig, den Menschen zu versichern, dass ich Vertrauen in ihre Fähigkeiten habe, während ich gleichzeitig deutlich machen muss, dass ihre Arbeit nicht gut genug ist. Wenn man klar und deutlich artikuliert, dass die Arbeitsqualität nicht ausreicht, kann sich das anfühlen, als sei man lediglich gemein.

Wie kann Kritik geübt werden, ohne die Person zu entmutigen? Zunächst sollten Sie sich, wie ich in Kapitel 1 beschrieben habe, auf Ihre Beziehung zu Ihrem Gegenüber konzentrieren. Auch sollten Sie sich, wie ich in den zwei vorigen Unterkapiteln beschrieben habe, Kritik erbitten, bevor Sie Kritik üben, und mehr Lob als Kritik äußern. Seien Sie demütig, hilfsbereit, geben Sie Feedback persönlich und unmittelbar, loben Sie vor anderen, kritisieren Sie unter vier Augen und kritisieren Sie keine Persönlichkeitsmerkmale. Stellen Sie klar, dass das Problem nicht auf einem Charakterfehler, der nicht korrigierbar ist, beruht. Erzählen Sie Geschichten davon, wann Sie für etwas Ähnliches kritisiert worden sind. (Mehr Tipps finden Sie in Kapitel 6, in dem es um spontanes Feedback geht.)

Ein Manager, mit dem ich bei Apple zusammengearbeitet habe, erläuterte, wie er neuen Mitarbeiterinnen und Mitarbeitern half, gelassen mit Kritik umzugehen. Er war schon viele Jahre bei Apple und hatte einen gottähnlichen Ruf. Nach der ersten Prüfung ihrer Designvorschläge zeigte er ihnen immer zwei Mappen, die er in seinem Büro aufbewahrte. In einem waren zehn Blatt Papier, in der anderen mehr als tausend. »Das ist meine ›Ja‹-Mappe, sagte er und deutete auf die dünne Mappe. »Die Designentwürfe, die genehmigt wurden.« Dann nahm er die dicke Mappe in die Hand und ließ sie wirkungsvoll fallen. »Und das ist meine ›Nein‹-Mappe. Lasst euch nicht von der Kritik entmutigen.«

Jeder muss seinen eigenen Weg finden, wie er Menschen kritisiert, ohne sie zu entmutigen. Steve Jobs' Feedback-Style ist sicherlich nicht für jedermann geeignet. Es lohnt sich aber zu verstehen, woher er kam.

JOBS: Es macht mir nichts aus, wenn ich falsch liege. Und ich gebe zu, dass ich häufig falsch liege. Das ist für mich nicht so wichtig. Was wichtig ist, ist, dass wir das Richtige tun.

Meiner Erfahrung nach sind Menschen, denen wichtiger ist, die richtige Antwort zu finden als recht zu haben, die besseren Chefs. Das liegt daran, dass sie sich permanent verbessern und lernen, und sie spornen diejenigen, die für sie arbeiten, an, das Gleiche zu tun. Wenn ein Chef wertschätzend aufrichtiges Feedback gibt, hilft er seinen Mitarbeiterinnen und Mitarbeitern dabei, die beste Arbeit ihres Lebens zu leisten.

Ein einfaches Beispiel

»Der Reißverschluss deiner Hose ist offen«

Wie das Beispiel »deine Arbeit ist scheiße« zeigt, kann es schwieriger sein, als Sie womöglich denken, zu entscheiden, ob Sie wertschätzend aufrichtig sind oder nicht. Eine Möglichkeit, ein schwieriges Problem zu lösen, besteht darin, an ein ähnliches, aber einfacheres zu denken, sich daran zu erinnern, wie Sie es gelöst haben, und dann diesen Lösungsweg auf das schwierigere Problem zu übertragen. Sie können denselben Ansatz auf emotionale Situationen anwenden. Wenn Sie einer Person etwas sagen müssen, das nur schwer verdaulich ist, stellen Sie sich vor, dass Sie lediglich sagen »der Reißverschluss deiner Hose ist offen« oder »du hast Spinat zwischen den Zähnen«. Diese weniger schwierigen Situationen können Ihnen helfen, größere Probleme direkter anzugehen.

Stellen Sie sich ein einfaches Szenario vor, um zu erkennen, wie das Radical-Candor-Modell auf Feedback angewendet werden kann: Eine Kollegin, Alex, kommt aus der Toilette. Der Reißverschluss ihrer Hose ist offen und ein Blusenzipfel hängt heraus. Was sagen Sie?

Wir gehen einmal davon aus, dass Sie Ihre Verlegenheit überwinden und etwas sagen. Sie wissen, dass es Alex peinlich sein wird, wenn Sie auf den Reißverschluss hinweisen. Wenn Sie aber nichts sagen, werden wahrscheinlich mehr als zehn Leute Alex' peinliches Missgeschick sehen.

Also nehmen Sie Alex beiseite und sagen ihr leise: »Hey, Alex, der Reißverschluss an deiner Hose ist offen. Ich freue mich immer, wenn mich die

Leute darauf hinweisen. Ich hoffe, es ist ok für dich, dass ich das sage.« Ihr Verhalten fällt in den Quadranten »Radical Candor«. Ihre Anmerkung ist sowohl Wertschätzung als auch Aufrichtigkeit.

Wenn Sie hingegen auf Alex' offenen Reißverschluss vor anderen Leuten hinweisen, dabei witzig sein wollen und sie absichtlich erniedrigen, fällt Ihr Verhalten in den Quadranten der aggressiven Offenheit. Jedoch ist das aus Alex' Perspektive nicht das schlimmstmögliche Szenario, da Sie ihr die Möglichkeit gegeben haben, das Problem zu lösen.

Wenn Sie wissen, dass Alex schüchtern und peinlich berührt sein wird, entschließen Sie sich vielleicht, nichts zu sagen, wobei Sie hoffen, dass Alex selbst merkt, dass der Reißverschluss nicht zu ist, ohne dass Sie ihr etwas sagen. Damit wären Sie im Quadranten der schädlichen Empathie. In diesem Szenario sehen noch zehn Leute, dass der Reißverschluss offen ist und die weiße Bluse raushängt, was blöd aussieht. Und wenn Alex das bemerkt, ist ganz klar, dass ihr Reißverschluss schon sehr lange offen ist. Und nun ist es Alex *noch* peinlicher, als wenn Sie sofort etwas gesagt hätten. Und sie fragt sich womöglich, warum Sie nicht so höflich waren, es ihr gegenüber zu erwähnen.

Stellen Sie sich schlussendlich vor, Sie beschließen nichts zu sagen, weil für Sie Ihre eigenen Gefühle und Ihre Reputation gedanklich an erster Stelle stehen. Sie halten nicht den Mund, weil Sie sich Sorgen um Alex machen, sondern weil Sie sich *selbst* das Leben leichter machen wollen. Es ist Ihnen sehr wichtig, gemocht zu werden. Und Sie befürchten, Alex mag Sie nicht mehr, wenn Sie etwas sagen. Sie befürchten zudem, dass die Leute Sie verurteilen, wenn Sie etwas sagen. Also gehen Sie weiter und sagen nichts. Wenn Sie richtig unverschämt sind, können Sie der nächsten Person, die Ihnen über den Weg läuft, zuflüstern, sich Alex' Hosenstall anzugucken. Herzlichen Glückwunsch! Ihr Verhalten fällt in den schlimmsten Quadranten: manipulative Unaufrichtigkeit.

Es ist verlockend zu denken, dass Sie gegenüber Menschen, die Sie gut kennen wie Freunde und Familie, wertschätzend aufrichtig sein sollten. Es ist auch verlockend, Folgendes zu vermuten: Wenn man im Quadranten »schädliche Empathie« oder »manipulative Unaufrichtigkeit« steckt, während man Alex kennenlernt, dann wäre es eines schönen Tages ganz leicht zu sagen: »Hey, Alex, meine Liebe, dein Reißverschluss ist offen.« Aber die Notwendigkeit, offen miteinander zu kommunizieren, wartet nicht, bis Sie eine enge persönliche Beziehung aufgebaut haben, und selbst das Schweigen eines fast Fremden bewirkt mehr Verlegenheit und Misstrauen, als zu sagen: »Hey, dein Reißverschluss ist offen.« Nächstes Mal, wenn Alex Sie sieht, wird die Erinnerung an die Situation für Verlegenheit sorgen. Warum haben Sie nichts gesagt? Durch Ihre Zurückhaltung haben Sie den Samen des Misstrauens gesät. Deshalb gab Kim Vorrath, eine Führungskraft im iOS-Team von Apple, die gerade die Software für das iPhone entwickelt hatte, den einfachen Rat für Kritik: »Äußern Sie sie einfach.«

Dieses Modell ist einfach genug, um es selbst in der Hitze des Gefechts im Kopf zu haben. Zudem kann es Ihnen helfen zu erkennen, wenn Sie sich in die falsche Richtung bewegen. Das nächste Mal, wenn Sie metaphorisch gesprochen einen offenen Reißverschluss sehen und versucht sind, nichts zu sagen, dann halten Sie sich vor Augen, in welchem Quadranten des Modells Sie sich befinden: schädliche Empathie oder manipulative Unaufrichtigkeit? Durch diesen kleinen Anstoß können Sie zur wertschätzenden Aufrichtigkeit gelangen.

Wenn Sie es mit jemandem zu tun bekommen, der wirklich verärgert ist, sich richtig aufregt, oder gar zumacht, ziehen sich die meisten Menschen auf schädliche Empathie zurück. Einige wenige bleiben standhaft, verteidigen sich aber gegen den Ansturm von Emotionen, indem sie aufhören, sich zu kümmern, und deshalb aggressiv offen werden. Selbst jene, die wirklich gute Absichten haben, sind manchmal versucht, nachzugeben und sich nicht mehr zu kümmern. Dann ziehen sie sich auf manipulative Unaufrichtigkeit zurück.

Wenn Sie sich vorstellen, was Sie sagen wollen, und erkennen, dass es wohl in einem der schlechten Quadranten landen wird, wird Sie das in Richtung wertschätzende Aufrichtigkeit bringen. Sie wissen bereits, wie Sie wertschätzend aufrichtig sein können, weil Sie Wertschätzung und Aufrichtigkeit kennen.

Von dem Moment an, als Sie sprechen gelernt haben, haben Sie begonnen, Ihren Mitmenschen gegenüber aufrichtig zu sein. Dann wurde Ihnen so etwas gesagt wie »Wenn Du nichts Nettes zu sagen hast, sag' gar nichts.« Nun, mittlerweile ist es Ihre Aufgabe, etwas zu sagen. Und wenn Sie Chef oder eine Person von Rang sind, ist es nicht nur Ihre Aufgabe. Es ist Ihre moralische Verpflichtung. *Sagen Sie es einfach!*

Sie wurden mit der Fähigkeit geboren, Kontakte zu knüpfen und sich um die anderen zu kümmern. Irgendwie haben Sie damit aufgehört, als Sie gelernt haben, »professionell zu sein«. Hören Sie damit auf, Ihre angeborene Fähigkeit zur Wertschätzung zu unterdrücken. Machen Sie es anders!

3.

HERAUSFINDEN, WAS JEDEN EINZELNEN IM TEAM MOTIVIERT

Wie Sie den Menschen helfen, einen Schritt in Richtung der Erfüllung ihrer Träume zu machen

ZIELE NEU STECKEN

Kehren wir zurück zu der Dimension der Wertschätzung. Um ein gutes Team aufzubauen, müssen Sie wissen, wie die Arbeit von allen Teammitgliedern zu deren Lebenszielen passt. Sie müssen jede Person, die Ihnen direkt unterstellt ist, kennenlernen, um echte, menschliche Beziehungen aufzubauen – Beziehungen, die sich verändern, wenn sich die Menschen ändern. Wenn Sie die richtigen Leute an der richtigen Stelle in Ihrem Team einsetzen, müssen Sie sie noch aufrichtiger zu ihnen sein, als Sie es mit dem Feedback getan haben – und zwar auf eine Art, die sich nicht nur auf die Gefühle auswirkt, sondern auch auf das Gehalt, die berufliche Entwicklung und die Fähigkeit, das zu bekommen, was sie vom Leben erwarten. Der Aufbau eines Teams ist *schwer.*

Eine Führungskraft bei Apple hatte eine gute Methode, mit den verschiedenen Arten von Zielen, die die Mitglieder in ihrem Team verfolgten, umzugehen. So konnte sie wohlüberlegt die verschiedenen Aufgaben zuteilen. Um den Zusammenhalt in einem Team zu wahren, braucht man sowohl Felsen in der Brandung als auch Superstars, wie sie erklärte. Ein Fels in der Brandung ist hart wie Stein. Denken Sie an den Felsen von Gibraltar, nicht an Bruce Springsteen. Die Felsen in der Brandung lieben ihre Arbeit. Sie haben ihren Rhythmus gefunden. Sie möchten keinen neuen Job, wenn dieser sie von dem, was sie tun, entfernt. Nicht jeder Künstler möchte eine Galerie haben; um ehrlich zu sein, wollen das die wenigsten. Wenn Sie die Felsen in der Brandung schätzen und belohnen, werden sie zu Mitarbeitern, auf die Sie sich am meisten verlassen können. Wenn Sie sie auf Positionen befördern, die sie nicht wollen oder für die sie nicht geeignet sind, werden Sie sie jedoch verlieren – oder, was noch schlimmer ist, Sie werden Sie am Ende entlassen. Superstars müssen auf der anderen Seite herausgefordert werden, und sie brauchen ständig neue Möglichkeiten, um sich weiterzuentwickeln.

Um die beiden voneinander zu unterscheiden, müssen Sie Ihre Urteile und Ihre eigenen Ziele loslassen; für einen Moment vergessen, was Sie von den Leuten brauchen; und Sie müssen sich darauf konzentrieren, jede Person als Menschen kennenzulernen. Für viele Chefs bedeutet das, die Ziele neu zu stecken.

Wenn ich sage, dass eine Person »ehrgeizig« ist, haben Sie dann einen positiven oder negativen Eindruck? Gehen Sie davon aus, dass die Person auf persönliches Fortkommen aus ist, etwas Unheilvolles von ihr ausgeht, und sie bereit ist, zulasten der anderen ihre eigenen persönliche Ziele zu erreichen? Oder denken Sie, dass diese Person verantwortungsvoll ist und Dinge erledigen möchte; quasi die treibende Kraft für positive Veränderung in der größeren Gruppe ist?

Wenn ich sage, dass eine Person »stabil« ist, wie fällt dann Ihre spontane Reaktion aus? Dass die Person langweilig ist, neben der Sie bei einer Dinnerparty lieber nicht sitzen wollen? Oder Sie empfinden Erleichterung und fühlen sich wohl, und Sie denken, dass es sich um eine Art Person handelt, von der Sie gerne mehr in Ihrem Leben hätten? Wie reagieren Sie, wenn ich sage, dass eine Person »zufrieden« ist? Bewundern Sie diese Person? Würden Sie gerne selbst so sein? Oder gehen Sie davon aus, dass diese Person jemand ist, der nicht weiterkommt?

Lassen Sie all diese Reaktionen und Urteile hinter sich. Schauen Sie sich die folgenden zwei Spalten mit Wörtern an, und denken Sie an positive Beispiele von Menschen, mit denen Sie zusammengearbeitet haben, und die einer der beiden Spalten zugeordnet werden könnte. Denken Sie an Teams, in denen Sie gearbeitet haben, die etwas von beidem benötigten, und wie das richtige Verhältnis aussehen könnte. Dann denken Sie an Zeiten in Ihrem Leben, als sie sich in jeder Spalte befunden haben, und warum das so war. Idealerweise hätten Sie die Wahl gehabt und nicht Ihr Chef.

STEILE WACHSTUMSKURVE	FLACHE WACHSTUMSKURVE
Offen für Veränderungen	Sorgt für Stabilität
Ehrgeizig im Job	Außerhalb der Arbeit ehrgeizig oder einfach nur zufrieden im Leben
Möchte neue Chancen	Zufrieden mit derzeitigen Aufgaben
»Superstar«	»Fels in der Brandung«

Kurz nachdem ich bei Google angefangen hatte, erzählte mir Larry Page von einer Zeit, in der er einen Chef hatte, dem Ehrgeiz suspekt war. Während eines Praktikums in den Sommerferien sollte Larry eine Aufgabe erledigen, für die er nur ein paar Tage gebraucht hätte, wenn er sie auf seine Weise hätte machen dürfen. Er erläuterte seinem Chef die Vorteile dieser Herangehensweise, aber der Chef wollte nichts davon hören. Er bestand darauf, dass Larry die Aufgabe so erledigte, »wie sie es schon immer gemacht hatten«. Anstelle von zwei Tagen musste Larry den ganzen Sommer über an dem Projekt arbeiten. Die verschwendete Zeit und der Aufwand waren die reinste Qual für Larry. Wie die meisten von uns erkannte auch Larry, dass ein Chef, der ihn ausbremste, ihm das Leben zur Hölle machen konnte. »Drei Monate von meinem Leben waren verschwendet und für immer verloren. Ich möchte nicht, dass jemand bei Google einen solchen Chef hat. *Niemals!*«, sagte Larry einmal zu mir, und ich erkannte an seinem Führungsstil, dass er es auch so meinte. Larry tat alles, um dafür zu sorgen, dass die Chefs die Ideen und Ziele ihrer Mitarbeiterinnen und Mitarbeiter nicht unterdrücken konnten. Das habe ich an Google geliebt.

Hier ist eine Geschichte über eine Chefin, deren Wachstumskurve sehr steil verlief – es handelt sich um mich. Ich bestand darauf, dass alle meine Ziele teilten. Apple hat mich dann wieder auf den richtigen Weg gebracht.

Leider war ich zu lange der Überzeugung, dass es für den Aufbau eines sehr leistungsstarken Teams am besten sei, es zum superschnellen Wachstum zu bringen. Ich war immer auf der Suche nach den Besten, den Klügsten, den Frechsten und den Ehrgeizigsten. In den ersten 20 Jahren ist es mir nie in den Sinn gekommen, dass manche Leute den nächsten, größeren Job gar nicht *wollten*. Als ich *Managing at Apple* entwarf, ging es in einer der ersten Versionen des Kurses darum, den Löwenanteil der Aufmerksamkeit auf die ehrgeizigsten Leute im Team zu richten. Dies ging oft zulasten derjenigen, die auch gute Arbeit leisteten und zufrieden damit waren, diese auch in Zukunft zu machen – das Rückgrat eines guten Teams. Und ironischerweise genau die Art Mensch, zu der ich in dieser Phase meiner Karriere geworden war.

Scott Forstall, der das iOS-Team aufgebaut hatte und direkt für Steve Jobs arbeitete, half mir zu verstehen, dass dieser Ansatz nicht zum Ethos von Apple passte – und zudem auch kein optimales Team hervorgebracht hatte.

Wir sprachen über das 9-Box-Grid-Modell, das so viele Unternehmen für die Nachfolgeplanung oder das »Talentmanagement« nutzen. McKinsey & Company hatte dieses Modell ursprünglich entwickelt, um General Electric bei der Entscheidung zu helfen, in welche Unternehmen investiert werden sollte. Tausende von Personalabteilungen in tausenden von Unternehmen setzen dieses Modell für das Talentmanagement ein.[9] Die Managerinnen und Manager bewerten sowohl die Leistung als auch das Potenzial aller Mitarbeiter und teilen sie dann in eine von neun Boxen ein, wobei »gute Leistung/viel Potenzial« die beste und »schlechte Leistung/wenig Potenzial« die schlechteste ist.

Ich sagte: »Das Wort ›Potenzial‹ ist vermutlich nicht richtig. Ich glaube

9 http://tomtunguz.com/nine-box-matrix-hr/.

nicht, dass es einen Menschen mit wenig Potenzial gibt.« Es gab also auch eine idealistische Seite meines konsequenten Ansatzes zur Teambildung.

»Wörter sind wichtig«, sagte Scott. »Lass uns darüber sprechen.«

Wir diskutierten eine Weile. Ein Problem mit der Kategorie »Potenzial« war, dass sie keine positive Bewertung von Menschen zuließ, die ihren Job sehr gut machten und ihn auch weitermachen wollten. Scott musste solche Leute bei Laune halten, und er erwartete, dass alle Führungskräfte in seinem Unternehmen das auch taten.

Scott schlug vor, das Wort »Wachstum« anstelle von »Potenzial« zu nutzen, um den Managerinnen und Managern bei der Entscheidung zu helfen, welche Chancen sie welchen Leuten im Team geben wollten. Die Änderung eines einzigen Wortes machte einen gewaltigen Unterschied. Statt eine implizit wertende Frage zu stellen wie: »Hat diese Person viel oder wenig Potenzial?«, regten wir die Führungskräfte dazu an, sich selbst Fragen zu stellen wie: »An welchem Punkt auf der Wachstumskurve *möchte* jede Person in meinem Team im Moment sein?«, oder: »Habe ich jedem die Chancen eingeräumt, die mit dem übereinstimmen, was sie wirklich wollen?«, oder: »An welchem Punkt auf der Wachstumskurve befinden sich meine direkten Mitarbeiter ihrer Meinung nach? Bin ich derselben Meinung? Und wenn nicht, warum nicht?« Manchmal möchten die Menschen sich wirklich weiterentwickeln, und sie sind fähig, mehr beizutragen, als sie es ohnehin schon tun. Manchmal wollen sie einfach nur mehr Geld oder Anerkennung, wollen aber ihre Arbeitsweise nicht wirklich ändern oder mehr beitragen als bisher. Als Chef sind Sie derjenige, der seine direkten Mitarbeiterinnen und Mitarbeiter gut genug kennen muss, um dies zu unterscheiden, und Sie müssen dann ein paar wertschätzend aufrichtige Gespräche führen, wenn Sie die Dinge anders sehen.

Diese Fragen zur Entwicklung der Mitarbeiterinnen und Mitarbeiter können Ihnen viel besser helfen herauszufinden, was jede Person motiviert, als Fragen zum »Potenzial« oder »Talent«. Und die Erkenntnisse daraus werden Ihnen helfen zu vermeiden, dass Sie die Felsen in der Brandung in den Burn-out treiben und die Superstars langweilen. Diese Fragen sollen Ihnen helfen, nicht zu vergessen, dass sich Wachstumskurven verändern und dass Sie nicht permanent die Menschen abstempeln sollten. Sie werden Ihnen helfen, stabile Teams aufzubauen, die erstaunlich gute Ergebnisse erzielen.

WACHSTUMSMANAGEMENT

Es wird immer besser

Sich von einer herkömmlichen Sichtweise des »Talentmanagements« abzuwenden und einer des »Wachstumsmanagements« zuzuwenden, wird ihnen helfen, dafür zu sorgen, dass sich jeder in Ihrem Team in Richtung seiner Träume bewegt und dass sich Ihr Team im Laufe der Zeit als Ganzes verbessert. Kreativität blüht auf, die Effizienz steigt, und die Menschen arbeiten gerne zusammen.

Sie können dieses Modell zum »Wachstumsmanagement« nutzen, um sich im Klaren darüber zu werden, wie Sie mit den beiden verschiedenen Typen von High-Performern – jene, deren Wachstumskurve sehr steil verläuft, und jene, deren Wachstumskurve flacher ausfällt – unterschiedlich umgehen. Das Modell erinnert Sie daran, dass Sie die Menschen unterstützen, ihre Karriere so zu gestalten, wie sie es sich *selbst* wünschen, und nicht so, wie sie es *Ihrer* Meinung nach tun sollten. Sie können dieses Modell auch nutzen, um nicht zu vergessen, jedes Teammitglied zu hervorragender Leistung anzuspornen, und um herauszufinden, wen Sie anstellen oder wen Sie entlassen, und ob die schlechte Leistung einer Person nur die Schuld des Chefs, also Ihre Schuld ist.

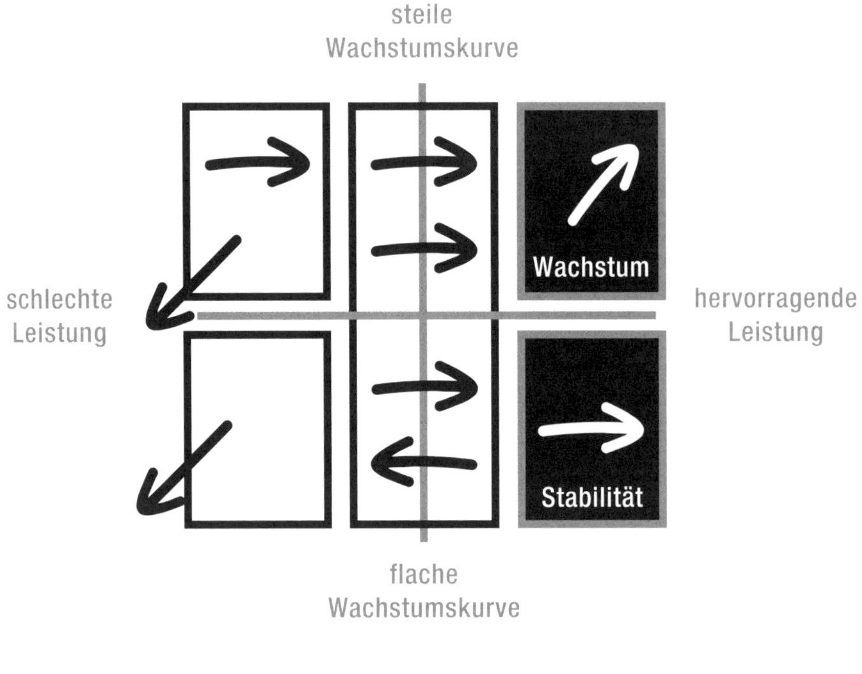

Das Wichtigste, was Sie für Ihr Team als Ganzes tun können, ist, sich darüber klar zu werden, an welchem Punkt der Wachstumskurve jede einzelne Person zu einer bestimmten Zeit sein möchte, und ob das mit den Bedürfnissen und Möglichkeiten des Teams vereinbar ist. Dazu müssen Sie alle direkten Mitarbeiterinnen und Mitarbeiter auf einer persönlichen Ebene kennenlernen. Zudem werden Sie einige der schwierigsten Gespräche Ihres Lebens führen müssen. Zuweilen bleibt es nicht aus, dass Sie auch Leute entlassen müssen.

Die Achsen dieses Modells sind bisherige Leistungen und zukünftige Entwicklung. Die Bewertung der bisherigen Leistungen auf der x-Achse des Modells verläuft von »schlecht« bis »gut«, auf der y-Achse ist das *nicht* der Fall. Es ist genauso gut, sich im unteren rechten Quadranten zu befinden wie im oberen rechten. Die Felsen in der Brandung sind genauso wichtig für die Leistung eines Teams wie die Superstars. Stabilität ist genauso wichtig wie Wachstum. Die richtige Mischung aus allen wird sich im Laufe der Zeit ändern, aber Sie werden immer Mitarbeiter von jeder Sorte benötigen.

Bei der Bewertung der bisherigen Leistung ist es sinnvoll, sowohl die Ergebnisse als auch weniger greifbare Aspekte wie »Mitarbeit im Team« zu berücksichtigen. Die gewünschten Ergebnisse für ein bestimmtes Quartal oder Jahr werden idealerweise von einer Mitarbeiterin bzw. einem Mitarbeiter festgelegt. Sie sollten so objektiv und messbar wie möglich sein. Die nicht greifbaren Aspekte kann man für gewöhnlich nicht messen, sie sind aber ganz gut zu beschreiben. Daher sollten die Erwartungen auch hier klar formuliert werden. Leistung ist kein Kriterium, das dauerhaft gültig ist. Keine Person bringt immer »sehr gute Leistungen«. Die gute Leistung mag auch nur im letzten Quartal erbracht worden sein.

Die Vergangenheit ist viel leichter zu verstehen als die Zukunft. Die Zukunft wird am besten mittels der derzeitigen »Wachstumskurve« beschrieben. Bevor Sie darüber nachdenken, wie Sie mit jedem Mitarbeitertyp umgehen, um den Zusammenhalt in Ihrem Team zu gewährleisten, lohnt es sich, ein bisschen mehr Zeit darauf zu verwenden zu verstehen, was ich genau mit »Wachstumskurve« meine und warum sie so wichtig ist.

VERSTEHEN, WORAUF ES ANKOMMT UND WARUM

Um Wachstumsmanagement erfolgreich zu gestalten, müssen Sie herausfinden, was jede Person in Ihrem Team motiviert. Sie müssen zudem in

Erfahrung bringen, welche langfristigen Ziele jeder Einzelne hat, und Sie müssen verstehen, wie die gegenwärtige Situation zu den Motivationen und Lebenszielen passt. Nur dann, wenn Sie Ihre direkten Mitarbeiterinnen und Mitarbeiter gut genug kennen und wissen, warum ihnen die Arbeit wichtig ist, was sie sich von ihrer Karriere erhoffen, und an welcher Stelle sie sich im Moment befinden, können Sie die richtigen Menschen an den richtigen Positionen einsetzen und den richtigen Leuten die richtigen Projekte geben. (Informationen zu passenden Techniken erhalten Sie in Kapitel 7 »Entwicklungsgespräche«.)

Das Kennzeichen einer steilen Wachstumskurve ist rasche Veränderung, das bedeutet schnelles Erlernen neuer oder rasche Vertiefung bestehender Fähigkeiten. Es geht *nicht* darum, Führungskraft zu werden, und bei vielen Führungskräften verläuft die Wachstumskurve flacher. Eine steile Wachstumskurve sollte auch nicht nur im Sinne von »Beförderung« verstanden werden. Es geht darum, im Laufe der Zeit einen größeren Einfluss zu erlangen.

Eine flache Wachstumskurve ist von Stabilität gekennzeichnet. Menschen, deren Wachstumskurve flach verläuft und die gute Leistungen erbringen, haben im Allgemeinen ihre Arbeit im Griff und verbessern sich eher schrittweise denn plötzlich und dramatisch. Solche Positionen passen besser zu einem Felsen in der Brandung, da sie Beständigkeit, angesammeltes Wissen und ein Auge fürs Detail erfordern, die für jemanden, der sich gerade in einer Superstar-Phase befindet, vielleicht nicht im Fokus stehen, oder für die ihm die Geduld fehlt.

Menschen in Superstar-Phasen eigenen sich nicht gut für Fels-in-der-Brandung-Positionen. Und jenen, die sich gerade in einer Phase des Felsen in der Brandung befinden, dürften Superstar-Positionen nicht gefallen. Das Team von Diamantschleifern, das ich in Russland geleitet habe – die Männer, über die ich in Kapitel 1 geschrieben habe, und die mir »Wertschätzung« beigebracht haben – waren Meister in ihrem Handwerk, so begabt wie niemand sonst auf der Welt. Sie waren die Felsen in der Brandung. Sie hatten überhaupt keine Lust, den Job meines Chefs zu machen. Mein Chef, Maurice Tempelsman, erzählte dagegen eine ganz andere Geschichte, und zwar über sich selbst, als er ein jüngerer, extrem ehrgeiziger und ruheloser Mann war. Als er sein Unternehmen aufbaute, entschloss er sich dazu, sich einmal im Diamantschleifen zu versuchen. Eines Tages bekam er während des Schleifens einen Anruf, fing an, über ein großes Geschäft zu verhandeln, wurde dadurch abgelenkt und schliff einen Diamanten im Wert von einer Million US-Dollar zu Staub. Diese Geschichte hat sich wirklich so ereignet. Das ist der Grund, warum man eine Person, die eine steile Wachstumskurve hat, nicht auf einem Job, für den eine Person mit einer flachen Wachstumskurve gebraucht wird, haben möchte.

Die meisten Menschen haben in den verschiedenen Phasen ihres Lebens und ihrer Karriere mal eine steile Wachstumskurve und mal eine flache. Daher ist es wichtig, die Menschen nicht ein für alle Mal in eine Schublade zu stecken. In meinem Team bei Google gab es beispielsweise zwei aufstrebende Olympionikinnen. Beide Frauen leisteten großartige Arbeit. Direkt nach dem College, als sie auf dem Höhepunkt ihrer sportlichen Karriere waren, steckten sie genauso viel Energie in ihr Training wie in die Arbeit. Sie hatten eine flache Wachstumskurve bei der Arbeit, aber eine steile im Sport. Fünf Jahre später änderte sich das. Sie steckten nun all ihre Energie und ihren Elan in die Arbeit und nicht mehr in den Sport. Und ihre Wachstumskurve ging immer steiler nach oben.

Natürlich sind die meisten von uns keine aufstrebenden Olympioniken. Und ich bin es sicherlich auch nicht. Es gibt viele Gründe dafür, dass die Menschen mal eine flache und mal eine steile Wachstumskurve haben. Und Umstände, die den einen anspornen, spornen einen anderen an, genau das Gegenteil zu tun. Nehmen wir einmal das Beispiel, wie es ist, ein Kind zu bekommen. Manchmal entfacht die finanzielle Belastung, die eine Elternschaft mit sich bringt, den Ehrgeiz. Zuweilen weckt der Wunsch, rechtzeitig nach Hause zu kommen, um mit den Kindern zu spielen, das Bedürfnis nach mehr Vorhersehbarkeit. Manchmal ist es nötig, dass sich eine Person auf ein nur moderat verlaufendes Wachstum einstellen muss, wenn ein Angehöriger krank ist. Wenn die Krankheit dann aber überwunden wird, setzt der Ehrgeiz wieder ein. Im Allgemeinen erhöht der Ehrgeiz oder das Engagement außerhalb der Arbeit den Wert einer Person für das Team. Das bedeutet, dass Sie womöglich einen tollen Künstler als Grafikdesigner bekommen, solange Sie nicht darauf bestehen, dass der Künstler auf der Arbeit die Überholspur nimmt.

DAS PROBLEM MIT DER »LEIDENSCHAFT«

Es ist allgemein bekannt, dass Menschen bessere Arbeit leisten, wenn sie sie für sinnvoll erachten. Ich widerspreche diesem grundlegenden Prinzip nicht. Aber Chefs, die ihre Aufgabe so begreifen, dass sie für den Sinn sorgen müssen, gehen in der Regel zu weit. Darauf zu bestehen, dass die

Menschen ihre Arbeit mit Leidenschaft machen, kann sowohl für den Chef als auch für seine Mitarbeiter unnötigen Druck bedeuten. Ich hatte damit bei Google zu kämpfen, wo wir die Leute direkt vom College einstellten, um langweilige Aufgaben im Customer Service zu erfüllen. Ich versuchte, ihnen zu vermitteln, dass wir sie »Stück für Stück fördern« würden. Eine junge Frau, die Philosophie studiert hatte, rief sofort, dass das Nonsens sei. Sie sagte: »Hör' mal, der Job ist tatsächlich ein bisschen langweilig. Geben wir das doch einfach zu. Das ist schon ok. Plutarch hat Ziegelsteine verlegt. Spinoza hat Linsen geschliffen. Langeweile gehört zum Leben dazu.« Ich mochte ihren Ansatz, nach Sinn zu suchen, aber dieser Ansatz funktionierte nur bei ihr. Ein Satz wie »Spinoza hat Linsen geschliffen« wäre für den Rest des Teams nicht inspirierend gewesen.

In einem Anflug von Radical Candor erklärte Lucy Kellaway, die für die *Financial Times* schreibt, warum sie sich dafür entschieden hatte, genau für die Unternehmen zu arbeiten, für die sie arbeitet: »Ich habe mich für JPMorgan und später dann für die FT entschieden, weil das die beiden einzigen Unternehmen waren, die mir einen Job angeboten haben. Für mich schien das damals ein guter Grund zu sein, um mich für sie zu entscheiden. Und heute ist das immer noch ein guter Grund.«[10]

Es ist nicht verwerflich, hart zu arbeiten, um so viel Geld zu verdienen, dass man sein Leben leben kann, so wie man es sich vorstellt. Dem kann man sehr viel Sinn entnehmen. Ein weiser alter Mann sagte mir einmal: »Nur ungefähr fünf Prozent der Menschen haben eine echte Berufung in ihrem Leben, und sie verwirren den Rest von uns ganz schön.« Wenn man versucht, einen Job mit hochtrabenden, die Welt rettenden Begriffen zu beschreiben, führt das oftmals dazu, dass man aussieht wie der lächerliche Hooli-CEO Gavin Belson aus der Serie *Silicon Valley*. Womit wir wieder bei der Hauptaussage dieses Kapitels angelangt wären: Ihre Aufgabe ist es nicht, einen Sinn zu vermitteln. Stattdessen sollten Sie jeden Ihrer direkten Mitarbeiter so gut kennenlernen, dass Sie wissen, wie jeder Einzelne seiner Arbeit einen Sinn entnimmt.

Eine Geschichte über Christopher Wren, den Architekten, der nach dem großen Brand von London für den Wiederaufbau der St. Paul's Cathedral verantwortlich war, verdeutlicht, was ich meine. Wren ging durch die erst teilweise wieder aufgebaute Kathedrale. Er fragte drei Maurer, was sie täten. Der erste Maurer antwortete: »Ich arbeite.« Der zweite sagte: »Ich baue eine

10 http://www.ft.com/cms/s/0/0ccb0658-596a-11e6-9f70-badea1b336d4.html?siteedition=intl#axzz4GxOrK1Bg.

Mauer.« Der dritte hielt inne, blickte auf und sagte dann: »Ich baue eine Kathedrale für den Allmächtigen.«

Viele Menschen nutzen diese Geschichte, um die Person zu feiern, die einen Sinn für Visionen hat und sich vorstellen kann, dass ihre Bemühungen Teil eines größeren Unterfangens sind. Im heutigen Silicon Valley lauten die inspirierenden Slogans eher »putting a ding in the universe« (»etwas unwiderruflich verändern«), wie Steve Jobs es ausdrückte. Allerdings sind Motivationen sehr persönlich. Obwohl ich Steve Jobs bewundere, scheint es mir, als sei das Universum, oder zumindest unsere Welt, ordentlich in Schieflage geraten. Also finde ich seine Forderung, etwas unwiderruflich zu verändern, nicht inspirierend, auch wenn andere das tun. Sicherlich ist es die Aufgabe eines Chefs, der Arbeit eines Teams einen Kontext zu geben, und wenn Sie Ihren Teammitgliedern mitteilen, warum die Arbeit *Ihnen* einen Sinn gibt, kann das als Inspiration für die anderen dienen. Aber vergessen Sie nicht, dass es nicht immer nur um Sie geht.

Für mich ist der lehrreichste Teil von Wrens Geschichte, dass er nicht für sich selbst einen Sinn entdeckt hat und diesen allen einhämmern wollte. Jedem Maurer ging es um etwas anderes, obwohl alle drei an der gleichen Sache arbeiteten. Wrens Aufgabe bestand darin, zuzuhören und die Bedeutung dessen zu erkennen, was er hörte und Arbeitsbedingungen zu schaffen, die es jedem ermöglichten, den Sinn auf ihre eigene Weise zu finden.

HERVORRAGENDE LEISTUNG

Behalten Sie Ihre Top-Performer im Blick

Bevor wir uns dem Thema widmen, wie wir mit den Felsen in der Brandung und den Superstars unterschiedlich umgehen, dürfte es sinnvoll sein, sich darauf zu konzentrieren, was *beide* von Ihnen benötigen. Ihre Aufgabe besteht darin, sich auf sie zu konzentrieren und sicherzustellen, dass sie alles bekommen, was sie brauchen, um auch in Zukunft gute Arbeit zu leisten.

Seien Sie ein Partner, kein abwesender Manager oder Mikromanager

Einer der häufigsten Fehler, den Chefs machen, ist, die Menschen nicht zu beachten, die die beste Arbeit leisten, weil »sie mich nicht brauchen« oder »ich nicht mikromanagen« möchte. Jemanden zu ignorieren ist eine schlechte Methode, um eine Beziehung aufzubauen.

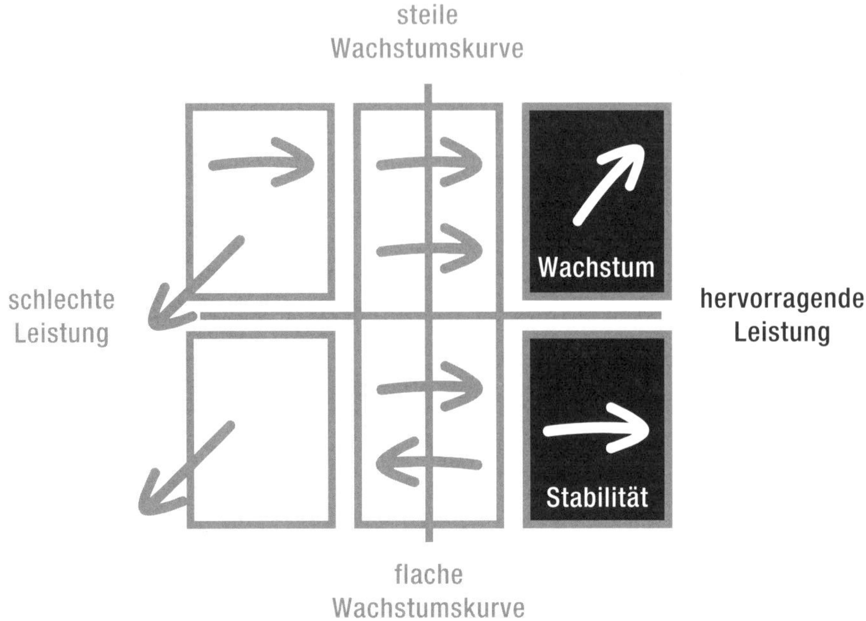

So mancher Schwafler, der sich über Management auslässt, wird Ihnen raten, einfach nur die richtigen Leute einzustellen und sie dann in Ruhe lassen. Dick Costolo, Twitters CEO von 2010 bis 2015, hat kurz und bündig erläutert, wie absurd dieser Ratschlag ist. »Das ist so, als würde man sagen, dass man, um eine gute Ehe zu führen, nur die richtige Person heiraten müsse, und dann braucht man keine Zeit mehr mit ihr zu verbringen. Lächerlich, oder? Stellen Sie sich vor, ich würde nach Hause gehen und meiner Frau sagen: ›Ich will dich nicht mikromanagen, also verbringe ich dieses Jahr keine Zeit mit dir oder den Kindern.‹«

Die Strategie des »Auswählens und Ignorierens« ist für Management genauso abwegig wie für Ehen. Wenn Sie sich nicht die Zeit nehmen, die Leute, die die besten Ergebnisse erzielen, kennenzulernen, können Sie nicht erkennen, wie sie sich in ihrem Job zu diesem bestimmten Zeitpunkt in ihren Leben weiterentwickeln wollen und *müssen*. Sie werden den falschen Leuten die falschen Aufgaben geben. Sie werden die falschen Leute befördern. Zudem werden Sie Ihren Top-Performern nicht das Feedback geben, das sie brauchen, wenn Sie sie ignorieren. Wenn es um die Ergebnisse geht, zahlt sich jede Minute, die Sie mit jemandem verbringen, der hervorragende Arbeit leistet, viel mehr aus als die Zeit, die Sie mit jemandem verbringen, der schlechte Leistungen abliefert. Wenn Sie diese Leute ignorieren, erfüllen Sie kurz gesagt Ihre *Führungspflicht* nicht.

Sie wollen weder eine abwesende Führungskraft sein noch ein Mikromanager. Stattdessen wollen Sie ein Partner sein, das heißt Sie müssen sich die Zeit nehmen, denjenigen, die die beste Arbeit leisten, zu helfen, Hindernisse zu überwinden und ihre gute Arbeit noch besser zu machen. Das ist recht zeitaufwändig, denn es setzt voraus, dass Sie genug über die Arbeit der betreffenden Person wissen, um die Feinheiten verstehen zu können. Häufig müssen Sie bei der Arbeit *helfen*, anstatt nur Ratschläge zu geben. Sie müssen viele Fragen stellen und zu den Menschen aufrichtig sein, sie müssen also selbst die Ärmel hochkrempeln.

Führungskräfte widmen denjenigen, die Probleme haben, mehr Zeit als denjenigen, die erfolgreich sind. Das ist jedoch den Erfolgreichen gegenüber nicht fair. Zudem ist es nicht gut für das Team als Ganzes. Sich von gut zu wahnsinnig gut zu entwickeln, ist für alle inspirierender als sich von schlecht zu mittelmäßig. Und wenn man sieht, wie eine wirklich außergewöhnlich gute Leistung aussieht, können diejenigen, die nicht so gute Arbeit abliefern, besser erkennen, was von ihnen erwartet wird.

HERVORRAGENDE LEISTUNG/FLACHE WACHSTUMSKURVE

Anerkennen, belohnen, aber nicht befördern

Die meiste Zeit meiner Karriere war es mir wichtig, Menschen zu finden und zu belohnen, die die Schallmauer der Leistung durchbrechen. Eines Tages, im Jahr 2008, wurde mir klar, dass *ich* diejenige war, die bei der Arbeit eine flache Wachstumskurve hatte. Ein Board-Mitglied von Twitter kam auf mich zu und fragte mich, ob ich mich als neue CEO des Unternehmens bewerben wolle. Für diese Art Position hätte ich ein paar Jahre vorher meinen linken Arm geopfert. Aber zu diesem Zeitpunkt in meinem Leben war ich an einer ganz anderen Art von Wachstum interessiert. Ich war 40 Jahre alt, schwanger mit Zwillingen, und es war eine Risikoschwangerschaft. Als ich meine Ärztin darauf ansprach, ob ich diese stressbehaftete neue Chance ergreifen sollte, gab sie mir zu bedenken: »Fragen Sie sich einfach, was wichtiger ist: dieser Job oder die Herzen und Lungen Ihrer Kinder?«

Das war genug. Was für mich in diesem Moment am wichtigsten war, war nicht das Wachstum bei Twitter oder meine aufstrebende Karriere bei Google, sondern die beiden kleinen Wesen, die in mir heranwuchsen. Und Google war mit dem köstlichen und gesunden Essen, das es dort überall

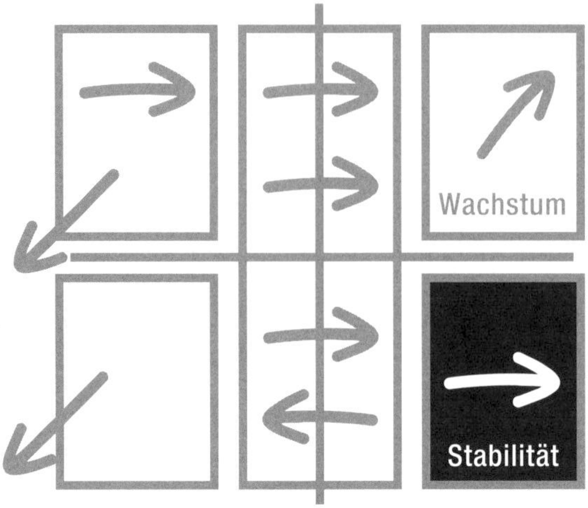

gab, dem Masseur ein Stockwerk über meinem Büro und dem Pool, in dem ich auf Anraten meiner Ärztin schwimmen sollte, immer noch der *perfekte* Ort für eine Risikoschwangerschaft. Ich musste nicht kündigen, aber meine Wachstumskurve war halt eben flach. Ich konnte weiterhin die Teams AdSense, DoubleClick und YouTube leiten, aber ich war nicht in der Lage, die nächsthöhere Stelle anzuvisieren. Also blieb ich, wo ich war, kümmerte mich um die Schwangerschaft und brachte zwei gesunde Babys zur Welt. Bis zum Ende meines Lebens werde ich Google dankbar dafür sein, mir diese Chance gegeben zu haben.

Ich möchte damit nicht sagen, dass andere schwangere Frauen keine engagierten CEOs sein können – viele haben gezeigt, dass das möglich ist. Ich sage nur, dass *ich* es nicht konnte. Erst als die Zwillinge sieben Jahre alt waren, war ich wieder für eine steile Wachstumskurve bereit, und ich gründete ein Unternehmen. Ich behaupte auch nicht, dass Eltern (Männer haben auch Kinder) von Kleinkindern kein Unternehmen gründen und eine supersteile Wachstumskurve haben können. Ich behaupte nicht einmal, dass ich es nicht konnte. Ich sage nur, dass ich es nicht wollte. Ich sage auch nicht, dass der häufigste Grund dafür, dass die Menschen eine flache Wachstumskurve haben, ist, Kinder zu haben. Ihren Mitarbeiterinnen und Mitarbeitern geht es womöglich gar nicht wie mir. Vielleicht sind sie eher wie Einstein im Patentamt oder T.S. Elliot in der Bank.

Was ich sage, ist, dass wir *alle* Phasen in unserem Leben haben, in denen sich unser berufliches Wachstum beschleunigt oder verlangsamt. Erholungsphasen sind wichtig für schöpferische Phasen. So wie Ehrgeiz an sich nicht unanständig ist, ist es auch keine Schande, etliche Jahre in ein und demselben Job zu arbeiten. Wir alle brauchen ein wenig Wachstum und Stabilität in unserem Leben wie in unseren Teams. Obwohl ich diese Realität gelebt habe, habe ich sie leider nicht anerkannt. Anstatt meinen Blickwinkel nach der Geburt der Zwillinge zu erweitern, fing ich an, auf mich herabzusehen, so wie ich am Anfang meines Berufslebens auf andere herabgesehen hatte. »Das, was nicht wächst, verrottet«, war ein Ausspruch von Katharina der Großen. Anstatt die Person als Ganzes anzuerkennen, mich als Person als Ganzes, die jeden Tag zusammen mit den Kindern wuchs und sich veränderte, hatte ich große Angst zu verrotten.

Anders ausgedrückt war ich immer noch der Meinung, dass es für den Aufbau eines Teams am besten ist, wenn sich jeder Einzelne weiterentwickelt. Wie ich schon erwähnt habe, trugen sowohl das Unternehmen im Allgemeinen und Scott Forstall im Besondern dazu bei, meine Denkweise zu verändern, als ich Google verließ und zu Apple ging. Aber ich hatte das noch immer nicht voll und ganz verinnerlicht. Eines Tages musste ich wegen meines Sohnes zu Hause bleiben und lernte etwas ganz Entscheidendes. Er hatte 40 Grad Fieber und war so schlapp, dass er nur noch *Der Lorax*, die Verfilmung des Buches von Dr. Seuss gucken konnte. Durch den Rat von Lorax an Once-ler in dem »Wachstums«-Lied habe ich es dann schlussendlich kapiert:

Ich baue auf Wachstum!
Und das Wachstum führt zu noch mehr Wachstum!

Als mein Sohn Fieber bekam, wurde mir klar, dass meine blinde Besessenheit von Wachstum weder zu meiner Vorstellung von Menschlichkeit passte noch die beste Methode war, um ein gutes Team auf die Beine zu stellen. Als ich auf meine Karriere zurückblickte, schämte ich mich wegen der großen Anzahl an Menschen, die ich entweder unterschätzt oder entlassen hatte. In diesem Moment änderte sich mein Ansatz radikal für den Rest meiner Karriere.

Es war fast schon eine poetische Fügung des Schicksals, dass mir Dick Costolo, der CEO, der Twitter an die Börse brachte, die Möglichkeit gab, dieses Buch zu schreiben und mehr Zeit mit meinen Kindern zu verbringen. Er bat mich, ihn bei der Entwicklung des Kurses *Managing at Twitter* zu unterstützen. Das war mir ein Vergnügen, und nach unserer Zusammenarbeit an diesem Projekt fragte er mich, ob ich mich für eine höhere operative Position in seinem Team bewerben wolle. Im Verlauf des Bewerbungsprozesses wurde uns beiden klar, dass ich zu diesem Zeitpunkt in meinem Leben nicht genug Energie hatte, um diese Position auszufüllen. Er fragte mich daher, ob ich dran interessiert sei, stattdessen seine Coachin zu werden. Ein angenehmer Job für eine Stunde alle zwei Wochen. Dicks Fähigkeit, mir dabei zu helfen, die perfekte Aufgabe für mich zu diesem Zeitpunkt in meinem Leben zu finden, bedeutete einen großen Unterschied für meine Karriere. So war es mir wieder möglich, meine Wachstumskurve auf der Arbeit wieder moderat ansteigen zu lassen, als ich schreiben und Zeit mit meinen Kindern verbringen wollte. Außerdem war es eine perfekte Vorbereitung auf den Zeitpunkt, wenn ich wieder bereit war, einen Gang höher zu schalten.

Wie führen Sie am besten die Felsen in der Brandung, also jene, von denen Sie ausgehen können, dass sie Jahr für Jahr gute Ergebnisse liefern? Sie müssen Ihnen Anerkennung geben, damit sie glücklich sind. Für viel zu viele Chefs ist »Anerkennung« gleichbedeutend mit »Beförderung«. In den meisten Fällen ist dies jedoch ein großer Fehler. Durch Beförderungen erhalten diese Menschen oft eine Position, für die sie nicht so gut geeignet sind, oder die sie nicht wollen. Das Wichtigste ist, das, was sie beitragen, auf andere Weise anzuerkennen. Das könnte ein Bonus oder eine Gehaltserhöhung sein. Oder lassen Sie sie auf Ihren Mitarbeiterversammlungen oder anderen großen Veranstaltungen eine Präsentation halten, wenn sie gerne in der Öffentlichkeit sprechen. Wenn sie gerne anderen Leuten etwas beibringen, lassen Sie sie neue Mitarbeiter einarbeiten. Oder sorgen Sie dafür, dass Sie selbst oder andere Teammitglieder ihnen unter vier Augen für ihre Arbeit danken, wenn sie schüchtern sind. Erwägen Sie sorgfältig, ob Sie Betriebszugehörigkeitsprämien vergeben wollen. Wenn Ihr Unternehmen Leistungsbewertungen vornimmt oder Boni vergibt, sorgen Sie dafür, dass die Felsen in der Brandung fair behandelt werden.

Faire Leistungsbewertungen

In einigen Unternehmen erhalten die Felsen in der Brandung nicht die Leistungsbewertung, die sie verdienen, weil alle Spitzenbewertungen für jene Mitarbeiterinnen und Mitarbeiter reserviert sind, die befördert werden sollen. Viele Unternehmen begrenzen die Anzahl der Spitzenbewertungen. Die Vermeidung von »Top-Bewertungsinflation« ist eine gute Idee. Allerdings besteht eine unbeabsichtigte Folge häufig darin, dass die Felsen in der

Brandung niedrigere Bewertungen erhalten, als ihnen eigentlich zustehen. Im Prinzip sollten *alle* Ihre Top-Performer auch Top-Bewertungen bekommen. Wenn die Leistungsbewertung Auswirkungen auf die Entlohnung hat, ist diese besonders wichtig.

Wenn eine Person viel bessere Arbeit leistet als andere Teammitglieder, dürfte klar sein, dass sie eine bessere Bewertung und einen höheren Bonus erhalten sollte. Aber wenn Bewertungen in erster Linie dazu dienen, künftige Beförderungen zu rechtfertigen und nicht als Anerkennung vergangener Leistungen, passiert das nicht.

Anerkennung

Zusätzlich zu Top-Bewertungen ist eine gute Methode, Mitarbeiterinnen und Mitarbeitern in den Phasen, in denen sie als Fels in der Brandung fungieren, Anerkennung zu geben, ihnen den Status eines »Gurus« oder Experten, den »man fragen sollte« zu geben. Häufig bedeutet das, ihnen die Aufgabe zu übertragen, neue Teammitglieder einzuarbeiten, wenn sie dafür geeignet sind. Chefs dürften sich in Zurückhaltung üben, wenn es darum geht, den Top-Performern diese Aufgabe zu übertragen, da sie wollen, dass sie den Job machen, anstatt ihn anderen beizubringen. Jedoch verhindert diese Einstellung, dass Unternehmen so viel aus den Experten herausholen, wie es eigentlich der Fall sein könnte.

Im Zweiten Weltkrieg zog die U.S. Air Force ihre besten Piloten von der Front ab und schickte sie nach Hause, um neue Piloten auszubilden. Im Laufe der Zeit konnten Qualität und Effektivität der US-amerikanischen Luftwaffe aufgrund dieser Strategie erheblich erhöht werden. Die Deutschen verloren ihre Luftüberlegenheit, da sie alle ihre Top-Piloten fliegen ließen, bis sie abgeschossen wurden. Keiner von ihnen bildete neue Rekruten aus. Bis 1944 hatten neue deutsche Piloten nur etwa die Hälfte der dreihundert Flugstunden absolviert, die ein Pilot der Alliierten in der Ausbildung geflogen hätte.

Allzu viele Unternehmen stellen Leute für die Ausbildung ihrer Mitarbeiterinnen und Mitarbeiter ein, die sie niemals für die eigentliche Aufgabe einstellen würden. Oder, was noch schlimmer ist, entlassen sie diejenigen, die bei der Erfüllung ihrer Aufgaben keine gute Leistung erbringen, nicht. Stattdessen sollen sie anderen beibringen, wie man diese Aufgabe erfüllt. Das klingt absurd, aber ich habe genau das in einigen großen Unternehmen erlebt. Diese Art des »Blinde-führen-Blinde« sorgt dafür, dass Ausbildung einen schlechten Ruf bekommt. Im Allgemeinen mögen es die Menschen, die ihren Job gut machen, ihn anderen beizubringen. Wenn man ihnen diese Aufgabe überträgt, kann das nicht nur die Leistung des gesamten Teams verbessern, sondern auch den Felsen in der Brandung eine andere Art der Anerkennung zuteilwerden lassen.

Selbstverständlich hassen einige Leute es, anderen Menschen etwas beizubringen, und sie können das auch nicht so gut. Diese Aufgabe sollte eine Ehre und keine Pflicht sein. Und es gibt auch Zeiten, in denen die Aufgabe, *der* zu fragende Experte zu sein, eine Person dazu veranlasst, das Team zu verlassen, weil sie es hasst, den ganzen Tag durch Fragen unterbrochen zu werden. Achten Sie also bitte darauf. Aber wenn eine Person gerne anderen etwas beibringt und Fragen beantwortet, sollten Sie sie auf jeden Fall dazu ermutigen und dafür belohnen.

Von allen Unternehmen, die ich kenne, ist es Apple am besten gelungen, ein gutes Umfeld für Menschen in einer Phase, in der sie der Fels in der Brandung sind, zu schaffen. Die Unternehmensstruktur war optimal auf tiefgreifendes Fachwissen der Funktionalitäten ausgerichtet. Es gab keine »General Manager«. Es gab keine iPhone-Abteilung. Stattdessen gab es Betriebssystemingenieure, Kameraexperten, Audiophile und Glasgurus, die am iPhone zusammenarbeiteten. Es gab immer Leute, die einen funktionalen Aspekt des Produkts besser kannten als die anderen, und sie wurden dafür geschätzt.

Ich war erstaunt, wie viel Wertschätzung man bei Apple denjenigen entgegenbrachte, die dort schon seit Jahren ein und denselben Job machten. Bei Google und vielen anderen Unternehmen im Silicon Valley war es verpönt, zu lange denselben Job zu machen. Einige Unternehmen haben sogar die sogenannte »nach oben oder raus«-Regelung und *entlassen* diese Leute. Steve Jobs achtete hingegen sehr auf Mitarbeiterbindung und sprach herzlich über die Mitarbeiterinnen und Mitarbeiter, die schon lange bei Apple arbeiteten.

Dass Apple sich darauf konzentrierte, Mitarbeiter zu halten, war für mich zunächst verwirrend, da ich eher in herkömmlichen Unternehmen oder in der akademischen Welt, nicht aber in schnell wachsenden Technologieunternehmen erwartet hätte, dass Betriebszugehörigkeit belohnt wird. Mir wurde jedoch klar, dass die Belohnung der Betriebszugehörigkeit eine wichtige Alternative zur Beförderung von Personen darstellt, die seit Jahren denselben Job machen. Apple überreichte den Mitarbeiterinnen und Mitarbeitern, die 5, 10, 15 oder 20 Jahre dabei waren, eine gerahmte Urkunde. Dann entwarf Jony Ive, Apples Chief Design Officer, eine Trophäe aus Bleiglas, die bedampft wurde, damit sie ein besonders schönes Finish erhielt, und in die das Apple-Logo eingefräst wurde. Jeder, der mehr als zehn Jahre mit an Bord war, bekam eine solche Trophäe. Viele Blogger haben sich über die Auszeichnung lustig gemacht, aber es gibt mehrere Gründe dafür, warum sie bei Apple funktioniert hat. Sie spiegelte die Ästhetik des Unternehmensdesigns wider und war daher nicht bloß irgendeine goldene Uhr. Die Führungskräfte des Unternehmens brachten sich persönlich ein. Diese Auszeichnungen wurden von jenen Führungskräften überreicht, die die Arbeit derjenigen, die die Auszeichnung erhielten, gut kannten. Und sie wurde in einem Teammeeting oder bei einer anderen Veranstaltung überreicht, sodass die Person vor ihren Kolleginnen und Kollegen Anerkennung bekam. Für die meisten, die diese Auszeichnung erhielten, war sie von Bedeutung und hatte einen persönlichen Bezug.

Respekt

Bevor T.S. Elliot seinen Lebensunterhalt als Verleger bestreiten konnte, war er bei der Lloyd's Bank angestellt. Elliots Chef sagte einmal herablassend zu ihm, dass er womöglich das Glück habe, Filialleiter zu werden, wenn er seine Karten richtig ausspiele. Selbstverständlich war Elliot darauf fokussiert, Gedichte zu schreiben, mit denen er schlussendlich einen Nobelpreis gewinnen sollte, und nicht darauf, Filialleiter zu werden. Er brauchte lediglich ein regelmäßiges Einkommen und einen festen Job, damit er abends nach Hause gehen und schreiben konnte. Wenn Elliots Chef ihn hätte halten wollen, dann hätte er darüber nachdenken sollen, wie er ihn jeden Tag eine Stunde früher hätte nach Hause gehen lassen können, anstatt ihn zu ermutigen, sich mehr anzustrengen, was eine Beförderung wahrscheinlich mit sich gebracht hätte.

Das Leben ist so viel besser, wenn die Menschen ihre Arbeit gut machen und sie lieben. Die Vorstellung, die Karriereleiter zu erklimmen, ist für viele nicht besonders inspirierend. Und doch werden häufig diejenigen mit einer flachen Wachstumskurve als der »B-Mannschaft« zugehörig oder »Auslaufmodell« bezeichnet.

Um diese Mitarbeiterinnen und Mitarbeiter gut zu führen, ist es selbstverständlich wichtig, diese abwertenden Charakterisierungen zu unterlassen. Diejenigen, die einen Job finden, den sie auch nach 5, 10 oder 30 Jahren noch lieben, auch wenn er nicht dazu führt, befördert zu werden, haben verdammtes Glück. Und ihre Teams und Chefs haben Glück, dass sie mit oder für sie arbeiten. Gute Chefs bezeichnen Menschen, die gute Arbeit leisten, niemals als »Auslaufmodell«. Stattdessen behandeln sie sie mit der Ehre, die ihnen gebührt, und halten diejenigen, die in ihrem Team für Stabilität, Zusammenhalt und Produktivität sorgen.

Die Gefahren der Besessenheit von Beförderungen

Schauen wir uns einmal an, was passiert, wenn Chefs Mitarbeiterinnen oder Mitarbeiter befördern, obwohl sie es nicht sollten. Ein Ergebnis wird in dem Buch *Das Peter-Prinzip* von Laurence J. Peter auf amüsante Weise beschrieben. Das Peter-Prinzip führt dazu, dass Menschen über ihr Kompetenzniveau hinaus befördert werden. Das ist eine Situation, die für alle, insbesondere für den Beförderten, unglücklich ist.

Nicht zielführende Beförderungen gibt es auch dann, wenn die Leute fähig sind, einen Job auf dem nächsthöheren Niveau zu machen, aber zu diesem Zeitpunkt in ihrem Leben keine Lust dazu haben. Ich hatte einmal einen Kollegen, der einen detaillierten Plan für sich selbst entworfen hatte. Als er sein erstes Kind bekam, wollte er einen Job machen, den er beherrschte, sodass er zeitig nach Hause gehen konnte, um bei seinem Baby zu sein. Sein Chef hatte jedoch andere Pläne für ihn: eine Beförderung. Als der Mann davon erfuhr, lehnt er die Beförderung ab. Als ihm gesagt wurde, dass das keine Option sei, kündigte er. War für eine Verschwendung.

Tun Sie das Ihren Felsen in der Brandung nicht an!

Zum Aufbau eines Teams, in dem die Teammitglieder zusammenhalten, gehört es, eine Kultur zu schaffen, in der die Felsen in der Brandung anerkannt und belohnt werden. Ich fürchte, dass ich sie die meiste Zeit meiner Karriere wie Bürger zweiter Klasse behandelt habe. Ich bin dankbar, dass ich durch meine Erfahrungen bei Apple eines Besseren belehrt wurde.

HERVORRAGENDE LEISTUNG/STEILE WACHSTUMSKURVE

Superstars immer weiter herausfordern

Wenn ich an Menschen denke, die gerade im Superstar-Modus sind, denke ich an Catharine Burhenne und David Sanderson.

Ich lernte Catharine kennen, als sie sich für den Job als Babysitter unserer Zwillinge bewarb. Die Zwillinge fühlten sich bei Catharine sofort wohl, und ich stellte sie sofort ein. Was sie aber wirklich wollte, war kein Babysitterjob, sondern ein Job bei Google. Ich fand es großartig, dass Catharine sich um unsere Kinder kümmerte, aber ich wusste, dass meine Aufgabe darin bestand, sie zu ermutigen, ihre Träume zu verfolgen, und nicht sie als Babysitterin zu behalten. Ich half ihr, ein Vorstellungsgespräch zu bekommen,

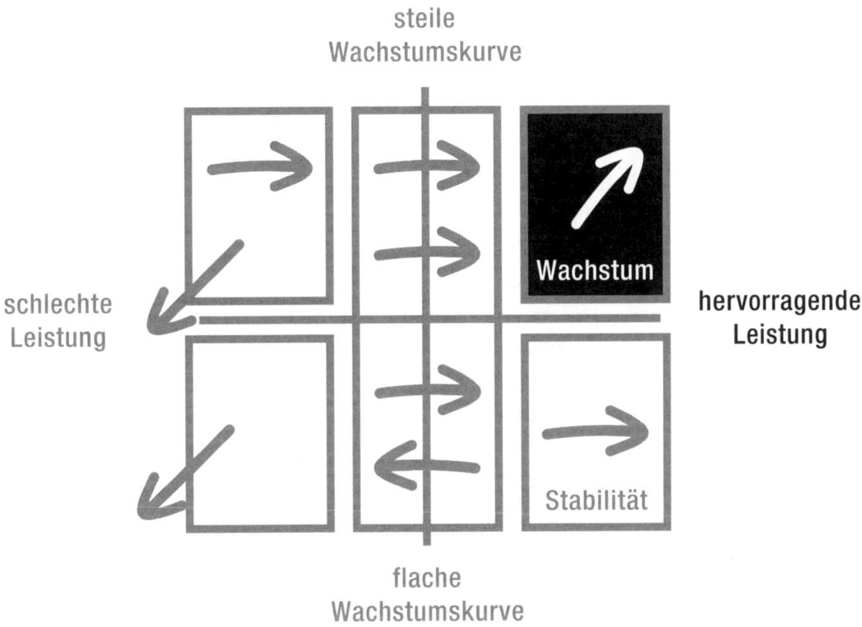

und tatsächlich bot man ihr einen Job an. Dann warb sie Facebook ab, und danach Twitter.

David lernte ich auch kennen, als er meine Zwillinge babysittete. Er verbrachte den Sommer im Silicon Valley, um mit Catharine Zeit zu verbringen. Er war mit ihr zusammen und versuchte herauszufinden, was er mit seinem Leben tun sollte. Als ich ihn fragte, was er gerne tat, erzählte er von Musik. Ich erfuhr von Catharine (er war zu bescheiden, um es mir zu erzählen), dass er Musik nicht nur mochte. Vielmehr war er der am besten bewertete Pianist Kanadas in seiner Altersgruppe. Ich fragte ihn, ob er Berufsmusiker werden wolle. Er verneinte, da die finanziellen Opfer, die er hätte erbringen müssen, einfach zu groß waren. Ich wünschte, ich hätte ihm sagen können, er solle seiner Leidenschaft nachgehen, aber ich hatte auch Verständnis für ihn. Ich liebe es zu schreiben, aber ich würde niemals versuchen, damit meine Familie zu ernähren.

Indes spielte unsere Sprinkleranlage verrückt. Ich habe sicherlich nicht erwartet, dass David die Bewässerungsrohre reparieren und sich gleichzeitig um die Kinder kümmern würde. Ich selbst fand oft keine Zeit zu duschen, wenn ich am Wochenende auf die Kinder aufpasste. Aber David ging eines Abends nach der Arbeit in einen Eisenwarenladen und tüftelte aus, wie die Reparatur am nächsten Tag durchgeführt werden konnte, während die Zwillinge ihren Mittagsschlaf hielten. Ich fing an zu begreifen: David bemerkte, wenn etwas kaputt war, und krempelte die Ärmel hoch, um es zu reparieren, auch wenn das nicht zu seinem Job gehörte. Ich fragte ihn, welcher von seinen Jobs, die er bislang gehabt hatte, ihm Spaß gemacht habe. Alle hatten ihm Spaß gemacht. Als er in einem Geschäft in Vancouver arbeitete, wurde er nicht nur der beste Verkäufer, sondern er verbesserte auch das Inventarsystem des Geschäfts, wodurch sich die Wartezeiten verkürzten. Er sorgte für eine Erhöhung der Kundenzufriedenheit und steigerte den Absatz aller Verkäufer, nicht nur seinen. Offenkundig strebte David bei seiner Arbeit immer nach hervorragenden Leistungen, egal welche Aufgabe er hatte. Er tat mehr, als er musste, und er tat Dinge, die man nicht für möglich gehalten hatte. Er war eine Verkörperung des Bibelverses aus dem Buch Prediger »Alles, was dir vor die Hände kommt, es zu tun mit deiner Kraft, das tu«.

Ich wusste auch, dass es meine Aufgabe war, David zu unterstützen, damit er wachsen konnte, wenngleich ich ihn gerne um mich hatte. Ich verschaffte ihm Kontakte, überarbeitete seinen Lebenslauf und übte Vorstellungsgespräche mit ihm. Er bekam einen Job bei Facebook und stellte den Rekord des Unternehmens für die meisten Beförderungen in kürzester Zeit auf, was keinen überraschte.

Catharine und David lebten nun den Silicon-Valley-Traum. Sie gründeten das Unternehmen ReelGood, das es viel schneller und einfacher macht herauszufinden, welchen Film oder welche Fernsehserie man sich ansehen sollte.

Nachstehend finden Sie ein paar Hinweise, was Sie tun sollten, wenn Sie das Glück haben, Menschen wie Catharine und David in Ihrem Team zu haben.

Fordern Sie sie immer weiter heraus

Die beste Methode, Superstars bei Laune zu halten, besteht darin, sie herauszufordern und dafür zu sorgen, dass sie ständig lernen. Geben Sie ihnen neue Chancen, auch wenn es zuweilen mehr Arbeit ist, als für eine Person machbar erscheint. Finden Sie heraus, welche Aufgabe sie als Nächstes bekommen sollten. Bauen Sie eine intellektuelle Partnerschaft mit ihnen auf. Suchen Sie ihnen Mentoren außerhalb des Teams oder des Unternehmens, Menschen, die noch mehr zu bieten haben als Sie. Aber sorgen Sie dafür, dass Sie nicht zu abhängig von ihnen werden. Bitten Sie sie, anderen im Team beizubringen, ihre Arbeit zu machen, denn sie werden ihren derzeitigen Job nicht lange machen. Ich hielt diese Leute immer für Shootingstars: Mein Team und ich hatten Glück, sie für eine kurze Zeit in unserem Orbit zu haben, aber der Versuch, sie zu halten, war vergeblich.

Bremsen Sie sie nicht aus und blockieren Sie sie nicht

Es ist wichtig, diese Leute nicht »auszubremsen«. Sie sollten im Blick behalten, dass Sie vermutlich eines Tages für sie arbeiten werden, und freuen Sie sich darüber. Als ich Jared Smith als Produktmanager bei Juice anstellte, merkte ich schnell, dass ich Glück hätte, wenn er mir den Gefallen eines Tages erwidern würde. Und tatsächlich stellte er mich zehn Jahre später als Führungskräfte-Coachin und Board-Mitglied bei Qualtrics ein, dem Unternehmen, dass er zusammen mit seinem Bruder gegründet hatte. Ich arbeitete also nicht nur für Jared, sondern für seine ganze Familie.

Von allen Unternehmen, für die ich gearbeitet habe, hat es Google am besten verstanden, dass Führungskräfte die Ambitionen ihrer Mitarbeiterinnen und Mitarbeiter nicht ausbremsen können. Das war unmittelbar mit den Bemühungen des Unternehmens verbunden, die Macht der Führungskräfte zu begrenzen, damit die Karriere von denjenigen, die eine steile Wachstumskurve haben, beschleunigt und nicht ausgebremst wird. Ein Beispiel dafür ist der Prozess für Beförderungen, den Shona Brown, Senior Vice President für Business Operations bei Google entworfen hat. Die Chefs bei Google können Mitarbeiterinnen und Mitarbeiter in ihren Teams nicht nach ihrem eigenen Ermessen befördern. In Unternehmensbereich Technik können die Führungskräfte eine Person motivieren oder davon abhalten, sich für eine andere Stelle zu bewerben. Sie können sich für diese Person einsetzen oder auch nicht, aber die Leute nominieren *sich selbst* für eine Beförderung, und anschließend trifft ein Ausschuss die Entscheidung. Sobald eine »Beförderungsmappe« zusammengestellt wurde, die eine Liste von Leistungen und Empfehlungen enthält, schaut sich der Ausschuss diese Mappe an und entscheidet, ob die Person befördert werden sollte oder nicht. Die Führungskraft gehört diesem Ausschuss nicht an. Sie kann die Entscheidung anfechten, aber sie darf nicht entscheiden. So wird verhindert, dass Führungskräfte den Ehrgeiz ihrer direkten Mitarbeiterinnen und Mitarbeiter ausbremsen oder Beförderungen anstoßen, um persönliche Loyalität anstatt gute Arbeit zu belohnen.

Google macht es den Menschen auch ziemlich einfach, neue Chancen zu ergreifen, dadurch dass sie von einem Team in ein anderes wechseln können. Kein Chef kann eine solche Versetzung »blockieren«. Ich habe einmal eine Person in mein Team geholt, obwohl sie schlechte Bewertungen erhalten hatte. Sie hatte mich davon überzeugt, dass sie gut war, aber dass ihr Chef es auf sie abgesehen hatte. Niemand versuchte, das zu verhindern. Und das war auch gut so, denn diese Person blühte in unserem Team auf. Versetzungen zuzulassen ist wichtig, da so verhindert wird, dass Chefs ihre

Mitarbeiter, die sich weiterentwickeln wollen, schikanieren. Zudem wird so der Tatsache Rechnung getragen, dass zwei Menschen zuweilen nicht gut zusammenarbeiten können.

Google hat allerdings nicht alles richtig gemacht. Es gab eine wahnsinnig strenge Regel im Produktmanagement. Diese besagte, dass man einen Abschluss in Informatik haben musste, um ins Team zu kommen. Etliche Leute wollten ins Produktmanagement wechseln, weil sie Ideen hatten, die sie umsetzen wollten. Aber sie wurden daran gehindert, weil sie nicht den richtigen Abschluss hatten. Einer von ihnen war Biz Stone, der wegen dieser Regel Google verließ und Twitter mitgründete. Ein anderer war Ben Silbermann, der in ähnlicher Weise blockiert wurde, Google verließ und Pinterest gründete. Kevin Systrom ging ebenfalls von Google weg und wurde Co-Founder von Instagram, als er aufgrund seines College-Abschlusses nicht in das Produktmanagementteam wechseln konnte.

Nicht jeder Superstar möchte auch führen

Mangelndes Interesse an Führungsaufgaben bedeutet nicht, dass man eine flache Wachstumskurve hat. Genauso wenig bedeutet Interesse an Führungsaufgaben, dass man eine steile Wachstumskurve hat. Führung und Wachstum sollten nicht als gleichbedeutend angesehen werden.

Stellen Sie sich vor, man hätte Albert Einstein bei der Entwicklung seiner Relativitätstheorie gesagt, er solle nicht mehr nur noch Zeit mit seiner Arbeit verbringen, sondern stattdessen Führungsaufgaben für ein Team von Leuten übernehmen. Das Ergebnis wäre ein frustrierter Einstein, ein demoralisiertes und schlecht geführtes Team und ein großer Verlust für das Wissen der Menschheit über das Universum gewesen.

Und doch kommt so etwas auf die ein oder andere Art ständig vor. Die Karrieren vieler großartiger Ingenieure und Vertriebsmitarbeiterinnen sind gescheitert, als sie zur Führungskraft befördert wurden. Warum ist das so? Weil es keine andere Position gibt, auf die sie befördert werden können, die die Wachstumskurve, die sie haben möchten, abbildet.

Dies deutet auf ein weiteres Problem hin, das mit der Sprache zu tun hat, die in der herkömmlichen Leistungs-Potenzial-Matrix angewendet wird. Häufig wird anhand der Matrix nicht nur das »Potenzial«, sondern das »Führungspotenzial« analysiert. Die nicht beabsichtigte Folge ist, dass ganz Heerscharen von Leuten die Karriere von Menschen, die eine steile Wachstumskurve haben, aber keine Führungskraft sein wollen, systematisch beschneiden. Das wiederum führt dazu, dass Menschen, die mehr daran interessiert sind, ihr Fachwissen und ihr Know-how zu vertiefen als

Führungskraft zu sein, systembedingt weniger belohnt werden können. Verstehen Sie mich bitte nicht falsch. Ich glaube, dass gute Führung sehr wichtig ist. Aber sie ist sicherlich nicht die einzige Methode, um Wirkung zu entfalten.

Die Technikteams von Google haben dieses Problem gelöst, indem sie Karrieremöglichkeiten für »Mitarbeiterinnen und Mitarbeiter ohne Führungsverantwortung« ins Leben gerufen haben, die mehr geschätzt werden als der Weg hin zur Führungskraft, und die Führungsfunktionen vollständig umgehen. Das war der Entwicklung dieser Ingenieure zuträglich, aber auch gut für diejenigen, die sie ansonsten hätten führen müssen. Wenn Menschen nur aus dem einen Grund Chef werden, weil sie »vorankommen« möchten, und nicht, weil sie die eigentlichen Chefaufgaben erfüllen wollen, liefern sie bestenfalls oberflächliche Arbeiten und werden oft zu Chefs aus der Hölle.

Wenn die Übernahme von Führungsfunktionen der einzige Weg hin zu einer höheren Vergütung ist, leidet oft die Qualität der Führung, und das Leben der Menschen, die für diese unwilligen Führungskräfte arbeiten, wird zur Qual.

DIE MITTELMANAGER FÜHREN

Die Messlatte höherlegen: Einen »Spieler der B-Mannschaft« gibt es nicht

Wie ich schon erwähnt habe, glaube ich nicht, dass es so etwas wie einen »Spieler der B-Mannschaft« oder einen mittelmäßigen Menschen gibt. Jeder dürfte wenigstens in *einer Sache* hervorragend sein. Das ist etwas ganz anderes, als zu sagen, dass jeder in allem gut sein kann – das stimmt definitiv nicht. Und damit komme ich zu den Menschen, die einfach nicht so gut in einem Job sind oder auf der Stelle treten.

Traurigerweise finden viele Menschen nie einen Job, in dem sie wirklich gut sind, weil sie zu lange darin bleiben, sodass jeder Wechsel einen oder zwei Schritte zurück bedeuten würde. Womöglich haben sie sich an das Prestige und Geld ihrer aktuellen Stelle gewöhnt und werden von der Familie unter Druck gesetzt, den Job zu behalten. Chefs halten aus verschiedenen Gründen an diesen Mitarbeitern fest: Sie sind sich nicht sicher, ob sie einen besseren Mitarbeiter finden können; es kostet Zeit und Geld, einen neuen Mitarbeiter einzuarbeiten; und sie mögen die Person und denken, es sei unfair, sie dahingehend zu movieren, einen neuen Job zu finden, für den sie besser geeignet ist.

Dieser Mangel an Mut und Energie führt zu einem enormen Verlust an menschlichem Potenzial – zu einem Leben in stiller Verzweiflung. Die Vermutung, dass Menschen, die in einem Job nicht so gut sind, aufgrund dessen »mittelmäßig« sind und es nicht besser können, ist sowohl ungerecht als auch herzlos. Ihnen zu ermöglichen, diesen Weg weiter zu beschreiten, ist vielleicht der schlimmste Fall von schädlicher Empathie, die Führungskräfte mit Regelmäßigkeit an den Tag legen, und eine große Quelle verschenkter Möglichkeiten. Natürlich setzt ein fairer Umgang mit diesen Menschen voraus, dass Sie sie gut genug kennen, damit Sie begreifen, warum sie nicht erfolgreich sind. Wenn sie schlichtweg eine schwierige Phase durchmachen, ist es besser, ihnen die Zeit und den Raum zu geben, die sie brauchen, um sich zu erholen, anstatt mehr zu verlangen, als sie zu diesem Zeitpunkt zu geben haben.

Eines der unbeliebtesten Dinge für meine Teams bei Google war, dass ich darauf bestand, Mitarbeiterinnen und Mitarbeiter, die seit mehr als zwei Jahren keine außergewöhnlich gute Arbeit mehr abgeliefert hatten, eine Möglichkeit zu geben, an einem Projekt zu arbeiten, durch das sie sich hervortun konnten. Wenn ihre Leistung dann immer noch mittelmäßig war, motivierten wir die Leute dazu, sich woanders nach einer Stelle umzusehen.

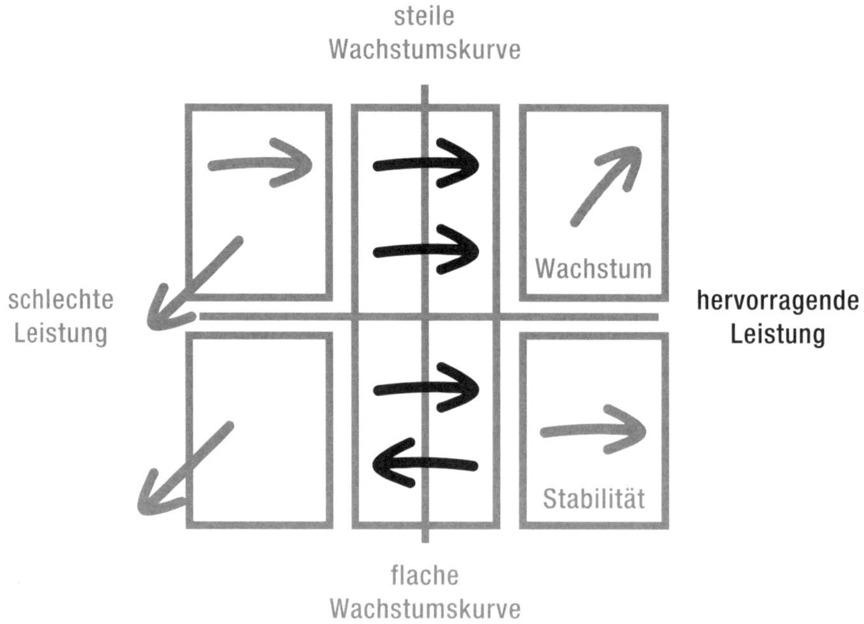

Es war sehr schwer, diese Regel durchzusetzen, und dadurch wurde sehr viel Stress verursacht. Am meisten störten sich die Führungskräfte daran, dass sie gezwungen waren, viele schwierige Gespräche zu führen und ihre Mitarbeiterinnen und Mitarbeiter unter Druck zu setzen. Natürlich war es auch für all jene schwierig, die schon ein paar Jahre lang gute Arbeit geleistet hatten, ihre Komfortzone zu verlassen. Aber ich glaube nicht, dass das weniger Leid verursacht hat, als ständig als »mittelmäßig« abgestempelt zu werden.

Ich ging so vor, weil ich davon überzeugt war, dass alle in irgendetwas hervorragend sein können, und dass es mein Job war, sie dabei zu unterstützen, die entsprechende Position zu finden. Ich bin auch davon überzeugt, dass wir danach streben sollten, dass 100 Prozent des Teams außergewöhnlich gute Arbeit leisten. Wenn eine Person innerhalb von zwei Jahren nicht bewiesen hatte, außergewöhnlich gute Arbeit leisten zu können, würde sie das mit ziemlicher Sicherheit niemals schaffen. Es war dann an der Zeit, sie dabei zu unterstützen, einen Job zu finden, in dem sie brillieren konnte, und es war an der Zeit, dass wir uns darum bemühten, sie durch jemanden zu ersetzen, der in unserem Team brillieren konnte. Für einige bedeutete das, Google zu verlassen, um etwas zu tun, was mehr ihren Träumen entsprach, zum Beispiel Lehrer oder Landschaftsarchitekt zu werden oder einen Teeladen zu eröffnen. In anderen Fällen gingen Leute zu kleineren Unternehmen, wo sie eine ähnliche Aufgabe hatten, aber nicht so spezialisiert waren. Manchmal mussten die Leute auch nur aus dem Nest geworfen werden, um fliegen zu lernen. In allen Fällen waren die Menschen am Ende viel glücklicher, auch wenn die Veränderung schwer war.

In vielerlei Hinsicht besteht Ihre Aufgabe als Chef darin, die Messlatte für Qualität hochzuhängen und sie dort zu halten. Das mag sich kurzfristig recht streng anhören. Aber auf lange Sicht ist das Einzige, was noch gemeiner ist, die Messlatte abzusenken. Lassen Sie sich nicht zu schädlicher Empathie hinreißen, wenn Sie Mitarbeiterinnen und Mitarbeiter führen, die zwar ok, aber nicht hervorragend sind! Jeder kann in irgendetwas hervorragend sein. Und um ein gutes Team aufzubauen, dass hervorragende Ergebnisse erzielt, ist es nötig, dass jeder hervorragende Arbeit leistet. Mittelmäßigkeit zu akzeptieren ist für keinen gut.

SCHLECHTE LEISTUNG/NEGATIVE WACHSTUMSKURVE

Die Wege trennen sich

Wenn jemand einen schlechten Job macht und auch nach einer klaren Ansage zur Art des Problems keine Anstalten macht, es besser zu machen, müssen Sie diese Person entlassen. Wie Sie das tun, ist maßgeblich für Ihren langfristigen Erfolg als Chef, weil es ein klares Signal an alle anderen Teammitglieder sendet, und zwar dahingehend, ob Sie sich wirklich um die Menschen kümmern, wenn es um mehr geht als um das, was sie im Job für Sie tun können.

Es versteht sich von selbst, dass eine Entlassung zu den seelisch belastendsten Dingen gehört, die einem Menschen widerfahren können. Die Auswirkungen sind für die Betroffenen selbst schlimm genug. Sie wirken sich jedoch auch auf ihre Familien aus, denn sie ziehen finanzielle Schwierigkeiten, den Verlust von Krankenversicherungen, Eheprobleme nach sich, und was am schlimmsten ist, es ist eine Belastung, jemanden, den man liebt, leiden zu sehen.

Das Wissen, jemanden, der einem womöglich viel bedeutet, Leid auszusetzen, macht es natürlich schwer, jemanden tatsächlich zu entlassen. Ich sprach einmal mit einem wahnsinnig erfolgreichen New Yorker, der einen

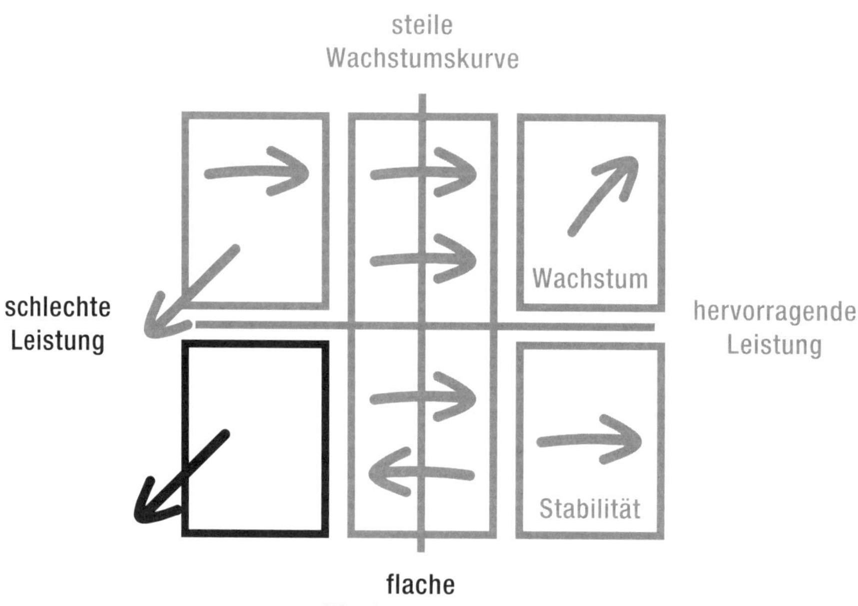

eher forschen als mitfühlenden Umgang damit hatte, Leute zu entlassen. Er erzählte mir, dass er an dem Tag, wenn er jemanden entlassen musste, morgens immer schweißgebadet aufwachte. Ich hatte gar nicht gewusst, dass ihn überhaupt irgendetwas zum Schwitzen bringen konnte! Wenn *er* sich schon schlecht fühlte, war es kein Wunder, dass ich das auch tat, und es ist auch kein Wunder, dass Sie es auch tun. Also vermeiden wir es um jeden Preis – und wiederum mit negativen Folgen für alle. Also brauchen Sie einen Ansatz für Entlassungen, der durchdacht und wohlüberlegt ist.

Woher wissen Sie, wann es Zeit ist, jemanden zu entlassen?

Nehmen wir einmal an, jemand in Ihrem Team, »Peggy«, leistet schrecklich schlechte Arbeit, sie wird nicht besser, sondern vielmehr schlechter. Ist es nun an der Zeit, sie zu entlassen? Es gibt keine ultimative Antwort auf diese Frage, aber es gibt drei Fragen, die Sie sich stellen sollten: Haben Sie ihr wertschätzend aufrichtiges Feedback gegeben? Wissen sie, wie sehr sich Peggys Leistung auf ihre Kolleginnen und Kollegen auswirkt? Und haben Sie sich Rat bei anderen geholt?

Haben Sie ihr wertschätzend aufrichtiges Feedback gegeben? Haben Sie Peggy gezeigt, dass Sie sich für ihre Arbeit und ihr Leben persönlich interessieren, und waren Sie klar und deutlich, als Sie ihr gegenüber aufrichtig geäußert haben, dass sie besser werden muss? War Ihr Lob substanziell und konkret in Bezug auf das, was sie richtig gemacht hat, und haben Sie sie nicht einfach nur gebauchpinselt? Waren Sie sowohl demütig als auch direkt bei Ihrer Kritik, und haben Sie ihr Hilfe angeboten, Lösungen zu finden, anstatt sie als Person zu attackieren? Und sind Sie im Laufe der Zeit wiederholt so vorgegangen? Falls die Antwort »Ja« lautet, und Sie keine Verbesserung erkannt haben, oder Sie nur hier und da eine Verbesserung gesehen haben, ist es definitiv an der Zeit. Vergessen Sie nicht: Die Definition von Unsinn ist, wenn Sie immer wieder das Gleiche machen, aber andere Ergebnisse erwarten.

Inwieweit wirkt sich Peggys schlechte Leistung auf die anderen Teammitglieder aus? Peggys Unzulänglichkeiten sind nicht nur Ihr Problem. Als Führungskraft ist es Ihre Aufgabe, sicherzustellen, dass Sie auch die Perspektive der anderen einnehmen und wissen, wie sich ihre schlechte Leistung auf die anderen Teammitglieder auswirkt. Im Allgemeinen hat die schlechte Leistung einer Ihrer direkten Mitarbeiter die Kollegen schon lange in den Wahnsinn getrieben, wenn Sie davon erfahren.

Haben Sie eine zweite Meinung eingeholt, mit jemandem gesprochen, dem Sie vertrauen, und mit dem Sie das Problem durchsprechen können? Zuweilen denken Sie vielleicht, sich klar und deutlich ausgedrückt zu haben, obwohl Sie das gar nicht getan haben. Ein Blick von außen kann Ihnen helfen sicherzustellen, dass Sie fair sind. Zudem sollten Sie mit jemandem sprechen, der Erfahrung damit hat, Leute zu entlassen, wenn Sie keine Erfahrung haben. In der heutigen Welt haben die meisten Unternehmen feste Regelungen, die eingehalten werden müssen, wenn jemand entlassen wird. Zudem gibt es etliche Stolpersteine, die viel Zeit kosten können, wenn Sie nicht aufpassen.

Übliche Ausreden, die sich Führungskräfte selbst einreden, um jemanden nicht zu entlassen, der entlassen werden müsste

Führungskräfte warten fast immer zu lange mit der Entlassung von Mitarbeiterinnen und Mitarbeitern. Zu vorsichtig zu sein mag besser sein als zu voreilig. Aber ich würde behaupten, dass die meisten Führungskräfte *viel* zu lange damit warten, weil sie sich selbst eingeredet haben, dass es nicht nötig sei. Nachstehend habe ich vier übliche »Ausreden« aufgeführt, die sich Führungskräfte selbst einreden, damit sie Mitarbeiterinnen und Mitarbeiter nicht entlassen müssen:

1. *Es wird besser.* Aber selbstverständlich wird es nicht von selbst besser. Halten Sie also inne und fragen Sie sich: *Wie genau* soll es besser werden? Was werden Sie anders machen? Was wird die betreffende Person anders machen? Wie könnten sich die Umstände ändern? Selbst wenn sich die Dinge ein wenig verbessert haben, haben sie sich genug verbessert? Wenn Sie keine exakte Antwort auf diese Fragen haben, wird es vermutlich nicht besser.

2. ***Irgendjemand ist besser als überhaupt keiner.*** Ein weiterer, häufig auftretender Grund, warum Chefs zögern, einen Mitarbeiter, der keine guten Leistungen erbringt, zu entlassen, ist, dass sie keine »Lücke« im Team entstehen lassen wollen. Wenn Sie »Jeffrey« entlassen, wer soll dann seine Arbeit machen? Wie lange werden Sie brauchen, um für Ersatz zu sorgen? Tatsache ist, dass leistungsschwache Mitarbeiter oft den anderen genauso viel Arbeit machen, wie sie selbst erledigen, da sie Teile ihrer Arbeit nicht und andere Teile schlampig machen, oder sich in einer Weise unprofessionell verhalten, was andere kompensieren müssen. Steve Jobs brachte es auf den Punkt, als er sagte: »Es ist besser ein Loch als ein Arschloch zu haben.«

3. *Die Antwort ist eine Versetzung.* Da es so schwer ist, Menschen zu entlassen, ist es häufig verlockend, sie stattdessen einem ahnungslosen Kollegen in Ihrem Unternehmen zuzuschieben, selbst wenn sie nicht über die Fähigkeiten verfügen, die Ihr Kollege benötigt, oder schlecht zur Unternehmenskultur passen. Es fühlt sich »netter« an, als sie zu entlassen. Offensichtlich ist das aber gegenüber dem ahnungslosen Kollegen gar nicht so nett und im Allgemeinen auch ein Fehler für die Person, zu der Sie »nett« sein wollen.

4. *Das ist schlecht für die Moral.* Es ist zudem verlockend, sich einzureden, dass Sie jemanden nicht entlassen, weil Sie dadurch das Team demotivieren würden. Wenn Sie jedoch an jemandem festhalten, der seinen Job nicht machen kann, ist das viel schlimmer für die Moral – für Ihre eigene, für die der Person, die ihre Arbeit nicht gut macht, und für alle anderen, die ihren Job gut machen. Ich möchte noch einmal betonen, dass es hier darauf ankommt, dass Sie eine gute Beziehung zu der Person, die Sie entlassen, und zu den anderen Teammitgliedern aufgebaut haben. Es kommt auch darauf an, dass Sie gezeigt haben, sich persönlich für die Menschen zu interessieren.

Seien Sie zu der Person, die Sie entlassen, wertschätzend aufrichtig

Die Art, wie Sie Leute entlassen, ist sehr wichtig, und um diese schwierige Aufgabe gut zu erledigen, ist es unerlässlich, dass Sie sich nicht von der Person, die Sie entlassen wollen, distanzieren. Wenn Sie versuchen wollen, den Schmerz, der mit der Situation verbunden ist, zu vermeiden, besonders den, den die Person, die Sie entlassen, empfindet, werden Sie das Ganze vermasseln. Um innerlich die richtige Herangehensweise zu haben, sollten Sie Folgendes bedenken:

1. *Erinnern Sie sich an einen Job, in dem Sie nicht gut waren, und machen Sie sich bewusst, wie froh Sie sind, dass Sie ihn nicht mehr machen müssen.* In einem Sommer in der High School jobbte ich am Kassenschalter einer Bank. Ich bin im Kopfrechnen nicht sehr gut, und deshalb gab ich oft das falsche Wechselgeld heraus. Da die Kundinnen und Kunden im Allgemeinen die Fehler zugunsten der Bank bemerkten, jedoch nicht immer ehrlich waren, wenn sie etwas davon hatten, verschenkte ich eine Menge Geld der Bank. Meine Chefin entließ mich nicht. Stattdessen sagte sie: »Du kannst das doch! Wenn du dich einfach *anstrengst*, wenn du dich *konzentrierst*, dann hast du *jeden Tag* einen ausgeglichenen

Saldo!« Was eigentlich nur ein mathematisches Problem war, fühlte sich nun für mich wie ein Charakterfehler an. Je mehr ich mich jedoch anstrengte, desto schlechter wurde ich. Trotzdem feuerte meine Chefin mich weiter an. Ich fühlte mich schlecht. Ich hätte kündigen und mir einen Job suchen sollen, bei dem ich Rasen mähte. Wenn meine Chefin mich einfach entlassen und mir gesagt hätte: »Ganz klar hast du kein Interesse an dieser Arbeit. Such' dir doch für diesen Sommer einen anderen Job!«, dann hätte sie mir einen großen Gefallen getan – und der Bank eine Menge Geld gespart. Stattdessen litt ich still vor mich hin und schlug mich bis zum Ende des Sommers durch. Aber was wäre gewesen, wenn das ein fester Job gewesen und ich auf unbestimmte Zeit geblieben wäre?

Wenn Sie jemanden entlassen, ermöglichen Sie es der betreffenden Person, bei einer anderen sinnvollen Tätigkeit hervorragende Leistungen zu erbringen und ihr Glück zu finden. Zu einem guten Job gehört dazu, einem schlechten Job oder einem, der Ihnen nicht guttut, den Rücken zu kehren. Meine Großmutter sagte einmal zu mir: »Für jeden Topf gibt es einen Deckel.« Nur weil eine Person in dem Job, den sie für Sie macht, nicht gut ist, bedeutet das nicht, dass es nicht irgendwo einen anderen Job gibt, in dem sie gut ist. Ich weiß, das hört sich womöglich sehr nach Pollyanna an. Also überlege ich mir vor unserem Gespräch genau, was das für ein Job sein könnte. Ich versuche auch, das Problem für mich und die Person, die ich entlasse, anders zu formulieren: Nicht die Person ist schlecht, sondern der Job ist schlecht – zumindest für diese Person. Welcher Job wäre für diese Person gut geeignet? Kann ich helfen, indem ich ihr einen Kontakt verschaffe?

2. ***Mitarbeiterinnen und Mitarbeiter zu halten, die schlechte Arbeit leisten, benachteiligt alle, die hervorragende Arbeit leisten.*** Sich nicht darum zu kümmern, wenn jemand schlechte Arbeit leistet, ist den anderen Teammitgliedern gegenüber nicht fair. Nicht erledigte Arbeit wird in der Regel von den Top-Performern übernommen, die dadurch überlastet sind. In der Praxis hat sich die Arbeitsmoral immer verbessert, wenn ich einen schlechten Mitarbeiter entlassen habe, während ich auf der anderen Seite einige Leute gehen lassen musste, die ich am dringendsten halten wolle, weil ich zu lange an einem schlechten Mitarbeiter festgehalten habe.
   An einem schlechten Chef festzuhalten ist besonders schädlich, weil schlechte Chefs einen schlechten Einfluss auf ihre Mitarbeiterinnen und Mitarbeiter haben. Das ist das Gegenteil von positivem Einfluss durch die Führungskräfte.

Während ich dies schreibe, zögert ein leitender Angestellter, den ich kenne, die Entlassung einer schlechten Führungskraft, die eher ihre Stimme erhebt als mit Fakten zu bestechen, hinaus. Ein Mitarbeiter hat bereits Nesselsucht; ein anderer schläft seit Monaten schlecht. Und trotzdem zieht sich der Prozess hin. Die betreffende Führungskraft vermutet, dass es nur noch eine Frage der Zeit ist, bis sie entlassen wird. Daher gleicht die ganze Situation einem seltsamen Katz- und Mausspiel. Für alle Beteiligten ist nichts an dieser Situation »nett«.

SCHLECHTE LEISTUNG/STEILE WACHSTUMSKURVE

Führungskraft, schau' dich im Spiegel an!

Eines der verwirrendsten Führungsdilemmata entsteht, wenn eine Person, die immer mehr Aufgaben übernehmen und jeden Tag besser werden sollte, Mist baut oder einfach nur einen schlechten Job macht. Ich habe das erlebt, und es gibt fünf verschiedene Gründe dafür, die wir uns einmal genau anschauen sollten.

Falsche Position

Manchmal setzt man eine hervorragende Person in einer falschen Position ein. Ich bezeichne das als den »Schau dich selbst im Spiegel an«-Quadranten – wenn Sie jemanden in einer falschen Position einsetzen, ist deren schlechte Leistung eigentlich Ihr Fehler. Wenn das der Fall ist, sollten Sie diese Person auf eine andere Position versetzen.

Ich habe zum Beispiel einmal »Mareva«, eine der besten Führungskräfte, mit der ich jemals zusammengearbeitet habe, mit der schwierigsten Aufgabe betraut, vor der wir als Team standen. Die Entscheidung schien auf der Hand zu liegen: Sie geben den Leuten, die die beste Arbeit liefern, die schwierigsten Aufgaben, und die Aufgaben werden erledigt. Oder? Nicht so in diesem Fall. Mareva war eine hervorragende Führungskraft, und sie tat sich hervor, wenn sie ein großes Team führen konnte. In ihrem neuen Job musste sie jedoch ein kleines Team führen. Das Potenzial war enorm groß, aber die Realität war klein. Die Zeit verging, aber das Team kam der Verwirklichung der Ziele kein bisschen näher. Das Team schien demoralisiert zu sein, und Mareva, nun ja, gelangweilt. Quasi unbeteiligt. Ich fragte sie, ob sie in ihrem Privatleben Probleme habe. Sie verneinte. Ich drängte sie, sich

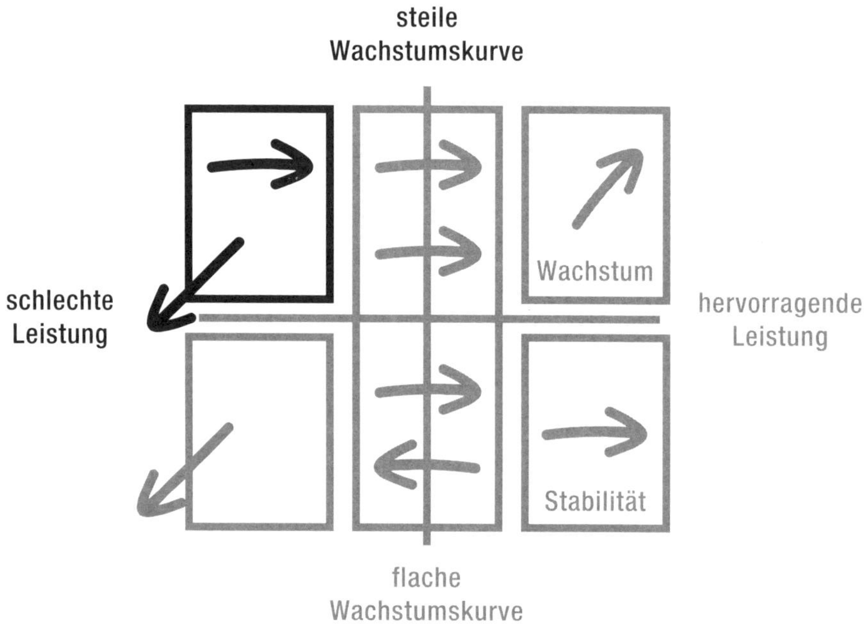

mehr anzustrengen. Nichts veränderte sich, also gab ich ihr die schlechteste Bewertung, die sie jemals bekommen hatte, und im nächsten Quartal eine noch schlechtere. Ich sprach mit Mareva ausführlich darüber, warum die Dinge nicht so gut liefen. Sie widersprach mir nicht, aber sie hatte keine gute Erklärung. Ich wurde immer frustrierter und begann, mir Sorgen um ihre zukünftige Karriere zu machen.

Aber dann dämmerte es mir. Das Problem, das sie lösen sollte, war ein analytisches. Jemand, der am besten geeignet wäre, dieses Problem zu lösen, würde 75 Prozent seiner Zeit allein in seinem Kämmerlein sitzen und mit Zahlen jonglieren. Aber Marevas Begabung bestand darin, eine hervorragende Chefin zu sein. Und ich sperrte sie in ihrem Büro mit Spreadsheets ein, wo sie ihr Talent nicht richtig ausleben konnte, statt sie mit Leuten arbeiten zu lassen. Als ich meinen Aha-Moment mir ihr teilte, konnte man die Erleichterung in ihrem Gesicht ablesen. Natürlich hatte Mareva intuitiv gewusst, worin das Problem bestand, aber sie wollte keine Entschuldigungen vorbringen oder mir die Schuld für ihre schlechte Leistung geben. Glücklicherweise gab es in einem anderen Team eine umfassende Führungsaufgabe, die mehrere hundert Mitarbeiterinnen und Mitarbeiter betraf und gelöst werden musste. Ich gab Mareva diese Aufgabe, und selbstverständlich gehörte sie wieder zu den Top-Performern – nicht nur in meinem Team, sondern im gesamten Unternehmen.

Ein weiteres Beispiel: »Clay« führte ein Team in einem bestimmten Land, das wir »Atlantis« nennen, wo er eine enorm effektive Führungskraft war, und wo der Umsatz schneller als in anderen Ländern stieg. Er wollte, dass ich ihm eine Chance zu wachsen gab. Daher setzte ich ihn auf die Position, ein anderes, größeres Team in Atlantis zu übernehmen. Allerdings wollte Clay unbedingt auf eine Position in der Region wechseln, und er sprach mich darauf an, als in meinem Team eine entsprechende Position frei wurde. Ich hatte erhebliche Zweifel, dass Clay dafür geeignet sei, da dieser Job großes politisches Fingerspitzengefühl erforderte. Das war eine Fähigkeit, in der sich Clay noch nicht bewiesen hatte – was ich ihm hoch anrechne –, die jedoch notwendig war, um in dieser Position erfolgreich zu sein. Ich teilte ihm meine Bedenken ganz offen mit, aber er blieb hartnäckig, bis ich nachgab. Fast unmittelbar nachdem er die neue Stelle angetreten hatte, bekam er es mit einem heißen politischen Thema zu tun und verbrannte sich prompt die Finger.

Es ist nicht immer klar, wann man Leuten eine Chance zu wachsen gibt, und wann man sie den Löwen zum Fraß vorwirft, aber in diesem Fall habe ich eine schlechte Entscheidung getroffen. Ich habe Clay den falschen Job gegeben. Leider verließ ich das Unternehmen und Clay wurde entlassen. Ich hatte nicht die Möglichkeit, mich selbst im Spiegel anzuschauen, und Clay musste für meinen Fehler geradestehen, was ich sehr bedauere. (Zum Glück ist er inzwischen ein sehr erfolgreicher Unternehmer in Atlantis.)

Neu auf der Position – zu schnell zu viel

Wenn Sie eine Person einstellen, die die Aufgabe noch nie gemacht hat und sie von Grund auf neu erlenen muss, braucht sie natürlich manchmal länger als erwartet, um Fortschritte zu machen. Wenn die Person Ihnen Grund zur Annahme gibt, dass sie die Aufgabe hervorragend erfüllen wird, wenn sie Anzeichen zeigt, »Spitzenleistungen« zu erbringen, lohnt es sich, mehr zu investieren. Aber zuweilen zeigt sich das nicht so klar.

In diesen Fällen kann es hilfreich sein, sich folgende Fragen zu stellen: Sind die Erwartungen klar genug? Ist die Einarbeitung gut genug? Wenn das Problem darin besteht, dass Sie den Job oder die Erwartungen nicht klar genug beschrieben haben, sollten Sie mehr Zeit investieren, um das zu tun, wenn Sie davon überzeugt sind, dass die Person ein hervorragender Mitarbeiter werden kann.

Ein weiterer Fehler, den Chefs häufig machen, ist, einer Person zu viel auf einmal aufzubürden. Von vorneherein ist klar, dass sie das nicht bewältigen kann. Zuweilen haben Führungskräfte unangemessene Erwartungen daran, was ein Mensch leisten kann. In anderen Fällen übertragen Führungskräfte das, was sie selbst imstande sind zu leisten, auf ihre Mitarbeiterinnen und Mitarbeiter. Sie vergessen, dass eine Person, die zehn Jahre weniger Erfahrung als sie selbst hat, bestimmte Dinge einfach nicht wissen kann.

Private Probleme

Es kommt vor, dass Menschen, die in ihrer Karriere bislang echt gut waren, plötzlich keine guten Leistungen mehr erbringen, weil sie ein Problem in ihrem Privatleben haben. Wenn es sich um ein vorübergehendes Problem handelt, ist es am besten, ihnen einfach die Zeit zu geben, die sie brauchen, um wieder in die Spur zu kommen.

Ich hatte ein familiäres Problem, als ich für Sheryl Sandberg arbeitete. Ich werde ihr immer für ihre Reaktion dankbar sein: »Setz' dich in ein Flugzeug, flieg' nach Hause, nimm dir so viel Zeit, wie du brauchst, und zerbrich' dir nicht den Kopf darüber, was bei Google gerade los ist. Du brauchst keinen Urlaub zu nehmen – nimm dir einfach die Zeit. Wir halten dir den Rücken frei.« Aufgrund dessen, was sie mir sagte, dachte ich, wie viel Glück ich hatte, in ihrem Team zu arbeiten – und ich war doppelt so motiviert, als ich zurückkam.

Es passt nicht

Zuweilen scheint eine Person aufgrund ihrer Erfahrung und ihres Fachwissens die perfekte Position innezuhaben, kann aber in einem bestimmten Unternehmen oder Team nicht Fuß fassen, weil die Unternehmens- oder Teamkultur und die Persönlichkeit der Person nicht zusammenpassen. Wenn eine sehr erfolgreiche Person einen Job bei einem neuen Unternehmen antritt, beide aber nicht »zusammenpassen«, kann das für alle Beteiligten schmerzhaft sein. Wenn sich weder die Kultur noch die Person ändern können, ist es am besten, wenn sich die Wege wieder trennen. Im Allgemeinen ist es nicht möglich, das Problem zu lösen, wenn die Kultur nicht passt.

Ich kannte beispielsweise eine Person, deren Ansatz »Launch und Iteration« sie bei Google enorm erfolgreich machte. In der Kultur bei Google ging es nur darum zu experimentieren. Als sie zu Apple kam, wo Ideen vor der Markteinführung perfektioniert und verfeinert werden, versuchte sie, das Gleiche zu machen, und verlor daher ihre Glaubwürdigkeit. Weder die Person noch Apple waren falsch – sie passten einfach nicht zusammen.

KEINE PERMANENTEN ATTRIBUTE

Menschen verändern sich, und Sie müssen sich mit ihnen verändern

Es ist schwer, Ihre Wahrnehmung von Menschen zu verändern. »Jane ist ein Fels in der Brandung. Einmal ein Fels in der Brandung, immer ein Fels in der Brandung.« »Sean ist mein Fels von Gibraltar. Ohne ihn in seiner Position wäre ich verloren.« Mein größtes Problem mit den Begriffen »Fels in der Brandung« und »Superstar« ist, dass Sie sie als dauerhafte Attribute für Menschen verwenden. Machen Sie das bitte nicht! Es ist verlockend, bestimmte Menschen so zu sehen, als seien sie nur für eine bestimmte Aufgabe geeignet oder als hätten sie bestimmte Fähigkeiten/Schwächen, die sich nie ändern werden. Die Wahrheit aber ist, dass sich Menschen verändern. Jemand, der eine flache Wachstumskurve bei der Arbeit hat, wird womöglich plötzlich unruhig und möchte unbedingt im Job eine neue Herausforderung haben. Oder eine Person, die seit Jahren eine steile Wachstumskurve hat, sehnt sich vielleicht nach einer Phase der Konsolidierung. Das ist ein weiterer Grund, warum Sie *führen müssen*. Um ein guter Chef zu sein, müssen Sie sich ständig an die neuen Gegebenheiten, die der Tag, die Woche oder das Jahr mit sich bringen, anpassen. Sie können sich jedoch nicht anpassen, wenn Sie nicht aufpassen oder die Person nicht gut genug kennen, um zu bemerken, dass sich etwas Wesentliches geändert hat.

Es ist nicht nur wichtig, sich bewusst zu machen, dass niemand immer eine steile oder flache Wachstumskurve hat, sondern auch, dass sich die Leistung der Menschen im Laufe der Zeit verändert. Achten Sie darauf, Menschen nicht als »High-Performer« abzustempeln. Jeder hat hin und wieder ein schlechtes Quartal. Um das Abstempeln für alle Ewigkeit zu bekämpfen, hat der Co-Founder von Qualtrics (und mein Kollege bei Juice und Google) Jared Smith die Leistungsbewertungen »schlechtes Quartal«, »ordentliches Quartal« und »außergewöhnlich gutes Quartal« eingeführt.

Solche Anpassungen sind besonders schwierig, wenn es an der Zeit ist, Menschen, die Ihnen das Leben erleichtern, eine neue Position zu geben, wodurch Ihr Leben erschwert wird – zumindest kurzfristig. Sie verlassen sich seit Jahren auf »Jane«, damit eine Aufgabe gut erledigt wird. Und jetzt möchte Jane einen neuen Job. Oder »Pat« stellt sich seit Jahren neuen Herausforderungen, aber jetzt möchte er nicht mehr so oft seinen Job wechseln. Sie müssen Pat an jemanden weitergeben, der nicht dieselbe Erfolgsbilanz wie Pat hat. Das ist sehr anstrengend für Sie!

Im Verlauf der Karriere gehen die meisten von uns durch verschiedene

Phasen. Manchmal sind wir in einer Lernphase und manchmal in einer Übergangsphase. Manchmal ändern sich unsere Prioritäten. Der Ehepartner nimmt einen neuen Job an, und wir müssen mehr zu Hause sein, oder wir wollen etwas, das wir mit Leidenschaft außerhalb der Arbeit machen, mehr Zeit widmen. Es ist wichtig für die Teammitglieder und den Chef, sich im Klaren darüber zu sein, was zu jedem Zeitpunkt die Steigung der Wachstumskurve bestimmt. So können sowohl die Teammitglieder als auch das Unternehmen davon profitieren.

Nutzen Sie also dieses einfache Modell, aber missbrauchen Sie es nicht. Sorgen Sie dafür, dass Sie jeden Tag alle Teammitglieder mit anderen Augen betrachten. Die Menschen entwickeln sich, also muss sich auch Ihre Beziehung zu ihnen entwickeln. Lassen Sie Wertschätzung walten: Stecken Sie sie nicht in eine Schublade und belassen sie dort.

4.

GEMEINSAM ERGEBNISSE ERZIELEN

Menschen vorzuschreiben, was sie tun sollen, funktioniert nicht

MENSCHEN VORZUSCHREIBEN, WAS SIE TUN SOLLEN, FUNKTIONIERTE BEI GOOGLE NICHT

Auf den ersten Blick scheint es eher eine Sache der Aufrichtigkeit statt der Wertschätzung zu sein, wenn es darum geht, Ergebnisse zu erzielen. Aber das ultimative Ziel von Radical Candor ist es, zusammen das zu erreichen, was Sie als Einzelner nie erreichen könnten. Und dafür müssen Sie sich um die Menschen kümmern, mit denen Sie zusammenarbeiten.

Steve Squyres, der die Mission Mars Exploration Rover leitete, beschrieb perfekt, was Zusammenarbeit ausmacht: »Mehr als 4.000 Menschen waren an dieser Mission beteiligt. Es gibt keine einzige Person, die wirklich alles darüber weiß und sagt: ›Ich weiß alles über dieses Fahrzeug.‹ Das würde die Grenzen unseres Gehirns sprengen.« Ich saß neben Larry Page, als wir uns die Dokumentation ansahen. Er dreht sich zu mir um und sagte: »Wow, das gibt einem wirklich das Gefühl, etwas *erreichen* zu können, oder?« Auf der einen Seite hatte ich voll und ganz dieselbe Meinung. Auf der anderen Seite erschien es mir total verrückt, dass sich der Co-Founder von Google einen Dokumentarfilm ansehen musste, um das Gefühl zu bekommen, etwas erreichen zu können.

Wenn Sie möchten, dass Sie und Ihr Team etwas Größeres erreichen als das, was Sie allein erreichen könnten, wenn Sie die »Grenzen Ihres Gehirns sprengen« wollen, müssen Sie sich um die Leute, mit denen Sie arbeiten, kümmern. Sie werden mehr erreichen, wenn Sie sich die Zeit nehmen, deren Denkweise in Ihre eigene zu übernehmen, und die Teammitglieder auch Ihre Denkweise übernehmen.

Lassen Sie es nicht zu, dass Ihre Fokussierung auf Ergebnisse der Wertschätzung Ihrer Mitarbeiterinnen und Mitarbeiter im Weg steht. Ich machte diesen Fehler, als ich bei Google anfing. Ich war ausschließlich darauf fokussiert, Dinge zu erledigen, und zwar schnell. Das hat mich am Ende ausgebremst.

Das AdSense-Team, das ich leitete, war für den Vertrieb bei und den Support für kleinere und mittlere AdSense-Kunden zuständig. Wir hatten vier Hauptaufgaben: neue Kunden überprüfen, das Onboarding durchführen, die Kunden betreuen, Support für die Kunden leisten und die Vorschriften durchsetzen. Ungefähr 100 Menschen machten diesen Job. Als ich dazustieß, waren die Dinge wahnsinnig schnell gewachsen, sodass jeder eine Art Freifahrtschein besaß. Jeder machte von allem ein bisschen. Wenn das Team bei den Genehmigungen in Rückstand geriet, und jemandem das auffiel, schickte er eine E-Mail an alle 100 Kolleginnen und Kollegen, in der stand: »Bitte hört mit dem auf, was ihr gerade tut, und kümmert euch um die Genehmigungen.« Wenn es keinem auffiel, gerieten wir immer weiter in Rückstand. Da Google von Daten besessen war, wurde alles getrackt. Aber wenn die Zahlen in die falsche Richtung gingen, fühlten sich alle schuldig, statt dass ein klarer Plan zur Behebung des Problems entwickelt wurde, da niemand für irgendetwas verantwortlich war. Wir lieferten keine gute Leistung ab, und alle waren gestresst.

Einer meiner Mentoren sagte einmal zu mir: »Es gibt einen schmalen Grat zwischen Erfolg und Misserfolg.« Nun verstand ich, was er damit meinte. Nach herkömmlichen Maßstäben war unser Wachstum sehr gut. Aber es wurde schnell klar, dass es noch viel besser sein könnte, wenn wir nicht wie eine Fußballmannschaft von Siebenjährigen agieren würden: Wir jagten alle dem Ball hinterher, keiner von uns hatte eine definierte Position. Nachdem ich eine Reihe von Fragen gestellt hatte, stellte ich beispielsweise fest, dass wir keine echte Kundenbetreuung hatten (das heißt, wir arbeiteten nicht mit unseren größten Kunden zusammen, um ihnen zu helfen, besser zu werden, sodass sie und Google mehr Geld verdienen konnten). Als ich nach dem Grund fragte, lautete die Antwort: »Das wäre nicht Googley! Wir behandeln alle Kunden gleich, egal wie groß oder klein sie sind.« Mein Vorschlag zu priorisieren, wurde mit Blicken quittiert, die deutlich machten, dass meine Moral als fragwürdig galt.

Die Reportingstruktur war ebenfalls fehlerbehaftet, weshalb es auch keine echten Verantwortlichkeiten gab. Wenn eine neue Person eingestellt wurde, wurde sie der Führungskraft zugeordnet, die die wenigsten direkten Mitarbeiterinnen und Mitarbeiter hatte. Aber es gab keine bestimmte Beziehung zwischen der Arbeit, die sie machten, und dem jeweiligen Chef. Und gemäß der Kultur von Google sah niemand so richtig ein, warum man einen Chef *brauchte,* außer um dem Chef »Führungserfahrung« zu verschaffen, damit er an die Business School gehen konnte. Einen Chef zu haben war ein notwendiges Übel, mit dem sich die Leute abfinden mussten, damit sie auch Chef werden und zur Business School gehen konnten.

Was für ein Durcheinander! Wie konnte eine derart chaotische Situation in einem so erfolgreichen Unternehmen entstehen? Eine Freundin von mir wollte die Geschichte zuerst nicht glauben. Sie sagte, beim *The New Yorker* würden diejenigen, die die Fakten checken, niemals an den Leiter der Redaktion berichten, denn nur der Leiter des Teams für das Faktenchecken würde ihre Arbeit wirklich verstehen. Was war da bei Google nur los? Ich habe bei anderen »Einhörnern«[11] im Silicon Valley sogar noch verrücktere Dinge erlebt. Wenn ein Unternehmen, das von extrem klugen, aber unerfahrenen Leuten geführt wird, durchstartet, kann alles passieren. Aber ich genoss das Chaos, denn deshalb war ich eingestellt worden. Mit 37 war ich älter als mein Chef und mehr als ein Jahrzehnt älter als der durchschnittliche Google-Angestellte. Ich war eine »erwachsene Aufsichtsperson«.

Und ich wusste genau, was zu tun war. Statt ein Team von 100 Leuten zu haben, in dem jeder ein bisschen von allem macht und das eine willkürliche Führungsstruktur hat, bildete ich fünf kleinere Teams. Jede Führungskraft, die für mich arbeitete, war nur für *eine* Aufgabe zuständig: Genehmigungen, Onboarding, Kundenbetreuung, Support oder Vorschriften. Dann ordnete ich die direkten Mitarbeiterinnen und Mitarbeiter neu, sodass die eher vertriebsorientierten Mitarbeiter zusammen in einem Team arbeiteten und an die Führungskraft berichteten, die für Kundenbetreuung zuständig war. Die strukturierteren Mitarbeiter arbeiteten in einem Team, und berichteten an die Führungskraft, die für Vorschriften zuständig war und so weiter. Nun verstanden die Chefs ihre Arbeit, konnten ihre direkten Mitarbeiter unterstützen und zur Rechenschaft gezogen werden.

Eine durchaus vernünftige Veränderung, finden Sie nicht auch? Das Ergebnis davon war, dass sich drei meiner fünf direkten Mitarbeiter bei meiner Chefin Sheryl Sandberg beschwerten, dass sie es nicht aushielten, für mich zu arbeiten – ich sei zu autokratisch, ich lasse zu viele Leute bei wichtigen Entscheidungen außen vor. Einer sagte sogar, er fühle sich »traurig und schlecht und ausgestoßen«. Alle drei wechselten in ein anderes Team bei Google, was ihnen freistand, ohne meine Erlaubnis einzuholen. Was hatte ich falsch gemacht? Was getan werden musste, schien so offensichtlich zu sein. Ich wandte mich an Sheryl und bat sie um Rat.

Sie war mit der Art und Weise, wie ich die Arbeit umstrukturiert hatte, einverstanden, aber nicht mir der Art und Weise, wie ich es angegangen war. »Kim, du bist zu schnell. Es ist so, als würdest du ein langes Seil schwingen«, sagte Sheryl und mimte ein imaginäres Seil, das sie in einem großen Kreis über ihrem Kopf schwang. »In deiner Wahrnehmung ist das Seil nicht so schnell, weil du es in der Mitte hältst und die Bewegung nur aus dem Handgelenk machst. Wenn du aber am Ende des Seils bist, musst du dich ganz schön festhalten. Das ist furchteinflößend. Du kannst das nicht mit den Leuten machen und gleichzeitig erwarten, dass sie dabeibleiben.«

11 Begriff, der von der Venture-Capitalistin Aileen Lee geprägt wurde. Er beschreibt ein Start-up, das schnell eine Marktbewertung von einer Billiarde US-Dollar erreicht.

Den Menschen zu sagen, was sie tun sollten, funktionierte nicht. In einer Zeit, in der wir offensichtlich große Veränderungen brauchten, schien das der schnellste Weg zu sein. Das war er aber nicht. Erstens, weil ich mein Team nicht in die Entscheidungsfindung einbezog; ich traf die Entscheidungen einfach selbst. Zweitens, weil ich mir, nachdem ich die Entscheidungen getroffen hatte, nicht die Zeit nahm, sie zu erläutern, oder das Team davon zu überzeugen, dass die Entscheidungen gut waren. Statt also Entscheidungen umzusetzen, mit denen sie nicht einverstanden waren, oder die sie nicht einmal verstanden, löste sich mein Team auf, und ich konnte die Ergebnisse nicht verbessern, solange ich das Team nicht wieder aufgebaut hatte.

Das Gute daran, bei Google zu arbeiten, war, dass das Unternehmen mir eine Chance gab, meinen Fehler zu korrigieren. Meine Chefin erklärte mir genau, was ich falsch gemacht hatte – und dann ließ sie mich Leute einstellen, um diejenigen, die gegangen waren, zu ersetzen. Ich konnte einige derjenigen, die bei Juice für mich gearbeitet hatten, zu Google holen. Es war eine schmerzhafte, aber lehrreiche Lektion: Um bei Google Ergebnisse zu erzielen, musste ich lernen, mehr auf Zusammenarbeit zu setzen.

Entscheidungen wurden bei Google wirklich nicht qua Autorität getroffen – die Gründer trafen noch nicht einmal selbst die Entscheidungen. Irgendwann beschlossen die Entwickler von Google, das Frontend von AdWords[12] umzugestalten, um es den Werbetreibenden leichter zu machen, verschiedene Anzeigenformate auszuwählen. Da Google den größten Umsatz mit AdWords machte, war es wichtig, das perfekt umzusetzen.

In einem Meeting habe ich beobachtet, wie der Co-Founder von Google Sergey Brin versuchte, ein Team von Entwicklern davon zu überzeugen, seine Lösung für die Herausforderung, den Werbetreibenden alle Möglichkeiten, die sie haben – verschiedene Anzeigenformate, verschiedene Möglichkeiten sicherzustellen, dass ihre Anzeigen auch dann, wann sie wollten und wo sie wollten und so weiter angezeigt würden –, auf möglichst einfache Weise zu präsentieren, auszuprobieren. Das Team wollte eine andere Lösung als die von Sergey. Er schlug daraufhin vor, dass ein paar Leute an seinem Ansatz arbeiten sollten, während sich die restlichen Teammitglieder ihrer bevorzugten Lösung widmeten. Das Team lehnte dies ab.

Er ließ seinem Frust freien Lauf, was er selten tat, schlug mit der Faust

12 **AdWords** ist Googles Anzeigenprodukt. Wenn Sie Ihre Zelte bewerben wollen, bieten Sie auf Keywords wie »Zelt«. Und wenn Sie die Auktion gewonnen haben, werden Ihre Anzeigen auf den Google-Seiten erscheinen, wenn sie das Wort »Zelt« eingegeben haben. Ihre Anzeigen könnten auch auf den Webseiten von anderen geschaltet werden, wenn es darauf um Zelte geht. Wenn Nutzer auf Ihre Anzeige klicken, entrichten Sie Google eine Gebühr.

auf den Tisch und sagte: »Wenn dies ein gewöhnliches Unternehmen wäre, würdet ihr es *alle* machen, so wie ich es will. Ich möchte nur, dass ein paar Leute meine Idee ausprobieren!« Er war sichtlich verärgert, aber sein Grinsen ließ vermuten, dass er auch stolz darauf war, ein Team aufgebaut zu haben, welches ihm die Stirn bot. Am Ende überzeugte das Team ihn davon, dass dessen Methode die bessere war.

Natürlich bestehen nicht alle Unternehmen auf Zusammenarbeit oder lassen jeden in ein anderes Team wechseln, wenn er mit seinem Chef unzufrieden ist. Aber ich habe immer wieder feststellen können, dass man selbst dann, wenn man in einem Unternehmen arbeitet, das es einem erlaubt, eher autoritär zu führen, bessere Ergebnisse erzielt, wenn man seine Macht abgibt und mehr auf Zusammenarbeit setzt.

LEUTEN ZU SAGEN, WAS SIE TUN SOLLEN, HAT AUCH BEI STEVE JOBS NICHT FUNKTIONIERT

»Der verdammte Steve kriegt immer alles hin!«, fluchte Andy Grove, der legendäre CEO von Intel über einer Tasse Jamoca Almond Fudge bei Baskin-Robbins in Los Altos. Ich war gerade im Begriff, ihn um Rat zu fragen, ob ich bei Apple einsteigen sollte.

Ich lachte, weil ich davon ausging, dass er einen Witz machte, aber Andy schüttelte heftig den Kopf. »Nein. Du hast mich nicht richtig verstanden. Steve kriegt wirklich *immer* alles hin. Ich meine es genau so, wie ein Entwickler. Ich mache keine Witze, und ich übertreibe nicht.«

Ich wusste, dass Andy mir etwas Wichtiges mitteilte, und ein Teil von mir hoffte, dass es wahr war. Eines der Dinge, die mich daran reizten, nach dem kreativen Chaos bei Google zu Apple zu gehen, war, dass ich erfahren wollte, wie es war, für ein Unternehmen zu arbeiten, in dem ein eher durchsetzungsfähigeres Management, das den Leuten sogar vorschrieb, was sie zu tun hatten, tatsächlich funktionierte. Ich nahm an, dass die Dinge bei Apple so abliefen, dass Steve Jobs, der Visionär, den Leuten sagte, was sie zu tun hatten. Aber ich vermutete immer noch, dass Andy übertrieb. *Immer* alles hinkriegen?

»Niemand hat *immer* recht«, sagte ich.

»Ich habe nicht gesagt, dass Steve immer recht hat. Ich habe gesagt, er kriegt immer alles hin. Wie jeder andere auch hat er zuweilen nicht recht, aber er besteht darauf, dass die Leute ihm sagen, wenn er im Unrecht ist – und er sagt das nicht zimperlich –, sodass er am Ende immer alles hinkriegt.«

Andy sprach mit seinen Worten komplexe und etwas paradoxe Überzeugungen und Ideale an, die ich hatte, wenn es darum ging, wie gute Chefs ein Team dazu bringen, gute Arbeit zu leisten. Auf der einen Seite mochte ich den Ansatz von Google und vertrat die Managementlehre von Saint-Exupéry: »Wenn du ein Schiff bauen möchtest, dann trommle keine Leute zusammen, die Holz sammeln, und verteile weder Aufgaben noch Arbeit, sondern bringe ihnen die Sehnsucht nach der unendlichen Weite des Meeres bei.« Auf der anderen Seite wollte ich gelegentlich auch einen unanfechtbaren Chef *haben* oder einer *sein*, wie meine Anekdote über den Anfang meiner Zeit mit dem AdSense-Team zeigt.

Nachdem ich bei Apple angefangen hatte, wurde mir klar, dass Andys Beschreibung zutreffend gewesen war. Steve zeigte oft, dass er bereit – zuweilen sogar begierig – war, seine Meinung zu ändern, wenn er eines Besseren belehrt wurde. Das geschah aber selten nach dem Motto »Du hattest recht, der Fehler lag bei mir«. Die Leute ärgerten sich oft über die Art und Weise, wie Steve seine Meinung änderte.

Ein Kollege erzählte mir einmal von einer Situation, in der er eine Auseinandersetzung mit Steve hatte, aber am Schluss klein beigab, obwohl er von Steves Argumenten nicht überzeugt war. Als sich herausstellte, dass mein Kollege recht hatte, marschierte Steve in sein Büro und fing an zu brüllen. Daraufhin sagte mein Kollege: »Aber das war doch deine Idee.« »Ja, das stimmt. Aber es war deine Aufgabe, mich davon zu überzeugen, dass ich falschlag«, erwiderte Jobs. »Und du hast das nicht gemacht.« Ab dem Zeitpunkt gestalteten sich die Streitgespräche länger und lauter, und er stritt so lange mit ihm, bis Steve davon überzeugt hatte, dass er im Recht war, oder bis Steve ihn davon überzeugt hatte, unrecht zu haben. Also hat Steve es richtig gemacht, weil er bereit war, sich zu irren, und darauf bestand, dass die Menschen um ihn herum aufrichtig waren. Zweifellos war dieser Stil nicht für jeden geeignet. Er stellte Leute ein, die keine Angst davor hatten, sich mit ihm auseinanderzusetzen, und er beförderte diese Furchtlosigkeit.

Eine andere Kollegin erzählte mir von einem Streit mit Steve. Am Ende überzeugte sie ihn davon, dass er unrecht hatte, aber dann übernahm er ihren Standpunkt voll und ganz, sodass es so aussah, als wäre es die ganze Zeit sein Standpunkt gewesen. Sie vermutete, dass sich Steve so sehr darauf konzentrierte, die richtige Antwort zu finden, dass es ihm wirklich egal war, wer was gesagt hatte. Natürlich ist dieser Ansatz zuweilen frustrierend – die Leute wollen Anerkennung für ihre Ideen bekommen. Aber die ununterbrochene Konzentration darauf, zu sich selbst und zu den Menschen um ihn herum aufrichtig zu sein, es »hinzukriegen«, statt »recht zu haben«, war zum Teil der Grund dafür, dass Apple auf so beindruckende Weise gut funktionierte.

DIE KUNST, DINGE ZU ERLEDIGEN, OHNE ANDEREN ZU SAGEN, WAS SIE TUN SOLLEN

Sicherlich war einer der Gründe, warum es Steve Jobs »immer hingekriegt hat«, der, dass er ein Genie war. Dies kann man nicht operationalisieren oder imitieren. Aber Genialität war nur ein Teil der Geschichte. Es gibt zahlreiche Genies mit brillanten Ideen, die sie aber nicht in etwas Greifbares umsetzen können. Wichtiger als seine Genialität war die Art, wie Steve die Mitarbeiterinnen und Mitarbeiter bei Apple dazu brachte, ihre Aufgaben so perfekt zu erfüllen, *ohne* ihnen zu sagen, was sie tun sollten. Das ist durchaus etwas, das Sie operationalisieren und imitieren können. Um das zu tun, müssen Sie sich selbst und Ihr Team jedoch auf der Achse »Aufrichtigkeit« weiter nach rechts bewegen, als Sie es zunächst als angenehm empfinden.

In der Tat haben sowohl Google als auch Apple hervorragend gute Ergebnisse erzielt, ohne einen rein autokratischen Stil zu haben. Das wirft wichtige Fragen auf: Wie konnten alle Mitarbeiterinnen und Mitarbeiter des Unternehmens entscheiden, was zu tun ist? Wie wurden Strategie und Ziele festgelegt? Wie entwickelten sich die Kulturen dieser beiden Unternehmen, die so stark und so unterschiedlich sind? Wie konnten die Zehentausende von Menschen die Mission verstehen? Sie war bei beiden Unternehmen unterschiedlich – geordneter bei Apple, chaotischer bei Google – aber im Großen und Ganzen war der Prozess der gleiche.

Der Prozess, den ich als das »Get Stuff Done«-Rad (GSD-Rad) bezeichne, ist relativ einfach. Aber das Wichtigste, das von jenen Leuten, die sich für »Get Stuff Done«-Leute halten, häufig nicht gesehen wird, besteht darin, den Impuls zu vermeiden, sofort loszulegen, wie ich es in dem Beispiel zu Beginn dieses Kapitels getan habe. Zunächst müssen Sie nämlich die Grundlage für die Zusammenarbeit schaffen.

Wenn das GSD-Rad effektiv eingesetzt wird, werden Sie Ihr Team in die Lage versetzen, zusammen mehr zu erreichen, als sich ein Einzelner erträumt – um die Grenzen Ihres Gehirns zu sprengen. Zunächst müssen Sie den Ideen Ihres Teams *zuhören* und eine Kultur schaffen, in der sie auch

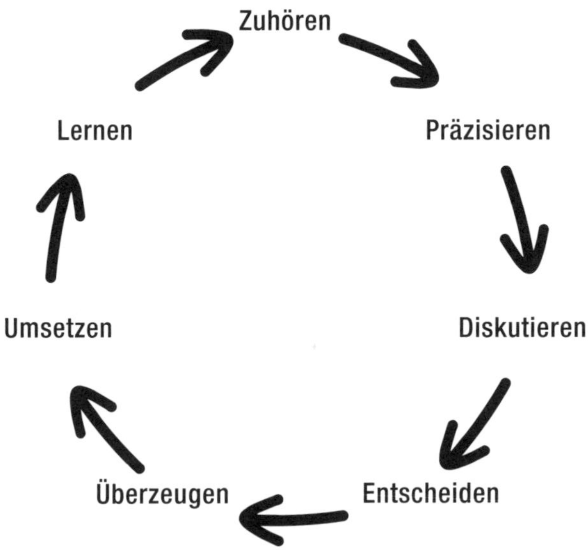

einander zuhören. Als Nächstes gilt es, einen Raum zu schaffen, in dem die Ideen ausgearbeitet und *präzisiert* werden, damit diese Ideen nicht verworfen werden, bevor jeder Einzelne den möglichen Nutzen voll und ganz erkannt hat. Aber nur weil eine Idee leicht zu verstehen ist, heißt das noch lange nicht, dass sie auch gut ist. Dann müssen Sie über die Ideen *diskutieren* und sie gründlich prüfen. Anschließend müssen sie darüber *entscheiden* – schnell, aber nicht zu schnell. Da nicht jeder bei jeder Idee an den Schritten Zuhören, Präzisieren, Diskutieren und Entscheiden beteiligt war, muss im nächsten Schritt das ganze Team an Bord geholt werden. Sie müssen diejenigen, die nicht an der Entscheidung beteiligt waren, davon *überzeugen*, dass es eine gute Entscheidung war, sodass sie von allen effektiv umgesetzt werden kann. Nach der *Umsetzung* müssen Sie aus den Ergebnissen *lernen*, ob Sie das Richtige getan haben, und dann den gesamten Prozess von vorne beginnen.

Das sind viele Schritte. Vergessen Sie nicht, dass Sie diese schnell durchlaufen müssen. Einen Schritt nicht zu überspringen und nicht bei einem stecken zu bleiben, ist gleichermaßen bedeutend. Wenn Sie einen Schritt überspringen, werden Sie am Ende Zeit verschwenden. Wenn Sie zulassen, dass sich ein Schritt des Prozesses in die Länge zieht, wird sich die Arbeit in Ihrem Team so anfühlen, als müssten Sie eine Zusammenarbeitssteuer zahlen und nicht als ob Sie in die Zusammenarbeit investieren.

Womöglich befinden Sie sich in einer Situation, in der Ihr Chef einen Schritt überspringt und Ihnen einfach vorschreibt, was Sie tun sollen. Heißt das, dass Sie dasselbe mit Ihrem Team tun müssen? Auf keinen Fall! Sie können diese Ideen mit den Leuten, die an Sie berichten, umsetzen, selbst wenn Ihr Chef diese Methode nicht befürwortet. Wenn Ihr Chef die Ergebnisse sieht, ändern sich die Dinge vielleicht. Wenn nicht, müssen Sie sich gegebenenfalls einen anderen Job suchen. Wenn mehr Leute auf ein positives Arbeitsumfeld bestehen, werden sich nicht nur die Ergebnisse für Ihr Unternehmen verbessern, sondern auch Ihre Zufriedenheit.

ZUHÖREN

»Gib den Stillen eine Stimme.«
– Jony Ive

Sie wissen bereits, dass Sie zuhören müssen, und vermutlich wissen Sie auch, wie man zuhört (und wie nicht). Das Problem ist, dass die Leute dazu neigen, Ihnen zu sagen, dass Sie Ihren Stil des Zuhörens völlig verändern müssen, wenn Sie Chef werden, und das können Sie nicht.

Die gute Nachricht ist, dass Sie Ihrem Stil treubleiben und trotzdem dafür sorgen können, dass jeder in Ihrem Team gehört wird und daher in der Lage ist, einen Beitrag zu leisten.

Jony Ive, Chefdesigner von Apple, sagte einmal in einem Kurs an der Apple University, dass die wichtigste Aufgabe einer Führungskraft ist, »den Stillen eine Stimme zu geben«. Das finde ich super. Der CEO von Google, Eric Schmidt, verfolgte einen entgegensetzten Ansatz. Er forderte seine Mitarbeiterinnen und Mitarbeiter auf, »laut zu sein«. Das finde ich auch super. Beide Unternehmenschefs verfolgten verschiedene Ansätze, um sicherzustellen, dass jeder eine Stimme bekam. Das ist auch Ihr Ziel. Aber es gibt mehr als eine Methode, um das zu erreichen. Sie müssen eine Art des Zuhörens finden, die zu Ihrem persönlichen Stil passt, und eine Kultur schaffen, in der jeder dem anderen zuhört, sodass die ganze Last des Zuhörens nicht auf Ihnen allein lastet.

Leises Zuhören

Tim Cook, CEO von Apple, ist der Meister der Stille. Bevor ich mich bei Apple vorstellte, warnte mich ein Freund, dass Tim in der Regel lange schweigt und dass ich mich davon nicht aus der Ruhe bringen lassen oder den Drang verspüren sollte, die Pausen zu füllen. Trotz seiner Warnung reagierte ich

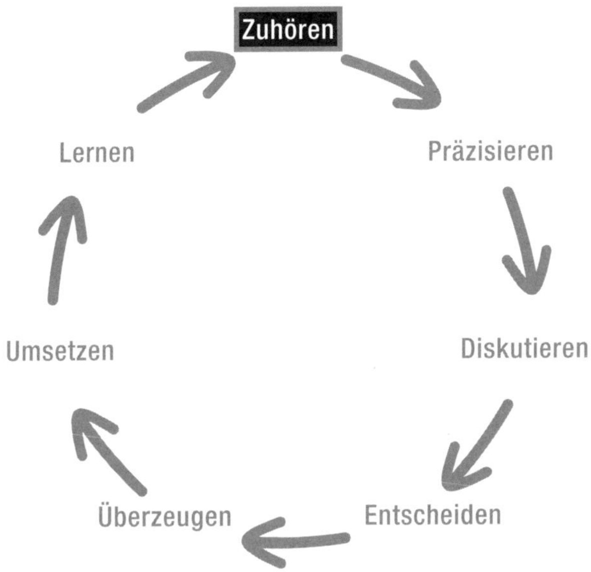

bei meinem ersten Vorstellungsgespräch mit ihm auf eine lange Phase des Schweigens mit nervösem Dauergeplappere. Versehentlich erzählte ich ihm dabei viel mehr über einen Fehler, den ich gemacht hatte, als ich beabsichtigt hatte. Und im selben Moment, als ich panikerfüllt erkannte, dass ich etwas preisgeben könnte, wodurch ich die Stelle nicht bekommen würde, begann der Raum zu wackeln.

»Erdbeben?«, fragte ich mit einer, wie ich vermute, unverhohlenen Erleichterung. Tim nickte und beobachtete, wie sich die Wände bewegten. »Das ist sogar ein ganz ordentliches, würde ich sagen.«

Ich nutzte die Gelegenheit, um zuzuhören, statt zu reden und fragte nach der Bauweise des Gebäudes. Der Ingenieur in Tim konnte nicht widerstehen, sie mir zu beschreiben. Da das Gebäude auf Rollen stand, fühlte sich das Erdbeben stärker an; es war beängstigender, aber sicherer. Tim lächelte über diesen Widerspruch.

Einer meiner Teilnehmer an dem Kurs *Managing at Apple*, der dem Beispiel von Tim folgte, sagte, er versuche in jedem Einzelgespräch mindestens zehn Minuten lang still zu sein und überhaupt nicht zu reagieren. Er zeige keine Mimik, und seine Körpersprache sei völlig neutral.

»Was hast du in den zehn Minuten gelernt, was du in den restlichen 50 Minuten nicht gelernt hast?«, fragte ich.

»Ich habe die Dinge gehört, die ich nicht hören wollte«, sagte der

Teilnehmer und bekräftigte damit Tims Vorgehensweise. »Wenn ich irgendeine Reaktion gezeigt habe, haben die Leute mir oft das erzählt, was ich ihrer Meinung nach hören wollte. Ich stellte fest, dass sie viel eher sagten, was sie wirklich dachten – auch wenn das nicht das war, was ich zu hören hoffte –, wenn ich darauf achtete, nicht zu zeigen, was ich dachte.«

Stilles Zuhören hat viele Vorteile, aber auch einen Nachteil. Wenn Sie der Chef sind, und Ihre Mitarbeiterinnen und Mitarbeiter nicht wissen, was Sie denken, verschwenden sie viel Zeit darauf, das zu erraten. Manche werden sogar Ihren Namen missbrauchen – »Also, der Chef will X machen« –, und dann beschreiben sie, was *sie* stattdessen machen wollen. Und da niemand sicher sein kann, was Sie wirklich denken, könnten sie zuweilen damit durchkommen. Zudem ist Stille vielen Menschen unangenehm, wie die oben beschriebenen Beispiele zeigen. Es kann sich so anfühlen, als würde man ein risikoreiches Pokerspiel spielen und nicht ein wertschätzend aufrichtiges Gespräch führen. Manche Leute denken, dass ein stiller Zuhörer überhaupt nicht zuhört, sondern Fallen stellt, und darauf wartet, dass der andere etwas Falsches sagt, damit er zuschlagen kann.

Wenn Sie ein stiller Zuhörer sind, dann müssen sie etwas unternehmen, sodass diejenigen, die sich durch Ihre Stille unwohl fühlen, beschwichtigt werden. Seien Sie nicht grundlos undurchschaubar. Wenn Sie andere dazu bringen wollen zu sagen, was sie denken, müssen Sie auch manchmal sagen, was Sie denken. Wenn Sie wollen, dass man Ihnen gegenüber aufrichtig ist, müssen Sie selbst bereit sein, aufrichtig zu sein. Die Führungskraft in meinem Kurs war in ihren Einzelgesprächen nur zehn Minuten lang ausdruckslos, nicht während der ganzen Stunde. Wenn sie die ganze Zeit so gewesen wäre, wäre es für die Leute schwer gewesen, ihr zu vertrauen oder eine Verbindung zu ihr aufzubauen. Tim Cook war natürlich auch nicht immer still. Da er aber im Allgemeinen so still war, lehnten sich die Leute nach vorne, um dem, was er sagte, zuzuhören. Und wenn er redete, auch wenn das sehr leise war, war seine Denkweise immer klar und deutlich.

Stilles Zuhören funktioniert definitiv bei vielen Führungskräften, aber ich kann das nicht. Zum Glück gibt es ja auch noch eine andere Vorgehensweise.

Lautes Zuhören

Stilles Zuhören bedeutet, dass man schweigt, um anderen Raum zum Reden zu geben. Dem gegenüber bedeutet lautes Zuhören, dass man Dinge sagt, um eine Reaktion hervorzurufen. Auf diese Art hörte Steve Jobs zu. Er brachte einen eindeutigen Standpunkt aufs Trapez und bestand auf einer

Reaktion. Warum nenne ich das Zuhören und nicht Reden oder gar Brüllen? Weil Steve nicht nur den anderen gegenüber aufrichtig war, sondern weil er darauf bestand, dass die anderen ihm gegenüber aufrichtig sein sollten.

Offensichtlich funktioniert dieser Ansatz nur, wenn die Leute selbstbewusst genug sind, sich der Herausforderung zu stellen. Genauso wie sich manche Menschen von leisem Zuhören abgeschreckt fühlen, fühlen sich andere Leute von lautem Zuhören angegriffen. Wie gehen Sie dann mit Menschen um, die entweder von Natur aus nicht in der Lage sind, einem angriffslustigen Chef die Stirn zu bieten, oder deren Position zu unbedeutend ist, als dass sie sich selbstbewusst fühlen könnten, selbst wenn die Unternehmenskultur ein solches Verhalten befördert, wenn Sie ein lauter Zuhörer sind? Wie hören Sie einer Person zu, die gerade erst im Unternehmen angefangen hat und sich noch nicht etabliert genug fühlt, um sich im großen Stil zur Wehr zu setzen? Diese Person kennt vielleicht einen Grund, warum Sie falsch liegen. Und dennoch wird sie sich nicht äußern.

Wenn Sie den Stil eines lauten Zuhörers haben, müssen Sie sich bemühen, das Vertrauen derjenigen zu gewinnen, denen Sie Unbehagen bereiten. Wenn die Leute mitbekommen, dass andere dem Chef gegenüber aufrichtig sind, werden sie im Laufe der Zeit das Gefühl entwickeln, dass es sicher ist, das auch zu tun. Jony Ive sagte, dass Steve oft zu ihm gekommen sei und gesagt habe: »Jony, ich habe eine blöde Idee …« Er hat seine Idee nicht verschwiegen, sondern er lud Jony dazu ein, aufrichtig zu ihm zu sein, indem er die Idee als blöd bezeichnete.

Randy Nelson, Dekan der Pixar University und Fakultätsmitglied der Apple University, brachte das auf den Punkt, als er über Steve Jobs sagte: »Er ist ein Löwe. Wenn er dich anbrüllt, brüllst du am besten zurück, und zwar genauso laut – aber nur dann, wenn du auch ein Löwe bist. Andernfalls verspeist er dich zum Mittagessen.«

Steve umgab sich nicht mit Leuten, die ihm sagten, wenn er falsch lag, und währenddessen dafür sorgten, dass sich alle wohlfühlten. Diejenigen, die eng mit ihm zusammenarbeiteten, wussten, dass sie besser den Mund aufmachen sollten, wenn sie ein Problem oder einen Fehler in seiner Logik erkannten. Andernfalls mussten sie mit seinem Zorn rechnen. Das bedeutete nicht, dass sie selbst auch laut sein mussten. Steve arbeitete sowohl mit Tim Cook als auch mit Jony Ive bestens zusammen, und beide waren stille Zuhörer. Aber sie mussten sehr stark und super selbstbewusst sein.

Sie müssen nicht den Stil von Steve übernehmen, um ein lauter Zuhörer zu sein. Paul Saffo, Informatik-Professor in Stanford, beschreibt eine

Methode, die er »starke Meinung, schwach vertreten« nennt. Saffo weist darauf hin, dass die Äußerung einer starken, manche würden sogar sagen unverschämten, Meinung gegenüber anderen eine gute Möglichkeit ist, zu einer besseren Antwort zu gelangen oder zumindest ein interessantes Gespräch zu führen. Ich mag diesen Ansatz sehr. Ich war schon immer der Meinung, dass eine gute Methode des Zuhörens darin besteht, klar und deutlich zu sagen, was ich denke, und dann strenge ich mich an, Meinungsverschiedenheiten zu fördern. In der Regel formuliere ich meinen Standpunkt sehr deutlich, also musste ich lernen, danach zu sagen: »Bitte finden Sie heraus, was an dieser Idee falsch ist – ich weiß, dass sie vielleicht nicht gut ist. Also nennen Sie alle Gründe, warum wir sie nicht verfolgen sollten.« Einmal habe ich einer meiner Mitarbeiterinnen einen Pokal mit der Aufschrift »Du hattest recht, ich hatte unrecht« auf den Schreibtisch gestellt, nachdem sich herausgestellt hatte, dass ihr Standpunkt richtig und meiner total falsch war.

Lautes Zuhören – seinen Standpunkt sehr energisch äußern – bietet eine schnelle Möglichkeit, gegensätzliche Standpunkte oder Fehler in der Argumentation aufzudecken. So wird auch verhindert, dass die Menschen viel Zeit damit vergeuden, herauszufinden, was der Chef denkt. Wenn man davon ausgeht, dass Sie von Leuten umgeben sind, die das, was Sie sagen, herausfordern, kann es der schnellste Weg zur besten Antwort sein, wenn Sie Ihren Standpunkt klar und deutlich äußern.

Vermutlich ist dabei am wichtigsten, dem Stil treuzubleiben, der Ihnen am natürlichsten erscheint. In vielen Büchern über Leadership wird das stille Zuhören propagiert. Wenn Sie jedoch ein lauter Zuhörer sind, ist es schwer, diesen Rat zu befolgen. Wenn Sie versuchen, sich auf eine Weise zu verhalten, die sich extrem unnatürlich anfühlt, kann das dazu führen, dass sich Ihr Team im Zusammenspiel mit Ihnen weniger wohlfühlt, anstatt sich wohler zu fühlen. Versuchen Sie, sich bewusster zu machen, wie Ihr Stil bei Ihren Mitarbeiterinnen und Mitarbeitern ankommt, und arbeiten Sie daran, diese Dynamik zu verbessern. Finden Sie heraus, wie Sie zuhören können, um den Stillen eine Stimme zu geben, ohne die Lauten zu vernachlässigen. Sie wollen keine Tyrannei der Wortgewandesten in Ihrem Team. Sie wollen gemeinsam die beste Antwort finden.

Eine Kultur des Zuhörens schaffen

Es ist schon schwer genug, sich selbst dazu zu bringen, den Teammitgliedern zuzuhören und sie wissen zu lassen, dass Sie ihnen zuhören. Aber sie dazu zu bringen, sich gegenseitig zuzuhören, ist noch schwerer. Das

Wichtigste dabei ist, (1) ein einfaches System zu haben, mit dem die Mitarbeiterinnen und Mitarbeiter Ideen und Beschwerden äußern können; (2) dafür zu sorgen, dass zumindest einige der angesprochenen Probleme schnell angegangen werden; und (3) regelmäßig Begründungen zu liefern, warum andere Probleme nicht adressiert werden. Dieses System sollte nicht nur jeden in die Lage versetzen, auf Dinge hinzuweisen, die besser sein könnten, sondern auch anderen die Möglichkeit bieten, diese Fehler zu beheben oder Änderungen vorzunehmen. Sie müssen sich darauf einlassen, dass *Sie* um Hilfe gebeten werden, und Sie müssen sich mit Begeisterung für das System einsetzen. Legen Sie klare Grenzen dafür fest, wie viel Zeit Sie erübrigen können, und sorgen Sie dafür, dass diese Zeit höchst wirkungsvoll eingesetzt wird.

Bei Google kamen meine Mitarbeiterinnen und Mitarbeiter ständig mit guten Ideen zu mir – und zwar mehr, als ich bewältigen konnte –, und das wurde mir zu viel. Also etablierte ich ein »Ideen-Team«, um sie zu prüfen. Um diesem Team einen Rahmen zu geben, stützte ich mich auf einen Artikel aus der *Harvard Business Review (HBR)*, in dem erklärt wurde, wie eine Kultur, in der Tausende von »kleinen« Ideen umgesetzt werden, Vorteile für die Kunden schaffen kann, die von der Konkurrenz nicht nachgeahmt werden können. Eine einzelne große Idee kann recht leicht kopiert werden, aber Tausende von Verbesserungen sind von außen unmöglich zu erkennen, geschweige denn zu imitieren.[13]

Als Nächstes erläuterte ich ihnen einige der wichtigsten Grundlagen für die Arbeit des Ideen-Teams, vor allem ihre Befugnisse. Das Ideen-Team sollte sich *jede* Idee, die von *irgendjemandem* vorgebracht wurde, anhören, die Gründe für abgelehnte Ideen klar und deutlich beschreiben, und den Leuten bei der Umsetzung der für gut befundenen Ideen helfen. Wenn die Idee von einer Person besonders vielversprechend schien, konnte das Team sogar dem Vorgesetzten dieser Person vorschlagen, sie für die Umsetzung der Idee von ihrer »normalen Arbeit« freizustellen. Sie sollten mir bis zu drei Ideen pro Woche vorbringen.

Nach der Umsetzung dieser Innovation war ich nicht mehr so gestresst, wenn ich in einem Meeting von einer coolen Idee hörte oder eine E-Mail, die vor Enthusiasmus strotzte, bekam. Vielmehr konnte ich begeistert reagieren und die Idee an das Ideen-Team weiterleiten. Schon bald meldeten sich viele Mitarbeiterinnen und Mitarbeiter mit Ideen, die sie für die Verbesserung des Produkts, zum Wachstum des Unternehmens und zur Effizienzsteigerung

13 https://hbr.org/2008/02/getting-the-best-employee-idea

unserer Prozesse hatten. Wir kreierten ein Ideen-Tool (im Prinzip nur ein Wiki), mit dem die Leute ihre Ideen vorbringen, das Team die Ideen prüfen und für gut oder nicht gut befinden konnten. Das war eine Form des Zuhörens, und die Leute, deren Ideen angenommen wurden, fühlten sich definitiv von ihren Kollegen gehört. Die Leute, deren Ideen verworfen wurden, wussten, dass ihre Ideen ausdrücklich abgelehnt worden waren. Das war ein viel deutlicheres Signal als die Funkstille eines überlasteten Chefs. Eine Abstimmung ist jedoch nicht immer die beste Methode, um die besten Ideen zu finden, oder um gegenseitiges Zuhören zu gewährleisten. Daher habe ich das Ideen-Team gebeten, *alle* Ideen zu lesen und mit allen zu sprechen, die die Ideen vorgebracht hatten – *zuzuhören*. Nach dieser Neuerung wählte das Team durch eine Kombination aus Abstimmung und Beurteilung die besten Ideen aus.

Und was noch wichtiger war, war, dass das Team den Leuten half, die ausgewählten Ideen umzusetzen. Zuweilen ging es darum, den Menschen Zeit für die Arbeit an den Ideen zu verschaffen oder einen Input von mir zu bekommen. Aber häufig ging es nur um Bestätigung oder Motivation durch Zuhören und Reagieren. »Ja, das ist eine coole Idee! Setz' sie um!«

Sarah Teng, eine Mitarbeiterin im AdSense-Team, die gerade ihren College-Abschluss gemacht hatte, hatte die Idee, programmierbare Tastaturen einzusetzen, um Shortcuts für Sätze oder Abschnitte zu erstellen, die bei der Kommunikation mit Kunden immer wieder verwendet wurden. Das schien eine recht gute Idee zu sein. Also bat mich das Ideen-Team, das Budget für den Kauf von programmierbaren Tastaturen freizugeben. Ich tat das auch, und diese einfache Idee steigerte die Effizienz des globalen Teams um 133 Prozent. Das bedeutete, dass alle Teammitglieder viel weniger Zeit damit verbringen mussten, dieselben Wörter immer wieder zu tippen, und mehr Zeit hatten, weitere gute Ideen zu entwickeln – eine wirklich positive Entwicklung. Bäm!

Als Sarah dem Team das Projekt vorstellte, dankte ich ihr nicht nur. Ich zeigte auch eine Grafik, wie diese Idee unsere Effizienz im Laufe der Zeit verbessern würde. Aber Effizienz ist nicht unbedingt das, was die Leute am meisten interessiert. Also betonte ich den Teammitgliedern gegenüber auch, dass sie durch die Innovation mehr Spaß an ihrer Arbeit hätten und sie ihnen dabei helfen werde, sich beruflich weiterzuentwickeln, da sie weniger Zeit mit Routineaufgaben und mehr Zeit mit interessanten Arbeiten verbringen würden. Ich sagte, dass Sarah eine Gelegenheit bekomme, ihre Idee Führungskräften eines anderen, viel größeren Teams vorzustellen, und so eine noch viel größere Reichweite erzielen könne. Und ich schickte *noch einmal* den HBR-Artikel herum, in dem erläutert wurde, dass ein Wettbewerbsvorteil in der Regel nicht aus einer einzigen großen Idee, sondern aus der Kombination von Hunderten kleinerer Ideen entsteht.

Warum habe ich all das Drumherum gemacht? Erstens, um zu zeigen, wie groß die Auswirkungen ihrer Idee waren. Die Nutzung von programmierbaren Tastaturen war für sich genommen kaum revolutionär. Aber als die Leute die Gesamtauswirkungen dieser Idee sahen und andere sich im Laufe der Zeit auch dafür erwärmen konnten, schien Sarahs Idee viel größer zu sein. Zweitens wurden diejenigen, die ähnliche Ideen hatten, dadurch ermutigt, ihre Idee auch vorzubringen. Drittens – und dieser Punkt ist am wichtigsten – wurden die Menschen motiviert, den Ideen der anderen *zuzuhören*, sie ernst zu nehmen und sich gegenseitig bei der Umsetzung zu helfen, ohne auf den Segen der Chefs zu warten. Es geschieht leicht, dass »kleine« Ideen in großen Unternehmen verloren gehen, und falls das passiert, werden schrittweise Innovationen getötet.

Hunderte von wirklich klugen Leuten hatten schon jahrelang im Online-Sales und Operations gearbeitet. Es fiel mir schwer zu glauben, dass noch niemand vorher auf die Idee der programmierbaren Tastaturen gekommen war. Aber falls doch, hatten die Führungskräfte nicht zugehört. Wenn Sie eine Kultur schaffen können, in der die Menschen einander zuhören, werden Sie damit anfangen, Probleme zu beheben, von denen Sie als Chef nicht einmal wussten, dass sie existierten.

Am bedeutendsten für mich war, dass die Moral im Team sehr viel besser wurde. Die »Googlegeist«-Umfrage über die Arbeitsmoral der Mitarbeiterinnen und Mitarbeiter ergab, dass das Team, das die E-Mails des Kundensupports für AdSense beantwortete, die Rolle, die Innovationen bei ihrer Arbeit spielten, viel wichtiger einschätzte als die Entwickler, die an der Suche-Funktion arbeiteten – und das trotz der Tatsache, dass diese Entwickler vermutlich zu den kreativsten der Welt gehören.

Zuweilen ist die Schaffung einer Kultur des Zuhörens lediglich eine Frage des richtigen Durchführens von Meetings. Wenn nur ein paar Leute in einem Meeting redeten, habe ich das unterbunden und sorgte dafür, dass alle gehört wurden. Manchmal stand ich in einem Meeting auf, ging umher und hinderte eine Person, die zu viel redete durch körperlichen Einsatz daran, weiterzureden. Es gab auch die Situation, dass ich vor einem Meeting ein kurzes Gespräch mit den Leuten führte, wobei ich einige bat, sich zurückzuhalten, und andere, etwas zu sagen. Mit anderen Worten bestand ein Teil meines Jobs darin, ständig neue Methoden zu finden, um den »Stillen eine Stimme zu geben«.

Sich an eine Kultur des Zuhörens anpassen

Meine Freundin Astrid Tuminez konnte eine großartige Geschichte darüber erzählen, wie wichtig es ist, sich in einer neuen Situation an eine Kultur des Zuhörens anzupassen. Sie wuchs in einem winzig kleinen Fischerdorf in den Slums der Philippinen auf. Später machte sie dann aber Karriere und hatte Stationen in Moskau (wo ich mit ihr zusammenarbeitete), New York und Singapur. Während sie im United States Institute of Peace arbeitete, wurde sie eingeladen, am Friedensprozess mit der Moro Islamic Liberation Front im Süden der Philippinen mitzuwirken. Als sie ankam, verhielt sie sich wie eine New Yorkerin – sehr business-like – und vereinbarte einen Termin nach dem anderen.

Dann berichtete ihr ein Mitglied des philippinischen Verhandlungsteams davon, dass jemand aus der Gruppe der Muslime/Moro eine Nachricht an Manila geschickt hatte, in der stand: »Wer ist diese Frau? Von welchem Planeten kommt sie?« Die Person, die Astrid diese Rückmeldung gab, war ganz besonders daran interessiert, dass Astrid erfolgreich war, da sie bei ihrem Kennenlernen festgestellt hatten, dass sie dieselbe Herkunft hatten.

Auf die Muslime machte Astrid den Eindruck, gefühllos, nicht gastfreundlich und fremd zu sein (obwohl sie Filipina war und Filipino sprach). Als sie darüber nachdachte, wurde ihr klar, dass sie einige gravierende Fehler gemacht hatte – zum Beispiel hatte sie Meetings mit Leuten durchgeführt, ohne ihnen ein richtiges Essen anzubieten, was so wichtig in deren Kultur ist. Die nächsten paar Monate verbrachte sie damit, zuzuhören und nur »lockere« Meetings durchzuführen. Sie ging zu öffentlichen Veranstaltungen und machte die Runde, ohne ein Meeting nach dem anderen zu planen. Und wenn sie zu einem Meeting einlud, sorgte sie dafür, dass sie reichlich Essen anbieten konnte.

Indem sie sich die Zeit nahm, die Leute kennenzulernen, und indem sie einfach nur zuhörte, konnte sie Vertrauen aufbauen und zeigen, dass ihr der Friedensprozess wirklich am Herzen lag. Schlussendlich zeigten die Moros ihre Bereitschaft, mit ihr zu sprechen und sie an Orte zu führen, wo Außenstehende nicht hingehen konnten oder wollten. Das machte den Unterschied aus, durch den es möglich war, in den komplexen und detailreichen Verhandlungen, die ihr Job mit sich brachte, erfolgreich zu sein.

PRÄZISIEREN

»Nur durch Auswahl, Weglassen und Betonung gelangen wir zu dem, was wirklich gemeint ist.«
– Georgia O'Keeffe

Sobald Sie eine Kultur des Zuhörens geschaffen haben, müssen Sie im nächsten Schritt sich selbst und Ihre direkten Mitarbeiterinnen und Mitarbeiter dazu bringen, Gedanken und Ideen besser zu strukturieren und zu vermitteln. Der Versuch, ein Problem zu lösen, das nicht klar beschrieben wurde, wird vermutlich keine gute Lösung hervorbringen. Über eine halbgare Idee zu diskutieren wird diese vermutlich sterben lassen. Als Chef sind Sie der Redakteur, nicht der Autor.

Als Jony Ive während der Gedenkfeier bei Apple für Steve Jobs eine Rede hielt, merkte er an, dass Steve Jobs verstanden habe, wie wichtig es sei, neue Ideen zu fördern und zu präzisieren. »Er ging den Prozess der Kreativität mit einer seltenen und wunderbaren Ehrfurcht an«, sagte Jony. »Er war sich im Klaren darüber, dass die Ideen, die sich schlussendlich zu etwas Großem entwickeln können, anfänglich zerbrechliche und nicht klar formulierte Gedanken sind, die so leicht überhört, so einfach zerstört und genauso einfach verworfen werden können.«

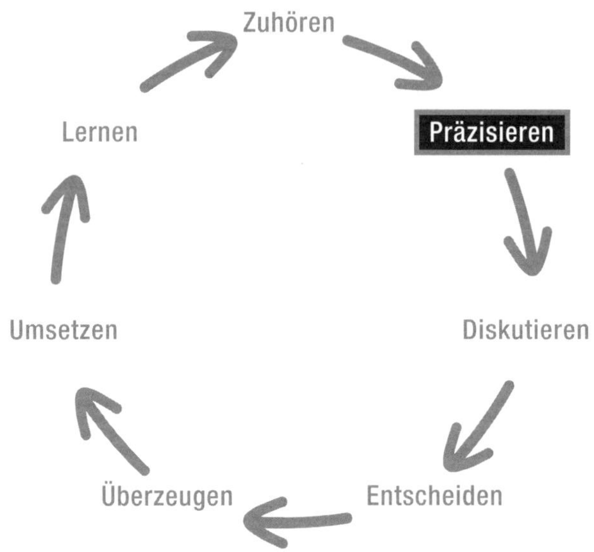

Bei neuen Ideen muss es sich nicht immer um grandiose Pläne für das nächste iPad handeln. Womöglich sagt Ihr Team so etwas wie: »Dieser Prozess frustriert mich«, oder »Ich fühle mich bei der Arbeit nicht mehr so motiviert wie früher«, oder »Ich glaube, unsere Vertriebspräsentation könnte besser sein«, oder »Ich könnte besser arbeiten, wenn es im Büro mehr natürliches Licht gäbe« oder »Sollten wir nicht einfach aufhören, X zu tun?«, oder »Ich würde gerne mit der Arbeit an Y beginnen«.

Natürlich ist es verlockend, auf solche Aussagen nicht zu reagieren. »Ich habe gerade keine Zeit, mich damit zu beschäftigen!« Aber wenn Sie sich einen Moment Zeit nehmen, zu klären, was hinter den Ideen steckt, werden Sie langfristig Zeit sparen. Nehmen Sie sich die Zeit, damit Ihre direkten Mitarbeiterinnen und Mitarbeiter erklären können, was sie meinen, sodass sie etwas unternehmen können, um das Problem zu beheben oder die Chance nutzen, statt sich nur zu beschweren.

Es ist wichtig, die Leute in Ihrem Team dazu zu bringen, ihre Gedanken und Ideen zu erläutern, damit Sie deren beste Ideen nicht abtun oder Probleme nicht sehen, die sie beschäftigen. Es ist nicht nur wichtig, neue *Ideen* zu verstehen. Vielmehr ist es ebenso wichtig, und oft schwieriger, die *Menschen* zu verstehen, denen Ihr Team diese Ideen erläutern muss.

Klar strukturierte Gedanken

Schaffen Sie einen sicheren Raum, um neue Ideen zu befördern

Ein Teil Ihrer Aufgabe als Chef besteht darin, Ihre Mitarbeiter darin zu unterstützen, ihre Ideen zu durchdenken, bevor sie sie der rauen Welt der Diskussion aussetzen. Russ Laraway erklärte mir, warum ich das völlig falsch angegangen sei, als ich mein Team bei Google anwies, mir keine Probleme vorzulegen. Ich sagte ihnen, mir drei Lösungen und eine Empfehlung vorzustellen. »So hilfst du den Leuten nicht, Innovationen zu entwickeln«, sagte Russ. »Du bittest sie, Entscheidungen zu fällen, bevor sie Zeit hatten, darüber nachzudenken. Wann haben sie die Gelegenheit, einfach mal mit dir zu reden und zu brainstormen?« Mir wurde klar, dass Russ recht hatte. Ich erfüllte einen wichtigen Teil meiner Arbeit nicht, wenn ich auf dem Ansatz »drei Lösungen und eine Empfehlung« beharrte.

Susan Wojcicki, die bis 2023 CEO von YouTube war, verstand es, ihr Team dabei zu unterstützen, neue Ideen zu entwickeln, bevor sie in Diskussionen zerredet wurden. Schon zu Beginn der Geschichte von Google brachten die Mitarbeiterinnen und Mitarbeiter ihre Ideen der Executive Management Group (EMG) von Google vor. Zu diesem Gremium gehörten die Gründer, der CEO und eine Reihe von Führungskräften. Die Diskussionen in diesen

Meetings waren sehr rau, und es war der Ort, an dem neue Ideen starben. Susan, die nicht nur erkannte, wie viel Stress das für ihr Team bedeutete, sondern auch wie groß die Gefahr für Innovationen bei Google war, unternahm etwas dagegen und rief Meetings vor den EMG-Meetings ins Leben, in denen neue Ideen entwickelt oder Probleme klarer benannt werden konnten.

Es gibt zahlreiche Forschungsergebnisse, die belegen, dass viele Innovationen entstehen, wenn Unternehmen ihre Mitarbeiterinnen und Mitarbeiter dabei unterstützen, neue Ideen zu entwickeln, indem sie den Raum und die Zeit schaffen, um ihre Ideen zu präzisieren.[14] Im gesamten Silicon Valley haben verschiedene Unternehmen mit unterschiedlichen Möglichkeiten experimentiert, wie sie ihren Mitarbeiterinnen und Mitarbeitern diese Art der Freiheit geben konnten. Google ist für seine 20-Prozent-der-Zeit-Regel bekannt. Diese besagt, dass jeder theoretisch 20 Prozent seiner regulären Arbeitszeit an einer von ihm ausgewählten Idee arbeiten kann. Nicht allzu viele nehmen diese 20 Prozent der Zeit in Anspruch, also gehört diese Regel wohl eher zu einem der Fantasie entsprungenen Google denn zu dem echten Google. Aber die Fantasie beflügelt die Realität. Und es ist eine Tatsache, dass eine Reihe wichtiger Produkte, darunter Gmail, als Projekt in den 20 Prozent der Zeit angefangen haben.

Scott Forstall, der das iOS-Team bei Apple aufgebaut hat, testete einen anderen Ansatz, der Blue Sky genannt wurde. Wenn die Leute eine Idee für ein Projekt hatten, an dem sie arbeiten wollten, konnten sie das bei Blue Sky vorstellen. Wenn es genehmigt wurde, wurden sie für zwei Wochen von ihrer regulären Arbeit freigestellt, um die Idee weiterzuentwickeln. In ähnlicher Weise veranstalten Twitter, Dropbox und viele Start-ups sogenannte Hack-Weeks, in denen die Mitarbeiterinnen und Mitarbeiter Zeit bekommen, um neue Ideen zu verfolgen.

Häufig werden in Brainstormings neue Ideen hervorgebracht und präzisiert. Diese Sessions sind aber nicht nur unstrukturierte Gespräche, in denen es keinem erlaubt ist, etwas Negatives zu sagen. Es gibt viele schlechte Ideen, und diese müssen auch als solche erkannt werden. Wenn Ideen von allen Seiten beleuchtet werden, bedeutet das nicht unbedingt, dass sie sofort aufgegeben werden – so können die Mitarbeiterinnen und Mitarbeiter ihre Gedanken strukturieren. Es gibt auch gute Ideen, die auf den ersten Blick schlecht aussehen. In einer guten Brainstorming-Session werden gute und schlechte Ideen identifiziert, ohne zu viele gute Ideen zu verwerfen oder zu viel Zeit auf die schlechten zu verschwenden. Pixar hat eine Technik,

14 http://www.wsj.com/articles/SB115015518018078348

die »Plussen« genannt wird. Anstatt zu sagen »Nein, das ist eine schlechte Idee«, müssen die Leute eine Lösung für das betreffende Problem vorbringen.

Weniger dramatisch als diese Art von formalen Meetings und Besprechungen sind unsere wöchentlich stattfindenden Einzelgespräche. (In Kapitel 8 finden Sie Anregungen, wie Sie Einzelgespräche produktiver gestalten können.) Diese Gespräche sollten ein sicherer Ort für Ihre direkten Mitarbeiterinnen und Mitarbeiter sein, an dem Sie mit ihnen über neue Ideen sprechen können. In diesem Rahmen sollten Sie die Ideen nicht beurteilen, sondern Ihren direkten Mitarbeitern helfen, ihre Gedanken zu strukturieren. Dies ist eine Art des »Plussens«. Sie können auf Probleme hinweisen, verfolgen aber das Ziel, einen Weg zu finden, wie diese Probleme umgangen werden können, dabei aber Ideen nicht nicht verworfen werden.

Anderen gegenüber klar sein

Machen Sie Gedanken/Ideen für andere leicht verständlich

Als ich Wirtschaftswissenschaften studierte, erzählte einer meiner Professoren eine Geschichte über ein Treffen von Präsident Franklin Delano Roosevelt und dem Ökonomen John Maynard Keynes. Roosevelt hatte sehr wenig Zeit, aber er verbrachte mehr als eine Stunde mit dem Wissenschaftler. Wenn Roosevelt die keynesianische Lehre verstanden hätte, wäre die Weltwirtschaftskrise womöglich früher zu Ende gegangen, und großes Leid hätte verhindert werden können. Aber am Ende des Gesprächs war der Präsident nicht überzeugt.

Mein Professor stellte die Frage: »Wessen Schuld war das? Roosevelts, weil er es nicht verstanden hat, oder Keynes', weil er es nicht richtig erklärt hat?« Das war einer der Momente in meiner Ausbildung, die mein Leben veränderten. Ich hatte die Verantwortung für das Verstehen immer auf den Rezipienten, nicht den Sender geschoben. Aber nun erkannte ich, dass Keynes' Genialität in seinem Kopf eingeschlossen war, so als existierte sie gar nicht. Er war dafür verantwortlich, die Ideen, die ihm so offensichtlich erschienen, auch für Roosevelt verständlich zu machen. Dazu war er nicht in der Lage. Viel zu häufig gehen wir davon aus, dass jemand »dumm« oder »engstirnig« ist, wenn er das, was wir ihm sagen, nicht versteht. Das ist aber nur selten der Fall. Wir kennen zwar unser Thema in- und auswendig, aber wir kennen die Person, der wir das Thema verständlich machen wollen, nicht, und daher schaffen wir es nicht, unsere Themen zu vermitteln.

Sie werden das besser verstehen, wenn Sie sich die Zeit nehmen, die Menschen, mit denen Sie reden, zu verstehen. Was wissen sie bereits und was wissen sie nicht? Welche Details müssen Sie erwähnen, um ihnen das Verständnis zu erleichtern – und, was vielleicht noch wichtiger ist, welche Details können Sie auslassen?

Wenn Sie den Menschen in Ihrem Team zuhören, übernehmen Sie die Verantwortung, sie zu verstehen – tatsächlich zuzuhören –, anstatt ihnen die Last der Kommunikation aufzubürden. Aber wenn Sie sie dabei unterstützen, ihre Ideen anderen zu erläutern – ob es nun um Kollegen, Mitarbeitern aus anderen Unternehmensbereichen oder Führungskräfte geht –, ist es Ihre Aufgabe, Ihre direkten Mitarbeiter und sich selbst dazu zu bringen, es besser zu machen als Keynes. Sie müssen sie dazu bringen, so präzise und klar zu kommunizieren, dass es unmöglich ist, ihre Argumente nicht zu verstehen.

Georgia O'Keeffe sagte: »Nur durch Auswahl, Weglassen und Betonung verstehen wir das, was wirklich gemeint ist.« Die Entscheidung, was ausgewählt, was weggelassen und was betont werden soll, hängt nicht nur von der Idee, sondern auch von den Rezipienten ab. Wenn Sie Ihrer Großmutter eine E-Mail über eine Herausforderung bei der Arbeit schicken, möchten Sie vielleicht betonen, wie sie sich auf Ihr Liebesleben auswirkt, und wahrscheinlich lassen Sie die Auswirkungen auf den Umsatz gänzlich aus. Wenn Sie Ihrem Chef zum selben Thema schreiben, wird es vermutlich umgekehrt sein. Um eine Idee verständlich zu machen, müssen Sie nicht nur die *Idee*, sondern auch die *Person*, der Sie die Idee erklären, genau verstehen.

Das nächste Mal, wenn Sie zwei Stunden damit verbringen, jemandem dabei zu helfen, eine E-Mail so zu formulieren, dass sie am Ende nur zwei Zeilen umfasst, denken Sie nicht, Ihre Zeit verschwendet zu haben. Sie bringen die Idee auf den Punkt, was es dem Rezipienten ermöglicht, sie schnell und einfach aufzunehmen. Und sie bringen jemandem eine unschätzbare Fähigkeit bei.

DISKUTIEREN: DIE STEINTROMMEL

Sobald Sie all diese Zeit damit verbracht haben, eine Idee zu präzisieren – sie für sich selbst zu strukturieren und sie für andere leicht verständlich zu machen –, ist die Versuchung groß zu glauben, dass Sie fertig sind. Nicht so schnell! Die Zeit, die Sie mit Präzisieren verbracht haben, diente nur dazu, die Idee für die Diskussion vorzubereiten. Wenn Sie die Diskussionsphase auslassen, werden Sie schlechtere Entscheidungen treffen, werden nicht in der Lage sein, diejenigen, die mit der Umsetzung betraut sind, zu überzeugen, und schlussendlich werden Sie langsamer und kommen zum Stillstand. Noch einmal: Sie müssen nicht an jeder Diskussion teilnehmen – das sollten Sie auch gar nicht. Aber Sie müssen dafür sorgen, dass sie stattfinden, und dass es in Ihrem Team eine Diskussionskultur gibt.

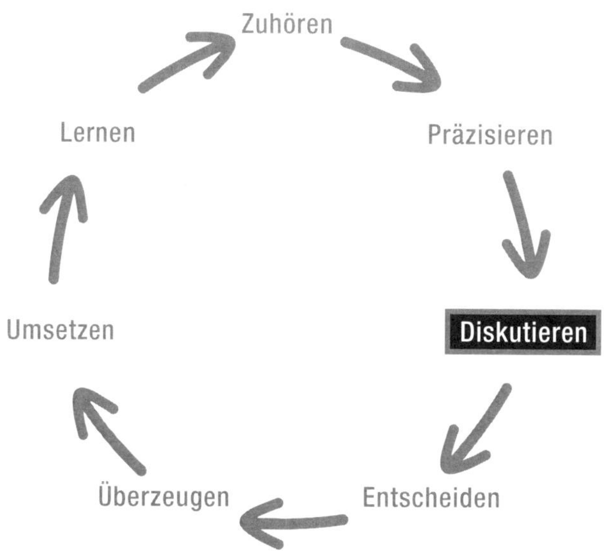

Als Steve Jobs ein Kind war, zeigte ihm sein Nachbar eine Steintrommel – ein Behälter, der von einem Motor angetrieben wird und sich dreht. Der Nachbar bat Steve, ein paar normale Steine aus dem Garten zu sammeln. Er nahm die Steine, steckte sie in den Behälter, fügte etwas Splitt hinzu, schaltete den Motor ein und bat Steve über den Lärm hinweg, in zwei Tagen wiederzukommen. Als Steve zu dem lauten Klappern in der Garage zurückkam, schaltete der Nachbar die Maschine aus, und Steve war erstaunt, dass aus den normalen Steinen schöne polierte Steine geworden waren. Später hat Steve dann immer gesagt, dass in einer Diskussion sowohl die Ideen als auch die Menschen schöner geworden seien – Ergebnisse, die all die Reibung und den Lärm wert seien.[15]

Ihre Aufgabe als Chef besteht darin, diese »Steintrommel« anzuwerfen. Zu viele Chefs sind der Meinung, ihre Aufgabe bestehe darin, diese Trommel *auszuschalten* – um all die Reibung zu verhindern, indem sie einfach eine Entscheidung treffen und dem Team die schmerzbringende Diskussion

15 Aus: *The Lost Interview*

ersparen. Das ist aber nicht der Fall. Diskussionen kosten Zeit, und emotionale Energie muss eingebracht werden. Aber ein Team, das nicht diskutiert, verliert auf lange Sicht noch mehr Zeit und emotionale Energie.

Natürlich ist es auch möglich, die Steintrommel zu lange laufen zu lassen, so dass in dem Behälter nur noch Staub übrigbleibt. Nachstehend finden Sie einige Ansätze, die Ihnen helfen, die Diskussionen in Gang zu halten, ohne am Ende nur noch Staub zu haben.

Sich auf Ideen, nicht auf Egos konzentrieren

Achten Sie darauf, dass Egos und Eigeninteressen der objektiven Suche nach der besten Antwort nicht im Wege stehen.[16] Nichts ist ein größerer Zeitfresser und nichts blockiert mehr, die beste Antwort zu finden, als das Ego. Im Allgemeinen bedeutet das, dass Sie sofort eingreifen müssen, wenn Sie merken, dass die Leute glauben, »ich werde in dieser Diskussion gewinnen« oder »meine Idee gegen deine Idee« oder »meine Empfehlung gegen deine Empfehlung« oder »mein Team ist der Meinung ...«. Sorgen Sie dafür, dass sich alle wieder auf die Fakten konzentrieren. Lassen Sie nicht zu, dass Leute den Besitz an einer Idee reklamieren, und lassen Sie sich nicht davon beeinflussen, was andere, die nicht im Raum sind, denken (oder womöglich nicht denken). Erinnern Sie die Leute daran, worin das Ziel besteht: Als Team die beste Antwort zu finden. Es geht um die Zusammenarbeit von schlauen Köpfen, nicht darum, einen Diskussionswettbewerb an der High School oder einen Präsidentschaftswahlkampf zu leiten. Wenn es sein muss, legen Sie zu Beginn des Meetings Grundregeln fest – oder wenn es Ihr Team amüsant und nützlich, und nicht lächerlich findet, hängen Sie ein Schild an die Tür, auf dem »Ego-Kontrolle« steht.

Eine weitere Möglichkeit, Menschen bei der Suche nach der besten Antwort, anstatt nach Bestätigung des Egos zu unterstützen, besteht darin, sie die Rollen tauschen zu lassen. Wenn eine Person bislang für A eingetreten ist, bitten Sie sie, Position B einzunehmen. Wenn sich die Diskussion vermutlich in die Länge ziehen wird, warnen Sie die Menschen im Voraus, dass Sie sie bitten werden, die Rollen zu tauschen. Wenn die Leute wissen, dass sie gebeten werden, den Standpunkt einer anderen Person zu vertreten, hören sie normalerweise aufmerksamer zu.

---

16 Anfänglich habe ich Begriff »die Wahrheit« statt »die beste Antwort« genutzt. »Die Wahrheit« impliziert Dauerhaftigkeit, ein Begriff, der für das »Lernen« gefährlich werden, und wie im vorigen Abschnitt beschrieben, Arroganz befördern kann, die sich auf wertschätzende Aufrichtigkeit katastrophal auswirkt.

Widerspruch ist Pflicht

Ich habe einmal ein Sommerpraktikum bei McKinsey gemacht. Und was mich dort am meisten beeindruckt hat, war die Fähigkeit des Unternehmens, produktive Diskussionen anzustoßen. Wie haben sie das gemacht? McKinsey hat ganz bewusst die Regel »Widerspruch ist Pflicht« ins Leben gerufen. Wenn alle am Tisch einer Meinung waren, war das ein rotes Tuch. Irgendjemand *musste* widersprechen. Ehemalige McKinsey-Mitarbeiter brachten diese Regel oft mit in die Unternehmen, für die sie später arbeiteten. Eine ehemalige Führungskraft von McKinsey hatte bei Apple Probleme, eine Diskussionskultur in einem Team, das sie in Japan übernommen hatte, zu etablieren. Sie ließ eine Reihe von Kärtchen anfertigen, auf denen auf Japanisch »Diskussionspflicht« stand. Wenn in einem Meeting nicht ausreichend viele Argumente hervorgebracht wurden, gab sie jemandem das Kärtchen als Zeichen dafür, dass diese Person den entgegengesetzten Standpunkt einnehmen sollte. Diese einfache Methode war überraschend effektiv.

Pausen aufgrund von Emotionen/Erschöpfung machen

Es gibt Momente, in denen Menschen einfach zu müde, zu ausgebrannt oder zu emotional sind, um eine produktive Diskussion führen zu können. Es ist ausgesprochen wichtig, diese Momente zu erkennen, da sie selten zu guten Ergebnissen führen. Ihr Job besteht darin, einzugreifen und für eine Pause zu sorgen. Wenn Sie das nicht machen, werden die Leute einfach irgendeine Entscheidung treffen, damit sie nach Hause gehen können. Oder, was noch schlimmer ist, es wird ein großer Streit ausbrechen, der auf blanken Emotionen basiert. Wenn Sie die einzelnen Teammitglieder gut genug kennen, sind Sie sich ausreichend ihrer Emotionen und Energien gewahr, sodass Sie wissen, wann es notwendig ist, einzugreifen und die Diskussion zu verschieben, bis sich die Gemüter beruhigt haben.

Humor nutzen und Spaß haben

Die Stimmung, mit der eine Diskussion beginnt, bestimmt häufig den Tenor dessen, was folgt. Ich habe festgestellt, dass die Menschen in einem Team, das ich leite, in fast alarmierendem Ausmaß von meiner Stimmung abhängen. Wenn ich den Zugang zu Spaß an einer Diskussion finde, folgen die anderem oft meinem Beispiel. In einigen Fällen ist das einfach nur Humor oder die Eröffnung eines Meetings mit einer guten selbstironischen Geschichte. Was Sie sagen, ist weniger wichtig als der Ton, mit dem das Gesagte übermittelt wird, und als die Stimmung für das, was folgt.

Schlussendlich ist es wichtig, sich im Klaren darüber zu sein, dass nicht jeder gerne diskutiert. Manche empfinden eine Diskussion als aggressiv und/oder bedrohlich. Ich erinnere mich an eine Zeit, als wir einen Kommunikationskurs bei Apple entwickelten. Ich beschrieb meine Ideen zur Schaffung eines positiven Raums für Diskussionen. Plötzlich lächelte ein Kollege neben mir und sagte: »Oh! Du hast die ganze Zeit mit mir diskutiert, um den Kurs zu verbessern. Und ich dachte, du wolltest mich nur verrückt machen.« Was für mich eine spannende Gelegenheit war, uns gegenseitig anzuspornen, um unsere Ideen zu entwickeln und zu verfeinern, war für ihn bloß eine unerträgliche Übung des gegenseitigen Übertrumpfens. Das machte mir klar, wie wichtig es ist, den Zweck einer Diskussion von vorneherein klar zu formulieren und einen positiven Raum zu schaffen, in dem sie stattfinden kann – ganz zu schweigen davon, wie wichtig es ist, die Menschen, mit denen ich diskutierte, gut genug zu kennen, um zu erkennen, wenn ich sie verrückt mache, ohne es zu wollen!

Deutlich machen, wann die Diskussion zu Ende ist

Einer der Gründe, warum die Menschen Diskussionen als anstrengend oder lästig empfinden, ist, dass die eine Hälfte der Meetingteilnehmer erwartet, am Ende des Meetings eine Entscheidung zu haben, während die andere Hälfte in einem Folgemeeting weiter diskutieren möchte. Eine Möglichkeit, diese Spannung zu umgehen, besteht darin, die Diskussionsmeetings und die Entscheidungsmeetings voneinander zu trennen. Eine weitere Möglichkeit, denjenigen, die wissen wollen, wann eine Entscheidung getroffen wird, die Befürchtungen zu nehmen, besteht darin, neben jeden Punkt, über den diskutiert wird, ein »Entscheidungsdatum« anzugeben. Dann wissen alle, wann die Diskussion beendet ist und die Entscheidung getroffen wird.

Ich empfehle, jede Woche ein Meeting zu »wichtigen Diskussionen« durchzuführen. In meinen Meetings haben wir jede Woche die wichtigste Diskussion festgelegt und bestimmt, wer daran teilnehmen sollte (siehe »Meetings zu wichtigen Diskussionen« in Kapitel 8).

Keine Entscheidungen treffen, nur weil die Diskussion anstrengend geworden ist

Es ist verlockend, eine Diskussion zu beenden und zu früh eine Entscheidung zu treffen, wenn eine Diskussion anstrengend geworden ist. Vielleicht nähern Sie sich gerade einem Punkt, der sehr umstritten ist. In solchen Momenten erwarten die Menschen oft von ihrem Chef, dass er dem Leiden ein Ende setzt und eine Entscheidung trifft. Mein Instinkt ist, ein Friedensstifter zu sein oder schnell zu einer Entscheidung zu kommen. Aber die

Aufgabe eines Chefs besteht häufig darin, die Diskussion am Laufen zu halten, anstatt sie mit einer Entscheidung zu beenden. Es sind die Diskussionen bei der Arbeit, die den Einzelnen wachsen lassen und dem Team helfen, besser zusammenzuarbeiten, um die beste Antwort zu finden.

Ich traf einmal eine voreilige Entscheidung über eine scheinbar nichtige Angelegenheit – einen Sitzplan –, was schlecht endete. Wir hatten nicht einmal Cubicles, nur Schreibtische. Als das Team von zehn auf 65 Mitarbeiter wuchs, mussten wir schlussendlich den Raum neu aufteilen und alle Schreibtische umstellen. Jeder hatte eine Meinung dazu, wie das Layout aussehen sollte, und ein junger Projektmanager erklärte sich bereit, den Sack Flöhe zu hüten. Und das war ein schweres Unterfangen. Die angstgefüllte Diskussion darüber, wer neben wem saß und wie weit weg sich der Schreibtisch vom Fenster befand, dauerte fast eine Woche an. Ich war frustriert, ging an einem Sonntag ins Büro und stellte die Schreibtische selbst um. Das Ergebnis war eine Meuterei am Montagmorgen. »Wir waren so kurz vor einer Entscheidung«, merkte der Projektmanager an. »Und du hast uns einfach um eine Woche zurückgeworfen.« Er war ein ungewöhnlich besonnener Mensch, aber er hatte Tränen der echten Frustration in seinen Augen.

Das Richtige wäre gewesen, einen »Entscheidungstermin« festzulegen, sodass sich alle im Klaren darüber war, dass sie den Projektmanager nicht endlos beschwatzen konnten. Wenn die Diskussion als zu heftig erschienen wäre, hätte ich ihm meine Hilfe anbieten können. Zum Beispiel hätte ich vorschlagen können, dass die Leute, deren unterschiedliche Vorstellungen nur schwer unter einen Hut gebracht werden konnten, versuchen, die Sache bei einem Essen oder Spaziergang zu klären, oder dass sie die Rollen tauschen und die Position des jeweils anderen einnehmen. Aber ihm die Entscheidung aus der Hand zu reißen und sie selbst zu treffen, war nicht nur anmaßend, sondern es hat auch schlichtweg nicht funktioniert.

ENTSCHEIDEN: ENTSCHEIDUNGEN VOR FAKTEN ODER FAKTEN VOR ENTSCHEIDUNGEN, ABER DAS EGO BLEIBT DRAUSSEN

Sie haben nun Entscheidungen und Fakten in Einklang gebracht und das Ego von allen – vor allem aber Ihr eigenes Ego – außen vorgelassen. Nun gilt es, wie der CEO von Twitter und Square Jack Dorsey es formuliert hat, »Entscheidungen vor Fakten sprechen zu lassen«. Ich habe Folgendes darüber erfahren, was das bedeutet – wie man einem Team hilft, die bestmöglichen Entscheidungen zu treffen – oder es »immer hinzukriegen«.

Sie sind (für gewöhnlich) nicht der Entscheider

Ich hatte einmal ein spontanes Gespräch mit einer meiner Mitarbeiterinnen. Eines Tages fragte ich sie beim Mittagessen, wie es ihr gehe. Sie lehnte sich nach vorne, dann nach hinten und hielt sich den Kopf.

»Was ist los?«, fragte ich sie beunruhigt.

»Ich dachte, ich sei wegen meines Verstands eingestellt worden, aber seitdem ich hier bin, durfte ich ihn noch kein einziges Mal einsetzen! Aber Mark« – und an dieser Stelle zuckte sie sichtlich zusammen, als sie den Namen ihres Chefs aussprach – »trifft alle Entscheidungen, auch wenn er die Situation nicht wirklich versteht.«

Ich nahm an Marks nächstem Mitarbeitergespräch teil, bei dem er die vierteljährlichen OKRs (Objektives and Key Results) des Teams prüfte. Als er die erste Folie zeigte, war ich optimistisch. Ich hatte den Job erst seit drei Wochen und wusste deshalb noch nicht viel, aber sein Plan sah *sehr gut* aus. Die Präsentation, die er erstellt hatte, um die Quartalsziele zu erläutern, beinhaltete alles, was ich mir wünschte: Ziele, die klar und ehrgeizig sowie Ergebnisse, die messbar waren.

Dann sah ich, dass sich die Person zu meiner Rechten auf ihrem Stuhl lümmelte. Als ich mich im Raum umsah, bemerkte ich verschränkte Arme, versteinerte Gesichter und eine Stille, die so laut war, dass sie selbst Marks

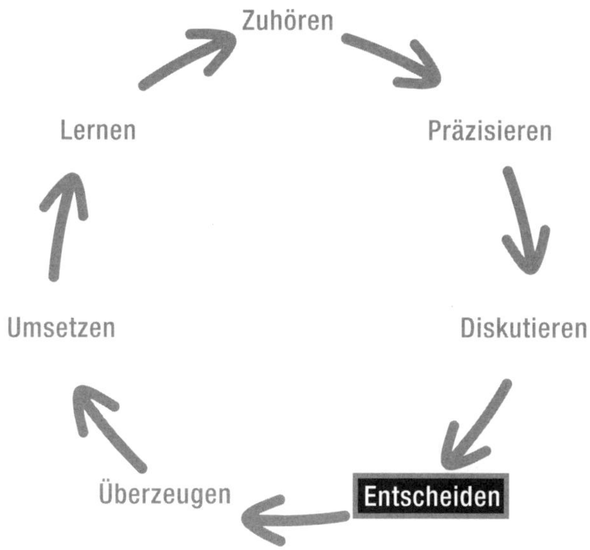

gut vorbereiteten Vortrag durchdrang. Mark reagierte darauf, indem er noch lebhafter und enthusiastischer über die OKRs sprach. Zum Schluss sagte er zu mir, wie stolz er auf »sein« Team sei. Offensichtlich wollte er damit seine Anerkennung zum Ausdruck bringen. Aber stattdessen klang das, was er sagte, herabwürdigend und herablassend. *Ich* bekam eine Gänsehaut und konnte mir vorstellen, wie sich die Leute fühlen mussten, die für ihn arbeiten.

»Gibt es noch Fragen?«, sagte Mark zum Schluss.

Alle Hände und Augen waren starr nach unten gerichtet, also stellte ich eine Frage in die Runde. »Wenn Mark sich nicht für diese OKRs entschieden hätte, was hättet ihr für das nächste Quartal geplant?«

Alle atmeten gemeinsam aus. Die junge Frau, die sich beim Mittagessen an den Kopf gefasst hatte, ergriff zögernd das Wort. Obwohl Marks Vision inspirierend war, befürchtete sie, dass diese einfach nicht realistisch sei. Sie rechnete vor, wie viel Zeit nötig wäre, um das zu tun, was er vorschlug. Und es wurde offensichtlich, dass jeder 85 Stunden pro Woche arbeiten müsste. Andere meldeten sich zu Wort. Er hatte die zeitliche Verzögerung in einem System, das die Arbeit weniger effizient machte, als sie sein sollte, stark unterschätzt. Sie hatten versucht, das Problem zu beheben, aber es stellte sich als recht hartnäckig heraus.

Ein Gespräch kam in Gang. Scheinbar wusste Marks Team, dass es große Hindernisse gab, die die von ihm vorgeschlagenen Ziele unerreichbar machten, obwohl sie in der Theorie durchaus Sinn ergaben. Er hatte diese Hindernisse als bloße »Details während der Umsetzung« abgetan. Aber nachdem er seinem Team zugehört hatte, war klar, dass er die wichtigen Schritte »Zuhören«, »Präzisieren«, »Diskutieren« und »Entscheiden« übersprungen hatte und direkt in den »Überzeugungsmodus« übergegangen war. Es war mir recht klar, (1) dass seine Entscheidungen nicht auf Tatsachen beruhten, (2) dass niemand seine Entscheidungen umsetzen würde, selbst wenn seine Entscheidungen richtig waren, und (3) dass er Gefahr lief, sein Team zu verlieren, wenn er es nicht bereits verloren hatte. Ich schlug vor, die Runde noch zu Ende zu führen, um alle anzuhören. Am nächsten Tag konnten wir dann noch einmal zusammenkommen.

Das ist ein üblicher Fehler, der nicht nur neuen Führungskräften unterläuft. George W. Bushs berühmte Worte lauteten: »Ich bin der Entscheider.« Das war unter anderem so lustig, weil er in Wirklichkeit nicht der Entscheidungsträger war, und er schien der Einzige zu sein, der das nicht wusste. Wenn ein gewählter Präsident der Vereinigten Staaten nicht automatisch Entscheidungsbefugnisse erhält, dann verleiht Ihnen die Position einer Führungskraft oder eines CEOs von einem Start-up definitiv nicht den Status eines »Entscheiders«. In seinem Buch *A Primer on Decision Making* (Eine Anleitung zur Entscheidungsfindung) erklärt James March, warum es nicht gut ist, wenn die »ranghöchsten« Personen in einer hierarchischen Organisation immer die Entscheider sind. Er nennt es »Mülleimer-Entscheidungen«, wenn die Leute, die zufällig am Tisch sitzen, die Entscheider sind und nicht diejenigen mit den *besten Informationen*. Leider werden in den meisten Kulturen die ranghöchsten bevorzugt oder diejenigen, die aufgrund ihrer Persönlichkeit darauf bestehen, mit am Tisch zu sitzen. Die daraus resultierenden Fehlentscheidungen gehören zu den Hauptursachen für unternehmerische Mittelmäßigkeit und Unzufriedenheit der Mitarbeiterinnen und Mitarbeiter.

Deshalb treffen gute Chefs oft nicht selbst die Entscheidungen, sondern etablieren einen klaren Prozess zur Entscheidungsfindung, der denjenigen, die am nächsten an den Fakten sind, die Möglichkeit gibt, so viele Entscheidungen wie möglich zu treffen. Das führt nicht nur zu besseren Entscheidungen, sondern auch zu einer besseren Arbeitsmoral.

Der Entscheider braucht Fakten, keine Empfehlungen

Wenn wir Informationen sammeln, um eine Entscheidung treffen zu können, sind wir oft versucht, andere nach ihren Empfehlungen zu fragen: »Was sollten wir *deiner* Meinung nach tun?« Aber wie mir eine Führungskraft, mit der ich bei Apple zusammengearbeitet habe, erklärte, neigen die Menschen dazu, ihr Ego in Empfehlungen einzubringen, was zu unternehmenspolitisch motivierten Ratschlägen und somit zu schlechteren Entscheidungen führen kann. Also riet sie mir, nach »Fakten« und nicht nach »Empfehlungen« Ausschau zu halten. Natürlich sind »Fakten« nicht losgelöst vom persönlichen Standpunkt einer Person, aber sie werden nicht zu einer Grenze, die nicht überschritten werden darf.

Höhlenforschung betreiben

Als Chef haben Sie das Recht, sich mit allen Details zu befassen, die Ihnen interessant oder wichtig erscheinen. Sie *müssen* nicht die ganze Zeit auf »hohem Niveau« bleiben. Zuweilen sind Sie *tatsächlich* der Entscheider. Selbst wenn Sie die Hauptentscheidungen delegiert haben, können Sie immer noch in die Details anderer, kleinerer Entscheidungen eintauchen. Sie können das nicht bei jeder Entscheidung, aber bei einigen schon. Ich nenne das »Höhlenforschung« in Ihrem Unternehmen. Das ist eine gute Methode, um herauszufinden, was wirklich vor sich geht. Zudem ist es eine gute Methode, um Chefs und ihre direkten Mitarbeiter auf eine Stufe zu stellen –, um zu zeigen, dass nichts »über« oder »unter« dem eigenen Niveau ist.

Wenn Sie der Entscheider sind, ist es außerdem sehr wichtig, die Quelle der Fakten anzuzapfen. Das gilt besonders dann, wenn Sie die »Führungskraft der Führungskräfte« sind. Sie wollen nicht, dass die »Fakten« die verschiedenen Managementebenen durchlaufen müssen, um zu Ihnen zu gelangen. Wenn Sie als Kind das Spiel »Stille Post« gespielt haben, wissen Sie, was mit »Fakten« passiert, wenn sie zu oft weitergegeben werden.

Um sicherzustellen, dass sie in der Lage waren, vorgelegte Fakten zu verstehen und kritisch zu hinterfragen, erwartete man von den Führungskräften bei Apple, dass sie die Details vieler Organisationsebenen nach unten kannten. Wenn Steve Jobs eine wichtige Entscheidung treffen musste und einige Aspekte genauer verstehen wollte, wendete er sich direkt an die Person, die daran arbeitete. Es gibt zahlreiche Geschichten darüber, dass relativ neue, junge Entwickler, die aus der Mittagspause zurückkamen, Steve Jobs an ihrem Schreibtisch vorfanden, der auf sie wartete und unbedingt ein paar Details ihrer Arbeit wissen wollte. Die Informationen gelangten nicht durch den Filter des Chefs oder über die Empfehlung des Chefs zu ihm. Steve ging direkt zur Quelle. Je häufiger Sie das tun können, desto gestärkter fühlt sich das gesamte Unternehmen.

ÜBERZEUGEN

»Emotion, Glaubwürdigkeit, Logik«
– Aristoteles

Sie haben es geschafft, Ihr Team zu einer Entscheidung zu führen, aber es gibt immer noch Leute, die nicht einverstanden sind – das sind dieselben Leute, die daran mitarbeiten, die Entscheidung umzusetzen. Wenn Sie effizient arbeiten, ist nicht jeder in Ihrem Team an jedem Schritt des Prozesses Zuhören-Präzisieren-Diskutieren-Entscheiden beteiligt, sondern nur die dafür relevanten Personen. Nun, da eine Entscheidung getroffen worden ist, gilt es, mehr Leute an Bord zu holen. Das ist nicht einfach, und es ist von entscheidender Bedeutung, es richtig zu machen.

Überzeugen mag an diesem Punkt unnötig erscheinen und dazu führen, dass der Entscheider gegen diejenigen im Team Groll hegt, die nicht ganz einverstanden sind. Der Entscheider hat die Schritte Zuhören, Präzisieren und Diskutieren gewissenhaft durchlaufen und eine Entscheidung getroffen. Warum verstehen nicht alle, warum wir das offensichtlich machen müssen – oder nicht zumindest bereit sind, sich dem anzuschließen?

Wenn Sie von anderen erwarten, dass sie eine Entscheidung umsetzen, von der sie nicht überzeugt sind, sind schlechte Ergebnisse vorprogrammiert. Und gehen Sie nicht davon aus, dass Sie einschreiten und einfach allen vorschreiben können, sich hinter eine Entscheidung zu stellen, egal ob Sie diese getroffen haben oder jemand anderes. Nicht einmal die Erklärung einer Entscheidung reicht aus, da so nur die Logik adressiert wird. Sie müssen auch die Emotionen der Rezipienten ansprechen. Zudem müssen Sie dafür sorgen, dass der Entscheider, sei es Sie selbst oder jemand anderes in Ihrem Team, glaubwürdig ist, wenn Sie erwarten, dass andere die Entscheidung umsetzen.

Autoritäre Chefs sind in der Regel sehr wenig überzeugend. Sie halten es nicht für nötig, die Entscheidung oder ihre Logik zu erläutern – »Tun Sie es einfach, und stellen Sie nicht infrage, was ich sage!« Und da sie für gewöhnlich nicht wissen oder es ihnen egal ist, wie sich die Leute im Team fühlen, gehen sie nicht auf deren Gefühle ein. Sie schaffen es nicht, glaubwürdig zu wirken, weil sie von den Leuten erwarten, das zu tun, was sie sagen, nur weil sie der Chef sind.

Aber selbst demokratisch agierende, offene Chefs verlieren sich häufig so sehr in der Erläuterung der Gründe für eine Entscheidung, dass sie vergessen, was die Mitarbeiterinnen und Mitarbeiter von der Entscheidung halten,

oder umgekehrt. Aber wenn Sie die grundlegende Arbeit der wertschätzenden Aufrichtigkeit getan haben – das heißt Ihre direkten Mitarbeiterinnen und Mitarbeiter persönlich kennengelernt und eine Kultur des offenen Austauschs etabliert haben –, wird es einfacher sein. Aber selbst dann ist es vielen nicht gegeben, überzeugend zu sein.

Viele Führungskräfte, mit denen ich gearbeitet habe, sind nicht überzeugend, weil sie nicht manipulativ wirken wollen, und die Grenze zwischen Überzeugen und Manipulieren ist zuweilen ein schmaler Grat. Aristoteles war bekümmert, dass Rhetorik und Überzeugung häufig darauf hinausliefen, die Gefühle der Menschen zu manipulieren. Er war davon überzeugt, dass es eine bessere Methode geben müsse, eine Idee vielen Menschen zu vermitteln, die nicht die Zeit oder das Wissen haben, sie vollständig zu verstehen. Er löste dieses Dilemma, indem er erklärte, dass ein Sprecher die Emotionen der Rezipienten ansprechen, aber auch Glaubwürdigkeit etablieren und die Logik des Arguments vermitteln muss, um wirklich überzeugend zu sein. Das sind die Elemente des Überzeugens, die sich im Laufe der Zeit nicht geändert haben.

Um Ihnen dabei zu helfen, überzeugender zu sein, und um den »Entscheidern« in Ihrem Team beizubringen, überzeugender zu sein, werde ich im Folgenden noch kurz auf die Rhetorikelemente nach Aristoteles (Pathos, Ethos und Logos) eingehen, die ich frei als Emotion, Glaubwürdigkeit und Logik übersetzt habe.[17]

Emotionen – die der Rezipienten, nicht die des Sprechers

Womöglich haben Sie eine starke emotionale Bindung zu einer Entscheidung. Vielleicht sehen Sie darin eine Möglichkeit zur Veränderung, die vielen Menschen helfen wird. Aber wenn Sie nicht auch die Emotionen Ihres *Zuhörers* berücksichtigen, werden Sie nicht überzeugen können.

Ich hatte einmal einen Kollegen, der »Jason« hieß und dafür verantwortlich war, das Produkt, an dem er arbeitet, für Gehörlose nutzbar zu machen. Er war mit Leib und Seele bei der Sache – seine Mutter war gehörlos –,

17 Es ist mir peinlich, ein so bekanntes Thema auf so wenigen Seiten zu behandeln. Aber trotz zweier toller Abschlüsse von zwei tollen Unis hatte ich noch nie etwas über dieses Modell gehört, bis ich eine Zeit lang an der Apple University war. Ich fand das Modell wirklich hilfreich, also möchte ich es Ihnen kurz vorstellen. Über die Rhetorik des Aristoteles sind viele Zehntausende von Büchern geschrieben worden. Eine weitere schnelle, aber eher akademische Referenz ist die Stanford Encyclopedia of Philosophy (http://plato.stanford.edu/entries/aristotle-rhetoric/). Das wahrscheinlich am häufigsten zitierte Werk des einundzwanzigsten Jahrhunderts über Überzeugung ist Robert Cialdinis Buch *Influence*. Eine schnelle Suche wird weitere großartige Quellen zutage fördern.

aber er war nicht in der Lage, das Entwicklerteam davon zu überzeugen, bestimmte wichtige Features rechtzeitig vor der Markteinführung zu priorisieren. Als ich ihm Aristoteles' Modell zeigte, explodierte er.

»Ich weiß nicht, wie ich noch mehr Emotionen in meine Argumente hätte einbringen können«, sagte er mir mit vor Frust erstickter Stimme. Er hatte ihnen erklärt, warum er sich persönlich so sehr dafür engagierte. Die Kolleginnen und Kollegen waren ergriffen, hatten es aber immer noch nicht erledigt.

»Wie sahen die Emotionen im Entwicklerteam aus?«, fragte ich.

»Oh. Sie waren einfach nur erschöpft. Sie hatten wochenlag Nachtschichten geschoben. Und man hatte dort das Gefühl, an einem Trauermarsch teilzunehmen.«

»Was hast du unternommen, um *ihre* Gefühle anzusprechen?«

Jason schlug sich an die Stirn, weil er jetzt ganz genau wusste, was er falsch gemacht hatte.

Als Steve Jobs im Jahr 2003 ankündigte, dass Apple iTunes für Windows auf den Markt bringen würde, wusste er, dass das mehr war als nur eine Produktankündigung. Für die Mac-Getreuen war jede Annäherung an Microsoft ein Verrat. Die Entscheidung, iTunes für Windows auf den Markt zu bringen, war jedoch logisch: Um die Musikbranche zu übernehmen, musste Apple auf der Plattform in Erscheinung treten, die über 90 Prozent Marktanteil hatte – nicht nur auf dem Mac mit einem Marktanteil von unter fünf Prozent. Aber diese Logik hätte die Apple-Fans nur noch wütender gemacht. Stattdessen adressierte er ihre Zweifel und Verständnislosigkeit mit dem Ausspruch »Die Hölle ist zugefroren« und nahm ihre emotionale Reaktion ernst, indem er ihnen versicherte, dass sich Apple auch weiterhin treu bleibe.

Dick Costolo war in seiner Zeit als CEO von Twitter Meister darin, die Emotionen der »Tweeps«, also derjenigen, die bei Twitter arbeiten, anzusprechen. Ich habe viele Umfragen zur Mitarbeiterzufriedenheit ausgewertet. Eigentlich hatte ich immer gedacht, es sei unmöglich, besser als Steve Jobs zu sein. Als ich bei Apple war, gaben weit über 90 Prozent der Mitarbeiterinnen und Mitarbeiter an, eine positive Meinung von ihrem CEO zu haben. Aber ein noch höherer Prozentsatz an Tweeps empfanden Dick als ihren CEO als positiv.

Dicks ausgeprägter Sinn für Humor half ihm, die Emotionen der Menschen anzusprechen und ihr Vertrauen zu gewinnen, was ihn zu einer überzeugenden Führungskraft werden ließ. Dick brachte jeden bei Twitter während der Mitarbeiterversammlungen zum Lachen, vor allem mit seinen unerwartet offenen Antworten auf eher feindselige spontane Fragen. Ich wollte von ihm wissen, wie er auf diese Antworten kam, und er antwortete mit dem für ihn typischen Lächeln; »Leider fliegen sie mir einfach zu.«

Wenn Sie nicht zufällig Erfahrung als Stand-up-Comedian haben, können Sie einen Blick in Dicks Buch werfen. Er hat den Führungskräften im Silicon Valley etliche großartige Improvisationskurse empfohlen, damit sie einen Weg finden, wie sie Spaß daran haben können, all die unangenehmen Fragen bei Mitarbeiterversammlungen zu beantworten, anstatt sie zu fürchten.

Glaubwürdigkeit: Kompetenz und Demut demonstrieren

Glaubwürdigkeit ist etwas, dass man nur schwer in Worte fassen kann, aber man erkennt sie, wenn sie einem über den Weg läuft. Ein Teil besteht natürlich darin, dass man sein Fachgebiet kennt und schon viele gute Entscheidungen getroffen hat. Aber sie erfordert auch einen dritten Aspekt – Demut –, der zuweilen Mangelware ist.

Steve Jobs, der nicht gerade als Vorbild für Bescheidenheit galt, hatte ein Händchen dafür, in seinen Produktankündigungen »Ach, echt jetzt«-Elemente einzubauen. Zum Beispiel sagte Jobs bei der Vorstellung des iPad im Jahr 2010: »Wir haben Apple 1976 gegründet. 34 Jahre später, und wir haben gerade das vierte Quartal hinter uns ... mit einem Umsatz von 15,6 Milliarden US-Dollar. Ich kann das gar nicht glauben. Das bedeutet, dass Apple ein Unternehmen mit über 50 Milliarden US-Dollar ist. Heute vergesse ich das gerne, denn so denken wir nicht über Apple. Aber es ist schon unglaublich.«[18] Hinter ihm hing ein Bild von zwei Freaks mit einem klobigen Computer, das an zwei Dinge erinnerte: an die bescheidenen Anfänge von Apple und an die Tatsache, dass Apple davon angetrieben wurde, unbedingt Produkte entwickeln wollte, die die Welt verändern können, und nicht nur von dem Streben nach Gewinn. Dieser Kontext ermöglichte es Jobs, darauf hinzuweisen, dass Apple über die Expertise und die Ressourcen verfügt, um eine ganz neue Kategorie von Computern zu entwickeln, ohne dabei seine Zuhörer zu verlieren. Beachten Sie vor allem die sorgfältig gewählte Formulierung in diesem Satz »Heute vergesse ich das gerne, denn so denken wir nicht über Apple.« Das »wir« ist hier ein entscheidendes Element, um Demut zu zeigen, und zwar sich selbst sowie dem gesamten Unternehmen gegenüber.

Aber wie können Sie für Glaubwürdigkeit sorgen, wenn Sie nicht zufällig Steve Jobs mit einer Erfolgsbilanz des sogenannten Schumpeterschen

18 https://www.youtube.com/watch?v=jj6q_z2Ni9M

Wandels sind oder wenn Sie so neu sind, dass Sie noch gar keine Bilanz haben? Konzentrieren Sie sich auf Ihr Fachwissen und Ihre bisherigen Errungenschaften. Seien Sie demütig, und sprechen Sie, wann immer es möglich ist, von einem »wir« und nicht von einem »ich«. Prahlen funktioniert nicht, aber falsche Demut auch nicht. Vergessen Sie nicht, Glaubwürdigkeit aufzubauen, oder den Entscheidern in Ihrem Team zu helfen, ihre Glaubwürdigkeit aufzubauen, wenn es an der Zeit ist, andere davon zu überzeugen, eine Entscheidung umzusetzen.

Logik: die Arbeit zeigen

Die meisten Menschen gehen davon aus, dass der »Logik«-Teil der Überzeugungsarbeit am einfachsten ist, da er weder die unangenehmen Aspekte beim Aufbau von Glaubwürdigkeit mit sich bringt noch das psychologische Fingerspitzengefühl im Zusammenhang mit der Ansprache von Emotionen in einer Gruppe von Menschen erfordert. Und doch birgt dieser Teil seine eigenen Fallen. Zuweilen scheint die Logik ganz offensichtlich zu sein, sodass Sie nicht mit anderen darüber sprechen. Wenn Sie etwas sehr gut kennen, ist es schwer nicht zu vergessen, dass die anderen das nicht tun.

Die gute Nachricht ist, dass Sie das Geheimnis, Ihre Logik zu zeigen, schon im Matheunterricht in der Schule gelernt haben: Zeig' mal deinen Lösungsweg. Wenn Steve Jobs eine Idee hatte, hat er diese nicht nur beschrieben. Er erklärte auch, wie er darauf gekommen war. Er zeigt seinen »Lösungsweg«. Damit signalisierte er, dass er wissen wollte, wenn es einen Fehler in seinen Überlegungen gab. Und wenn es keinen gab, würden die Leute seine Idee eher akzeptieren. Durch das Aufzeigen des Lösungswegs wurde seine Logik stärker. Und schlussendlich machte ihn das nicht nur überzeugend, sondern er »kriegte es immer hin«.

UMSETZEN: DIE ZUSAMMENARBEITSSTEUER MINIMIEREN

Als Chef besteht ein Teil Ihrer Aufgabe darin, ein großes Stück der »Zusammenarbeitssteuer« zu entrichten, sodass Ihr Team mehr Zeit für die Umsetzung hat. Die Verantwortlichkeiten, die Sie als Chef haben, nehmen eine enorm große Menge an Zeit in Anspruch. Eines der schwierigsten Dinge in Ihrer Rolle als Chef ist, diese Verantwortlichkeiten mit der Arbeit, die Sie in ihrem Fachgebiet erledigen müssen, ins Gleichgewicht zu bringen.

Nachstehend führe ich die drei Dinge auf, die ich gelernt habe, um dieses

Gleichgewicht zu erreichen: Verschwenden Sie nicht die Zeit Ihres Teams. Behalten Sie den »Schmutz unter den Fingernägeln«. Und reservieren Sie Zeit für die Umsetzung.

Die Zeit des Teams nicht vergeuden

Ich kann ehrlich sagen, dass Sheryl in den vier Jahren, in denen ich für sie gearbeitet habe, nicht eine einzige Sekunde meiner Zeit verschwendet hat. Und sie hat definitiv viel Zeit für jeden, der für sie gearbeitet hat, gespart. Sie erwartete von uns, dass wir zu unseren Einzelgesprächen mit einer Liste von Problemen kamen, bei deren Lösung sie uns helfen konnte. Sie hörte zu, vergewisserte sich, dass sie alles verstanden hatte, und dann war sie quasi eine Aufklärerin, eine Bombenentschärferin. Sie entschärfte einige unternehmenspolitisch brisante Situationen, die mir hätten um die Ohren fliegen können, und räumte scheinbar unüberwindbare Hindernisse aus dem Weg. Keine unnötigen Meetings, keine unnötigen Analysen. Sie kam nie zu spät zu einem Gespräch mit mir, und sie duldete nicht, dass jemand zu spät zu einem von ihren Meetings kam. Sie ließ Teamdiskussionen zu, aber kurz bevor sie anfingen, zäh zu werden, bestimmte sie einen »Entscheider« und bat diese Person, den anderen bis zu einem bestimmten Zeitpunkt eine Entscheidung vorzulegen. Sie war eine der überzeugendsten Menschen, die ich je getroffen habe, und sie brachte uns bei, ebenfalls überzeugend zu sein. Wenn ein alberner, zeitraubender Auftrag bei Google von oben kam, fand Sheryl eine Möglichkeit, uns nicht damit zu behelligen. Somit hatte

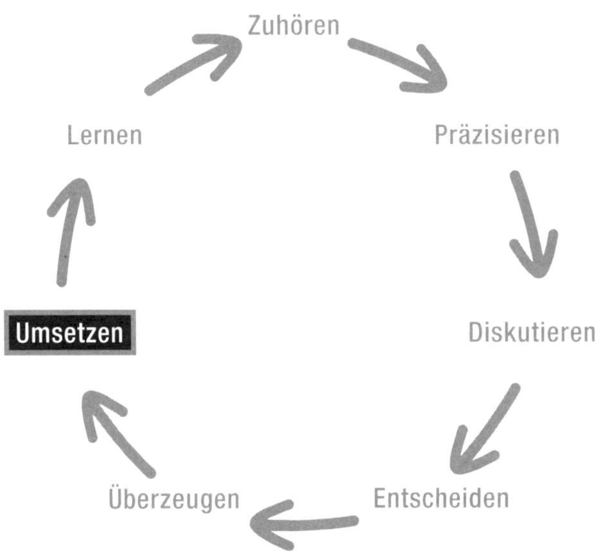

jeder, der für sie arbeitete, viel mehr Zeit für die Umsetzung. Und wenn es Ergebnisse gab, mussten sie Sheryls scharfem analytischen Verstand standhalten – und wir mussten aus dem lernen, was wir getan hatten, ob wir nun erfolgreich gewesen waren oder nicht.

Sheryls Team waren deshalb so produktiv, weil sie uns ständig die Schritte des GSD-Rads durchlaufen ließ, aber sie hielt uns dabeis ständig den Rücken frei, damit wir so viel Zeit wie möglich damit verbringen konnten, Dinge zu erledigen.

Den »Schmutz unter den Fingernägeln« behalten

Auch wenn die Last der Zusammenarbeitssteuer auf Sie als Chef fällt, sollte die Steuer nicht 100 Prozent betragen. Um den Teammitgliedern ein guter Partner zu sein, und um das GSD-Rad effizient am Laufen zu halten, müssen Sie mit der eigentlichen Arbeit in Kontakt bleiben – Sie sollten nicht nur die anderen bei der Erledigung beobachten, sondern Sie sollten auch selbst Hand anlegen. Wenn Sie Dirigent werden, müssen Sie auch weiterhin Ihr Instrument spielen. Wenn Sie Vertriebschef werden, müssen Sie selbst auch Akqusitionstelefonate führen. Wenn Sie ein Team von Klempnern leiten, müssen Sie auch ein paar Wasserhähne reparieren. Selbstverständlich müssen Sie auch Zeit damit verbringen, den Menschen in Einzelgesprächen zuzuhören, Diskussionen zu leiten und so weiter. Aber Sie müssen lernen, zwischen Führungsaufgaben wahrnehmen und sich selbst einbringen hin- und herzuspringen. Geben Sie nicht Ersteres für das Zweite auf, sondern integrieren sie beides. Wenn Sie sich zu weit von der Arbeit Ihres Teams entfernen, verstehen Sie ihre Ideen nicht gut genug, um ihnen beim Präzisieren zu helfen, an Diskussionen teilzunehmen, um zu wissen, zu welchen Entscheidungen Sie sie leiten sollten, und um ihnen beizubringen, wie sie überzeugender sein können. Das GSD-Rad wird zum Stillstand kommen, wenn Sie nicht haarklein verstehen, was Ihr Team zu erreichen versucht.

Zeit für die Umsetzung blockieren

Häufig ist die Umsetzung eine recht einsame Aufgabe. Wir verwenden Kalender hauptsächlich für gemeinsame Aufgaben – um Meetings zu planen und so weiter. Eine Ihrer Aufgaben als Führungskraft besteht darin, dafür zu sorgen, dass gemeinsame Aufgaben nicht so viel Zeit von Ihnen und Ihrem Team in Anspruch nehmen und keine Zeit mehr für die Umsetzung der beschlossenen und von allen akzeptierten Entscheidungen bleibt.

LERNEN

»Eine dumme Konsequenz ist der Hobgoblin der kleinen Geister«,
– Ralph Waldo Emerson, Self-Reliance

Wenn Sie diesen Punkt auf dem Rad erreicht haben, haben Sie und Ihr Team bereits eine Menge Arbeit investiert, Sie haben etwas erreicht und Sie wollen, dass es gut wird. Und es liegt in unserer menschlichen Natur, dass wir häufig an Projekten, in die wir viel Zeit und Energie gesteckt haben, hängen – oft in übertriebener Weise. Zuweilen bedarf es fast übermenschlicher Disziplin, einen Schritt zurückzutreten, anzuerkennen, wenn unsere Ergebnisse eigentlich viel besser sein könnten oder einfach nicht gut sind, und aus den Erfahrungen zu lernen.

Drew Houston, Co-Founder und CEO von Dropbox, ist der engagierteste und bescheidenste Lerner, der mir in meiner gesamten Karriere begegnet ist. Dropbox hat deshalb Hunderte von Millionen Nutzern, weil das von Drew geführte Unternehmen unermüdlich daran arbeitet, das Produkt intuitiv und benutzerfreundlich zu gestalten. Drew ist in einzigartiger Weise bereit, Dinge auszuprobieren, zuzugeben, dass sie nicht so gut funktionieren, wie er es sich erhofft hatte, und sich neu auszurichten. So schwer es auch ist, Produkte und Produktiterationen des Unternehmens auf den Markt zu

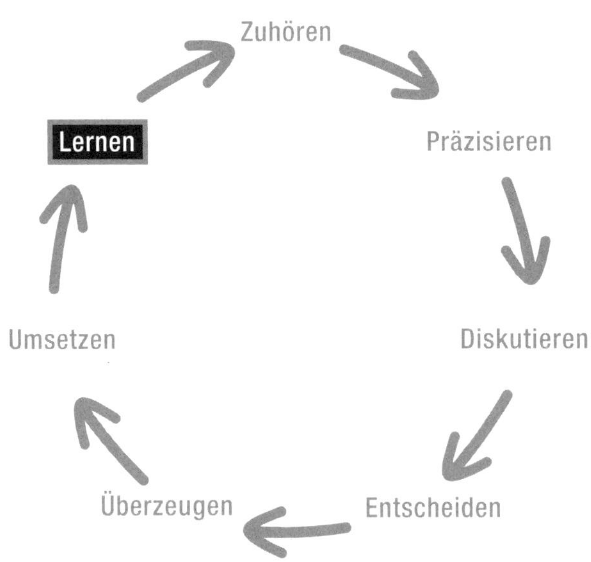

bringen, ist es noch viel schwerer, das mit sich selbst zu tun. Aber was mich wirklich an Drew beeindruckt hat, war, dass er noch viel unerbittlicher daran arbeitet, *sich selbst* als CEO neu zu gestalten, als an der Verbesserung des Produkts, das sein Unternehmen herstellt. Vermutlich hat Drew jedes Buch über Management, das je geschrieben wurde, gelesen und noch einmal gelesen. Er hat sehr gründlich darüber nachgedacht, welche Art Unternehmen er aufbauen möchte und welche Art Führungskraft er sein möchte.

In seinem Buch *Denial* (Verleugnung) schreibt Richard Tedlow über Dutzende von schmerzhaften Misserfolgen, die sich zeigten, wenn ansonsten brillante und erfolgreiche Menschen nicht in der Lage waren, ihre Fehler einzusehen, geschweige denn sie zuzugeben. Ein Kollege von mir hat einmal ein Team aufgebaut, das absolut *schreckliche* Ergebnisse hervorbrachte, aber er konnte das einfach nicht zugeben. Diejenigen von uns, die versuchten, ihn darauf hinzuweisen, waren verdutzt. Als wir nämlich am Ende zu ihm durchdrangen, rief er aus: »Die Schmerzen sind unerträglich, wenn man zugeben muss, ein hässliches Baby zu haben!«

Es ist offensichtlich, dass gute Chefs aus Fehlern wie aus Erfolgen lernen und sich so ständig verbessern. Und doch ist Verleugnung die Reaktion, die auf eine nicht perfekte Umsetzung häufiger auftritt als Lernen. Warum ist Lernen so selten? Als ich ein großes Team leitete, stellte ich fest, dass es zwei verschiedene Arten enormer Drucksituationen gibt, die mich dazu verleiteten, mit dem Lernen aufzuhören.

Druck, konsequent zu sein

Uns wird häufig gesagt, dass wir »wankelmütig«, »unberechenbar« oder »prinzipienlos« seien, wenn wir unseren Standpunkt ändern. Ich bevorzuge die Einstellung von John Maynard Keynes, dass »ich meine Meinung ändere, wenn sich die Fakten ändern«.

Das Wichtigste dabei ist die Kommunikation. Jemand könnte zu Recht sagen: »Vor zwei Monaten hast du mich noch von X überzeugt. Und jetzt sagst du mir, dass es X doch vielleicht nicht ist?« Einen solchen Kurswechsel dürfen Sie natürlich nicht leichtfertig vornehmen. Und wenn Sie das tun, müssen Sie in der Lage sein, klar und überzeugend zu erklären, warum sich die Dinge geändert haben. Ich habe die Schritte Zuhören, Präzisieren, Diskutieren und Entscheiden häufig noch einmal mit meinem engeren Kreis durchlaufen. Wenn es an der Zeit war, die übrigen Teammitglieder zu überzeugen, nachdem wir zu einer neuen Lösung gekommen waren, war es wichtig, tief durchzuatmen und geduldig und erneut zu erläutern, wie wir an diesen Punkt gelangt waren, und den Richtungswechsel explizit einzuläuten.

Burn-out

Manchmal ist uns unsere Arbeit und unser Privatleben einfach nur zu viel. Das sind die Momente, in denen es am schwierigsten ist, von schlechten Ergebnissen zu lernen, von Null zu beginnen und die Schritte des GSD-Rads erneut zu durchlaufen. Daher sind Sie genau in der Mitte des Rads, das Sie als Führungskraft nach vorne bringt. An allererster Stelle müssen Sie sich um sich selbst kümmern. Das ist natürlich leichter gesagt als getan.

Dick Costolo verfügte über die bemerkenswerte Fähigkeit, fokussiert zu bleiben. Während ich seine Coachin war, erlebte er mit der Presse eine Achterbahnbahnfahrt, bei der er mal der Held und mal der Schwachkopf war. Das hatte ich in meinem ganzen Leben in diesem Ausmaß noch nicht gesehen. Das von außen mitzubekommen, stresste mich mehr als ihn, obwohl er im Zentrum des Sturms war, und ich mich in sicherer Entfernung befand. Nach einem besonders schrecklichen Tag, an dem er in der Presse schlecht weggekommen war, wachte ich mitten in der Nach auf, nachdem ich geträumt hatte, dass das Bürogebäude von Twitter auf einer Startrampe stand, und wir ohne unsere Raumanzüge ins All geschossen wurden. Ich

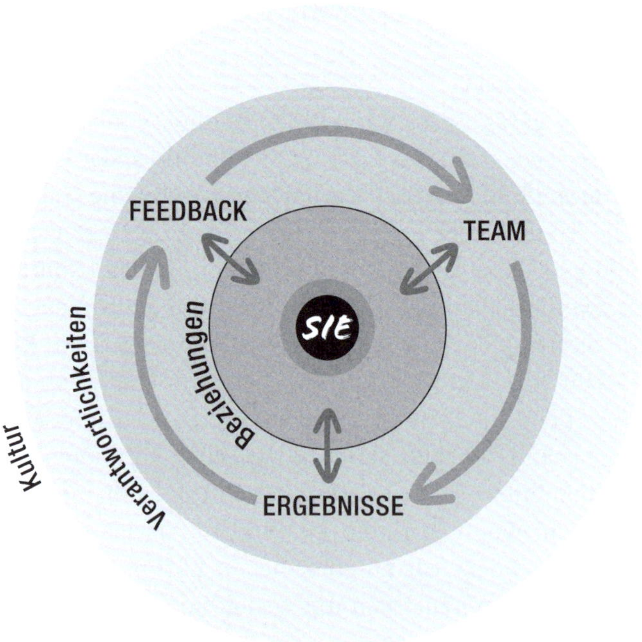

schrie, wovon mein Mann wach wurde, und konnte dann nicht mehr einschlafen. Dick erzählte mir, dass er die ganze Nacht tief geschlafen habe.

Als jeder Lobeshymen auf Dick sang, als sei er die Auferstehung, reagierte er mit seinem typisch selbstironischen Humor. Alle erdenklichen Promis luden Dick zu Veranstaltungen ein, nach denen sich die meisten von uns alle zehn Finger lecken würden, aber er lehnte die meisten davon ab, damit er sich sowohl auf die Arbeit bei Twitter konzentrieren als auch mit seiner Familie zu Abend essen konnte. Als alle auf ihn losgingen, zitierte er seine Tochter: »Es gibt gute und schlechte Nachrichten. Die schlechte Nachricht: Du stehts auf der *Yahoo!-Finance*-Liste der schlechtesten CEOs des Jahres. Die gute Nachricht: Du stehst auf Platz 5.«

Aber Dick tat auch nicht so, als sei nichts passiert. Es war nicht nur für ihn, sondern auch für Twitter eine schwierige Zeit. Er hielt vor dem Unternehmen eine Rede über die »mentale Stärke«, die angesichts der schlechten Presse, die es damals zuhauf gab, nötig war. Mir war nicht wohl in meiner Haut, als mir während seiner Rede die Tränen in die Augen stiegen. Aber dann schaute ich mich um und sah, dass ich bei weitem nicht die Einzige war. Ich denke, dass ein Großteil seiner mentalen Stärke darauf zurückzuführen ist, dass er fähig ist, fokussiert zu bleiben, um Dinge zu tun wie zum Beispiel jeden Tag zwei Stunden Zeit zum Nachdenken in seinem Kalender einzutragen.

Am Anfang von Kapitel 5, dem nächsten Kapitel in diesem Buch, finden Sie einige spezifische Anregungen, wie Sie sowohl bei der Arbeit als auch in Ihrem Privatleben fokussiert bleiben können.

TEIL 2

TOOLS UND TECHNIKEN

Ich hoffe, dass Teil 1 dieses Buches zumindest einen Teil Ihrer Ängste, Befürchtungen und Selbstzweifel zerstreuen konnte, die jeden Chef ständig begleiten. In Kapitel 1 bis 4 habe ich die wichtigsten Gedanken aufgeführt, die ich aus 25 Jahren, in denen ich Teams geleitet haben, mitgenommen habe – von den Diamantschleifern in Moskau bis hin zu Google und Apple. Ich habe sie aufgeschrieben, weil zu viele gute Leute schlechte Chefs werden, und schlechte Chefs sind eine der Hauptursachen für das Unglücklichsein in unserer Welt und das schlechte Funktionieren am Arbeitsplatz. Ich hoffe, diese Konzepte werden Sie dabei unterstützen, einen Weg zu finden, wie Sie ein besserer Chef sein können, mehr Erfolg bei der Arbeit haben und die Welt ein bisschen glücklicher werden lassen.

Jetzt wissen Sie, wie der Aufbau wertschätzend aufrichtiger Beziehungen zu allen Ihren direkten Mitarbeiterinnen und Mitarbeitern Ihnen helfen wird, Ihr Team so zu führen, dass gute Ergebnisse dabei herauskommen. Und auch wenn sich Beziehungen nicht skalieren lassen, mit der Kultur ist das möglich. Ihre Beziehungen und Verantwortlichkeiten verstärken sich gegenseitig, und auf Basis dieser Interaktion werden Ihr Erfolg und die Kultur größer und besser. Und wie setzt man diese Prinzipien nun um?

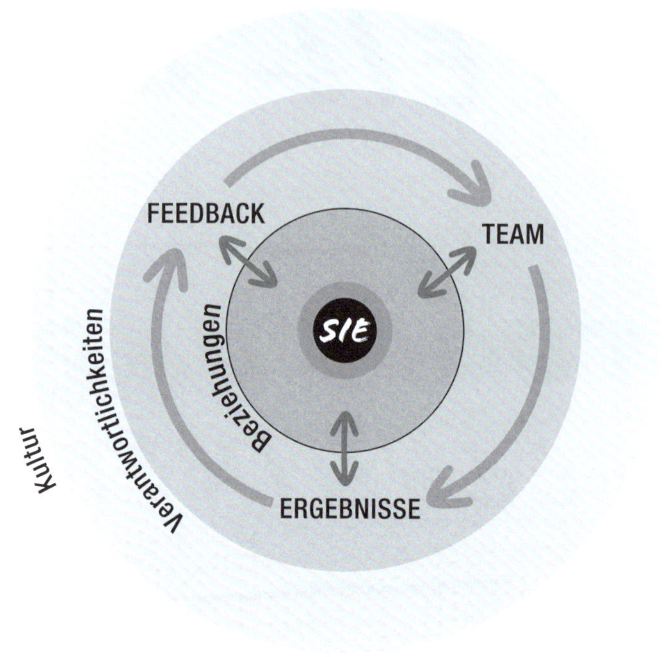

Was genau werden Sie anders machen, wenn Sie morgen zur Arbeit gehen?

In Teil 2 dieses Buches werden einige Tools und Techniken beschrieben, die Sie nutzen können, um die Gedanken aus Teil 1 sofort in die Tat umzusetzen. Die Kapitel sind nach den Kerngedanken dieses Buchs gegliedert, nicht danach, was Sie zuerst, als zweites und so weiter tun sollten. Bitte lesen Sie diese jetzt zum besseren Verständnis. Seien Sie versichert, dass im allerletzten Kapitel alle Dinge, die Sie tun können, um Radical Candor umzusetzen, Schritt für Schritt erläutert werden. Es gibt kaum etwas Schöneres, als die Arbeit zu tun, die man liebt, und zwar mit Menschen, die einem wichtig sind, und man dabei gute Ergebnisse erzielt. Das ist kein Hirngespinst. Sie *können* ein solches Umfeld schaffen, und ich zeige Ihnen, wie.

5.

BEZIEHUNGEN

Ein Ansatz zum Aufbau von Vertrauen bei Ihren direkten Mitarbeitern

Wie schaffen Sie ein Klima, in dem wertschätzend aufrichtige Beziehungen gedeihen können? In diesem Kapitel werden Sie nach und nach erkennen, dass Ihre Aufgabe als Chef wesentlich bedeutender ist als das herkömmliche Dilbert-Klischee. Während meines Studiums lernte ich, dass mein Job als Führungskraft darin besteht, »den Shareholder-Value zu maximieren«. Im echten Leben lernte ich schnell, dass eine zu starke Fokussierung auf Shareholder-Value nicht nur den Wert, sondern auch die Moral zerstört. Stattdessen wurde mir klar, dass ich mich darauf fokussieren musste, selbst fokussiert zu bleiben, sodass ich zu allen, die für mich arbeiteten, echte Beziehungen aufbauen konnte. Nur dann, wenn ich selbst fokussiert war und meine Beziehungen gefestigt waren, konnte ich meiner Verantwortung als Führungskraft gerecht werden und mein Team so leiten, dass es die besten Ergebnisse hervorbrachte. Shareholder-Value ist das Ergebnis. Er ist aber nicht das Wichtigste.

Wie ich bereits erwähnt habe, gibt es eine Wechselwirkung zwischen Ihren Beziehungen und Ihrer Verantwortung. Sie können Ihrer Verantwortung ohne gute Beziehungen nicht gerecht werden. Aber die Art, wie Sie Ihrer Verantwortung gerecht werden, ist ein wesentlicher Bestandteil dieser Beziehungen. Sie werden von außen nach innen *und* von innen nach außen aufgebaut. In diesem Kapitel liegt der Schwerpunkt auf innen nach außen. In Kapitel 6 bis Kapitel 8 liegt dann der Schwerpunkt auf außen nach innen. Ich werde darüber sprechen, wie Sie fokussiert bleiben, wie Sie auf Augenhöhe mit den Menschen interagieren, die für Sie arbeiten, und über die Kunst (und Gefahren), bei der Arbeit soziale Kontakte zu haben.

FOKUSSIERT BLEIBEN: SIE KÖNNEN SICH NICHT UM ANDERE KÜMMERN, WENN SIE SICH NICHT UM SICH SELBST KÜMMERN

Auf den ersten Blick mag es etwas seltsam erscheinen, aber ich beginne meine Arbeit, CEOs bei der Gestaltung der Arbeitsumgebung, die als wertschätzend offen gilt, zu coachen damit, dass ich mir zunächst anschaue, wie diese Person ihre Leben strukturiert hat und mit den Belastungen ihres Jobs umgeht. Was wir mit zur Arbeit bringen, wird durch unsere eigene Gesundheit und unser Wohlbefinden beeinflusst. Es ist ein Zeichen dafür, wie weit wir uns als Gesellschaft bereits entwickelt haben, dass dieser Aspekt nicht mehr als allzu »weich« angesehen wird. Und es ist ein großer Segen für die Geschäftswelt, da die Führungskräfte, die ein stabiles Fundament schaffen,

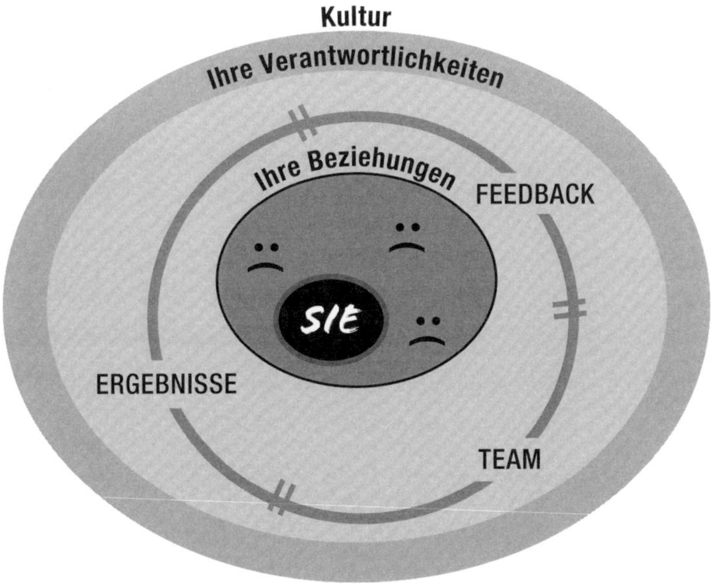

ausnahmslos effektiver sind, Teams aufzubauen, in denen die Menschen die beste Arbeit ihres Lebens tun können.

Nehmen Sie sich einen Moment und denken über eine schwere Zeit bei der Arbeit nach. *Sie* sind gestresst. *Sie* schlafen nicht. Ihre Probleme bei der Arbeit und zu Hause verstärken sich gegenseitig. Schwere Zeiten werden noch schwerer, wenn Sie nicht in Bestform sind. Und dann ist es besonders schwer, sich »persönlich« um diejenigen zu kümmern, die für Sie arbeiten, ganz zu schweigen von jenen, mit denen Sie zusammenarbeiten. Sie sind zu sehr damit beschäftigt, mit Ihren eigenen Problemen fertig zu werden. Die »Wertschätzung« ist aber unerlässlich, um Beziehungen aufzubauen, die alles andere befeuern. Das Wesen der Führung besteht darin, sich nicht von den Umständen überwältigen zu lassen.

Sie können sich nicht um andere kümmern, wenn Sie sich nicht um sich selbst kümmern. Und wenn Sie sich nicht um sich selbst oder Ihre Mitmenschen kümmern, gerät alles andere – einschließlich der Ergebnisse – aus den Fugen. Aber das wissen Sie ja bereits. Und was empfehle ich Ihnen nun, was *Sie* dagegen tun können?

Work-Life-Integration

Sein Sie unermüdlich und beharrlich, wenn es darum geht, Ihr ganzes und bestes Ich mit zur Arbeit zu bringen – und es auch wieder mit nach Hause zu nehmen. Betrachten Sie Work-Life-Balance nicht als eine Art

Nullsummenspiel, bei dem alles, was Sie in die Arbeit stecken, von Ihrem Leben abgeht, und alles, was Sie in Ihr Leben stecken, von der Arbeit abgeht. Betrachten Sie es stattdessen als Work-Life-Integration. Wenn Sie acht Stunden Schlaf brauchen, um fokussiert zu bleiben, dann sind diese acht Stunden nichts, was Sie für sich selbst und zulasten Ihrer Arbeit und Ihres Teams tun. Ihre Arbeit und Ihr Leben können sich gegenseitig beflügeln. Die Zeit, die Sie bei der Arbeit verbringen, kann ein Ausdruck dessen sein, wer Sie als Mensch sind, eine enorme Bereicherung für Ihr Leben und eine Wohltat für Ihre Familie und Freunde.

Das »Rezept« finden, um fokussiert zu bleiben und sich daran halten

Die Welt ist voller Ratschläge, und was für den einen extrem bedeutend ist, ist für den anderen totaler Mist. Ich habe einmal einen Film gesehen, in dem ein Polizist aus New York einem Polizisten aus Moskau seine Aquarien, Speziallampen und ausgeklügelte Meditationsrituale zur Stressbewältigung zeigte. »Und wie gehen Sie mit Stress um?«, fragte der New Yorker Polizist. Der Moskauer Polizist antwortete mit nur einem Wort: »Wodka.«

Tun Sie, was immer für Sie funktioniert. Ich habe die Erfahrung gemacht, dass das Wichtigste ist, das in schweren Zeiten zu priorisieren (aber es nicht zu übertreiben). Es ist sogar noch wichtiger, sich Zeit für die Dinge zu nehmen, durch die Sie fokussiert bleiben, wenn Sie gestresst sind und viel zu tun haben, als wenn alles ruhig ist. Ein sehr erfolgreicher Unternehmer, den ich kannte, ging in angespannten Zeiten sowohl vor als auch nach der Arbeit ins Fitnessstudio.

Und das muss *ich* tun, um fokussiert zu bleiben: acht Stunden schlafen, 45 Minuten Sport und mit meiner Familie sowohl frühstücken als auch zu Abend essen. Wenn ich ein oder zwei dieser Dinge ein oder zwei Tage ausfallen lasse, ist das in Ordnung. Aber das ist meine Routine. Außerdem muss ich hin und wieder einen Roman lesen (idealerweise einen pro Woche), und irgendwo ein romantisches Wochenende mit meinem Mann verbringen (idealerweise viermal pro Jahr) und einen zweiwöchigen Urlaub mit meinen Geschwistern und Eltern machen (einmal pro Jahr). Wenn ich es schaffe, das zu tun, kann ich in der Regel fokussiert bleiben, egal welche Stürme um mich herumtoben. Wenn ich das nicht schaffe, drehe ich in der Regel ein bisschen durch, auch wenn um mich herum alles ziemlich ruhig ist.

Kalender

Tragen Sie alle Dinge, die sie für sich selbst erledigen müssen, in Ihren Kalender ein, genauso wie Sie es mit einem wichtigen Meeting machen.

Wenn Sie Schwierigkeiten haben, rechtzeitig aus dem Büro nach Hause zu gehen, um pünktlich zum Abendessen zu kommen, tragen Sie die Zeit, die Sie für die Fahrt brauchen, in den Kalender ein. Tun Sie so, als ob Sie einen Zug erwischen müssten.

An den Meetings mit sich selbst tatsächlich teilnehmen

Blasen Sie diese Meetings mit sich selbst nicht ab, und lassen Sie nicht zu, dass andere ein Meeting darüber buchen, genauso wie es sich bei einem Meeting mit Ihrem Chef verhält.

EIN GEFÜHL DER FREIHEIT BEI DER ARBEIT

Ok, nun sind Sie fokussiert, und Sie bringen Ihr bestes Ich mit zur Arbeit. Nun gilt es, darüber nachzudenken, wie Sie Ihren Mitarbeiterinnen und Mitarbeitern ein Gefühl der Autonomie und Handlungsfreiheit geben können, damit auch sie sich fokussieren und ihr bestes Ich mit zur Arbeit bringen können. Sie können Ihr Team so führen, dass es gute Ergebnisse hervorbringt, wenn Sie eine vertrauensvolle Beziehung zu jedem einzelnen Ihrer direkten Mitarbeiter aufgebaut haben. Und es kann nur echtes Vertrauen geben, wenn die Menschen ein Gefühl der Freiheit bei der Arbeit haben. Die erste Regel für den Aufbau einer Beziehung zu den Mitarbeiterinnen und Mitarbeitern, die von Freiheit bei der Arbeit geprägt ist, besteht darin, auf einseitige Autorität zu verzichten. Wenn Sie eine Führungskraft bei Google sind, wurde das bereits so für Sie festgelegt. Wenn Sie eine Führungskraft in einem anderen Unternehmen sind, ist es fast immer so, dass Sie die Autorität freiwillig aufgeben müssen. Dafür ist viel Disziplin erforderlich. Es ist nur allzu natürlich, ein wenig Kontrolle haben zu wollen. Aber Macht und Kontrolle sind lediglich Illusionen und bringen Sie nicht an Ihr eigentliches Ziel. Beziehungen sind viel effektiver, und sie sorgen für Zufriedenheit.

Dem liegt zugrunde, dass alle durch ihre Arbeit erfüllter sind, besser mit anderen zusammenarbeiten und das Team bessere Ergebnisse erzielt, wenn alle das Beste von dem, was sie geistig, emotional und körperlich haben, mit zur Arbeit bringen können. Das können Sie bei Menschen nicht mit Macht, Autorität und Kontrolle erreichen. Der CEO von Twitter und Square Jack Dorsey hat in einer E-Mail, die er an das gesamte Unternehmen sendete, erklärt, warum sich das so verhält: »Wenn du den Namen oder die Autorität einer anderen Person benutzen musst, um einen Standpunkt zu verdeutlichen, ist dieser Standpunkt wenig wert (vielleicht glaubst du selbst nicht daran). Wenn du glaubst, dass etwas richtig ist, dann konzentriere dich auf deine Arbeit zu präsentieren, um das zu beweisen. Autorität ergibt sich ganz von selbst aus den Errungenschaften, nicht andersherum.«

Wenn Sie eine vertrauensvolle Beziehung zu den Menschen aufbauen können, sodass sie bei der Arbeit ein Gefühl der Freiheit verspüren, steigt die Wahrscheinlichkeit, dass sie die beste Arbeit ihres Lebens abliefern. Aber Sie »holen das nicht aus ihnen heraus«; Sie schaffen die Voraussetzungen dafür, dass sie es aus sich selbst herausholen können.

Wie in Kapitel 1 beschrieben, gibt es nur wenige Dinge, die dem Aufbau einer vertrauensvollen Beziehung mehr schaden als einseitige Autorität oder ein Gefühl der Überlegenheit. Die Art, wie Sie die Menschen behandeln, entscheidet darüber, ob sie ihr Bestes geben, nur oberflächlich arbeiten oder versuchen, Sie zu sabotieren. Wenn Sie die Menschen wie ein Rädchen im Getriebe behandeln, werden Sie nicht mehr bekommen, als Sie verlangen, und Sie verschaffen Ihnen einen Anreiz, das Getriebe kaputt zu machen. Ich werde die Zeit nie vergessen, als ich während meines Wirtschaftsstudiums ein Beratungsprojekt in einem Stahlwerk durchführte. Ich entwarf ein, wie ich fand, sehr cleveres Vergütungssystem, bei dem die Arbeiter quasi wie Münzautomaten behandelt wurden. Der Vorarbeiter sagte zu mir: »Mit einem solchen System werden die Leute, die nicht einmal ihren Namen schreiben können, rechnen lernen, um herauszufinden, wie sie mich verarschen können!« Ich erkannte, dass er absolut recht hatte.

Natürlich ist nur Anarchie schlimmer als Tyrannei. Die Anarchie ist, wie Hobbes es in *Leviathan* ausdrückt, »elend, nicht besser als das Leben eines Tieres und kurz«. In der Anarchie kommen die Tyrannen mit der Optimierung ihres begrenzten Eigeninteresses weg, und die Gesamtergebnisse sind häufig nicht existent. Eine Anekdote aus Russland über einen Diktator und den gesetzlosen Warlord verdeutlicht dies sehr gut. Der Warlord besucht das Haus des Diktators, der ihm den spektakulären Blick aus seinem Fenster zeigt. »Sehen Sie diese Straße?«, fragt der Diktator und schlägt sich dann auf die Brust. »10 Prozent für mich. Hahahahaha!« Als der Diktator den Warlord besucht, hat der einen noch spektakuläreren Blick zu bieten. »Sehen Sie diese Straße?«, fragt der Warlord und schlägt *sich* auf die Brust. »Welche Straße?«, fragt der Diktator. Der Warlord schlägt sich auf die Brust. »*100* Prozent für mich. Hahahahaha!« In einem Zustand der Anarchie ist die Autorität des Warlords noch viel weniger kontrolliert als die des Diktators in einem totalitären Regime.

Shona Brown, die das Buch *Competing on the Edge: Strategy as Structured Chaos* geschrieben hat, bevor sie zu Google ins Executive Management Team ging und dort für den Geschäftsbereich Business Operations verantwortlich war, wollte es vermeiden, Diktatoren zu schaffen oder den Aufstieg von Warlords zuzulassen. Zu diesem Zweck entwickelte sie sehr sorgfältig einen Prozess für Einstellungen, Beförderungen und Leistungsbeurteilungen. All diese Prozesse waren nicht dafür gedacht, die Angestellten zu kontrollieren. Vielmehr sollte damit die einseitige Autorität, die leicht von Zweckdienlichkeit oder begrenztem Eigeninteresse übernommen werden kann, durch einen Prozess ersetzt werden, der die Mitwirkung des ganzen Teams erfordert. Google motivierte die Führungskräfte dazu, gute Beziehungen zu ihren direkten Mitarbeiterinnen und Mitarbeitern aufzubauen, indem es sie zwang, die einseitige Kontrolle abzugeben. Somit wurde gewährleistet, dass jeder ein Gefühl der Freiheit bei der Arbeit hatte.

Dass Google der unkontrollierten Autorität von Führungskräften nicht vertraute, schlug sich praktisch in allen Prozessen nieder. Führungskräfte konnten nicht einfach Leute einstellen – sie mussten Kandidaten einen strengen Bewerbungsprozess durchlaufen lassen, mit Stationen bis hinauf zu Larry Page, der die Einstellung genehmigte oder ablehnte. Beförderungen wurden nicht von den Führungskräften, sondern von gleichgestellten Kolleginnen und Kollegen genehmigt. Leistungsbewertungen wurden durch ein 360-Grad-Feedback zu jedem Mitarbeiter bestimmt, nicht nur durch die subjektive Meinung der Führungskraft. Dann wurden sie über alle Abteilungen hinweg kalibriert, um sicherzustellen, dass die Standards in allen Teams gleich hoch waren. Dadurch war es ziemlich schwer, Mitarbeiter zu bevorzugen oder andere ungerechtfertigt zu benachteiligen. Und so weiter und so fort.

Unabhängig davon, ob Googles strenger Ansatz auch in Ihrem Unternehmen funktionieren würde, können Sie sehen, wie den Mitarbeiterinnen und Mitarbeitern ein Gefühl der Fairness und Autonomie gegeben wird, indem so die Wahrscheinlichkeit verringert wird, dass jeder Einzelne der Gnade einer einzigen Person ausgeliefert ist. Chefs können nicht zu kleinkarierten Bürokraten werden. Wenn Sie zu viel einseitige Autorität haben, werden Sie unweigerlich Dinge tun, die das Vertrauen untergraben, Ihre Beziehungen ruinieren und in Ihren direkten Mitarbeitern den Wunsch wecken, aus ihrem Job zu fliehen, so als müssten sie aus einem Gefängnis ausbrechen. Manchmal reicht schon ein kleines bisschen einseitige Autorität aus, um die Menschen dazu zu bringen, sich schlecht zu verhalten. Denken Sie an Ihren letzten Besuch bei der KFZ-Zulassungsstelle. Deshalb ist die erste Regel für den Aufbau einer Beziehung zu den Mitarbeitern, die durch ein Gefühl der Freiheit bei der Arbeit geprägt ist, die Abschaffung einseitiger Autorität.

Ich möchte noch einmal betonen, dass ich weder einen kompletten Verzicht noch Anarchie empfehle. Ich sage nicht, dass Sie die Leute, die für Sie arbeiten, einfach ignorieren sollten, oder dass sie tun und lassen können, was sie wollen. Sie haben eine Aufgabe zu erfüllen. Sie müssen ein Team leiten, damit es Ergebnisse erzielt. Und dafür müssen Sie Beziehungen beenden und schwierige Entscheidungen treffen, die häufig unpopulär sind. Deshalb ist der Aufbau von Beziehungen, die auf Vertrauen fußen und bei denen die Menschen ein Gefühl der Freiheit bei der Arbeit verspüren, so wichtig.

Ich empfehle Ihnen, nach Bereichen zu suchen, wo sie einige der herkömmlichen Quellen der Kontrolle eines Chefs loslassen können, um so Ihren Mitarbeiterinnen und Mitarbeitern zu signalisieren, dass Sie ihnen mehr Autonomie geben. Viele der Tipps, die Sie in den nächsten drei Kapiteln lesen werden, sollen Sie dazu ermutigen, Ihre einseitige Autorität abzugeben und sich stattdessen auf den Aufbau von vertrauensvollen Beziehungen konzentrieren.

DIE KUNST, SOZIALE KONTAKTE AM ARBEITSPLATZ ZU HABEN

Etliche Unternehmen geben sich große Mühe, die Mitarbeiterinnen und Mitarbeiter auch außerhalb des Büros zusammenzubringen, zum Beispiel bei einer Happy Hour, einer Weihnachtsfeier oder einem Off-Site-Event. Off-Site-Meetings und Partys sind durchaus produktiv, wenn die Teammitglieder wirklich daran teilnehmen wollen. Dennoch sollten Sie nicht vergessen, dass Sie die Menschen, mit denen Sie zusammenarbeiten, in erster Linie bei der Arbeit kennenlernen, und zwar jeden Tag, während der routinemäßigen Arbeitsabläufe, und nicht bei der jährlich stattfindenden Weihnachtsfeier.

Zeit mit den Arbeitskollegen in einer entspannten Umgebung zu verbringen ohne den Druck, Termine einhalten zu müssen, kann eine gute Möglichkeit sein, Beziehungen aufzubauen. Es muss nicht immer teuer sein. Sie können zusammen einen Spaziergang oder ein Picknick machen. Auch die Familie des anderen kennenzulernen kann eine große Wirkung haben. Bei Google wurde einmal ein Tag unter dem Motto »Karneval« veranstaltet, an dem alle Mitarbeiter ihre Kinder mit zur Arbeit bringen konnten. Unvergesslich war, dass Alan Eustace, Senior Vice President of Engineering, ein rosafarbenes Hasenkostüm trug. Wenn Sie Ihre Teammitglieder und deren Familien oder Partnerinnen und Partner zu sich nach Hause zum Essen einladen, ist das eine gute Möglichkeit, sich zu öffnen und zu zeigen, dass Sie sich für sie interessieren.

Wenn diese Veranstaltungen jedoch von oben eingestellt werden, entsteht zuweilen ein Gefühl der Verpflichtung und des Zwangs – damit wird unbeabsichtigt die Kultur der Freiheit und Autonomie untergraben. Sie verbringen bereits viele Stunden am Tag mit Ihren Kollegen und direkten Mitarbeitern. Nutzen Sie genau *diese* Zeit, um Beziehungen aufzubauen. In den meisten Fällen ist es besser, die Zeit nach der Arbeit zu nutzen, um fokussiert zu bleiben, als sich mit Arbeitskollegen zu treffen.

Wenn Sie aber dennoch einmal ein soziales Event bei der Arbeit durchführen, sollten Sie die folgende Warnung nicht vergessen: Selbst nicht verpflichtende Events können sich verpflichtend anfühlen. Und Alkohol kann Sie auf ein gefährliches Terrain führen.

Selbst nicht verpflichtende Events können sich verpflichtend anfühlen

Spaßveranstaltung *können* durchaus eine gute Möglichkeit darstellen, die Menschen in Ihrem Team kennenzulernen und ihnen zu helfen, sich gegenseitig kennenzulernen. Aber seien Sie sich darüber im Klaren, dass die Leute durch den sozialen Druck in Situationen geraten, die sie eigentlich lieber vermeiden wollen. Ich werde ein Gespräch mit Marissa Mayer nie vergessen. Sie arbeitete bei Google, und wir redeten über eine Whale-Watching-Tour, die ihr Chef organisiert hatte, um das Team zusammenzuschweißen. Marissa wurde immer seekrank. Sie wusste, dass sie sich würde übergeben müssen, wenn sie mitfuhr. Aber ihr Chef hatte sie unter Druck gesetzt und ihr gesagt, dass sie trotzdem mitfahren solle, um ein guter Teamplayer zu sein. Man sollte nicht über den Rand eines Bootes brechen müssen, um zu zeigen, dass man ein guter Teamplayer ist.

Es ist wichtig, diese ironischen Situationen zu vermeiden, in denen ein Versuch, das Team aufzubauen und die Moral zu verbessern, die Dinge nur verschlimmert. Ich habe einmal mit einer Führungskraft gearbeitet, deren Team 80 Stunden pro Woche arbeitete. Bei einem Off-Site-Event stand die Work-Life-Balance auf dem Programm – um 21 Uhr nach dem Go-Kart-Fahren. Tatsächlich hätten alle lieber das Go-Kart-Fahren ausfallen lassen, aber sie dachten, sie müssten »lustige« Dinge tun, um »Beziehungen zueinander aufzubauen«. Manchmal besteht das größte Geschenk an Ihr Team darin, es nach Hause gehen zu lassen.

Alkohol

Ein oder zwei Gläser Alkohol können ein soziales Schmiermittel sein. Aber das kann auch nach hinten losgehen. Hier sind ein paar der albtraumhaften Geschichten, die ich persönlich erlebt habe oder aus erster Hand weiß, dass sie das Ergebnis von zu viel Alkohol bei der Arbeit waren.

Eine Frau übergab sich bei einem Kundenessen auf ihren Salatteller. Ein Mann schlug einen Polizeibeamten und verbrachte die Nacht im Gefängnis. Eine Couch im Büro musste entsorgt werden, weil man sehen konnte, dass Leute darauf Sex hatten. Eine weitere Couch war ruiniert, nachdem sich ein Betrunkener darauf erbrochen hatte. Eine Frau hatte so viel getrunken, dass sie im Büro ohnmächtig wurde, und der Chef ihres Chefs um 3 Uhr morgens einen Anruf vom Sicherheitsdienst erhielt. Seelische Qualen und zerstörte Ehen durch ungewollte sexuelle Annäherungsversuche unter Alkoholeinfluss. Ein Selbstmordversuch. Es muss nicht erwähnt werden, dass das keine guten Voraussetzungen sind, um Beziehungen aufzubauen.

GRENZEN RESPEKTIEREN

Der Aufbau von wertschätzend aufrichtigen Beziehungen erfordert eine Gratwanderung zwischen dem Respektieren der Grenzen anderer und der Ermutigung, ihr ganzes Ich mit zur Arbeit zu bringen. Es gibt keinen »richtigen« Punkt für diese Grenze oder einen einzigen Weg, wie Sie Ihre Mitarbeiter dazu bringen, sich ein wenig mehr zu öffnen. Sie müssen die Grenzen mit jeder Person, mit der Sie arbeiten, individuell aushandeln. Und Sie müssen diese Grenzen respektieren und gleichzeitig Ihre Mitarbeiterinnen und Mitarbeiter im Laufe der Zeit besser kennenlernen, um die besten Beziehungen in Ihrem Berufsleben aufzubauen. Nachstehend finden Sie einige Dinge, die ich darüber gelernt habe, diese Gratwanderung zu meistern. Ich hoffe, sie helfen Ihnen dabei, die Grenzen anderer auszuhandeln.

Vertrauen aufbauen

Der Aufbau von Vertrauen braucht in jeder Beziehung Zeit, denn Vertrauen beruht auf dem immer gleichen Verhaltensmuster, in gutem Glauben zu handeln. Es ist ein großer Fehler, zu schnell von zu viel Vertrauen auszugehen (zum Beispiel, indem man sehr persönliche Fragen stellt, obwohl man die Person kaum kennt). Auf der anderen Seite müssen Sie aber irgendwo anfangen. Wenn Sie niemals auch nur eine einzige Frage über das Leben einer Person stellen, ist es schwer, sich auf der Achse »Wertschätzung« nach oben zu entwickeln. Vermutlich ist das Wichtigste, das Sie tun können, um Vertrauen aufzubauen, mit jedem Ihrer direkten Mitarbeiter ein wenig Zeit zu verbringen. Regelmäßige Einzelgespräche, in denen Ihr Mitarbeiter die Themen bestimmt und Sie Fragen stellen, ist eine gute Methode, um damit anzufangen, Vertrauen aufzubauen. (Siehe »Einzelgespräche, Kapitel 8). Die Art, wie sie um Kritik bitten und wie Sie darauf reagieren, trägt wesentlich dazu bei, Vertrauen aufzubauen – oder es zu zerstören. (Siehe »Spontanes Feedback einfordern«, Kapitel 6). Einmal pro Jahr ein Entwicklungsgespräch durchzuführen ist ebenso eine hervorragende Methode, um die Beziehung zu allen direkten Mitarbeitern zu stärken (siehe Kapitel 7).

Werte teilen

Als ich mit dem Team zusammenarbeitete, dass *Managing at Apple* entwickelte, sprachen sich einige Leute dafür aus, den Kurs mit einer Übung zu beginnen, bei der die Führungskräfte ihre »persönlichen Werte« aufschreiben und teilen sollten. Die Gründe dafür waren nicht schlecht. Ihre Werte sind es, durch die Sie fokussiert bleiben. Aber ich bin mit dieser Art von Übung sehr zurückhaltend. Zunächst einmal ist die Entwicklung der persönlichen Werte die Aufgabe eines ganzen Lebens. Sie kann durch eine 45-minütige Übung ihren Wert verlieren. Zweitens finden es einige Leute extrem hilfreich, ihre Werte explizit zu formulieren, während andere das Gefühl haben, dass es unmöglich ist, dies auf eine sinnhafte Weise zu tun. Drittens, und das ist der wichtigste Punkt, sind viele der Meinung, dass ihre Werte ausschließlich private Überzeugungen sind, über die sie nicht mit Kollegen sprechen wollen. Andere könnten diese Übung als Einladung sehen, Menschen zu bekehren, und die Art und Weise, wie sie über ihre Werte sprechen, könnte Unterschiede hervorheben, die für ihre Fähigkeit zur Zusammenarbeit eigentlich irrelevant sind. Eine Übung, bei der die Teilnehmer öffentlich über ihre Werte sprechen müssen, kann einen Keil zwischen die Kollegen treiben, anstatt ihnen zu helfen, ihre Gemeinsamkeiten zu finden.

Warum sollte ich etwas dagegen haben, dass die Menschen ihre Werte aufschreiben sollen, wenn sich bei mir alles darum dreht, »mein gesamtes Ich mit zur Arbeit zu bringen« (das heißt sich frei genug fühlen, um alles, was man intellektuell, emotional und physisch hat, in seine Arbeit zu stecken)? Ein Student in einem meiner Kurse erzählte einmal eine Geschichte, die den Grund dafür auf den Punkt bringt. Dieser Student war schwul, kam aus dem Mittleren Westen, und er war sicher, dass er von vielen seiner

Kolleginnen und Kollegen ausgegrenzt worden wäre, wenn er sich in seinem vorherigen Job geoutet hätte. Wenn er bei diesem Unternehmen eine Übung zu den Werten hätte machen müssen, wäre er gezwungen gewesen, über seine Werte zu lügen.

Wichtig ist, dass Sie mit ihren persönlichen Werten verbunden bleiben und sie darin zum Ausdruck bringen, wie Sie Ihr Team führen, und nicht, indem Sie Dinge wie »harte Arbeit«, »Aufrichtigkeit« und »Innovation« auf einen Zettel schreiben. Leben Sie Ihre Werte. Versuchen Sie nicht, sie wie in einer Mitarbeiter-Übung aus der Serie *The Office* aufzulisten.

Offenheit zeigen

Das bringt mich nun zu einem wichtigen Grundsatz, der im Mittelpunkt von Radical Candor steht: Offenheit. Sie müssen nicht dieselben, persönlichen Werte teilen, um eine gute Beziehung am Arbeitsplatz aufzubauen. Zudem ist es eine schreckliche Vorstellung, Ihre Kollegen davon überzeugen zu wollen, dass Ihre Werte »richtig« und die Ihrer Mitarbeiter »falsch« sind. Aber Sie müssen die Werte der anderen *respektieren*, wenn Sie sie mit Ihnen teilen.

Man könnte meinen, dass die Menschen in liberalen Städten wie San Francisco, wo ich arbeite, oder in New York offen für Unterschiede sind. Aber ich hatte etliche Kollegen, die sich darüber beklagt haben, dass sie ihre konservative politische Meinung für sich behalten müssen, da sie hier in San Francisco ansonsten ausgegrenzt werden. Sie müssen sich auf die Zunge beißen, wenn Leute Bemerkungen machen, die implizieren, dass sie alle Konservativen für dumm oder käuflich halten. Denken Sie einmal darüber nach – ob nun der Schwule gezwungen ist, schwulenfeindliche Witze zu ertragen, oder der Konservative, der gezwungen ist, anti-konservative Witze über sich ergehen zu lassen, das Ergebnis ist dasselbe – ein Teil von ihnen wird negiert, und sie können nicht anders, als ein Gefühl der Entfremdung, der Unfreiheit bei der Arbeit zu empfinden.

Deshalb ist es so wichtig, die Menschen daran zu erinnern, dass ein wichtiger Teil von wertschätzend aufrichtigen Beziehungen darin besteht, sich der Möglichkeit zu öffnen, mit Menschen Kontakt zu haben, die eine andere Weltanschauung haben, oder sie ein Verhalten zeigen, das Sie nicht verstehen oder gar im Widerspruch zu einem Ihrer wichtigsten Überzeugungen steht. Es ist möglich, einer Person Wertschätzung entgegenzubringen, die nicht mit Ihren Ansichten über Abtreibung, Waffen oder Gott übereinstimmt. Der schnellste Weg hin zu künstlichen Beziehungen bei der Arbeit und zur Anziehung unternehmerischer Mittelmäßigkeit, ist, darauf zu bestehen, dass alle dieselbe Weltanschauung haben, bevor man eine Beziehung zu ihnen aufbaut. Eine wertschätzend aufrichtige Beziehung fängt mit grundlegendem Respekt und allgemeinem Anstand an, den sich alle Menschen gegenseitig schulden, und zwar unabhängig von ihrer Weltanschauung. Ich möchte noch einmal betonen, dass die *Arbeit* die Verbindung von allen im Team ist. Und die produktivste Art, wie diese Verbindung gestärkt werden kann, ist es, zu lernen, wie man so zusammenarbeitet, dass alle Beteiligten davon profitieren.

Dick Costolo hat viel Zeit und Mühe darauf verwendet, zu überlegen, wie Twitter zu einem integrativeren, offeneren Umfeld gemacht werden kann. Als er den Implicit Association Test (IAT), mit dem unbewusste Voreingenommenheit gemessen wird, machte, zeigten seine Ergebnisse, dass er im Wesentlichen nicht unbewusst voreingenommen ist. Laut IAT ist er weniger genderspezifisch voreingenommen als ich, und ich halte mich für einen echten Champion für Frauen.

Bei einer meiner Lieblingsgeschichten über Dick und Diversity geht es um seinen Versuch, den Ausdruck »you guys« (ihr Jungs) aus seinem Wortschatz zu streichen. Ich erzählte ihm eine Geschichte von meinen Zwillingen – ein Junge und ein Mädchen –, die in den Kindergarten gingen. Ihre beiden Erzieherinnen diskutierten darüber, warum sich Jungen häufiger als Mädchen meldeten. Dann nahm ich an einer Unterrichtsstunde teil und die folgende Frage wurde gestellt: »Ok, Jungs, wer weiß, was vier plus eins ist?« Kein Wunder, dass sich die Mädchen nicht meldeten! Kinder nehmen alles wörtlich, und Mädchen sind keine Jungen. Ich erzählte Dick diese Geschichte, und ich nehme auch alles wörtlich, und ich ärgere mich immer, wenn jemand eine gemischtgeschlechtliche Gruppe mit »guys« oder »you guys« anredet. Die meisten Leute schauen mich schräg an, wenn ich mit meiner »you-guys«-Tirade anfange, aber Dick schlug sich an die Stirn. »Ja klar! Es gibt nichts Schlimmeres, als unsichtbar zu sein. Dass ich noch nie daran gedacht habe! Es gibt keine schlimmere Art und Weise, einer Gruppe von Menschen das Gefühl des Ausgeschlossenseins zu geben als eine Sprache zu verwenden, die davon ausgeht, als wäre sie einfach nicht anwesend.«

»Ja, wie *Der unsichtbare Mann*«, sagte ich. Kurz zuvor hatten Dick und ich über den Roman von Ralph Ellison über einen Afro-Amerikaner gesprochen, dessen Hautfarbe ihn unsichtbar macht.

»Ja genau. Ok, du hast mich überzeugt. Ich werde anfangen »ihr alle« zu sagen!«, sagte Dick.

Es ist nicht leicht, seine reflexartig verwendete Ausdruckweise zu ändern, aber Dick hat viel Energie darein gesteckt, »ihr alle« statt »ihr Jungs« zu sagen.

Körperliche Nähe

Ist es jemals eine gute Idee, einen Kollegen zu berühren? Viele würden sagen, dass jede Art von Körperkontakt bei der Arbeit, abgesehen von einem super-professionellen Händedruck, unangemessen und gefährlich ist. Ich denke, dass wir hier das Kind mit dem Bade ausgeschüttet haben. Wenn der Ehepartner eines Kollegen bei einem Autounfall ums Leben gekommen ist oder ein Kollege gerade seine Verlobung bekannt gegeben hat, reicht ein super-professioneller Handschlag einfach nicht aus. Und eine ernst gemeinte Umarmung ist womöglich die effektivste Art, sein persönliches Interesse für den anderen zu zeigen.

Stacy Brown-Philpot, CEO von Task Rabbit, hat von dem beliebten Coach im Silicon Valley Bill Campbell eine Menge über Umarmungen – und wie man mit körperlicher Nähe umgeht – gelernt. Das erste Mal, dass sich Stacy und Bill begegneten, war, als er nach einem Vortrag zu ihr kam und ihr sagte, dass sie beim Sprechen immer mit den Händen vor ihrem Gesicht hin und her fuchtele und dass sie mehr Glaubwürdigkeit hätte, wenn sie damit aufhörte. Sie sagte, dass sei der nützlichste Ratschlag, den sie jemals zum Thema Vorträge vor einem Publikum bekommen habe.

»Warst du ein bisschen sauer, dass dieser Mann, den du noch nie zuvor gesehen hattest, auf dich zukam und dich kritisierte?«, fragte ich sie.

Stacy dachte einen Moment lang darüber nach. »Nun, eigentlich nicht. Denn bevor er überhaupt irgendetwas zu mir sagte, gab er mir eine herzliche Umarmung und einen Kuss auf die Wange. Also wusste ich, dass er das von einem Ort der Wärme aus zu mir sagte. Es war sofort klar, dass ich ihm etwas bedeutete, und dass er das nur sagte, um mir zu helfen.«

»War es für dich nicht komisch, dass dich ein Fremder umarmt und dir einen Kuss gibt?«

»Nein, denn es schien so natürlich zu sein, dass er das tat. Ich wünschte, mehr Menschen wären so wie er.«

Mein Mann, der im Little-League-Team der Coach von Bills Sohn war, sagte: »Er hat auch schon alle Trainer, alle Eltern und Kinder umarmt, einfach alle! Mehr Leute sollten das tun.«

Wie Stacy und mein Mann wünsche ich mir, dass sich mehr Menschen auf diese Weise umarmen. Nicht nur oberflächlich von der Seite mit einem Arm, sondern die Art von sechs Sekunden dauernden Umarmungen, über die Gretchen Rubin in ihrem Buch Das *Happiness-Projekt* schreibt. Gretchen, die für ALLES eine Studie hat, erklärt, warum eine längere Umarmung effektiver ist als eine kürzere.

> *»Interessanter Fakt: Um die Ausschüttung der chemischen Stoffe Oxytocin und Serotonin – die die Stimmung heben und die Bindung fördern – zu optimieren, sollte eine Umarmung von Ihnen mindestens sechs Sekunden anhalten.«*

Selbstverständlich *kann* eine Umarmung oder eine Berührung definitiv auch schiefgehen. Zu Beginn meiner Karriere hatte ich einen Chef, der mich umarmte, als ich mich über etwas ärgerte. Und dann fing er damit an, mich auf eine sexuelle und äußert unwillkommene Weise anzufassen. Jetzt ärgerte ich mich *richtig*. Ich hatte mich auf ihn als meinen Mentor verlassen, und nun würde ich ihn für immer als einen weiteren Widerling sehen. Wenn eine Umarmung eine sexuelle Konnotation hat, den anderen klein macht oder offensichtlich unerwünscht ist, ist sie aggressiv offen. Wenn all das, was Sie dem anderen geben, Umarmungen sind, und Sie dieser Person gegenüber nie aufrichtig sind, dann dürften Ihre Umarmungen schädlich empathisch sein. Umgekehrt sollten Sie sich nicht schlecht fühlen, wenn die andere Person nicht umarmt werden möchte. Und wenn Ihnen eine Umarmung unangenehm ist, ist das auch in Ordnung. Als Russ Laraway las, was ich geschrieben hatte, bat er mich sofort, ihn nicht mehr zu umarmen.

Um zu zeigen, dass Sie mit Umarmungen »Wertschätzung« zum Ausdruck bringen möchten, müssen Sie die »Platin-Regel« befolgen. Die »goldene Regel« besagt, dass man andere so behandeln soll, wie man selbst behandelt werden möchte. Die »Platin-Regel« besagt, dass man zuerst herausfinden soll, womit sich der andere wohlfühlt, und das sollte man dann tun. Wenn die meisten in Ihrem Team Umarmungen mögen, aber ein paar nicht, müssen Sie einen Weg finden, dass sie sich von all den Umarmungen nicht ausgeschlossen fühlen. Manchmal ist es gut zu reden!

Aber wenn Sie das tun *können*, was Bill Campbell für Stacy getan hat, und die Art von wertschätzend aufrichtiger Umarmung geben können, die den Verstand und das Herz einer Person öffnet, um etwas Neues zu lernen oder in irgendeiner Weise zu wachsen, werden Sie die Welt ein kleines bisschen glücklicher machen.

Nur zu. Versuchen Sie es. Ich fordere Sie dazu heraus! Es ist in Ordnung, sich aus der Komfortzone herauszubewegen, aber es ist nicht in Ordnung, andere in Verlegenheit zu bringen, also versuchen Sie es nur bei Leuten, die auch umarmt werden *wollen*.

Die eigenen Emotionen erkennen

»An der Stimmung, mit der du zur Tür hereinkommst, weiß ich, was für eine Art Tag ich haben werde«, sagte Russ eines Morgens zu mir, als wir zusammen bei Google arbeiteten. Ich habe mich selten so geschämt. Ich dachte, dass ich ziemlich ausgeglichen sei und in schwierigen Zeiten ein Pokerface hätte. Er sah, dass ich verärgert war, und er unterstützte mich ein wenig, ohne allerdings von seiner Aufrichtigkeit abzulassen: »Du solltest zumindest versuchen, es nicht an uns auszulassen. Aber trotzdem merken wir alle, in welcher Stimmung du bist. Jeder merkt, in welcher Stimmung der Chef ist. Das müssen wir auch. Das ist normal.«

Was musste ich tun, um sicherzustellen, dass mein gesamtes Team keinen schlechten Tag hatte, nur weil ich einen hatte? An dieser Stelle kann das Gebot, sein gesamte Ich mit zur Arbeit zu bringen, mit den negativen Auswirkungen davon kollidieren. Solche Gefühle zu unterdrücken funktioniert in der Regel aber nicht. Sie können Ihre Gefühle nicht vor den Menschen, mit denen Sie eng zusammenarbeiten, verbergen. Sie wollen Ihre schlechten Tage nicht an ihrem Team auslassen, aber Sie können auch die Tatsache nicht verbergen, dass Sie nicht in Bestform sind. Das Beste, was Sie tun können, ist, sich einzugestehen, wie Sie sich fühlen und was im Rest Ihres Lebens vor sich geht, damit andere nicht das Gefühl haben, sie seien schuld an Ihrer schlechten Stimmung.

Ich habe gelernt, einfach so etwas zu sagen wie: »Hey, ich habe einen beschissenen Tag. Ich gebe mir echt Mühe, nicht mürrisch zu sein, aber wenn es so aussieht, als hätte ich heute eine kurze Zündschnur, dann stimmt das. Es liegt aber nicht an eurer Arbeit. Es liegt daran, dass ich einen großen Streit mit einem Freund [oder jemand anderem] hatte.«

Wenn Sie wirklich ganz schlimm emotional verärgert sind, bleiben Sie einen Tag zu Hause. Sie wollen das genauso wenig verbreiten, wie Sie einen ansteckenden Virus verbreiten möchten, und Emotionen sind genauso ansteckend wie Viren. Tage der mentalen Gesundheit sollten ernster genommen werden, als das momentan der Fall ist.

Reaktionen auf die Emotionen anderer kontrollieren

Viele Leute überschreiten eine gefährliche emotionale Grenze, wenn sie Chef werden. Sie versuchen, die Emotionen der anderen zu steuern. Das ist eine deutliche Grenzüberschreitung. Alle Menschen, auch Ihre direkten Mitarbeiterinnen und Mitarbeiter, sind für ihr eigenes Gefühlsleben verantwortlich. Es gibt nur wenige schnellere Wege hin zur manipulativen Unaufrichtigkeit, als sich einzubilden, man könne die emotionalen Reaktionen einer anderen Person kontrollieren oder sie umgehen. Um wertschätzend aufrichtige Beziehungen aufzubauen, sollen Sie versuchen, die Emotionen anderer Leute nicht zu verhindern, zu kontrollieren oder zu steuern. Wenn die Emotionen hochkochen, nehmen Sie sie zur Kenntnis, und reagieren Sie mitfühlend. Und versuchen Sie, Ihre Reaktionen auf die Emotionen anderer Menschen in den Griff zu bekommen.

Sie wissen bereits, wie Sie auf Emotionen mit Mitgefühl reagieren können. In Ihrem Privatleben tun Sie das ständig. Irgendwie vergessen wir diese einfachen Dinge jedoch leicht. Nachstehend sind einige Hinweise, wie Sie mitfühlend reagieren können – Dinge, die Sie vermutlich schon instinktiv in anderen Beziehungen tun, bei der Arbeit aber vielleicht nicht:

Erkennen Sie Emotionen an. Emotionale Reaktionen können wichtige Hinweise liefern, die Ihnen helfen, besser zu verstehen, was mit Ihren Mitarbeiterinnen und Mitarbeitern wirklich los ist. Sie liefern eine Abkürzung hin zum Kern der Angelegenheit. Also reagieren Sie nicht auf Ausbrüche oder mürrisches Schweigen, indem Sie so tun, als gäbe es diese nicht. Versuchen Sie nicht, die Emotionen abzuschwächen, indem Sie Dinge sagen wie: »Nimm' es nicht persönlich«, oder »Lass uns professionell bleiben«. Sagen Sie stattdessen: »Ich kann sehen, dass du wütend/frustriert/erfreut/_____ bist.«

Stellen Sie Fragen. Wenn jemand aufgrund einer Situation bei der Arbeit frustriert oder verärgert oder wütend genug ist, um emotional zu reagieren, ist das Ihr Zeichen, um so lange Fragen zu stellen, bis Sie verstehen, was eigentlich los ist. Leiten Sie das Gespräch nicht zu sehr in eine Richtung. Hören Sie einfach zu, und es wird ganz klar.

Wenn Sie Ihre Schuld auf die schwierigen Emotionen anderer draufpacken, wird es den Leuten nicht besser gehen. Es ist schon häufig vorgekommen, dass Menschen, die ich geführt oder gecoacht habe, verzweifelt zu mir gekommen sind, nachdem sie jemandem Feedback gegeben hatten, der anfing zu weinen. »Was hätte ich anders machen sollen?«, fragten sie dann. Vielleicht haben sie die Situation perfekt gemeistert. Nur weil jemand weint oder schreit, bedeutet das nicht, dass Sie etwas falsch gemacht haben. Das bedeutet nur, dass die Person wütend ist. Wenn Sie sich schuldig fühlen, weil diese Person wütend ist, werden Sie eher eine abwehrende als eine mitfühlende Reaktion zeigen. Ihre abwehrende Reaktion kann wiederum dazu führen, dass Sie sich unbeabsichtigt herablassend oder kalt verhalten. Menschen verbringen einen großen Teil ihres Lebens bei der Arbeit. Ihre Arbeit ist ihnen in der Regel wichtig. *Natürlich* werden sie wütend, wenn etwas nicht funktioniert. Wenn jemand wütend ist, ist es nicht notwendigerweise

Ihre Schuld. Vielleicht haben Sie gar nichts damit zu tun. Konzentrieren Sie sich auf diese Person, nicht auf sich selbst.

Anderen Menschen vorzuschreiben, wie sie sich zu fühlen haben, wird nach hinten losgehen. Die folgenden Aussprüche sind die kontraproduktivsten, die Sie äußern können: »Sei nicht traurig!«, »Sei nicht sauer!«, »Nichts für ungut, aber…!«. Wenn Sie versucht sind, diese Sätze zu verwenden, denken Sie an den Song von Meatloaf, in dem er singt: »I want you, I need you, there ain't no way I'm ever gonna love you, now don't be sad.« (»Ich will dich, ich brauche dich, ich werde dich nie lieben, sei jetzt nicht traurig.«) Das macht es nur noch trauriger! Wenn Sie eine Person sind, die Emotionen nicht ertragen kann, sollten Sie dennoch der anderen Person nicht aufbürden, nicht zu weinen oder zu schreien oder sich zu verteidigen. Wenn Sie einer Person sagen, eine bestimmte emotionale Reaktion nicht zu zeigen, ist es fast unvermeidbar, dass sie diese Reaktion zeigt. Ihre Forderung wird vermutlich genau die Emotionen hervorbringen, die Sie am meisten fürchten. Es ist wie bei Tolstois Bruder, der ihm sagte, er könne so lange nicht aus der Ecke des Zimmers herauskommen, bis er aufhöre, an einen weißen Bären zu denken. Der Bär spukte *stundenlang* in seinen Gedanken herum. Ich hatte einmal einen Chef, der sagte, ich dürfe nicht vor ihm weinen. Also weinte ich *die ganze verflixte Zeit* bei ihm! Das war für uns beide schrecklich.

Wenn Sie nicht mit Gefühlsausbrüchen umgehen können, sollten Sie sich selbst verzeihen. Sie müssen nicht zusehen, wenn jemand weint oder schreit, falls das für Sie unerträglich ist. Wenn jemand eine emotionale Reaktion zeigt, mit der Sie nicht umgehen können, ist es in Ordnung zu sagen: »Es tut mir sehr leid, dass du verärgert bist. Ich gehe kurz raus und hole dir ein Wasser. Ich bin gleich wieder da.« Wenn Sie dann zurückkommen, können Sie sagen: »Ich würde jetzt gerne das Thema vorerst wechseln und später darüber sprechen. Ich verspreche, dass wir darauf zurückkommen werden, denn ich kann sehen, dass es wichtig für dich ist. Aber im Moment fällt mir das schwer.«

Haben Sie immer Taschentücher griffbereit an Ihrem Schreibtisch. Früher hatte ich immer ein Päckchen Taschentücher in meinem Büro, für den Fall, dass es Tränen gab. Dann machte es sich eine Mitarbeiterin von mir zur Gewohnheit, jeden Freitagnachmittag in mein Büro zu kommen und zu weinen. Das war eine anstrengende Art, die Arbeitswoche zu beenden. Ich holte mir Rat bei einem Kollegen, der eine Todesangst vor Tränen hatte. Er wies mich darauf hin, dass das Anbieten eines Taschentuchs die Tränen manchmal erst in Gang setze. Wenn er mitbekam, dass jemand anfing zu weinen, entschuldigte er sich und verließ das Büro, um ein Taschentuch zu holen. Diese kleine Atempause reichte häufig aus, dass sich die Person wieder beruhigte. Ich probierte diese Technik den folgenden Freitag aus, und sie hat funktioniert!

Haben Sie immer ein paar ungeöffnete Flaschen Wasser an Ihrem Schreibtisch. Ein weiterer guter Rat, den ich von einem Geschäftspartner aus dem Personalmanagement bekommen habe, besteht darin, immer ein paar ungeöffnete Flaschen Wasser vorzuhalten. Wenn Sie sehen, dass sich jemand aufregt, bieten Sie ihm eine Flasche Wasser an. Oft reicht die Zeit, um die Flasche zu öffnen und einen Schluck Wasser zu trinken, schon aus, um die Person zu beruhigen. Wenn Sie selbst dazu neigen zu weinen, können Sie selbst auch eine Flasche Wasser trinken!

Machen Sie einen Spaziergang, sitzen Sie nicht an einem Tisch. Wenn Sie ein schwieriges Gespräch führen müssen, versuchen Sie einen Spaziergang zu machen und nicht am Tisch zu sitzen, während Sie sprechen. Wenn Sie spazieren gehen, treten die Emotionen weniger deutlich hervor, und es ist unwahrscheinlicher, dass sie auf eine destruktive Weise zum Ausdruck kommen. Zudem fühlt es sich oft besser an, nebeneinanderher zu gehen und in die gleiche Richtung zu schauen, als an einem Tisch zu sitzen und sich gegenseitig anzustarren.

Für den Aufbau von Beziehungen zu Ihren direkten Mitarbeiterinnen und Mitarbeitern ist Zeit und viel Energie nötig. Manchmal ist das der anstrengendste Teil Ihrer Arbeit, besonders dann, wenn die Dinge nicht so gut laufen. Sich dran zu erinnern, dass dies ein wesentlicher Teil Ihrer Arbeit ist, wird Ihnen helfen. Und wenn Sie diese anstrengenden Zeiten hinter sich haben, stellen Sie womöglich fest – so wie ich das auch getan habe –, dass diese Beziehungen Ihrer Arbeit einen Sinn verleihen, und zwar weit über die Ergebnisse hinaus, die Sie gemeinsam erzielen.

6.

FEEDBACK

Ideen, um Lob und Kritik entgegenzunehmen/ zu äußern/zu fördern

In Kapitel 2 habe ich beschrieben, wie wertschätzend aufrichtige Beziehungen das Vertrauen schaffen, das Sie in die Lage versetzt, besseres Feedback zu geben, und wie durch das Feedback wiederum wertschätzend aufrichtige Beziehungen befördert werden. Feedback ist der »Atombaustein« der Führung, der aber für die meisten Menschen höchst unangenehm ist. Nachstehend führe ich einige Tools und Techniken auf, die es Ihnen erleichtern werden, eine Feedbackkultur in Ihrem Team zu etablieren.

FEEDBACK=	Lob	Kritik
Erhalten von		
Geben an		
Anregen zwischen		

Um eine Kultur von wertschätzend aufrichtigem Feedback zu etablieren, müssen Sie *sowohl Lob als auch Kritik entgegennehmen, äußern und fördern.* Die Tabelle, die ich entwickelt habe, um das richtige Gleichgewicht zu finden, ist oben abgebildet.

SPONTANES FEEDBACK EINFORDERN: AKZEPTIEREN SIE, WENN ES SICH UNANGENEHM ANFÜHLT

Eine der wichtigsten Erkenntnisse, die ich über die Schaffung einer Feedbackkultur gewonnen habe, stammte aus dem in der Einführung beschriebenen Streit zwischen Larry Page und Matt Cutts, dem ich beigewohnt habe. Bevor Larry Matts Vorschlag kritisierte, motivierte er ihn, die Herausforderung freudig anzunehmen, indem er aufmunternd grinste, als Matt anfing, leidenschaftlich zu werden. Larry sagte nicht: »Werde bloß nicht emotional.« Je intensiver Matt seine Kritik hervorbrachte, desto breiter wurde Larrys Grinsen. Wie können Sie ein Umfeld schaffen, in dem das ein normaler Zustand ist? Was *können* Sie tun, um Kritik von Ihrem Team zu erhalten?

Das ist gar nicht so einfach. Denn die Leute wollen Sie eigentlich nicht kritisieren oder Ihnen sagen, was sie wirklich denken, wenn Sie ihr Chef

FEEDBACK=	Lob	Kritik
Erhalten von	✔	✔
Geben an		
Anregen zwischen		

sind. Mit dieser Rolle erben Sie eine Reihe von Vermutungen über sich, die nichts damit zu tun haben, wer Sie wirklich sind. Diese Position verändert oft den Eindruck, den die Leute von Ihnen haben, und zwar auf eine Weise, die verwirrend erscheint. Beispielsweise bin ich 1,52 Meter groß, habe blonde Haare und spreche mit einem Südstaaten-Akzent. Mein ganzes Leben kämpfe ich schon gegen das Vorurteil, eine »dumme Blondine« zu sein. Als ich dann Führungskraft wurde und mir jemand sagte, ich sei einschüchternd, dachte ich, er mache Witze. Dann hörte ich, wie jemand anderes mich als groß beschrieb. Und das, obwohl ein Mann im Team 43 Zentimeter größer als ich war.

Gehen Sie nicht davon aus, dass die Leute Sie nicht anders sehen oder Ihnen automatisch vertrauen, nun da Sie ihr Chef sind, nur weil Sie ein netter Mensch sind oder weil Sie früher jeden Tag mit den Leuten, die Sie jetzt führen, zu Mittag gegessen haben. Schauen Sie sich einmal die vielen bunten Definitionen des Begriffs »Chef« an, beispielsweise die im Urban Dictionary: »Chefs sind wie Windeln: Vollgeschissen und überall auf deinem Arsch.« »Chef: nicht ernst gemeinte Anrede, die von unverschämten kleinen Trotteln verwendet wird. Sie ist zwar angeblich respektvoll, aber in Wirklichkeit bedeutet sie, dass sie überhaupt keinen Respekt vor Ihnen haben.« In dem Moment, in dem Sie die Rolle des Chefs übernehmen, kämpfen Sie bis zu einem gewissen Grad gegen Vorurteile an. Und die Autorität, die mit dieser Rolle einhergeht, bringt wahrscheinlich einige Ihrer schlimmsten Instinkte zum Vorschein – also dürfte sie nicht *nur* eine Frage der ungerechten Wahrnehmung sein!

Deshalb ist es so wichtig, dass Sie sich das Vertrauen Ihres Teams erarbeiten, wenn Sie der Chef werden. Womöglich machen Sie sich Sorgen darüber, wie Sie ihren Respekt verdienen können, und das ist nur natürlich. Leider kann es nach hinten losgehen, wenn Sie sich zu sehr darauf konzentrieren, Respekt zu erlangen, denn dann geraten Sie in die Defensive, wenn Sie kritisiert werden. Wenn Sie sich auf der anderen Seite die Kritik anhören und gut darauf reagieren, werden sich Vertrauen *und* Respekt automatisch ergeben.

Nachstehend erhalten Sie ein paar Tipps/Techniken, die sich meiner Erfahrung nach bewährt haben, um ein Gespräch in Gang zu bringen:

Sie bilden die Ausnahme von der Faustregel »nur unter vier Augen kritisieren«. Michelle Peluso, CEO der Gilt Groupe, erläuterte die Vorteile, in der Öffentlichkeit Selbstkritik zu äußern. In einem Interview in der *New York Times* sagte sie: »Ich habe schon immer bei 360-Grad-Feedbacks einen leicht anderen Ansatz gewählt. Wir führen sie im Führungskräfteteam gegenseitig durch, und ich fange mit meinem an – ›hierin bin ich gut, und hierin bin ich nicht so gut‹. Ich sage es sogar vor dem gesamten Unternehmen: ›Hier brauche ich eure Hilfe.‹ Das macht es für die anderen Leute ein wenig sicherer, auch so zu verfahren, und man kann Vertrauen aufbauen.«

Sobald ich herausgefunden hatte, wer sich in meinem Team am wohlsten dabei fühlte, mich zu kritisieren, bat ich diese Person, dies vor den anderen während einer Mitarbeiterbesprechung oder sogar in einer Mitarbeiterversammlung zu tun. Zunächst waren sie immer ein wenig zurückhaltend – »Sollten wir Kritik nicht unter vier Augen üben?« Wenn Sie aber der Chef sind, gilt diese Regel für Sie nicht mehr. Wenn Sie die Leute dazu motivieren, Sie in der Öffentlichkeit zu kritisieren, bekommen Sie die Chance, Ihrem Team zu zeigen, dass Sie die Kritik tatsächlich haben wollen. Sie sind damit auch das Vorbild für das Team als Ganzes: Jeder sollte Kritik annehmen, die uns hilft, unsere Arbeit besser zu machen. Je größer das Team ist, desto größer ist die Wirkung, die Sie erzielen, wenn Sie auf Kritik in der Öffentlichkeit gut reagieren.

Und je größer Ihr Team ist, desto schwieriger wird es für die Leute, sich einen freien Termin bei Ihnen zu sichern. Falls Sie mehr als 60 Mitarbeiterinnen und Mitarbeiter haben, die auf Sie warten müssen, um einen Termin unter vier Augen mit Ihnen zu bekommen, damit sie Ihnen gegenüber Kritik äußern können, werden Sie sie vermutlich nie zu hören bekommen. Kritik öffentlich zu üben hat noch einen weiteren Vorteil: Sie ersparen es sich, das Gleiche immer und immer wieder hören zu müssen.

Viel zu viele Führungskräfte fürchten, dass öffentlich geäußerte Kritik ihre Autorität untergräbt. Es ist nur natürlich, dass Sie andere Meinungen nicht hören wollen, aber eine gute Reaktion auf eine öffentlich geäußerte Kritik kann genau das sein, was Ihre Glaubwürdigkeit als Führungskraft untermauert und Ihnen hilft, eine Feedbackkultur zu etablieren.

Haben Sie eine Standardformulierung für Ihre Frage. Wenn Sie der Chef sind, ist es unangenehm, Ihre Mitarbeiterinnen und Mitarbeiter zu bitten,

Ihnen unverblümt zu sagen, was sie von Ihrer Leistung halten – sogar noch unangenehmer für sie als für Sie. Um hier Abhilfe zu schaffen, habe ich eine Standardfrage übernommen, die Fred Kofman, Autor von *Conscious Business* und mein Coach bei Google vorschlug. »Was könnte ich tun oder lassen, um die Zusammenarbeit mit mir zu erleichtern?« Wenn Ihnen dieser Satz nicht so leicht von der Zunge geht, finden Sie einen, der es tut. Natürlich suchen Sie nicht nur nach einer Sache; diese Einstiegsfrage soll den Stein ins Rollen bringen.

Nehmen Sie das Gefühl des Unbehagens an. Die meisten werden auf Ihre Frage zunächst mit »oh, alles ist in Ordnung, danke der Nachfrage« antworten, und hoffen, dass das Gespräch damit beendet ist. Sie haben vermutlich Ihre Frage nicht kommen sehen und sind sofort misstrauisch. Ihr Gefühl des Unbehagens wird Ihnen ein Gefühl der Verlegenheit bescheren, und Sie werden sich vielleicht selbst dabei ertappen zu nicken und zu sagen: »Das freut mich zu hören.« *Machen Sie das nicht.* Es ist unabdinglich, dass Sie sich auf diese Szenarien vorbereiten und das Gespräch so lange führen, bis Sie eine ernst gemeinte Antwort erhalten haben.

Eine Technik besteht darin, bis sechs zu zählen, bevor Sie etwas sagen, wodurch Ihr Gesprächspartner gezwungen ist, die Stille zu ertragen. Das Ziel ist dabei nicht, Ihr Gegenüber zu schikanieren, sondern auf ein offenes Gespräch zu bestehen – um es der anderen Person schwerer zu machen, nichts zu sagen, als Ihnen zu sagen, was sie denkt. Wenn sie auf Anhieb nichts sagen kann, können Sie immer noch einen Termin für ein weiteres Gespräch vereinbaren. Wenn es nicht ausreicht, bis sechs zu zählen, stellen Sie die Frage noch einmal. Und noch einmal, falls nötig. Einer der Banker, der federführend am IPO von Facebook mitgewirkt hat, erzählte mir von einer Situation, in der Sheryl ihn nach einem Meeting mit potenziellen Investoren um Feedback gebeten hatte. »Was hätte ich besser machen können?«, fragt sie ihn. Ihm fiel nichts ein. Die Präsentation war ein Volltreffer gewesen. Aber Sheryl ließ ihn nicht vom Haken. »Ich weiß, dass ich da drin *irgendetwas* hätte besser machen können.« Und ihm fiel immer noch nichts ein. Jetzt wurde er nervös. »Es heißt, dass du sehr gut darin bist, Feedback zu geben«, sagte Sheryl ermutigend zu ihm. »Ich wette, dass dir, *etwas* einfallen wird.« Jetzt fing er an zu schwitzen. Und sie ließ ihn immer noch nicht vom Haken. Sie lächelte erwartungsvoll und sagte nichts. Das war der Moment, als ihm endlich etwas einfiel, und er teilte es ihr mit. »Vielen Dank!«, sagte sie. »Das werde ich das nächste Mal besser machen!«

Eine andere Möglichkeit, das Gefühl des Unbehagens anzunehmen, besteht darin, darauf hinzuweisen, wenn die Körpersprache von Menschen im Widerspruch zu dem steht, was sie sagen. Stellen Sie sich vor, Sie sind in einem Meeting mit einem Kollegen, dem Sie gerade von einer großartigen, aber praktisch nicht umsetzbaren Idee erzählt haben. Er antwortet: »Oh, gute Idee«, aber Sie bemerken, dass er sich vorbeugt und abwehrend die Arme verschränkt. Wenn Sie solche nonverbalen Zeichen ignorieren, vertun Sie eine Chance. Sagen Sie, ohne unverschämt zu sein, etwas wie: »Warum verschränkst du dann die Arme vor deiner Brust und kauerst dich auf dem Stuhl zusammen? Sag' doch bitte, was du wirklich denkst.«

Hören Sie zu, um zu verstehen, nicht um zu antworten. Endlich haben Sie die andere Person dazu gebracht, Kritik zu üben. Auch hier müssen Sie Ihre Antwort wohl abwägen. Was auch immer Sie sagen, fangen Sie nicht an, die Kritik zu kritisieren. Sagen Sie der anderen Person nicht, dass sie nicht wertschätzend aufrichtig war! Versuchen Sie stattdessen zu wiederholen, was sie gesagt hat, um sicherzugehen, dass Sie sie verstanden haben. Das ist besser als sich gegen die Kritik, die Ihnen gegenüber vorgebracht wurde, zu verteidigen. Hören Sie der Kritik zu, und klären Sie, was damit gemeint ist, aber diskutieren Sie nicht darüber. Versuchen Sie zu sagen: »Also, was ich daraus höre, was du gesagt hast, ist ...« Falls Sie meine Formulierung zu steif finden, können Sie es auch anders ausdrücken.

Wenn Sie nicht zu den Menschen gehören, die Kritik instinktiv als Chance zur Verbesserung sehen, werden Sie selbstverständlich den starken Drang verspüren, sich zu verteidigen – oder sich zumindest zu erklären. Das ist eine natürliche Reaktion, die jedoch jede Chance zunichtemacht, dass Sie diese Person noch einmal dazu bringen können, Ihnen das Geschenk der Offenheit zu machen. Fühlen Sie sich also nicht schlecht, wenn Sie diese normale menschliche Reaktion zeigen. Beherrschen Sie Ihre Gefühle, anstatt sich von ihnen beherrschen zu lassen. Erinnern Sie sich selbst daran, dass Ihre erste Aufgabe darin besteht zuzuhören, um zu verstehen, und nicht um sich zu verteidigen, egal wie unfair die Kritik auch ist.

Belohnen Sie Kritik, um mehr davon zu bekommen. Wenn Sie Ihre Frage gestellt, das Gefühl des Unbehagens akzeptiert und die Kritik verstanden haben, müssen Sie im Anschluss zeigen, dass Sie die Kritik auch wirklich angenommen haben. Sie müssen Offenheit belohnen, um mehr davon zu bekommen. Wenn Sie mit der Kritik einverstanden sind, nehmen Sie so schnell wie möglich eine Änderung vor. Wenn die notwendige Änderung Zeit braucht, machen Sie etwas Sichtbares, um zu zeigen, dass Sie etwas unternehmen. Beispielsweise beschwerte sich mein Co-Founder Russ einmal bei mir darüber, dass ich ihn unterbrechen würde. Das stimmte. Ich bin eine eingefleischte Unterbrecherin. Ich versuchte, mich zu ändern, wusste aber, dass es mir nicht gelingen würde, diese schlechte Angewohnheit aufzugeben, nur weil er es angesprochen hatte. Russ zu sagen, dass ich das nicht ändern könne, war kaum eine gute Methode, um Russ für seine Offenheit zu belohnen. Also sagte ich: »Ich weiß, dass das ein Problem ist. Darf ich dich bitten, mir dabei zu helfen, die Leute nicht mehr zu unterbrechen?« Ich holte ein dickes, blaues Gummiband aus meiner Schublade und band es mir um das Handgelenk. Ich bat ihn, jedes Mal an dem Gummiband zu ziehen, wenn ich ihn unterbrach. Russ fand das lustig und willigte ein. Ich trug das Gummiband, das ich nun als mein »wertschätzendes Band« bezeichne, zu meinen Mitarbeiterbesprechungen. Ich bat alle, die anwesend waren, mich zu unterstützen, indem sie daran ziehen sollten. Und tatsächlich fingen sie an, an dem Gummiband zu ziehen. Dann erwähnte ich das Band bei den Mitarbeiterversammlungen. Dass sie auch daran zogen, half mir *tatsächlich* dabei, sie weniger zu unterbrechen. Aber genauso wichtig war, dass ich damit signalisierte, die Kritik gehört zu haben, dass ich Maßnahmen ergriff und dass ich mehr Kritik hören wollte.

In einigen Fällen werden Sie selbstverständlich nicht mit der Kritik einverstanden sein. Hier sind Ihre Fähigkeiten, wertschätzend offen zu sein, von entscheidender Bedeutung. Es ist niemals genug, einfach nur die Gefühle einer anderen Person anzuerkennen – das wirkt immer passiv-aggressiv und unaufrichtig. Finden Sie stattdessen zunächst etwas in der geäußerten Kritik, mit dem Sie einverstanden sind, um zu signalisieren, dass Sie offen für Kritik sind. Und dann prüfen Sie, ob Sie sie verstanden haben – wiederholen Sie, was Sie gehört haben, um sicherzugehen, dass Sie sie verstanden haben. Dann lassen Sie sie wissen, dass Sie über das Gesagte nachdenken wollen, und vereinbaren Sie einen Termin für ein weiteres Gespräch. *Es ist von entscheidender Bedeutung, dass Sie auf das Thema zurückkommen.* Äußerst wichtig ist, dass Sie genau erklären, warum Sie nicht einverstanden sind. Wenn Sie nichts ändern können, ist die beste Belohnung für die wertschätzende Aufrichtigkeit des Mitarbeiters eine durchdachte, respektvolle Erklärung, warum das nicht möglich ist. Manchmal ist das ok für sie, manchmal nicht. Zuweilen entdecken sie vielleicht sogar Fehler in Ihrer Argumentation, die Sie dazu veranlassen, nochmals nachzudenken. Oder die Belohnung für ihre Offenheit muss eine vollständige Erklärung sein, warum Sie nicht einverstanden sind, eine Offenheit, die sie dazu einlädt, Ihre Logik noch stärker zu hinterfragen, und eine klare Vorstellung davon, wann es an der Zeit ist, mit der Diskussion aufzuhören und sich festzulegen.

Messen Sie das Feedback, das Sie erhalten. Erstellen Sie eine Strichliste: Wie häufig erhalten Sie Kritik von Ihren Mitarbeiterinnen und Mitarbeitern?

Wie häufig Lob? Wenn Sie nur gelobt werden, sollten Sie vorsichtig sein: Vielleicht versucht man hier, Ihnen Honig um Maul zu schmieren. Fordern Sie noch bewusster Kritik ein. Machen Sie Ihr Team mit dem Konzept von Radical Candor vertraut. Erklären Sie, warum Sie weder schädlich empathisches noch manipulativ unaufrichtiges Feedback bekommen wollen. Was Sie sich wünschen, ist wertschätzende Aufrichtigkeit. Doch bevor Ihre Mitarbeiterinnen und Mitarbeiter gar nichts sagen, sollen sie lieber aggressiv offen sein. Drucken Sie sich das Radical-Candor-Modell auf Seite 13 aus. So können Sie das nächste Mal, wenn einer Ihrer Mitarbeiter seine Meinung zurückhält, auf Radical Candor verweisen und ihn bitten, es einmal mit diesem Modell zu versuchen. In der ersten (englischsprachigen) Auflage dieses Buches habe ich eine Messung per Software vorgeschlagen. Diese hat jedoch nicht gut funktioniert. Den Menschen in die Augen zu sehen, wenn Sie mit ihnen sprechen, ist wesentlich effektiver, als das Ganze per App abzuwickeln. Wenn Sie Feedback geben, sollten Sie die Reaktion Ihres Gegenübers beobachten und das Gesagte entsprechend anpassen. Im Nachwort im Abschnitt »Das eigene Feedback bewerten« erkläre ich genauer, wie Sie dabei vorgehen.

DIE ORANGENE BOX: KRITIK ÄUSSERN SOLLTE NICHT NUR SICHER, SONDERN AUCH SELBSTVERSTÄNDLICH SEIN

Das ursprüngliche Credo von Johnson & Johnson enthielt einen interessanten Satz: »Den Mitarbeitern sollte ein organisiertes Vorschlags-und-Beschwerdesystem zur Verfügung stehen.« Als es neu formuliert wurde, wurde diese Intention verwässert und durch eine weitaus vagere und weniger nützliche Aussage ersetzt: »Die Mitarbeiter müssen sich ermutigt fühlen, Vorschläge zu machen und auch Beschwerden vorzutragen.« Wenn Sie Chef sind, müssen Sie weit mehr tun als vorzugeben, wie sich die Mitarbeiter fühlen »müssen«. Damit sich Ihr Team ermutigt fühlt, müssen Sie konkrete Maßnahmen ergreifen, die sicherstellen, dass es nicht nur sicher ist, Vorschläge und Beschwerden zu äußern, sondern auch erwartet wird. Sie müssen ein System einführen, allerdings kein besonders aufwendiges.

Michael Dearing, 2002 verantwortlich für das Produktmarketing bei eBay und mittlerweile CEO des erfolgreichen Early-Stage-Fonds Harrison Metal, nutzte eine einfache, aber effektive Methode, um Feedback einzuholen. Er platzierte eine orangefarbene Box mit einem Schlitz an der Oberseite

FEEDBACK=	Lob	Kritik
Erhalten von		✓
Geben an		
Anregen zwischen		

an einem Ort im Unternehmen, an dem täglich viele Menschen vorbeikamen, und forderte sie auf, dort ihre Fragen oder ihr Feedback einzuwerfen. Während der Mitarbeiterversammlungen zog er dann willkürlich Zettel aus der Box und beantwortete sie im Stegreif. Ann Poletti, eine gute Freundin von mir, die für Michael arbeitete, erzählte mir, dass dieser auch noch so banale Fragen äußerst respektvoll und gründlich beantwortete.

Sie beschrieb das folgendermaßen: »Fragen von mehr als 200 Leuten zu beantworten, in einer Zeit, in der das Geschäft sehr turbulent war und eBay gerade einen Wechsel an der Spitze vorbereitete ..., muss ihn enorme Kraft gekostet haben – er ist introvertiert. Ich weiß, dass er das hasste, aber er wirkte nie genervt oder ungeduldig. Man hatte vielmehr den Eindruck, dass er sich über die Fragen freute.« Indem er den Mitarbeiterinnen und Mitarbeitern zu verstehen gab, dass er sich um die Probleme kümmern würde, wenn man sie ihm vorbrachte, anstatt den Überbringer zu bestrafen, schuf Michael Dearing mit der Zeit eine Feedbackkultur, in der die Leute direkt an ihn herantraten. Irgendwann enthielt die Box immer weniger Zettel. Wenn die Mitarbeiterinnen und Mitarbeiter ein Problem hatten, meldeten sie sich nun während der Meetings zu Wort oder schauten in Michaels Büro vorbei.

FIX-IT-WOCHEN FÜR DAS MANAGEMENT

Engineering-Unternehmen machen häufig so etwas wie Frühjahrsputz: Für eine Woche unterbrechen alle die Arbeit an neuen Features und beheben Fehler am bestehenden Produkt. Dazu messen und bewerten die Entwicklungsteams auftretende Fehler regelmäßig, sodass sie mit Beginn der sogenannten Fix-it-Woche über eine Prioritätenliste verfügen. Eine Fix-it-Woche für Fehler ist gewissermaßen das Gegenteil einer Hack Week. Anstatt an neuen und spannenden Ideen zu arbeiten, für die sonst meist keine

Zeit ist, können während der Fix-it-Woche alte und lästige Probleme gelöst werden, die die Leute seit Monaten stören. Es ist, wie die Besteckschublade zu säubern, in die Sie vor drei Monaten aus Versehen etwas Honig getröpfelt haben, aber irgendwie nie die Zeit gefunden haben, all die Messer und Gabeln herauszunehmen, um den Boden der Schublade ordentlich zu reinigen. Fix-it-Wochen können wie Hack Weeks sehr befriedigend sein, allerdings auf andere Art und Weise.

Irgendwann beschloss ein Team bei Google, dass es gut wäre, wenn es regelmäßige Fix-it-Wochen für das Management gäbe. (Zu einem späteren Zeitpunkt führte auch ein anderes Team diese Methode ein, nannte sie aber »bureaucracy busters«: Bürokratie-Sprenger.) Die Fix-it-Wochen für das Management funktionierten folgendermaßen: Es wurde ein System geschaffen, in dem die Mitarbeiterinnen und Mitarbeiter nervige Managementfehler protokollieren konnten. Wenn die Bewilligung von Spesenabrechnungen zum Beispiel zu lange dauerte, konnte man einen Managementfehler melden. Oder wenn man das Gefühl hatte, dass Mitarbeitergespräche immer zum erdenklich schlechtesten Zeitpunkt im Jahr stattfanden, dass das Beantworten der Fragen bei der letzten Mitarbeiterbefragung zu lange gedauert hatte oder dass die Beförderungsregelungen ungerecht waren.

FEEDBACK=	Lob	Kritik
Erhalten von		✔
Geben an		
Anregen zwischen		

Das System zum Protokollieren der Managementfehler war öffentlich, sodass die Mitarbeiterinnen und Mitarbeiter über die Probleme abstimmen und sie priorisieren konnten. Eine Person hatte die Aufgabe, alle gemeldeten Probleme zu sichten und Doppelnennungen zusammenzuführen. Während der Management-Fix-it-Woche wurden den einzelnen Führungskräften dann Probleme zugewiesen. Sie waren nun angehalten, alle regulär geplanten Aktivitäten (oder zumindest die meisten) abzusagen und sich auf das Lösen der Managementprobleme zu konzentrieren, die das Unternehmen als die lästigsten identifiziert hatte.

UNMITTELBARES FEEDBACK GEBEN

Wir haben nun gesehen, wie Sie Ihr Team dazu bringen, Ihnen Feedback zu geben. Ich habe diesen Aspekt zuerst behandelt, weil ich betonen wollte, dass es sich dabei um ein Geben und Nehmen handelt. Wenn Sie sich nicht trauen, Ihren Mitarbeiterinnen und Mitarbeitern wertschätzend aufrichtiges Feedback zu geben, werden diese Ihnen nicht abnehmen, dass Sie das ebenso von ihnen erwarten. Sie bekommen dann nicht mit, wenn Ihr Team den Eindruck hat, dass Sie vom Kurs abkommen. Und wenn Sie nicht mit gutem Beispiel vorangehen, werden sich Ihre Mitarbeiterinnen und Mitarbeiter wahrscheinlich auch nicht untereinander Feedback geben.

FEEDBACK=	Lob	Kritik
Erhalten von		
Geben an	✔	✔
Anregen zwischen		

Demütig sein

Ich beginne bewusst mit diesem Punkt, denn Demut ist beim Feedbackgeben unverzichtbar. Menschen nehmen von Natur aus eine defensive Haltung ein, wenn sie zum ersten Mal kritisiert werden. Wenn Sie Ihre Kritik jedoch demütig vorbringen, lösen Sie damit den natürlichen Widerstand Ihres Gegenübers gegen das, was Sie sagen, auf. Demut ist allerdings genauso wichtig, wenn Sie Ihre Mitarbeiter loben. Denn sonst wirkt Ihr Lob bevormundend und unehrlich. Menschen befürchten häufig, dass ihr Feedback falsch sein und sie sich irren könnten. Sie dürfen sich jedoch irren. Indem Sie Ihrem Gegenüber sagen, was Sie denken, geben Sie ihm Gelegenheit, Ihnen zu sagen, ob Sie recht haben oder nicht. Feedback ist auch deshalb so wertvoll, weil dabei Fehlannahmen auf *beiden* Seiten korrigiert werden.

Die folgenden Methoden haben mir geholfen, Lob und Kritik mit Demut zu äußern:

Situation – Verhalten – Wirkung: Das Center for Creative Leadership – ein Unternehmen, das Führungskräfte weiterbildet –, hat die Methode

»Situation – Verhalten – Wirkung« entwickelt, damit Managerinnen und Manager beim Feedbackgeben präziser und damit weniger arrogant sind. Diese einfache Methode hält uns an, drei Dinge zu beschreiben, wenn wir Feedback geben: (1) die Situation, die wir beobachtet haben; (2) das Verhalten (das heißt, was die Person getan hat – gut oder schlecht) und (3) die Wirkung, die wir beobachtet haben. Das verhindert, dass wir über die Intelligenz, den gesunden Menschenverstand, die Gutherzigkeit und andere Eigenschaften der Person urteilen. Denn wenn Sie Pauschal-Urteile fällen, wirkt Ihr Feedback arrogant.

Hier ein Beispiel aus dem Alltag: Anstatt »Du Arschloch!« zu schreien, wenn Ihnen jemand den Parkplatz vor der Nase wegschnappt, könnten Sie sagen: »Ich warte jetzt schon seit fünf Minuten auf diesen Parkplatz, und Sie haben sich einfach vor mich gedrängt und sich dorthin gestellt. Jetzt werde ich zu spät zu meinem Termin kommen.« Dadurch geben Sie dem anderen die Chance zu sagen: »Oh, Entschuldigung, das war mir nicht bewusst. Ich fahre sofort weg.« Es kann natürlich auch passieren, dass die Person Sie abblitzen lässt und einfach mit »Pech gehabt« kontert. *Dann* können Sie mit einigermaßen gutem Gewissen »Du Arschloch!« rufen. :-)

Situation – Verhalten – Wirkung bezieht sich auf Lob und Kritik gleichermaßen. Denn Lob kann genauso arrogant wirken wir Kritik. Wenn jemand Sie als »Genie« bezeichnet, wirft das die Frage auf, warum sich die Person anmaßt, Ihre Intelligenz zu beurteilen. Wenn jemand sagt, »Ich bin stolz auf Sie«, ist es natürlich zu denken, »Welches Recht hat die Person, stolz auf mich zu sein?« Besser wäre es zu sagen: »In Ihrer Präsentation heute Morgen (Situation) hat mir gefallen, wie Sie unsere Diversifizierungsstrategie dargelegt haben (Verhalten), weil Sie allen deutlich gemacht haben, dass Sie auch die Gegenargumente berücksichtigt haben (Wirkung).«

Die Befürchtung, arrogant oder bevormundend zu klingen, hält mich manchmal davon ab, andere angemessen zu loben. Mit diesen drei Prüfsteinen fällt es mir leichter.

Linke Spalte: Diese Übung wurde entwickelt von Chris Argyris, Professor an der Harvard Business School, und Donald Schön, Professor für Philosophie und Stadtplanung. Mit ihrer Hilfe vermeiden Führungskräfte, dass sich arrogante, vorschnelle Urteile in ihr Feedback einschleichen.

Und so funktioniert's: Rufen Sie sich ein Gespräch in Erinnerung, das frustrierend war. Nehmen Sie sich dann ein Blatt Papier, und ziehen Sie in der Mitte eine vertikale Linie. Notieren Sie in der rechten Spalte, was Sie gesagt haben, und in der linken Spalte, was Sie gedacht haben. Überlegen Sie jetzt, wann das Gespräch aus dem Ruder gelaufen ist. Haben sich

Ihre Gedanken in Ihren Äußerungen widergespiegelt? Es geht nicht nur darum, all das, was in der linken Spalte steht, zu sagen. Sie sollten Ihre Gedanken auch demütig hinterfragen: »Hält Sally wirklich Informationen zurück, oder hat sie nur vergessen, es mir zu sagen?« »Ist Sam wirklich unzuverlässig, oder habe ich nur versäumt, die Anforderungen früh genug zu definieren?«

»Ontologische Bescheidenheit«: Fred Kofman betont, wie wichtig es ist, dass wir uns bei unserer Arbeit auf unsere grundlegenden Werte besinnen. In seinem Buch *Conscious Business* gibt es ein Kapitel mit dem Titel »Ontological Humility«. Dort erinnert uns Kofman daran, dass wir die objektive Realität nicht mit unserer subjektiven Erfahrung verwechseln sollten. Um dies zu erklären, zitiert er seine Tochter: »Brokkoli ist eklig. Deswegen mag ich ihn nicht.« Das kann bei einer Dreijährigen lustig sein, doch wenn Erwachsene subjektive Geschmäcker mit objektiver Realität verwechseln, ist das arrogant: »Er ist ein Idiot, deshalb hat er unrecht.« Die Idee dahinter ist folgende: Wenn Sie sich bewusst sind, dass Ihr subjektives Erleben nicht der objektiven Realität entspricht, können Sie andere auf eine Art und Weise herausfordern, die diesen wiederum erlaubt, Sie herauszufordern.

Behilflich sein

Hilfsbereitschaft ist eine hervorragende Möglichkeit zu zeigen, dass einem etwas am Herzen liegt, und dass man Kritik offen äußert, weil man behilflich sein möchte. Und dennoch ist es schwierig: Sie sind sehr beschäftigt und haben nicht alle Antworten – Sie sind ja schließlich demütig. Doch um anderen zu helfen, müssen Sie weder allwissend sein noch Ihren Mitmenschen jegliche Arbeit abnehmen. Es bedeutet vielmehr, der anderen Person dabei zu helfen, die Herausforderung, vor der sie steht, besser zu verstehen, damit sie vorankommt. Hier ein paar Tipps, wie Ihnen das gelingt:

Von Anfang an deutlich zu machen, dass man helfen möchten, kann Widerstände auflösen. Wenn Sie Ihrem Gegenüber sagen, dass Sie ihm nicht das Leben schwer machen wollen, sondern wirklich helfen möchten, wird der andere empfänglicher für Ihr Feedback. Leiten Sie das Ganze kurz ein. Sie können zum Beispiel mit Ihren eigenen Worten so etwas sagen wie, »Ich werde gleich ein Problem beschreiben, dass ich sehe. Vielleicht irre ich mich, und dann hoffe ich, dass Sie mir das sagen; und falls ich mich nicht irre, hoffe ich, dass mein Hinweis darauf Ihnen hilft, das Problem aus der Welt zu schaffen.«

Show, don't tell: Das ist der beste Tipp, den ich in Bezug auf Storytelling jemals erhalten habe, doch er funktioniert auch beim Feedbackgeben. Je *genauer* Sie zeigen, was gut oder schlecht ist, desto hilfreicher ist Ihr Feedback. Wir halten uns häufig mit den Details einer Kritik zurück, weil sie schmerzhaft sind. Wir wollen den anderen nicht verletzen und uns selbst die Peinlichkeit ersparen, sie laut auszusprechen. Ins Abstrakte zu verfallen ist allerdings ein typisches Beispiel für schädliche Empathie. Mehr noch: Dadurch könnten Sie Ihrem Gegenüber unbewusst zu verstehen geben, dass sein Verhalten so schlimm bzw. skandalös war, dass Sie es nicht einmal aussprechen können. Das erschwert es dem anderen, voranzukommen. Ich musste einmal Folgendes sagen: »Als du in unserem Meeting Catherine den Zettel zugesteckt hast, auf dem stand, ›Guck mal, wie Elliot sich in der Nase popelt – ich glaube, sein Gehirn hat mittlerweile ein Loch‹, hat Elliot das mitbekommen. Das hat ihn unnötig verärgert, eure Zusammenarbeit erschwert und letztlich dazu geführt, dass wir unser Projekt nicht rechtzeitig fertigstellen konnten.« Die ganze Situation war so lächerlich, dass ich verleitet war zu sagen, »Dein Verhalten im Meeting war kindisch«. Doch das wäre nicht so präzise und hilfreich gewesen.

Das Gleiche gilt auch für positives Feedback: Sagen Sie nicht, »Sally ist klug«, sondern besser, »Ihre Erklärung, warum unsere User dieses Feature nicht mögen, war die einleuchtendste, die ich je gehört habe.« Indem Sie *explizit beschreiben*, was gut oder schlecht war, helfen Sie der anderen Person, mehr von dem Guten und weniger von dem Schlechten zu tun – und den Unterschied zu erkennen.

Andere um Unterstützung zu bitten ist besser, als sie selbst anzubieten. Als Sheryl Sandberg mir anbot, mir ein Sprech-Coaching zu organisieren, musste sie das finanziell einplanen, doch sie musste nicht danebensitzen und zusehen, wie ich stundenlang das Präsentieren übte. Es kostete sie etwas Zeit, aber nicht zu viel. Nicht jeder hat natürlich so ein Coaching-Budget wie Sheryl bei Google. Doch häufig haben wir Kollegen oder Bekannte, die helfen können. Wir müssen dann nur den Kontakt herstellen und unseren Mitarbeiterinnen und Mitarbeitern helfen, das Gespräch zu strukturieren.

Ratschläge sind ein Geschenk, kein Zuckerbrot und auch keine Peitsche. Ich habe lange gebraucht, um zu verstehen, dass die einzige Hilfe, die ich anbieten kann, manchmal das Gespräch selbst ist. Indem Sie Ratschläge als Geschenk betrachten, stellen Sie sicher, dass Ihr Feedback auch dann hilfreich ist, wenn Sie keine konkrete Unterstützung, Lösung oder Ansprechperson bieten können. Die Tatsache, dass Sie keine Lösung parat haben, sollte Sie nicht davon abhalten, Ratschläge zu erteilen. Denken Sie an Momente zurück, in denen Ihnen die Ratschläge anderer geholfen haben, und geben Sie sie in diesem Sinne.

Feedback unmittelbar äußern

Feedback so schnell und informell wie möglich zu geben ist ein *wesentlicher* Bestandteil von Radical Candor, er erfordert jedoch Disziplin – einerseits weil wir dazu neigen, Konfrontationen hinauszuzögern bzw. zu vermeiden, andererseits weil wir sowieso schon genug zu tun haben. Doch in diesem Fall lohnt sich die investierte Zeit gleich mehrfach. Abzuwarten wäre riskant.

Wenn Sie zu lange mit dem Feedbackgeben warten, wird alles schwieriger. Es ist so, als würden Sie ein Problem aussitzen: Sie erkennen ein Problem und nehmen sich vor, es anzugehen, doch Sie notieren es nicht. Dann passiert etwas, und Sie müssen erst überlegen, was eigentlich genau das Problem war. Dann müssen Sie daran denken, ein Meeting anzuberaumen. Jetzt wäre es gut, wenn Sie sich die Dinge notiert hätten, die Sie sagen wollten; das haben Sie jedoch nicht. Und dann müssen Sie vor dem Meeting noch die Zeit finden, sich daran erinnern, was auf der willkürlichen Liste der Dinge steht, die Sie sagen wollten, die Sie aber nicht aufgeschrieben haben. Die Dinge auf der Liste werden nicht wirklich zusammenhängen, sodass Sie sich nicht mehr an konkrete Beispiele für das Problem erinnern und deshalb nicht die Methode »Situation – Verhalten – Wirkung« anwenden können. Am Ende steht ein verwirrter und frustrierter Kollege vor Ihnen: Was kritisieren Sie eigentlich genau? Kritik aufzuschieben ist frustrierend und anstrengend. Wesentlich effektiver und weniger belastend ist es, wenn Sie die Dinge gleich ansprechen.

Es gibt natürlich Momente, in denen Sie mit Ihrem Lob oder Ihrer Kritik warten sollten. Wenn Sie oder Ihr Gegenüber hungrig, wütend, müde oder anderweitig nicht in guter Verfassung sind, ist es besser abzuwarten. Das ist allerdings die Ausnahme, und häufig nutzen wir diese Ausnahme als Vorwand, nicht handeln zu müssen. Es gibt allerdings einen Unterschied zwischen etwas direkt ansprechen und pingelig sein: Wenn etwas nicht wichtig ist, sprechen Sie es weder direkt noch überhaupt an.

Flechten Sie Ihr Feedback in die Zeit zwischen den Meetings ein. Indem Sie die Dinge im Rahmen von einer oder zwei, höchstens drei Minuten direkt ansprechen, müssen Sie kein separates Meeting dafür einberufen – und sich auch nicht weiter mit dem Problem befassen. Die häufigste Frage, die mir Teilnehmerinnen und Teilnehmer in meinen Kursen zu Radical Candor stellen, ist: »Wie finde ich die Zeit dafür?« Zunächst schloss ich daraus, dass sie meinen Hinweis darauf, wie wichtig Feedback ist, nicht ernst nahmen, doch nach weiteren Gesprächen wurde mir klar, dass sie tatsächlich nicht glaubten, man könne Feedback so schnell geben. Sie dachten, es würde

Stunden dauern und man müsse dafür einen offiziellen Termin anberaumen. In ihrer Vorstellung bedeutete gutes Feedbackgeben jede Woche viele weitere *Stunden* an Meetings. Sie stellten es sich wie eine Wurzelbehandlung vor. Hilfreicher ist jedoch das Bild des Zähneputzens: Schreiben Sie es sich nicht in den Kalender, sondern tun Sie es einfach regelmäßig – dann ist vielleicht nie eine Wurzelbehandlung nötig.

Um es noch einmal zu betonen: Spontanes Feedback können Sie immer innerhalb von drei Minuten oder weniger zwischen zwei Meetings einflechten. Wenn Sie es unmittelbar zwischen zwei Terminen geben, sparen Sie sich nicht nur einen weiteren Termin, sondern es kostet Sie auch weniger Zeit, als Sie allein dafür bräuchten, einen weiteren Termin *anzusetzen*. Zudem geben Sie so besseres Feedback. Die besten Ratschläge habe ich im Rahmen superkurzer Gespräche zwischen Tür und Angel bekommen, so wie bei meinem Austausch mit Sheryl. Wenn Sie für fünf Mitarbeiterinnen und Mitarbeiter verantwortlich sind und ihnen gegenüber dreimal pro Woche Lob und einmal pro Woche Kritik äußern, geben Sie ihnen damit viel mehr unmittelbares Feedback als die meisten Führungskräfte. Und dafür brauchen Sie maximal 60 Minuten pro Woche – das ist die Zeit, in der Sie sonst von einem Meeting zum nächsten laufen. Doch um das zu tun, braucht es Tatkraft und Achtsamkeit.

Planen Sie Puffer in Ihrem Kalender ein, oder seien Sie bereit, auch mal zu spät zu kommen. Um etwas priorisieren zu können, müssen Sie dafür Zeit in Ihrem Kalender einplanen. Doch wie planen Sie Zeit für etwas ein, das spontan sein soll? Das ist nicht möglich. Sprechen Sie deshalb lieber direkt mit der Person. Dazu müssen Sie jedoch Puffer in Ihrem Kalender lassen, entweder indem Sie keine direkt aufeinanderfolgenden Meetings planen oder 25- bzw. 50-minütige Treffen mit festen Endzeiten abhalten statt 30- oder 60-minütige Treffen. Oder Sie nehmen es einfach in Kauf, zu spät zum nächsten Termin zu kommen.

Sparen Sie sich Feedback nicht für Einzel- oder Mitarbeitergespräche auf. Wenn Mitarbeiter eine Führungsrolle übernehmen, vergessen sie häufig alles darüber, wie man mit anderen Menschen in Kontakt tritt. Das ist wirklich erstaunlich. Wenn Sie in Ihrem Privatleben etwas an einer anderen Person auszusetzen haben, würden Sie nie auf die Idee kommen, ein offizielles Treffen anzuberaumen, um dies anzusprechen. Management wurde jedoch so stark bürokratisiert, dass wir wirksame Strategien der alltäglichen Kommunikation über Bord geworfen haben. Lassen Sie sich nicht von formellen Prozessen wie Einzelgesprächen, jährlichen oder halbjährlichen Mitarbeitergesprächen oder Umfragen zur Arbeitszufriedenheit leiten. Sie sollen unsere tägliche Arbeit lediglich unterstützen, nicht ersetzen. Schließlich verzichten Sie auch nicht aufs Zähneputzen, nur weil Sie mehrmals im Jahr zur Zahnreinigung gehen. Mitarbeitergespräche entlasten Sie nicht davon, spontan Feedback zu geben.

Feedback hat eine kurze Halbwertszeit. Wenn Sie eine Woche oder ein Quartal warten, bis Sie Feedback geben, liegt der Vorfall so weit zurück, dass Ihre Mitarbeiterinnen und Mitarbeiter keine Chance mehr haben, das Problem zu beheben oder auf den Erfolg aufzubauen.

Unausgesprochene Kritik ist eine Zeitbombe. Wenn Sie zu lange darüber schweigen, was Sie stört oder frustriert, steigt die Wahrscheinlichkeit, dass Sie irgendwann auf eine Weise explodieren, die Sie irrational erscheinen lässt oder der Beziehung schadet oder beides. Wir kennen das aus dem privaten Bereich. Lassen Sie es nicht so weit kommen. Sagen Sie einfach direkt, was Sie denken – vorausgesetzt, Sie sind nicht gerade wütend.

Vermeiden Sie schwarze Löcher. Melden Sie Ihren Mitarbeiterinnen und Mitarbeitern direkt zurück, wie ihre Arbeit aufgenommen wurde. Wenn Sie jemanden bitten, Ihnen bei der Vorbereitung eines Meetings oder einer Präsentation zu helfen, bei der diese Person selbst nicht anwesend ist, sollten Sie ihr unbedingt sagen, wie die anderen auf diese Arbeit reagiert haben. Tun Sie dies nicht, hat die Person das Gefühl, dass ihre Mühe in einem schwarzen Loch verschwindet. Geben Sie sowohl Lob als auch Kritik weiter. Besser ist es natürlich, wenn Sie die Person ihre Arbeit selbst vorstellen lassen, damit sie unmittelbares Feedback bekommt. Selbst bei Google, das nicht hierarchisch ist, hat meinem Team Feedback von meinem Chef stets mehr bedeutet als von mir.

Persönlich Feedback geben (wenn möglich)

Ob Ihr Feedback verstanden wurde, entscheidet sich am Ohr Ihres Gegenübers, nicht an Ihren Lippen. Deshalb sollten Sie Feedback möglichst persönlich geben. Wenn Sie die Reaktion des anderen nicht sehen können, wissen Sie nicht sicher, ob die Person verstanden hat, was Sie gesagt haben. Dann können Sie auch gleich gar nichts sagen. Hinzu kommt, dass der Großteil unserer Kommunikation nonverbal erfolgt. Wenn Sie die Körpersprache und den Gesichtsausdruck Ihres Gegenübers sehen, können Sie Ihre Nachricht so anpassen, dass der andere sie besser aufnehmen kann. Es ist viel einfacher einzuschätzen, ob der andere Sie verstanden hat, wenn Sie ihm in die Augen sehen und zum Beispiel beobachten können, ob er herumzappelt oder die Arme verschränkt.

Häufig *meiden* wir es, persönlich Feedback zu geben, weil wir die emotionale Reaktion des anderen nicht sehen wollen. Das ist ganz natürlich. Allerdings steigert es die Qualität Ihres Feedbacks, wenn Sie die Gefühle Ihres Gegenübers sehen können. Ist jemand aufgewühlt, können Sie Mitgefühl zeigen. Damit bewegen Sie sich auf der Achse »Wertschätzung« des Radical-Candor-Modells nach oben. Die emotionale Reaktion Ihres Gegenübers hilft Ihnen, besser zu verstehen, wie Ihr Feedback ankommt, und es entsprechend anzupassen. Wenn jemand Ihr Feedback ignoriert (wie ich das getan habe, als Sheryl Sandberg mich das erste Mal darauf hinwies, dass ich sehr häufig »ähm« sagen würde), wissen Sie, dass Sie sich auf der Achse »Aufrichtigkeit« weiter nach rechts bewegen müssen. Wenn die Person aufgebracht oder wütend ist, sollten Sie ihr zeigen, dass sie Ihnen wichtig ist, und sich nicht durch die Gefühle der Person von Ihrer guten Intention abbringen lassen, ihr klar zu sagen, was Sie denken.

Leider ist es nicht immer möglich, persönlich Feedback zu geben. Dann sollten Sie folgende Dinge beachten:

Unmittelbar versus persönlich: Wenn sich die andere Person gerade in einer anderen Stadt befindet und Sie mehrere Tage warten müssten, bis Sie Feedback geben können, entscheiden Sie sich für »unmittelbar«, vorausgesetzt es handelt sich nicht um eine große Sache (Sie sollten zum Beispiel niemandem per Textnachricht kündigen). Sitzt die andere Person dagegen auf demselben Flur und müssen Sie nur ein paar Schritte gehen, um mit ihr persönlich zu sprechen, tun Sie das!

Das richtige Medium: Wenn Sie eine schnelle Internetverbindung haben, ist ein Videocall die zweitbeste Option. Ist das Bild allerdings pixelig, sollten Sie die Person besser anrufen und dabei die Bildschirmkamera (ohne Ton) eingeschaltet lassen. Telefonieren ist die drittbeste Option. Verschicken Sie möglichst keine E-Mails oder Textnachrichten. Einen Text zu verfassen erscheint auf den ersten Blick schneller, doch wenn ich mir überlege, wie viele Stunden es mich gekostet hat, ein Missverständnis infolge einer falsch verstandenen E-Mail aufzuklären, ist es tatsächlich schneller, persönlich beim anderen vorbeizuschauen oder – wenn die Person nicht vor Ort ist – zum Telefon zu greifen.

Verschiedene Medien verbinden: Ich habe die Erfahrung gemacht, dass sich außerordentliche Leistungen besonders gut dadurch wertschätzen lassen, dass man die Person auf der Mitarbeiterversammlung lobt. Wenn man danach im Rahmen eines Einzelgesprächs zusätzlich persönlich mit ihr spricht, hat das noch mehr Gewicht. Und indem man anschließend eine E-Mail an das gesamte Team verschickt, erzielt man langfristig Wirkung.

Vorsicht bei »Allen antworten«: Wenn Sie jemanden per E-Mail kritisieren oder korrigieren *müssen*, senden Sie Ihre Antwort nie an alle Empfängerinnen und Empfänger. Selbst wenn es sich lediglich um einen kleinen faktischen Fehler handelt, der viele betrifft, sollten Sie nur der besagten Person antworten und diese dann bitten, allen zu antworten. Wenn Sie kleine Dinge loben möchten, funktionieren E-Mails an alle meiner Erfahrung nach gut. Es kostet Sie wenig Zeit und zeigt, dass Sie sehen und wertschätzen, was um Sie herum geschieht. Es dann später noch einmal persönlich zu erwähnen, wenn Sie der Person auf dem Flur begegnen oder an ihrem Schreibtisch vorbekommen, ist das i-Tüpfelchen.

Die Schwierigkeiten von remote: Wenn Sie selbst remote arbeiten oder ein Remote-Team führen, sollten Sie sich unbedingt regelmäßig mit Ihren Mitarbeiterinnen und Mitarbeitern austauschen. So empfangen Sie selbst die feinsten emotionalen Signale. Das habe ich von meinem Chef Maurice Tempelsman während meiner Zeit in Russland gelernt. Er rief mich jeden Tag aus New York an, um sich nach mir zu erkundigen, selbst wenn das Gespräch häufig nur drei Minuten dauerte. In den 1970er-Jahren war er für das Afrikageschäft zuständig gewesen und hatte gelernt, wie wichtig es ist, regelmäßig mit den Mitarbeitern in weit entfernten Niederlassungen zu kommunizieren, um ein Stimmungsbild einzuholen. Er behauptete sogar, die emotionale Verfassung des anderen erspüren zu können, wenn Telefonieren unmöglich war und er sich auf Fernschreiben stützen musste – dazu musste er jedoch täglich mit der anderen Person per Fernschreiben kommuniziert haben. (Fernschreiben wurden in der Zeit zwischen Telegraf und Faxgerät verwendet.)

Öffentlich loben, vertraulich kritisieren

Eine gute Faustregel fürs Feedbackgeben ist »Öffentlich loben, vertraulich kritisieren«. Wenn Sie andere öffentlich kritisieren, lösen Sie damit häufig eine defensive Reaktion aus und erschweren es dem anderen, seinen Fehler zu akzeptieren und daraus zu lernen. Öffentliches Lob verleiht dem positiven Feedback in der Regel mehr Gewicht und ermutigt andere, die gute Leistung nachzuahmen. Es handelt sich hier jedoch lediglich um eine Faustregel, keine unumstößliche Wahrheit. Im Folgenden ein paar Dinge, die Sie berücksichtigen sollten:

Korrekturen, objektive Beobachtungen, unterschiedliche Meinungen und Diskussionen sind keine Kritik. Es ist wichtig, dass wir die Arbeit anderer öffentlich korrigieren, öffentlich eine objektive Beobachtung anstellen oder öffentlich diskutieren dürfen. Kritik an der *Person* sollte jedoch vertraulich erfolgen. Hinweise wie »Auf Folie 6 ist ein Rechtschreibfehler«,

»Diese Präsentation enthält sehr viele Rechtschreibfehler, und angesichts der Arbeit, die wir machen, müssen wir hundertprozentig genau sein«, »Es gibt hier einige Rechtschreibfehler, doch in dieser Phase ist das nicht so gravierend«, »Sie haben Ihre Quote um 5 Prozent verfehlt« oder »Da bin ich anderer Meinung« können per E-Mail erfolgen oder im Rahmen eines öffentlichen Meetings geäußert werden. Wenn Sie jedoch die *Person* kritisieren, etwa indem Sie sagen, »Wenn Ihre Präsentationen immer voller Rechtschreibfehler sind, die sich mit einem einfachen Rechtschreibprogramm beheben lassen, frage ich mich, was mit Ihnen los ist. Können Sie mir das erklären?«, sollten Sie das vertraulich tun.

Berücksichtigen Sie individuelle Vorlieben. Die meisten Menschen schätzen es, wenn sie öffentlich gelobt werden, doch für manche kommt dies einer Bestrafung gleich. Wenn Sie Ihren Mitarbeiterinnen und Mitarbeitern Wertschätzung entgegenbringen, wollen Sie ihnen klar vermitteln, was sie gut gemacht haben, und zwar so, dass *diese* sich dabei wohlfühlen – nicht so, wie es sich für *Sie* gut anhört. Wenn Ihnen Ihre Mitarbeiter am Herzen liegen und Sie sich die Zeit genommen haben, sie kennenzulernen, wissen Sie automatisch, was der oder die Einzelne bevorzugt.

Gemeinsamer Lerneffekt: Die meisten Menschen, die ich kennengelernt habe, würden nie *zugeben*, dass sie gerne öffentlich gelobt werden. Deshalb habe ich öffentliches Lob immer damit erklärt, dass ich dies nicht tue, weil die Person das so möchte, sondern damit die anderen daraus lernen können, etwa so: »Ich werde euch gleich vorstellen, was Jane geleistet hat und wie sie das erreicht hat, nicht um sie in Verlegenheit zu bringen, sondern des Lerneffekts willen«. Wenn ich Kritik öffentlich machen wollte, damit andere daraus lernen, habe ich immer dafür gesorgt, dass die Person, die einen Fehler gemacht hat, selbst davon berichtet (mehr dazu weiter unten im Abschnitt »Whoops the Monkey«).

Nicht persönlich werden

Beim Feedbackgeben besteht ein großer Unterschied zwischen »persönlicher Fürsorge« (Wertschätzung) und »persönlich werden«. Dass Ihnen andere Menschen wichtig sind, ist gut, persönlich zu werden ist schlecht. Die folgenden Tipps helfen Ihnen, nicht persönlich zu werden, es aber zu akzeptieren, wenn andere das, was Sie sagen, persönlich nehmen.

Durch den »fundamentalen Attributionsfehler« wird Ihr Feedback weniger wirksam. Der Begriff wurde von Lee Ross, Sozialpsychologe an der Stanford University, geprägt. Wir haben bereits darüber gesprochen, doch es schadet nicht, es zu wiederholen, da es so wichtig für menschliche

Beziehungen ist – egal ob zu unseren Partnern, Kindern, Freunden oder Mitarbeitern. Wenn wir einen fundamentalen Attributionsfehler begehen, ziehen wir Persönlichkeitsmerkmale, die wir am anderen wahrnehmen – »Du bist dumm, faul, gierig, heuchlerisch, ein Arschloch ...« –, heran, um das Verhalten dieser Person zu erklären, anstatt unser eigenes Verhalten und/oder die Umstände zu berücksichtigen, die wahrscheinlich der wahre Grund für das Verhalten der Person sind. Das ist problematisch, weil es (1) in der Regel nicht stimmt und (2) ein ansonsten lösbares Problem wirklich schwer lösbar macht, da es schwierig und zeitaufwendig ist, wesentliche Persönlichkeitsmerkmale zu verändern. In der Geschichte, die ich in Kapitel 2 erzählt habe, bestand das Problem mit der AdSense-Richtlinie *nicht* darin, dass Larry gierig war, sondern dass ich seinen Vorschlag nicht verstanden habe. Doch in dieser Situation war es so viel einfacher und befriedigender, Larry Page als geizig zu bezichtigen. Halten Sie inne, wenn Sie sich dabei ertappen, wie Sie »Du bist/Sie sind ...« sagen oder denken. Nutzen Sie besser die Methode »Situation –Verhalten – Wirkung« oder »Linke Spalte«, um Demut walten zu lassen und nicht persönlich zu werden.

Sagen Sie besser »Das ist falsch« anstatt »Du hast unrecht«. Ich habe einmal mit einem wertschätzend aufrichtigen Menschen zusammengearbeitet, der unfairerweise als A...loch galt. Sobald die Leute ihn jedoch besser kennenlernten, erkannten Sie, dass er kein A... war, sondern einfach nur super intensiv. Seine Kollegen lagen ihm genauso am Herzen wie die Qualität der gemeinsamen Arbeit. Seine Arbeit war so gut, dass der spontane Eindruck, den er bei anderen hinterließ, seinem Erfolg nicht schadete. Doch die Tatsache, dass er aneckte, sorgte häufig für unnötigen Stress für ihn und sein Team. Als ich von New York nach Kalifornien zog, verlor ich ihn einige Jahre aus den Augen. Doch dann traf ich jemanden, der gerade in sein Team gekommen war. Ich stellte mich darauf ein, dass die Person mich gleich fragen würde, wie man mit solch einem Menschen umgehen solle, doch alles, was ich hörte, war, »Er ist so ein toller Mensch. Ich arbeite wahnsinnig gerne mit ihm. Man sagt, er sei einer der hilfsbereitesten Menschen in unserem Unternehmen«. Ich rief meinen Freund an, um das Kompliment weiterzugeben und ihn zu fragen, wie er das geschafft hatte. Wie sich herausstellte, war es ein einfacher Tipp, der den Wandel herbeigeführt hatte: Anstatt »Du hast unrecht« zu sagen, verwendete er den Ausdruck »Ich glaube, das stimmt nicht«. »Ich glaube« war demütiger, und indem er »das« statt »du« sagte, wurde er nicht persönlich. Dadurch nahmen die anderen seine Kritik bereitwilliger an.

Viel zu häufig werden Auseinandersetzungen über Fragen wie »Gehen wir nach links oder nach rechts?« oder »Sollen wir den Button oben oder unten platzieren?« zu Ego-Wettkämpfen. »Du bist ein Idiot! Du bist ein arroganter Schwachkopf!« Wenn es bei einer Diskussion oder einem Streit um ein konkretes Problem geht, konzentrieren Sie sich darauf. Unnötig persönlich zu werden erschwert die Lösung des Problems nur.

Der Ratschlag »Nimm es nicht persönlich« ist mehr als nur nutzlos. Ich habe Ihnen empfohlen, beim Feedbackgeben nicht persönlich zu werden, doch selbst wenn Sie die obigen Tipps berücksichtigen – wenn Sie also nicht persönlich werden –, *ist* Ihr Feedback für denjenigen, der es erhält, persönlich. Die meisten von uns investieren mehr Zeit und Energie in ihre Arbeit als in irgendetwas sonst. Unser Beruf ist Teil unserer Identität – und damit persönlich. Wenn Sie also versuchen, Ihre Kritik abzumildern, indem Sie sagen, »Nehmen Sie es nicht persönlich«, stellen Sie diese Gefühle in Abrede. Es ist, wie wenn Sie sagen würden, »Seien Sie nicht traurig« oder »Sei nicht wütend«. Als Führungskraft (und Mensch) gehört es zu Ihrer Aufgabe, Emotionen anzuerkennen und mit Ihnen umzugehen, nicht sie abzutun oder zu vermeiden.

Wie Sie nicht persönlich werden, selbst wenn es persönlich *ist*: Nicht persönlich zu werden ist einfacher, wenn man über die Arbeit einer Person spricht. Geht es jedoch um die Person selbst, wird es schwieriger. Ich hatte einmal eine Mitarbeiterin, die einen so starken Körpergeruch hatte, dass dies ihre Effektivität beeinträchtigte. Doch wie thematisieren Sie das? Ich bemühte mich, das Gespräch auf die Geruchsempfindlichkeit ihrer Kolleginnen und Kollegen zu lenken, nicht auf ihre Achseln. Sie war zwar keine US-Amerikanerin, doch wir arbeiteten in den Vereinigten Staaten, also machte ich mich ein wenig über die amerikanische Kultur lustig. Ich wollte ihr keine Vorschriften machen – vielleicht hatte sie eine Allergie gegen Deos oder ein gesundheitliches Problem –, doch ich gab ihr zu verstehen, dass die jetzige Situation ihre ansonsten gute Leistung untergrub. Sie war peinlich berührt, fand jedoch eine Lösung. Fünf Jahre später schrieb sie mir, um sich zu bedanken. Sie stand nun selbst als Führungskraft vor einer ähnlichen Herausforderung und hatte erkannt, wie schwierig es damals für mich gewesen sein musste, das Thema anzusprechen. Gleichzeitig hatte sie festgestellt, dass die Leute viel lieber mit ihr zusammenarbeiteten, nachdem sie ihren Körpergeruch in den Griff bekommen hatte. Deshalb wusste sie, wie wichtig es war, ihren eigenen Widerstand zu überwinden und einen Weg zu finden, ihrem Teammitglied das Problem darzulegen.

DAS EIGENE FEEDBACK BEWERTEN

Wie bereits erwähnt entscheidet sich Radical Candor am Ohr Ihres Gegenübers, nicht an Ihren Lippen. Doch woher weiß der Sprecher, was im Ohr des Zuhörers passiert? Müssen Sie wirklich Feedback zu Ihrem Feedback einholen? Ich befürchte, ja. Das kann allerdings in 15 Sekunden erfolgen.

Visualisierungen, die Ihnen zeigen, wann Sie sich in Richtung wertschätzende Aufrichtigkeit bewegen und wann davon entfernen, sind Gold wert. Eine der effektivsten Möglichkeiten, wertschätzend aufrichtiger zu werden, besteht darin, Ihren Mitarbeiterinnen und Mitarbeitern das Radical-Candor-Modell zu erklären und sie dann zu bitten, Ihr Feedback wöchentlich zu bewerten. Messen Sie Ihren Fortschritt: Sind Sie wertschätzend aufrichtiger geworden, oder haben Sie sich von wertschätzender Aufrichtigkeit entfernt?

FEEDBACK=	Lob	Kritik
Erhalten von	✔	✔
Geben an	✔	✔
Anregen zwischen		

Das können Sie ganz ohne technische Hilfsmittel tun. Platzieren Sie dazu eine Kopie des Modells auf Ihrem Schreibtisch und daneben ein paar Klebepunkte: eine Farbe für Lob, das Sie geäußert haben, und eine Farbe für Kritik, die Sie vorgebracht haben. Nun sollen Ihre Mitarbeiterinnen und Mitarbeiter die Klebepunkte in dem Quadranten anbringen, der ihrer Meinung nach Ihre letzten Interaktionen am besten beschreibt. Hat ein Mitarbeiter das Gefühl, dass Sie unnötig harsch waren, platziert er einen Kritik-Punkt bei »aggressiv offen«. Ist eine Mitarbeiterin der Meinung, dass Sie sich stark zurückgehalten haben, platziert sie einen Kritik-Punkt bei »schädlich empathisch«. Haben Sie zu viele nichtssagende »Braver Junge!«, »Gut gemacht!« oder »Ich bin stolz auf Sie« von sich gegeben, kleben Ihre Mitarbeiter jeweils einen Lob-Punkt in den Quadranten »schädlich empathisch«. Haben Sie einer Mitarbeiterin gesagt, sie hätte gute Arbeit geleistet, dann aber einen anderen Mitarbeiter für seine schlechte Leistung kritisiert, kleben sie einen Lob-Punkt in den Quadranten »manipulativ unaufrichtig«.

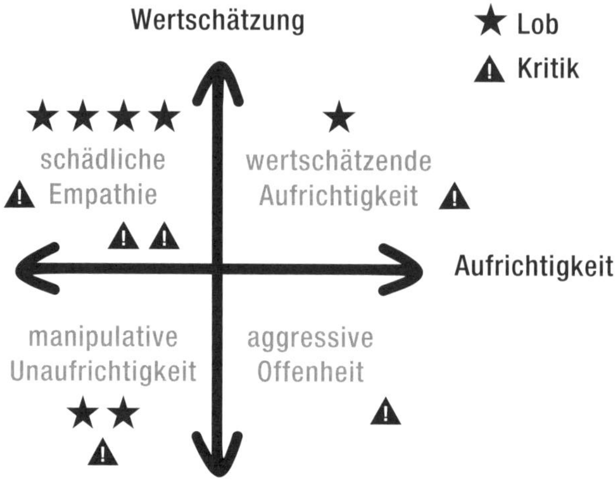

Dadurch, dass Ihr Team Ihr Feedback bewertet, wird Feedbackgeben nach der Radical-Candor-Methode immer selbstverständlicher. (Das habe ich während meiner Zeit bei Apple erlebt. Dort haben wir das Radical-Candor-Modell auf hochwertigem Karton ausgedruckt, und viele Führungskräfte haben es neben ihrem Schreibtisch aufgehängt.) Erstens bringt es Ihre Mitarbeiterinnen und Mitarbeiter in täglichen Kontakt mit dem Modell. Das zeigt ihnen: Wenn Sie sie kritisieren, tun Sie das, weil Ihnen die Menschen wichtig sind, nicht weil Sie ein Idiot sind, der anderen das Leben schwer machen will. Zweitens verfügen Sie so über ein gemeinsames Vokabular, und Ihre Kollegen werden Sie eher bitten, wertschätzend aufrichtig zu sein. Dadurch lässt sich das »Wenn du nichts Nettes zu sagen hast, sag lieber gar nichts«-Syndrom wesentlich leichter überwinden. Drittens hilft Ihnen die Visualisierung dabei, wertschätzend aufrichtiger zu werden, auch wenn Sie im Eifer des Gefechts eher in die entgegengesetzte Richtung tendieren. Meiner Erfahrung nach haben die meisten Vorgesetzten Sorge, als Idioten wahrgenommen zu werden, während ihre Mitarbeiter eher fürchten, dass sie ihre Meinung nicht geradeheraus sagen. Wenn Sie als Führungskraft erst einmal erkannt haben, dass ein Mitarbeiter offenes Feedback einfordert, ist es *viel* einfacher, dieses auch zu geben. Viertens wissen Sie, dass wenn Ihre Mitarbeiterinnen und Mitarbeiter Ihnen trotz Aufforderung kein Feedback geben bzw. ihre Bewertungen anonym per App abgeben, sie Angst vor Ihrer

Reaktion haben. Sie müssen Ihren Leuten beweisen, dass Sie sie nicht bestrafen werden, wenn sie Sie kritisieren. Dazu müssen Sie einen Schritt zurückgehen und selbst noch aktiver wertschätzend aufrichtiges Feedback einholen.

Wenn einige Ihrer Mitarbeiterinnen und Mitarbeiter zum Beispiel sowohl Ihr Lob als auch Ihre Kritik im Quadranten »schädlich empathisch« verortet haben, wissen Sie, dass Sie Ihr Feedback nicht aufrichtig genug war. Dann sollten Sie sich darauf konzentrieren, Ihr Lob konkreter und ehrlicher zu formulieren und Ihre Kritik »einfach rauszulassen«. Das ist beim ersten Versuch beängstigend. Doch die allermeisten Menschen, die ich gecoacht habe, waren positiv überrascht: Sie nehmen all ihren Mut zusammen, um es einfach rauszulassen, und rechnen mit den schlimmsten Reaktionen, und dann *dankt* man ihnen. Danach wird Radical Candor einfacher.

Manchmal ist der Übergang von schädlicher Empathie zu wertschätzender Aufrichtigkeit sehr geradlinig und gelingt relativ reibungslos. Wenn Menschen direkt wertschätzend aufrichtig Feedback geben, fühlt sich die Veränderung von Anfang an gut an. Doch manchmal sind Kurskorrekturen nötig. Dann müssen sie von »schädlich empathisch« zunächst den Umweg über den Quadranten »aggressiv offen« nehmen, den sie am meisten fürchten, bevor sie »wertschätzend aufrichtig« erreichen. Der Hauptgrund, warum Menschen überhaupt schädlich empathisch sind, besteht darin, dass sie sich nicht wie ein Idiot fühlen wollen. Deshalb kann sich der Übergang erst einmal beängstigend anfühlen. Wenn das bei Ihnen der Fall ist, keine Sorge: Sie bewegen Sich in die richtige Richtung. Sie sollten hier nur nicht verweilen, sondern weiter nach wertschätzender Aufrichtigkeit streben.

Um von schädlicher Empathie zu wertschätzender Aufrichtigkeit zu gelangen, ist eine Verhaltensänderung erforderlich, und diese ist nie einfach. Die gute Nachricht ist jedoch: Es ist wie Zähneputzen. Wenn Sie das als Kind nicht gelernt haben, braucht es ein wenig Anstrengung, die Gewohnheit zu entwickeln, auch wenn das eigentliche Putzen zweimal täglich nur wenige Minuten in Anspruch nimmt. Doch wenn Sie sich erst einmal ans Zähneputzen gewöhnt haben, fühlt es sich eklig an, sich *nicht* die Zähne zu putzen. Mit ungeputzten Zähnen möchten Sie abends nicht ins Bett gehen und morgens nicht das Haus verlassen.

Und selbst wenn Sie wertschätzend aufrichtiges Feedback geben, werden Sie gute und schlechte Tage haben – Tage, an denen Sie von privaten Dingen abgelenkt werden und schädliche Empathie oder aggressive Offenheit das Ruder übernehmen. Sie werden nicht immer hundertprozentig ehrlich sein. Feedbackgeben ist hart, und Sie werden immer unter dem Druck stehen, nicht wertschätzend aufrichtig zu sein. Sie können nicht einmal den Schalter umlegen und dann bleibt er dort; Sie müssen sich jeden Tag aufs Neue organisieren. Dabei ist es äußerst hilfreich, von anderen darauf hingewiesen zu werden, ob Sie sich auf wertschätzende Aufrichtigkeit zu- oder von ihr wegbewegen.

Feedback zu ihrem Feedback zu bekommen kann für Menschen, die sich im Quadranten »manipulativ unaufrichtig« oder »aggressiv offen« befinden, schmerzhaft sein. Oder motivierend, weil die meisten von uns gar nicht manipulativ oder aggressiv sein wollen.

Die Rückmeldung, dass das eigene Feedback vor allem schädlich empathisch ist, kann ebenfalls schmerzhaft sein, aber gleichzeitig äußert effektiv. Wenn wir daran erinnert werden, dass direkte Kritik tatsächlich wohlwollend ist, kann das schnell eine Verhaltensänderung auslösen. Schließlich ist es nicht schwierig, Kritik einfach rauszulassen und Lob konkret zu formulieren. Da die meisten Managementfehler im Quadranten »schädlich empathisch« auftreten, kann die Bewertung des eigenen Feedbacks schnell dessen Quantität und Qualität steigern und Sie und Ihre gesamte Kultur in Richtung wertschätzende Aufrichtigkeit bewegen. Wenn es uns häufiger gelingt, wertschätzende Aufrichtigkeit statt schädliche Empathie an den Tag zu legen, wird die Welt nicht nur produktiver, sondern auch glücklicher sein. Aggressive Offenheit führt zwar zu mehr Erfolgen als schädliche Empathie, sie ist jedoch auch äußerst unangenehm.

Das Wichtigste ist herauszufinden, wie andere Ihr Feedback erleben. Hören Sie zu, was Ihr Feedback mit Ihren Mitarbeiterinnen und Mitarbeitern macht, und helfen Sie Ihnen zu verstehen, dass Sie sie kritisieren, weil sie Ihnen als Menschen am Herzen liegen und Sie nicht allein an ihrer beruflichen Entwicklung interessiert sind. Ein visueller Hinweis von außen dazu, wo ihr Feedback im Modell »landet«, ist extrem hilfreich. Weitere Tipps hierzu finden Sie im Nachwort im Abschnitt »Das eigene Feedback bewerten«.

WERTSCHÄTZENDE AUFRICHTIGKEIT GEGENÜBER IHREM VORGESETZTEN

Vor Kurzem habe ich in einem Vortrag darauf hingewiesen, dass es als Führungskraft nicht nur Ihre Aufgabe ist, wertschätzend aufrichtig zu sein, sondern auch Ihre moralische Verpflichtung. Einige Tage später erhielt ich auf X eine Nachricht von jemandem, der den Vortrag gesehen hatte: »Habe wertschätzende Aufrichtigkeit an meinem Chef ausprobiert und wurde gefeuert.« Ich fühlte mich schrecklich und bot an, ihm bei der Jobsuche zu helfen. Doch er versicherte mir, dass es so besser sei und er bereits einige Optionen in Aussicht habe.

Nichtsdestotrotz möchte ich das genauer erläutern. Wenn Sie *keine* Autoritätsrolle innehaben, empfehle ich Ihnen, es mit Radical Candor zu versuchen. Dabei sollten Sie jedoch behutsam vorgehen. Sie sind moralisch nicht dazu verpflichtet, Ihrem Vorgesetzten gegenüber wertschätzend aufrichtig zu sein, wenn Sie das Ihren Job kosten würde. Wenn Sie zu dem Schluss kommen, dass wertschätzende Aufrichtigkeit bei Ihrem Chef nicht fruchten wird, sollten Sie sich eine neue Beschäftigung suchen. Wenn Sie jedoch versuchen, wertschätzend aufrichtig zu sein, tun Sie dies auf Ihre Weise: Lassen Sie sich nicht feuern, sondern schützen Sie sich.

Wie können Sie wertschätzende Aufrichtigkeit gegenüber Ihrem Vorgesetzten in sicherem Rahmen üben? Müssen Sie zunächst die Erlaubnis dazu einholen? Ich glaube, dass einseitige Autorität nicht funktioniert, deshalb würde ich sagen, nein. Ergreifen Sie die Initiative. Sobald Sie Ihr Team auf wertschätzende Aufrichtigkeit eingestimmt haben und erste gute Ergebnisse erzielen, erklären Sie Ihrem Vorgesetzten, was Sie da tun und warum. Geben Sie ihm die Chance, Sie herauszufordern, unterstellen Sie dabei jedoch gute Absichten. Wenn Sie positive Signale erhalten, sollten Sie zunächst Feedback einholen und dann selbst Feedback geben.

Glücklicherweise können Sie Radical Candor gegenüber Ihrem Vorgesetzten genauso angehen wie gegenüber Ihrem Team. Erbitten Sie zunächst Feedback, bevor Sie selbst Feedback geben. Sie sollten die Sichtweise des anderen kennen, bevor Sie Lob und Kritik äußern, egal wer Ihnen gegenübersteht – Ihre Chefin, Ihr Mitarbeiter, Ihre Kollegin oder eine andere Person aus Ihrem Leben. Wenn Sie Feedback erhalten, kritisieren Sie die Kritik nicht, nehmen Sie nichtssagendes Lob aber auch nicht einfach an. Konzentrieren Sie sich darauf, die Offenheit wertzuschätzen, falls Sie sie erhalten, und gehen Sie mit dem Unbehagen um, das Sie verspüren, falls der andere nicht offen zu Ihnen ist. Wenn Ihr Vorgesetzter allerdings bereits wertschätzend aufrichtiges Feedback gibt und Sie bittet, dieses zu bewerten, stellt das eine Ausnahme der Faustregel »Kritisieren Sie die Kritik nicht« dar. Dann sollten Sie in dem Fall, dass Ihr Vorgesetzter schädlich empathisches Feedback gibt und Sie bittet, es zu bewerten, dies auf wertschätzend aufrichtige Weise tun.

Als Nächstes sollten Sie Ihren Chef – anders als Ihre Mitarbeiterinnen und Mitarbeiter – um *Erlaubnis* bitten, ihm Feedback zu geben. Sie können zum Beispiel fragen: »Würde es Ihnen helfen, wenn ich Ihnen sage, was ich von xyz halte?« Wenn Ihr Chef das ablehnt oder erwidert, dass das nicht Ihre Aufgabe sei, ist es Zeit, Ihren Lebenslauf zu aktualisieren! Greift er Ihr Angebot jedoch auf, sollten Sie mit etwas Kleinem und Wohlwollendem beginnen, um zu sehen, wie er reagiert. Ist die Reaktion positiv und kommt Ihre Offenheit gut an, fahren Sie fort. Ist die Reaktion dagegen negativ, sollten Sie sofort aufhören oder von bösen Absichten ausgehen. Versuchen Sie es später noch einmal. Wenn Sie dann jedoch dieselbe Reaktion erhalten, könnte es Zeit sein zu gehen. Dann haben Sie einen besseren Chef verdient.

Wenn Sie Ihrem Vorgesetzten Feedback geben, können Sie die Tipps von oben verwenden: Seien Sie behilflich und demütig, geben Sie unmittelbar und persönlich Feedback, äußern Sie Lob öffentlich (wenn es nicht wie Arschkriecherei aussieht) und Kritik vertraulich, und werden Sie nicht persönlich.

Ihrem Vorgesetzten wertschätzend aufrichtig Feedback geben zu können, ist entscheidend für Ihren Erfolg. Eine der schwierigsten Aufgaben von mittleren Führungskräften – und da die meisten CEOs an ein Board of Directors berichten, sind auch sie letztlich mittlere Führungskräfte – ist, dass sie am Ende Entscheidungen verantworten müssen, hinter denen sie nicht stehen. Das kann sich wie eine Zwickmühle anfühlen: Wenn Sie Ihrer Chefin sagen, dass Sie mit der Entscheidung einverstanden sind, kommen Sie sich wie ein Lügner vor – oder zumindest unaufrichtig. Wenn Sie Ihrem Team sagen, dass Sie mit der Entscheidung *nicht* einverstanden sind, wirken Sie schwach, aufmüpfig oder beides.

Radical Candor bietet einen Ausweg aus diesem Dilemma. Wenn Sie Ihrer Chefin sagen können, dass Sie mit der Entscheidung nicht einverstanden sind, können Sie zumindest darüber sprechen, und das hilft Ihnen, die Gründe für die Entscheidung besser zu verstehen. Und wenn Sie die Gründe besser verstanden haben, können Sie sie Ihrem Team darlegen – auch wenn Sie sie nicht teilen. Wenn Sie gefragt werden, »Warum machen wir das? Für uns ergibt das keinen Sinn. Haben Sie nicht dagegen argumentiert?«, können Sie entgegnen, »Ich verstehe eure Sichtweise. Und ja, ich habe mit folgenden Punkten dagegen argumentiert und dabei erfahren, warum wir tun, was wir tun. Hier die Gründe: ...« Wenn Ihre Mitarbeiterinnen und Mitarbeiter unbedingt wissen wollen, ob Sie mit der Entscheidung einverstanden sind, können Sie ihnen ganz ehrlich sagen, dass Ihre Chefin Ihnen zugehört und die Möglichkeit gegeben hat, die Entscheidung anzufechten, dass es nun aber an der Zeit ist, sich auf den neuen Kurs einzustellen. Andy Grove hatte bei Intel ein Mantra, das wir uns bei Apple ausgeliehen haben, um Führung zu beschrieben: Zuhören, infrage stellen, unterstützen. Starke

Führungskräfte haben die Demut zuzuhören, den Mut, Dinge infrage zu stellen, und die Klugheit zu wissen, wann Gegenargumente keinen Sinn mehr machen und es Zeit ist, die Entscheidung zu unterstützen.

GENDER UND FEEDBACK

Geschlechtsspezifische Unterschiede erschweren Männern und Frauen das Feedbackgeben, jedoch auf unterschiedliche Weise. Sowohl Gender-Bias als auch Gender-Politik können die Bemühung, wertschätzend aufrichtig gegenüber einer Person des anderen Geschlechts zu sein, untergraben. Ich lege den Schwerpunkt hier auf das Thema Gender, weil ich persönliche Erfahrungen damit gemacht habe und eine weiße Frau bin. Vieles davon lässt sich jedoch auf das Thema ethnische Zugehörigkeit und jegliche andere Situation übertragen, in der Menschen aus unterschiedlichen Gruppen in Beziehung zueinander treten.

Warum wertschätzende Aufrichtigkeit für Männer, die Frauen führen, schwieriger sein könnte

Die meisten Männer lernen von Geburt an, Frauen behutsamer zu behandeln als Männer. Manchmal kann das für die Frauen, die für sie arbeiten, äußerst negative Folgen haben. Der sexistischste Mann, für den ich jemals gearbeitet habe, war durchweg wesentlich weniger bereit, mich zu kritisieren als die Männer in seinem Team. Er hatte Todesangst davor, mich zum Weinen zu bringen. Er brachte viele Männer, die für ihn arbeiteten, zum Weinen, aber das schien ihn nicht weiter zu stören. Ich würde behaupten, dass Frauen bei der Arbeit nicht mehr weinen als Männer. Mit Daten kann ich das nicht belegen, doch meiner Erfahrung nach weinen Männer im beruflichen Kontext ungefähr genauso oft wie Frauen. Dennoch hatte dieser Chef Angst davor, Frauen zu kritisieren, weil er überzeugt war, sie würden in Tränen ausbrechen, und ich hatte das Gefühl, dass er voller Hochmut und Mitleid auf uns herabsah.

Ich möchte hier nicht zu hart sein. Viele männliche Führungskräfte tun sich schwerer damit, Mitarbeiterinnen zu kritisieren als Mitarbeiter, und die meisten von ihnen sind keine Frauenhasser. Wenn Sie merken, dass Sie diesen Widerstand in sich haben, geißeln Sie sich nicht dafür. Denken Sie aber daran, dass es Ihre Aufgabe als Vorgesetzter ist, Ihre Angst vor den Tränen in den Griff zu bekommen und sich *nicht* zurückzuhalten, wenn

Sie Frauen kritisieren. Kritik ist ein Geschenk, und Sie sollten es Ihren Mitarbeiterinnen und Mitarbeitern gleichermaßen zukommen lassen.

Gender-Politik ist ein weiterer Faktor, der es Männern erschwert, wertschätzend aufrichtig gegenüber Frauen zu sein. Vor Kurzem sprach ich mit einem Physikprofessor, der mir erzählte, dass eine seiner Studentinnen nicht mit quadratischen Gleichungen vertraut war (mir sind sie aus meinem Algebra-Unterricht in der Schule auch nicht mehr präsent, aber ich studiere auch nicht Physik). Überrascht, dass sie trotz dieser krassen Wissenslücke so weit gekommen war, forderte er sie auf, sich das Thema umgehend anzueignen. Doch sie war über seine Kritik so verärgert, dass sie ihm bei der Dozenten-Bewertung eine vernichtende Note gab.

Das Ganze hat nicht als Gender-Frage begonnen. Das ursprüngliche Problem bestand darin, dass die Studentin – wie viele andere junge Menschen – Kritik nicht gewohnt war. Dieses Phänomen wird in einem Artikel im *Atlantic* mit dem Titel »The Coddling of the American Mind« sehr gut untersucht. Doch die Kollegen des Professors – einige von ihnen durchaus wohlwollend und sensibel gegenüber geschlechtsspezifischen Fragen – sorgten durch ihr Verhalten dafür, dass dieses Zerwürfnis zu einem Gender-Problem ausartete. Plötzlich war es für Professoren in dieser Einrichtung riskant, eine Physik-Studentin dazu aufzufordern, quadratischen Gleichungen zu büffeln.

Die Situation hatte nicht nur negative Folgen für die Studentin, die sich weigerte, sich für ihren Erfolg notwendiges Wissen anzueignen, sondern auch für alle weiblichen Studierenden, die der Professor nach ihr unterrichtete. Verständlicherweise tat er sich von nun an schwerer, die Arbeit seiner Studentinnen zu kritisieren als die seiner Studenten. Um auf ihrem Gebiet voranzukommen, brauchten die Studentinnen, genauso wie die Studenten, die Kritik jedoch. Und auch für den Professor war die Situation nicht besonders angenehm.

Dieses Szenario weist auf einen Anti-Feedback-Trend hin, der gerade einen perfekten Sturm in der Hochschulbildung auslöst – und durch alle Unternehmen weht, in denen derzeit Millennials arbeiten. Doch wenn Dozenten und Vorgesetzte sich nicht mehr trauen, Studentinnen und Mitarbeiterinnen mit Fakten zu konfrontieren, die als »bedrohlich« oder »verstörend« wahrgenommen werden könnten, weil sie Angst vor Repressalien haben, haben Hochschulen und Unternehmen ein Problem. Wenn dann noch Gender-Politik hinzukommt, kann das das Lernen wirklich beeinträchtigen. Wird der Ton aktueller Campus-Debatten (oder die Abwesenheit dieser) nach hinten losgehen und zu weniger Mentoring und Bildung für Frauen führen?

Das etwas sonderbare Beispiel mit den quadratischen Gleichungen ist extrem, doch in abgeschwächter Form ereignen sich solche Situationen jeden Tag. Und betroffen sind nicht nur Studentinnen, sondern auch Mitarbeiterinnen mittleren Alters in Unternehmen, die sich damit rühmen, datengestützt zu sein. Vor Kurzem sprach ich mit einem engen Freund, der Führungskraft im Engineering-Bereich ist, über Frauen in technischen Berufen. Ich schlug ihm vor, eine seiner Mitarbeiterinnen, die er viele Jahre in ihrer beruflichen Laufbahn unterstützt und gefördert hatte, zu fragen, was sie über eine bestimmte Sache dachte. Daraufhin sah er mich mit großen Augen an und rief, »Darüber kann ich doch nicht mit ihr sprechen!«. Er war wirklich überrascht, dass ich das vorgeschlagen hatte.

Und das war die Reaktion eines Mannes, der nicht nur keine Vorurteile hat, sondern sich Vorurteilen auch bewusst ist und entschieden gegen sie ankämpft. Ihm fallen Dinge auf, die sogar mit entgehen. Wenn *er* also nicht in der Lage ist, mit einer Mitarbeiterin, die er gut kennt, ein wertschätzend aufrichtiges Gespräch über geschlechtsspezifische Fragen zu führen, dann haben wir einen echten Tiefpunkt erreicht. Doch das Problem ist weder er noch seine Mitarbeiterin. Ich kenne sie beide und bin mir sicher, dass das Gespräch gut verlaufen wäre. Es ist vielmehr, dass die weit verbreitete Nervosität hinsichtlich Gender-Fragen dazu führt, dass Menschen wie er sich wie auf rohen Eiern bewegen und wichtigen Wahrheiten aus dem Weg gehen.

Ein anderer männlicher Kollege sah sich letztens einem Shitstorm ausgesetzt, nachdem er ein wichtiges und logisches Argument über Gender-Fragen am Arbeitsplatz vorgebracht hatte. Einige seiner Formulierungen wurden aus dem Zusammenhang gerissen und in der Presse und den sozialen Medien aufgebauscht. Auch hier handelt es sich um einen Mann, der sich sehr bemüht, alle Mitarbeiterinnen und Mitarbeiter fair zu behandeln, und der besonders weibliche Beschäftigte in ihrer beruflichen Laufbahn fördert. Doch nach diesem medialen Wirbel beschloss er, sich nicht mehr öffentlich zu Gender-Themen zu äußern. Ich kann es ihm nicht verübeln. Doch es war ein weiterer Schlag für Radical Candor und höfliche Debatten über ein wichtiges Thema, bei dem er meiner Meinung nach auf der richtigen Seite stand.

Deshalb müssen wir Gender-Politik beenden.

Warum Gender-Bias Frauen wertschätzende Aufrichtigkeit erschwert

Gender-Bias erschwert es Frauen, wertschätzend aufrichtig gegenüber beiden Geschlechtern zu sein. Eine typische Falle, in die Frauen häufig tappen, ist die »Aggressionsfalle«. Im Folgenden beschreibe ich meine persönlichen Erfahrungen damit.

Eines Tages bestellte mein Chef mich zu sich ins Büro und fragte mich, ob ich mit der aktuellen Literatur zum Thema Kompetenz/Sympathie vertraut sei. Das war ich nicht, und so erklärte er mir unverblümt, dass je kompetenter eine Frau sei, desto weniger sei sie im Kollegenkreis beliebt. Es gebe eine Reihe von Leuten, mit denen ich arbeitete, die mich – vielleicht aufgrund geschlechtsspezifischer Vorurteile – einfach nicht mögen würden, fuhr mein Chef fort. Anstatt diese Personen aufzufordern, ihre Einstellung zu hinterfragen, erwartet er von mir, dass ich an meiner »Sympathie« arbeitete!

Meiner Meinung nach hätte er natürlich den Gender-Bias angehen müssen, anstatt mich aufzufordern, diese Vorurteile zu umgehen, indem ich Plätzchen für Menschen backte, die mir meine Kompetenz verübelten. Doch ich liebte meine Arbeit und war gut befreundet mit den männlichen Kollegen, die in den benachbarten Büros saßen. Und tief in meinem Inneren wusste ich, dass ich von Zeit zu Zeit aggressiv offen sein konnte. Ich kenne niemanden in einer Führungsposition, der nicht etwas öfter, als ihm oder ihr lieb ist, in diesen Quadranten fällt. Zudem bildete ich mir ein zu wissen, welche meiner Kollegen mich nicht mochten und warum die Situation meinen Chef verrückt machte. Also tat ich alles, um ihn friedlich zu stimmen (außer Cupcakes zu backen).

Ich war ziemlich sicher, das Problem aus der Welt geschafft zu haben, als mein Chef mich erneut zu sich ins Büro rief. Er sagte, es sei zwar besser geworden, doch er habe eine Idee, mit der die Sache ein für alle Mal erledigt wäre. Ich war gespannt. Sein Vorschlag: mich zurückzustufen. Dann wäre mein Kollege nicht länger neidisch auf mich, so seine Argumentation. Und mir würde es leichter fallen, »sympathischer« zu sein. Es dauerte keine drei Wochen, da hatte ich einen besseren Job gefunden und kündigte.

Ich hatte Glück: Der Vorfall ereignete sich spät in meiner beruflichen Laufbahn, sodass mir zahlreiche Optionen zur Verfügung standen. Wäre das Ganze früher passiert, hätte ich die Herabstufung und die damit einhergehende Verbitterung vielleicht hingenommen. Oder ich hätte gekündigt, allerdings ohne andere Jobangebote zu haben, was mich beruflich zurückgeworfen hätte.

Kieran Snyder, Co-Founderin von Textio, hat Leistungsbeurteilungen mithilfe linguistischer Analyse untersucht und dabei Interessantes herausgefunden: Wenn Frauen aufrichtig und direkt sind – was sie sein müssen, um erfolgreich zu sein –, werden sie für ihr »aggressives« Verhalten bestraft (tatsächlich wird dieses Wort häufig genauso verwendet). Sowohl männliche als auch weibliche Kollegen bezeichnen Frauen als »aggressiv«.

Snyder veröffentlichte ihre Ergebnisse in einem *Fortune*-Artikel und löste damit einen der längsten und leidenschaftlichsten E-Mail-Threads aus, die ich in den Unternehmen, die ich beriet, je gesehen habe. Doch warum traf der Artikel einen solchen Nerv? Jede berufstätige Frau, die ich kenne, kann unzählige Geschichten darüber erzählen, wie sie als aggressiv bezeichnet wurde oder aufgrund ihrer besonderen Kompetenz unbeliebt war – und dafür emotional und in beruflicher Hinsicht den Preis zahlen musste.

Im Folgenden sehen wir uns einen abstrakten Fall an und untersuchen, warum das Label »aggressiv« Frauen zurückhält und dazu führt, dass es weniger weibliche Führungskräfte gibt – selbst in Unternehmen, die mit einem Geschlechtergleichgewicht starten. Nehmen wir Snyders Beispiel von zwei Personen, die in derselben gehobenen Position arbeiteten, und folgendes Feedback von ihrem Team erhielten:

- **»Jessica ist wirklich talentiert, aber ich wünschte, sie wäre weniger aggressiv. Sie tritt zu forsch auf.«**
- **»Steve ist klug, und man kann super mit ihm zusammenarbeiten. Doch er muss lernen, etwas geduldiger zu sein, aber wer muss das nicht?«**

Diese Kommentare schlagen sich in Leistungsbeurteilungen nieder, und diese wiederum beeinträchtigen eine mögliche Beförderung. Gehen wir einmal davon aus, dass Jessica aufgrund ihrer »Aggressivität« eine etwas schlechtere Bewertung erhält als Steve. Wenn das einmal passiert, ist das vielleicht keine große Sache. Wird sie jedoch immer wieder schlecht bewertet, kostet sie das am Ende ihre Beförderung. Und selbst wenn ihre Bewertungen nicht schlechter sind als die von Steve, wird in der Regel die Person befördert oder für eine Führungsposition ausgewählt, die »sympathischer« ist.

Wenn sich diese Vorurteile durch das gesamte Unternehmen ziehen, hat das erhebliche Konsequenzen für weibliche Führungskräfte. Ein Forscherteam hat simuliert, was über mehrere Jahre hinsichtlich Beförderungen passiert, wenn Gender-Bias Mitarbeiterbewertungen leicht beeinflusst. Wenn geschlechtsspezifische Vorurteile nur für 5 Prozent der Unterschiede in Leistungsbeurteilungen verantwortlich sind, steht ein Unternehmen, das zu Beginn 58 Prozent seiner Führungspositionen mit Frauen besetzt hat, am Ende mit einer Bilanz dar, in der lediglich 29 Prozent der Führungspositionen mit Frauen besetzt sind.[19]

---

19 Vgl. Martell, R.F./D.M. Lane/C. Emrich: Male-female differences: A computer simulation. In: American Psychologist 51, 2 (Feb. 1996).

Das ist natürlich nur ein Teil der Geschichte. Sehen wir uns einmal an, wie es Jessica im Laufe ihrer Karriere persönlich ergeht. Steht sie am Beginn ihrer beruflichen Laufbahn, wird sie wahrscheinlich am Ende trotz ihrer angeblichen »Aggressivität« befördert, doch nun hinkt sie Steve etwa ein Jahr hinterher. Nach weiteren fünf bis sieben Jahren arbeitet Steve schon zwei Ebenen über Jessica. Da jede Beförderung mit Gehaltssprüngen einhergeht, verdient Steve nun wahrscheinlich deutlich mehr als Jessica. Angenommen, Steve und Jessica heiraten und bekommen ein Kind: Was glauben Sie, welche Karriere für das Einkommen der Familie wichtiger ist und wer eher zu Hause bleibt, wenn das Kind krank ist?

Und das ist noch nicht einmal das Worst-Case-Szenario für Jessica. Angenommen, sie nimmt sich das Feedback, sie sei zu aggressiv, zu Herzen und ist ihren Mitarbeiterinnen und Mitarbeitern gegenüber nicht mehr aufrichtig. Sie passt ihr Verhalten an, damit sie gemocht wird; dadurch arbeitet sie aber weniger effektiv. Anstatt wertschätzend aufrichtig zu sein, was ihr das Label »aggressiv offen« einbringen würde, gibt sie eher schädlich empathisches oder manipulativ unaufrichtiges Feedback. Darunter leidet ihre Wirksamkeit als Führungskraft. Nun hat sie nicht nur mit Gender-Bias zu kämpfen, sondern auch mit echten Performanceproblemen. So wird sie nie vorankommen. Über die Maßen frustriert und in dem Gefühl, dass sie sich zwischen Sympathie und Erfolg entscheiden muss, beschließt sie, dieses Spiel nicht mitzuspielen – und kündigt.

In der ein oder anderen Weise hat jede Frau, die ich kenne, diese Dynamik bereits erlebt. Einige haben erfolgreich dagegen gekämpft, aber wir alle haben sie erfahren. Auch diesen Wahnsinn müssen wir beenden.

Was können Sie tun?

Mittlerweile sind diese Fragen vielen zu »heiß« geworden. Die meisten Männer, selbst die, die Gender-Bias aufrichtig bekämpfen wollen, haben verstanden, dass das Risiko zu hoch ist, sich auch nur im Entferntesten zu Gender-Themen zu äußern. Das Risiko stellen dabei nicht unbedingt die Frauen dar, mit denen sie zusammenarbeiten, sondern andere Männer, die das Thema hochkochen in dem Versuch, mithilfe von Gender-Fragen ihre Karriere voranzubringen. Oder eine überambitionierte Personalabteilung. Oder Gesetze, die häufig im konkreten Fall lächerlich unangemessen sein können. Oder die sozialen Medien oder eine einseitige Geschichte in der Presse – diese Geschichten sind viel zu oft ein gefundenes Fressen für sensationsgetriebene Journalisten. Es kommt auf den Kontext an, doch der Kontext von Gender-Politik und Gender-Bias wird zunehmend unantastbar – zum Nachteil von uns allen.

Männer: Fassen Sie Frauen nicht mit Samthandschuhen an

Wenn Sie ein Mann sind und sich Sorgen machen, dass Sie sich bei weiblichen Mitarbeitern zurückhalten, weil Sie sich vor Gender-Politik fürchten oder Angst haben, sie könnten weinen, kann es helfen, sich bewusst zu machen, wie die Mitarbeiterin über Ihre Feedback denkt. Fragen Sie sie einfach! Erklären Sie ihr das Radical-Candor-Modell, und sagen Sie dann, wenn Sie Feedback geben, einfach: »Ich versuche, wertschätzend aufrichtig zu sein, und ich würde gerne wissen, wie mein Feedback bei Ihnen ankommt.« Bitten Sie sie, Ihr Lob und Ihre Kritik zu bewerten. (Auch wenn Sie sich *keine* Sorgen um Gender-Politik machen, sollten Sie das in Erfahrung bringen.) Vielleicht ist Ihnen gar nicht bewusst, dass Sie manche Menschen eher mit Samthandschuhen anfassen als andere.

Frauen: Fordern Sie Kritik ein

Wenn Sie eine Frau sind und sich Sorgen machen, dass Ihr Chef sich mit Kritik an Ihrer Arbeit zurückhält, kann es helfen, ihm mitzuteilen, dass Sie sich mehr Feedback wünschen. Sie können zum Beispiel sagen: »Was kann ich tun oder lassen, um es Ihnen zu erleichtern, mir gegenüber wertschätzend aufrichtig zu sein?« oder »Ich habe den Eindruck, Sie sind so besorgt um meine Gefühle, dass Sie zögern, mir das Feedback zu geben, das ich brauche, um mich zu verbessern« oder »Womit Sie mir am meisten helfen, ist, mir zu sagen, was Sie wirklich denken«. Machen Sie dann eine Pause, und zählen Sie in Gedanken bis sechs. Halten Sie das Unbehagen aus. Tun Sie alles, was nötig ist, um Ihren männlichen Kollegen oder Ihrem Chef eine ehrliche Einschätzung zu entlocken. Lesen Sie den obigen Abschnitt über das Einholen von Feedback, und lassen Sie nicht locker!

Männer und Frauen: Was tun, wenn Sie das Gefühl haben, dass eine Frau »zu aggressiv« ist?

Bevor Sie ein solches Feedback geben, sollten Sie die folgenden Methoden ausprobieren, um sicherzustellen, dass Sie nicht in die Kompetenz-Sympathie-Falle tappen. Und glauben Sie nicht, nur weil Sie eine Frau sind, tappen Sie nicht in diese Falle! Ich habe leider festgestellt, dass beide Geschlechter hier gleichermaßen anfällig sind.

Die Geschlechter tauschen: Wenn die Frau ein Mann wäre, der genau das Gleiche tut, würde sich dann die Kritik »Sie sind zu aggressiv« in »Sie wissen wirklich, wie man die Dinge erledigt bekommt« verwandeln? Stellen Sie sich einmal vor, ein Mitarbeiter in Ihrem Team würde genau das Gleiche tun wie eine Mitarbeiterin. Wie würden Sie reagieren? Wenn Sie anders reagieren würden, sind Sie kurz davor, in die Falle zu tappen.

Zwei mir bekannte Improschauspieler, die Rollenspiele in großen Unternehmen im Silicon Valley veranstalten, um den Mitarbeitern zu zeigen, wie man gutes Feedback gibt, haben folgendes Experiment gemacht: Sie haben beide das Wort »fucking« benutzt, als sie in dem Rollenspiel mit ihrem »Chef« sprachen. Die männlichen und weiblichen Teilnehmer reagierten extrem beleidigt, als die weibliche Darstellerin das Wort benutzte, zuckten aber nicht einmal mit der Wimper, als der männliche Darsteller das Gleiche tat. Einer Teilnehmerin war es egal, als der männliche Darsteller das Wort benutzte; als die weibliche Darstellerin dies allerdings tat, rief sie aus: »Ich werde diese Schlampe feuern!«

Konkreter sein: Rückmeldungen wie »Sie sind zu aggressiv« sind zu abstrakt und damit anfällig für die Aggressionsfalle. Wenn Sie dagegen konkrete Beispiele geben, wie sich dieses Verhalten äußert, wird klarer, ob es sich um ein tatsächliches Problem handelt oder hier Ihre unbewusste Voreingenommenheit am Werk ist.

Geschlechtsspezifische Sprache vermeiden: Achten Sie auf die Worte, die Sie verwenden. Verwenden Sie Wörter wie »schroff«, »schrill«, »kreischend« oder »herrschsüchtig«, die selten zur Beschreibung eines Mannes gebraucht werden? Wenn ja, tappen Sie vielleicht gerade in die Falle. An der Zusammenarbeit mit Dick Costolo habe ich unter anderem geschätzt, dass er die Verwendung von Wörtern wie »aggressiv« infrage stellte, insbesondere bei Leistungsbeurteilungen. Ihm fielen oft Nuancen auf, die ich selbst übersehen hatte, und er meldete sich immer zu Wort, wenn er etwas hörte, das ihm unangemessen geschlechtsspezifisch erschien.

Sagen Sie niemals nur: »Seien Sie sympathischer.« Gehen Sie auf die Situation ein, indem Sie den Frauen konkrete Vorschläge machen, wie sie ihr Verhalten ändern und effektiver werden können. Und denken Sie daran, dass geschlechtsspezifische Vorurteile zwar eine Tatsache sind, dass Ihre Aufgabe als Chef oder Chefin aber nicht darin besteht, Ihren Mitarbeiterinnen zu raten, wie sie sie umgehen können, sondern Ihrem gesamten Team zu helfen, diese Vorurteile *zu erkennen und zu beseitigen.* So schaffen Sie ein gerechteres Arbeitsumfeld, in dem unfaire Voreingenommenheit der Karriere nicht schadet.

Was Sie als Frau berücksichtigen sollten, wenn man Sie als »aggressiv« bezeichnet

Bevor Sie auf Feedback reagieren, dass Sie zu aggressiv/forsch etc. sind, sollten Sie die folgenden vier Faustregeln beachten:

Anderen gegenüber weiterhin aufrichtig sein: Allzu oft wird Frauen, die als aggressiv (oder noch schlimmer) wahrgenommen werden, geraten, anderen nicht mehr direkt zu sagen, was sie denken. Das ist jedoch fast immer die falsche Reaktion. Sie müssen anderen gegenüber aufrichtig sein, um Erfolg zu haben.

Sich persönlich kümmern, aber nicht den Engel im Büro spielen: Um auf der Achse »Wertschätzung« voranzukommen, wenden Frauen allzu oft zu viel Energie auf, um die »Hausarbeit« im Büro zu erledigen oder anderweitig den Engel im Büro zu spielen, um Virginia Woolf zu paraphrasieren. Selbstverleugnung ist jedoch nie ein wirksames Mittel, um zu zeigen, dass einem die anderen wichtig sind. Sie müssen keine Kekse backen oder Kaffee holen oder Kopien machen oder viel Zeit und Geld in Ihre Kleidung investieren, während die Männer Jeans und Firmen-T-Shirts tragen, wenn Sie das nicht wollen!

Die Forschung zum Thema Kompetenz-Sympathie hat nicht ergeben, dass Sie sich *nicht* danebenbenommen haben. Denken Sie daran: Es *ist* möglich, dass Sie unverschämt waren. Sie müssen nicht der Engel im Büro sein, aber ziehen Sie die Möglichkeit in Betracht, dass Sie jemanden unnötig verletzt haben könnten.

Nur weil es falsch ist, nach oben zu buckeln und nach unten zu treten, heißt das nicht, dass das Gegenteil richtig ist. Ich habe viele, viele Frauen gecoacht, die denselben Fehler gemacht haben wie ich mit meiner E-Mail zu den unübersichtlichen Websites an Larry Page in Kapitel 2: Sie sind wertschätzend aufrichtig gegenüber ihren Teams, aber aggressiv offen gegenüber ihren Vorgesetzten. Ich habe keine Daten, die belegen, dass dies bei Frauen häufiger vorkommt als bei Männern, aber in meiner persönlichen Erfahrung war es so ausgeprägt, dass ich es hier erwähne.

Männer nicht abschreiben: Als ich meinem Vater von meinem Chef erzählte, der mir eine Herabstufung anbot, um die Kompetenz-Sympathie-Falle zu umgehen, fragte er mich, was ich damit meinte. Daraufhin beschrieb ich ihm den berühmt-berüchtigten Fall von Heidi/Howard Roizen: Ein Business-School-Professor legte zwei verschiedenen Klassen von Studierenden dieselbe Fallstudie über die Handlungen der real existierenden Unternehmerin Heidi Roizen vor. Allerdings änderte er für eine der Klassen das Geschlecht der Protagonistin. Als er die Studierenden befragte, hielten diese Heidi und Howard zwar für gleichermaßen kompetent, bezeichneten Heidi aber als Miststück und Howard als tollen Kerl. (Meine Worte!)

Mein Vater antwortete: »Ja, ich weiß, was du meinst, ich arbeite mit vielen Frauen, die einfach aggressiver sind, als sie sein müssten.« Mein Vater ist einer der intelligentesten Menschen, die ich kenne, und er hat meine

Ambitionen und meine Karriere bei jedem Schritt unterstützt – angefangen damit, dass er mich, als ich zehn war und Astronautin werden wollte, jeden Abend mit nach draußen nahm, um die Sterne durch ein Teleskop zu beobachten. Aber weder seine Intelligenz noch seine Liebe zu mir und sein Wunsch, mich erfolgreich zu sehen, waren stark genug, um seine unbewusste Voreingenommenheit zu überwinden. Er tappte immer noch direkt in die Kompetenz-Sympathie-Falle. Ich erklärte es ihm aber noch einmal, und wir haben beide gut gelacht. Zum Glück ist er mein Vater, und ich wusste, wie wichtig ich ihm war. Wäre er jedoch ein anderer Mann gewesen, hätte ich vielleicht den grundlegenden Zuschreibungsfehler begangen und ihn als hoffnungslos, frauenfeindlich und sexistisches Schwein (oder ein anderes Schimpfwort) abgestempelt. Tun Sie das nicht. Denn es wird Ihnen nicht helfen, das Problem zu lösen. Seien Sie anderen gegenüber einfach immer wieder aufrichtig, und zeigen Sie ihnen, dass sie Ihnen wichtig sind, bis sie es verstanden haben.

FORMELLE LEISTUNGSBEURTEILUNGEN

Man kann mit Fug und Recht behaupten, dass Leistungsbeurteilungen auf einer Stufe mit Wurzelbehandlungen stehen, obwohl sie in dieser Analogie für den Zahnarzt wahrscheinlich genauso schmerzhaft sind wie für den Patienten. Bis zu einem gewissen Grad ist das unvermeidlich. Wenn Sie wie ich reflexartig den Verdacht haben, dass solche Prozesse übermäßig institutionalisiert, künstlich und entmenschlichend sind, werden Sie ihnen nicht mit Freude entgegensehen.

Aus diesem Grund schaffen GE, das die Leistungsbeurteilung sozusagen erfunden hat, und eine Reihe anderer Unternehmen sie gerade ab. Solange diese Unternehmen spezielle Maßnahmen ergreifen, um eine gute Feedbackkultur zu etablieren und andere Wege finden, die Gründe für Gehaltserhöhungen, Boni und Beförderungen transparent zu machen, kann es auch ohne Leistungsbeurteilungen gehen. Wenn Ihr Unternehmen keine formellen Leistungsbeurteilungen durchführt, ist es umso wichtiger, unmittelbares Feedback zu geben.

Wenn Ihr Unternehmen jedoch mit Leistungsbeurteilungen arbeitet, sollten Sie diese nicht pauschal abtun. Ich habe immer wieder die Erfahrung gemacht, dass eine formelle Leistungsbewertung manchmal mehr Klarheit schafft als ein spontanes Feedback. Nehmen wir einmal an, Sie haben einem

FEEDBACK=	Lob	Kritik
Erhalten von	✔	✔
Geben an	✔	✔
Anregen zwischen		

Ihrer Mitarbeiter gesagt, dass seine negative Einstellung seine Fähigkeit beeinträchtigt, funktionsübergreifend zu arbeiten. Er kann Sie zwar hören, aber er versteht vielleicht nicht, wie wichtig das ist, bis er eine schlechte Leistungsbewertung erhält. Ich war immer wieder erstaunt über die Fehlkommunikation, die durch Leistungsbewertungen offengelegt wurde. Wenn sie richtig gehandhabt werden, bieten Leistungsbeurteilungen eine gute Gelegenheit, Ihr Feedback zu verbessern.

Dass sie richtig gehandhabt werden, ist dabei ein entscheidender Faktor. Wenn Ihr Unternehmen formelle Leistungsbeurteilungen durchführt, finden Sie im Folgenden Tipps, wie Sie diese erfolgreich gestalten.

Keine Überraschungen: Bei formellen Leistungsbewertungen sollte es für die Mitarbeiterinnen und Mitarbeiter keine Überraschungen geben. Wenn Sie regelmäßig spontanes Feedback geben, verringern Sie die Wahrscheinlichkeit, dass diese über Ihre Bewertung verwundert sein werden, erheblich.

Verlassen Sie sich nicht auf Ihr einseitiges Urteil. Selbst wenn Ihr Unternehmen nicht mit 360-Grad-Feedback arbeitet, bei dem Sie erfahren, wie andere im Unternehmen die Leistung Ihrer Mitarbeiterinnen und Mitarbeiter bewerten, können Sie dennoch eine Plausibilitätsprüfung vornehmen. Ein Manager, den ich kenne, tut dies, indem er einfach jede Person im Team bittet, den Kolleginnen und Kollegen jeweils ein ✓–, ✓ oder ✓+ zu geben. Die meisten bekommen ein ✓, und damit hat sich die Sache erledigt. Wenn eine Person einem anderen Teammitglied ein ✓– oder ein ✓+ gibt, stellt er ein paar weitere Fragen. Dies nimmt etwa fünf Minuten der Einzelgespräche in Anspruch, die er zweimal im Jahr kurz vor der Leistungsbeurteilung mit seinen Mitarbeiterinnen und Mitarbeitern führt. Zudem bietet es ihm eine gute Möglichkeit, sich zu vergewissern, dass er fair ist und das größere Ganze sieht. In einer perfekten Welt wären diese Bewertungen transparent und man wüsste, wer sie vorgenommen hat. Der Aufbau eines solchen Systems würde jedoch Zeit kosten, die der Manager nicht hat. Und weil sein

Team weiß, warum er tut, was er tut, fühlt es sich auch nicht wie eine »fiese Eskalation« an, jemandem ein ✓– zu geben.

Holen Sie zuerst Feedback zu sich selbst ein. Mir hat es geholfen, jeden meiner Mitarbeiter zu bitten, *mir* eine Leistungsbewertung zu geben, bevor ich ihnen eine gebe. Der Hauptvorteil bestand darin, dass sich die Beurteilung dadurch mehr wie ein Gespräch und weniger wie ein arrogantes, einseitiges Urteil anfühlte. Außerdem halfen mir die Bewertungen meines Teams, besser zu verstehen, wie jeder meiner Mitarbeiter dachte, bevor ich mit der Beurteilung begann. Das hat mich manchmal dazu veranlasst, das, was ich sagen wollte, oder die Art und Weise, wie ich es sagen wollte, zu überdenken.

Schreiben Sie es auf. Dinge aufzuschreiben ist mühsam und zeitaufwendig, und deshalb verlangen viele Unternehmen keine schriftlichen Leistungsbeurteilungen. Es ist mir jedoch schon dutzendmal passiert, dass sich die Beurteilung durch meine Notizen verändert hat. Ich denke, ich weiß, was ich während des Mitarbeitergesprächs sagen will, doch wenn ich dann anfange, es aufzuschreiben, stelle ich fest, dass die Situation bei genauerem Nachdenken viel differenzierter ist. Wenn Sie sich die Zeit nehmen, Ihre Gedanken vorher zu Papier zu bringen, ersparen Sie sich die Unannehmlichkeit, mitten im Gespräch oder danach zurückrudern zu müssen.

Ich habe auch die Erfahrung gemacht, dass ich, wenn ich etwas aufgeschrieben habe, mich fast nicht mehr traue, es im Verlauf des Gesprächs *nicht* zu sagen. Manchmal geht es bei Leistungsbeurteilungen ziemlich hitzig zu, und die Versuchung ist groß, sich in schädliche Empathie zurückzuziehen. Wenn Sie aber einen wichtigen Kritikpunkt vorher explizit notiert haben, sind Sie wertschätzende Aufrichtigkeit bereits einen Schritt nähergekommen.

Und schließlich bietet eine schriftliche Beurteilung den Mitarbeiterinnen und Mitarbeitern die Möglichkeit, die während des Gesprächs angesprochenen Punkte später zu klären. Während des Gesprächs haben sie unheimlich viel zu verarbeiten. Deshalb ist es hilfreich, wenn sie später auf ein Dokument zurückgreifen können. Die Leistungsbeurteilungen, die Sheryl Sandberg für mich erstellt hat, trug ich noch Monate nach dem Mitarbeitergespräch in meiner Tasche mit mir herum, um mich daran zu erinnern, woran ich noch arbeiten musste.

Entscheiden Sie bewusst, wann Sie die schriftliche Beurteilung abgeben. Hier gibt es keinen richtigen Zeitpunkt. Manche Menschen sind viel besser in der Lage, ein produktives Gespräch zu führen, wenn sie den Inhalt der Beurteilung bereits kennen. In der Regel sind das Menschen, die sich gerne vorbereiten und Überraschungen hassen. Schicken Sie ihnen den Bericht einen Tag vorher. Andere Menschen neigen dazu, zu viel in das Geschriebene hineinzuinterpretieren, sodass Sie besser dabei sein sollten, wenn sie es lesen, um Fragen klären zu können. Wenn Sie geschrieben haben, »Ihr Team ist frustriert, wenn Sie Ihre Teammeetings in letzter Minute absagen«, könnte dies so interpretiert werden: »Mein Team hasst mich, und ich werde wahrscheinlich morgen gefeuert.« In solchen Fällen sollten Sie die Bewertung zunächst mündlich übermitteln, um zu prüfen, ob die Person sie verstanden hat, bevor Sie sie ihr schriftlich geben. Nachdem Sie Ihrem Mitarbeiter einen Ausdruck der schriftlichen Beurteilung ausgehändigt haben, holen Sie sich eine Tasse Tee, sodass er Zeit hat, die Bewertung zu lesen, und kehren dann zum Gespräch zurück. Seien Sie bei Ihrer Bewertung wertschätzend aufrichtig, und vergewissern Sie sich, dass das, was Sie zu sagen haben, von Ihrem Gegenüber auch wirklich verstanden wurde.

Planen Sie mindestens 50 Minuten ein, und führen Sie die Mitarbeitergespräche nicht direkt hintereinander durch. Ich habe immer versucht, mehrere 30-minütige Mitarbeitergespräche hintereinander zu planen und sie schnell zu erledigen. Aber jedes Mal, wenn ich so vorging, liefen sie schlecht. Die Gespräche dauerten oft länger als geplant, sodass die Mitarbeiterinnen und Mitarbeitern, die als Nächstes an der Reihe waren, vor meinem Büro warten mussten. Das verschwendete ihre Zeit (eine Kardinalsünde für Vorgesetzte) und machte sie unnötig nervös. Und selbst wenn ich mehr Zeit einplante, war es eine schlechte Idee, die Gespräche direkt hintereinander zu führen. Denn Mitarbeitergespräche sind häufig emotional sehr belastend, und ich brauchte immer mehr als zehn Minuten Pause dazwischen.

Blicken Sie zu gleichen Teilen zurück (Diagnose) und nach vorn (Zielformulierung). Bei Erstellen von Leistungsbeurteilungen habe ich mich immer darauf konzentriert, sehr genau zu sagen, wie die jeweilige Person im letzten Quartal/Halbjahr/Jahr abgeschnitten hat. In den Gesprächen versuchte ich jedoch, nicht mehr als die Hälfte der Zeit auf die Vergangenheit zu verwenden, da es wichtiger war, meine Mitarbeiterinnen und Mitarbeiter auf die Zukunft einzuschwören. Dabei habe ich die Ziele nicht selbst formuliert, sondern meine Mitarbeiter darum gebeten: Wie könnten sie in Zukunft noch erfolgreicher sein, oder wie würden sie eine schlechte Leistung in einem Bereich verbessern? Indem Sie sich auf die Zukunft fokussieren, vermeiden Sie, dass sich Mitarbeiterinnen und Mitarbeiter, die gute Leistung erbracht haben, auf ihren Lorbeeren auszuruhen, und diejenigen, die schlecht gearbeitet haben, völlig verzweifeln. Festzulegen, was jeder Einzelne als Ergebnis des Gesprächs in Zukunft anders machen will, ist auch eine gute Möglichkeit zu überprüfen, ob Ihr Gegenüber Sie verstanden hat. Oft dachte ich, ich hätte mich klar ausgedrückt, und merkte erst, dass die Person mich nicht verstanden hatte, als ich die Ziele hörte, die sie als Ergebnis des Gesprächs formulierte.

Planen Sie regelmäßige Follow-ups, um die Zielerreichung zu überprüfen. Nachdem ich meinen Mitarbeiterinnen und Mitarbeitern im Rahmen der Leistungsbeurteilung geholfen hatte, Ziele zu formulieren und einen Plan zu erstellen, war es wichtig, diesen in die Tat umzusetzen. Dazu setzte ich regelmäßige Check-ins an. Häufig plante ich diese als Tagesordnungspunkt für einige zukünftige Einzelgespräche ein, in denen die Person mir über ihre Fortschritte berichten sollte. Ganz gleich, wie Sie es machen: Irgendeine Art von Follow-up sollten Sie einplanen.

Übermitteln Sie die Informationen zur Bewertung/Vergütung erst nach der Leistungsbeurteilung. Wenn Ihr Unternehmen formelle Bewertungen vornimmt und/oder diese Bewertungen mit der Vergütung verknüpft, sollten Sie sich genau überlegen, in welcher Reihenfolge Sie die Informationen übermitteln. Viele Mitarbeiterinnen und Mitarbeiter sind so sehr darauf fokussiert, wie sich ihre Bewertung auf ihre Vergütung auswirkt, dass es ihnen schwerfällt, sich während der Leistungsbeurteilung auf das Gespräch zu konzentrieren. Daher kann es hilfreich sein, die beiden Dinge zu trennen und die Mitarbeiter erst *nach* dem Gespräch über ihre Bewertung und Vergütung zu informieren. Ich habe die Erfahrung gemacht, dass, wenn ich die Bewertung zu Beginn bekannt gab, mein Gegenüber allzu oft alles andere, was ich sagte, ausblendete. Deshalb habe ich die Person manchmal erst am Ende des Gesprächs über ihre Bewertung/Vergütung informiert. In anderen Fällen stellte ich diese Informationen erst einen oder mehrere Tage später zur Verfügung und forderte die Mitarbeiterin oder den Mitarbeiter auf, sich zuerst Gedanken zu machen und einen Plan für die Zukunft zu entwickeln. Viele Unternehmen führen »Entwicklungsgespräche« und »Bewertungsgespräche« mit einem Vierteljahr oder mehr Abstand durch. Das ist in Ordnung, solange die »Entwicklungsgespräche« unmittelbares Feedback, das wöchentlich erfolgen sollte, nicht ersetzen.

LÄSTEREIEN VERHINDERN: SIE SIND CHEF, KEIN DIPLOMAT – PENDELDIPLOMATIE WIRD BEI IHNEN NICHT FUNKTIONIEREN

Wenn Sie ein Umfeld schaffen möchten, in dem wertschätzende Aufrichtigkeit politisches Geschwätz übertrumpft, sollten Sie niemals zulassen, dass eine Person in Ihrem Team über eine andere hinter deren Rücken spricht. Man könnte meinen, Sie wären einfühlsam, weil Sie zuhören, doch in Wirklichkeit heizen Sie nur die politische Stimmung an. Bestehen Sie stattdessen darauf, dass die beiden Personen direkt miteinander reden, ohne Sie. Im besten Fall klären sie es unter sich. Sind sie dazu nicht in der Lage, sollten Sie ein Gespräch zu dritt anbieten, im Idealfall persönlich, ansonsten per Telefon. Dieses Gespräch sollte unbedingt live stattfinden (das heißt nicht per E-Mail oder Textnachricht). Ihre Aufgabe in diesem Gespräch ist es, Ihren Mitarbeiterinnen und Mitarbeitern dabei zu helfen, eine Lösung zu finden, die beide Seiten verstehen und mit der sie leben können. Ich habe einmal einen Artikel über einen CEO gelesen, der immer die schlechteste Lösung für beide Seiten vorschlug, wenn seine Mitarbeiter die Dinge nicht ohne sein Eingreifen regeln konnten. Er tat dies, weil er es hasste, Konflikte zu schlichten. Doch dadurch erzeugte er nur noch mehr Konflikte, nicht weniger. Wenn Ihre Mitarbeiter mit einem Konflikt zu Ihnen kommen, den sie nicht lösen können, ist es Ihre Aufgabe, unterstützend zu wirken, nicht sie zu bestrafen. Als Führungskraft sind Sie für eine offene, faire und schnelle Konfliktlösung verantwortlich.

FEEDBACK=	Lob	Kritik
Erhalten von		
Geben an		
Anregen zwischen		✔

FEEDBACK UNTER KOLLEGEN

Gutes Feedback sollte in einem *persönlichen Gespräch* stattfinden. Es gibt mittlerweile eine Reihe von Tools, die damit werben, Feedbackgespräche überflüssig zu machen. Hier können die Nutzerinnen und Nutzer kleine Text-Snippets erstellen, die dann herumgeschickt und dokumentiert werden. Zudem findet eine Analyse statt. Diese Tools sehen zwar schick aus, sind letztlich aber ein großer Schritt in die falsche Richtung, was Beziehungen angeht – ein bisschen so, als würde man per SMS Schluss machen. Als Führungskraft ist es Ihre Aufgabe, Ihr Team zu ermutigen, *persönlich* miteinander zu reden.

FEEDBACK=	Lob	Kritik
Erhalten von		
Geben an		
Anregen zwischen	✔	✔

»Whoops the Monkey«: Dan Woods, der in den 1990er-Jahren CTO bei einem Start-up war, in dem ich gearbeitet habe, hat das technisch einfachste, kostengünstigste und effektivste System zur Förderung von Feedback im Team entwickelt, das ich je gesehen habe. Es bestand aus zwei Stofftieren: einem Wal und einem Affen. Bei jeder Teambesprechung lud er die Mitarbeiterinnen und Mitarbeiter ein, sich gegenseitig zu nominieren, um für eine Woche den »Killerwal« zu gewinnen. Die Idee war folgende: Die Mitarbeiter sollten sich melden und über eine außergewöhnliche Leistung eines anderen Teammitglieds sprechen. Der Gewinner des Wals aus der vergangenen Woche entschied, wer den Wal in dieser Woche verdiente. Als Nächstes konnten sich die Teilnehmerinnen und Teilnehmer selbst für den »Whoops the Monkey« nominieren: Hatte jemand in dieser Woche einen Fehler gemacht, konnte er aufstehen und davon berichten. Damit wurde ihm der Fehler automatisch verziehen, und er trug dazu bei, dass nicht jemand anderes den gleichen Fehler machte. Als wir diese Methode sowohl bei Juice als auch bei Google einführten, meldete sich zunächst niemand. Es herrschte eisige Stille. Etwas ratlos legte ich 20 Dollar auf den Kopf von Whoops. Damit konnten die Anwesenden so tun, als würden sie nicht auf mein kitschiges Stofftier hereinfallen, sondern einfach nur die 20 Dollar haben wollen, und plötzlich begannen die Geschichten zu sprudeln. Diese Methode förderte nicht nur eine Fehlerkultur – und damit Innovation –, sondern half uns auch, Probleme schneller zu beheben, die sich sonst verfestigt hätten. Einmal erfuhr ich, dass jemand aus meinem Team eine Führungskraft tödlich beleidigt hatte und ich Schadensbegrenzung betreiben musste. Ich kannte die Führungskraft und konnte helfen. Ein anderes Mal entdeckte ich, dass ein von meinem Team begangener Fehler einen Kunden verärgert hatte, der nun besänftigt werden musste. Ich kannte den Kunden, und da ich nun von dem Problem wusste, konnte ich helfen. In den Mitarbeiterversammlungen freute ich mich immer besonders auf die Geschichten, die der Killerwal und Whoops, der Affe, zutage förderten. In 15 Minuten haben wir dabei alle eine Menge gelernt.

Natürlich funktioniert dieser Ansatz nicht überall. Apple zum Beispiel war ein Unternehmen, das nach dem Motto »Doppelt prüfen, dann entscheiden« arbeitete, ganz anders als Google mit seinem »Testen und iterieren«-Ethos. Bei einer Methode wie »Whoops the Monkey« hätten sich die Mitarbeiter veräppelt gefühlt, und die Stofftiere hätten definitiv nicht dem Design-Ethos von Apple entsprochen!

In einigen Branchen wie der Luftfahrt ist das Teilen von Fehlern so wichtig, dass Witze über Whoops the Monkey schlicht unangebracht wären. Wenn ein Pilot oder eine Pilotin einen Fehler macht, kann dies das Leben von Hunderten von Menschen kosten. Doch auch Piloten sind Menschen und machen Fehler. Je mehr sie aus den Fehlern anderer lernen können, desto sicherer wird der Flugverkehr. Die Federal Aviation Administration (FAA) der Vereinigten Staaten wollte herausfinden, wie man Piloten dazu bringen kann, nach Beinaheunfällen oder Abstürzen Informationen auszutauschen. Da die FAA die Befugnis hat, Piloten die Lizenz zu entziehen, war es unwahrscheinlich, dass diese über Fehler sprechen würden, die ihnen unterlaufen waren. Daher finanzierte die FAA ein Programm, das von der NASA verwaltet wird: das Aviation Safety Reporting System. Dabei sprechen pensionierte Pilotinnen und Piloten mit noch aktiven Kollegen, die in Sicherheitsvorfälle verwickelt sind, um herauszufinden, was passiert ist. Solange die Pilotinnen und Piloten nicht unvorsichtig oder fahrlässig gehandelt haben, wird ihnen Immunität für ihre Fehler gewährt. Dadurch ist es für sie sicher, Informationen weiterzugeben – mit dem Ergebnis, dass wir alle viel sicherer fliegen.

Stellen Sie sich vor, es gäbe ein ähnliches Meldesystem für medizinische Sicherheit. Was wäre, wenn wir Ärztinnen und Ärzte, die ehrliche Fehler gemacht haben, nicht verklagen, sondern ihnen stattdessen Immunität gewähren, die Informationen sammeln und weitergeben und Wege finden würden, anderen Ärzten zu helfen, dieselben Fehler zu vermeiden? Wenn es für Ärzte sicherer wäre, sich gegenseitig Ratschläge zu geben und aus den Fehlern ihrer Kollegen zu lernen, könnte dies enorm positive Auswirkungen haben.

Peer-Evaluierung: Eine weitere Möglichkeit, Ihre Mitarbeiter miteinander ins Gespräch zu bringen, besteht darin, ihnen das Radical-Candor-Modell zu erklären. Erläutern Sie, wie Sie Ihre Mitarbeiter darum bitten, das Feedback, das sie von Ihnen erhalten, zu bewerten, damit Sie es verbessern können. Ermutigen Sie sie dann, auf dieselbe Weise das Feedback ihrer Kolleginnen und Kollegen zu bewerten. Durch eine gemeinsame Sprache sorgen Sie dafür, dass sich Ihre Kultur in Richtung Radical Candor bewegt.

»DENEN DA OBEN« DIE WAHRHEIT SAGEN

Roxane Wales, die zunächst bei der NASA und dann im Bereich Weiterbildung bei Google tätig war, verriet mir einmal, wie Vorgesetzte von Führungskräften eine Feedbackkultur fördern können: durch »Skip-Level-Meetings«. Bei diesen Besprechungen, die nur einmal im Jahr stattfinden müssen, um wirksam zu sein, überspringen Sie sozusagen eine Ebene: Sie treffen sich direkt mit den Mitarbeiterinnen und Mitarbeitern der Ihnen unterstellten Führungskraft, ohne dass diese selbst anwesend ist, und fragen sie, was die jeweilige Führungskraft tun könnte, um eine bessere Chefin oder ein besserer Chef zu sein.

Das klingt sehr hierarchisch, aber seien wir ehrlich: Die »flache« Organisation ist ein Mythos. Hierarchie ist eine unausweichliche Tatsache des Lebens. Der beste Weg, die Barrieren, die Hierarchien zwischen uns errichten, abzubauen, besteht darin, zuzugeben, dass es sie gibt, und nach Wegen zu suchen, wie sich alle Beteiligten trotz dieser Struktur auf menschlicher Ebene gleichberechtigt fühlen. Es geht darum sicherzustellen, dass sich jeder frei fühlt, »denen da oben« die Wahrheit zu sagen.

Die Sinnhaftigkeit von Skip-Level-Meetings liegt darin begründet, dass die meisten Menschen ihren Chef oder ihre Chefin nur sehr ungern kritisieren. Zudem werden Führungskräfte, insbesondere Nachwuchsführungskräfte, bewusst oder unbewusst versuchen, Kritik zu unterdrücken, anstatt sie zu fördern. Indem Sie herausfinden, wann dies der Fall ist, und es unterbinden, bewahren Sie eine Kultur der wertschätzenden Aufrichtigkeit – und ersparen den Mitarbeiterinnen und Mitarbeitern, die für solche Vorgesetzten arbeiten, eine Menge Leid.

Bei Skip-Level-Meetings muss man sehr vorsichtig sein. Sie können zu wahren Meckerrunden ausarten. Zudem muss klar sein, dass Sie nicht automatisch davon ausgehen, dass die Ihnen unterstellte Führungskraft schuld

FEEDBACK =	Lob	Kritik
Erhalten von		
Geben an		
Anregen zwischen	✔	✔

ist oder dass Sie keine Kritik über sie hören wollen. Ziel dieser Sitzungen ist es, die Führungskräfte zu unterstützen, nicht sie zu untergraben. Und dazu gehört auch zu wissen, wenn sie Fehler machen, und ihnen zu helfen, die Situation zu lösen. Zudem ist es für Ihre eigene mentale Gesundheit und für den Aufbau einer Kultur der wertschätzenden Aufrichtigkeit wichtig, dass diese Meetings die Mitarbeiterinnen und Mitarbeiter nicht dazu verleiten, zu Ihnen zu rennen, anstatt mit ihrem direkten Vorgesetzten zu sprechen. Im Folgenden gebe ich Ihnen ein paar Faustregeln an die Hand, die mir bei der Durchführung solcher Meetings geholfen haben.

Erklären – vormachen – erklären: Erklären Sie den Ihnen direkt unterstellten Führungskräften, dass Sie zwei Ziele verfolgen: (1) jedem von ihnen zu helfen, ein besserer Chef oder eine bessere Chefin zu werden, und (2) dafür zu sorgen, dass sich die Mitarbeiterinnen und Mitarbeiter in ihrem Team damit wohlfühlen, ihnen direkt Feedback zu geben.

Zeigen Sie, dass Sie es ernst meinen, und bitten Sie Ihren Chef oder jemanden, der gerade Zeit hat, mit *Ihnen* ein Skip-Level-Meeting durchzuführen. Wenn Sie der oder die CEO sind, bitten Sie einen Coach, eine Beraterin oder ein Vorstandsmitglied darum.

Führen Sie niemals ein Skip-Level-Meeting durch, ohne vorher die Zustimmung der Ihnen unterstellten Führungskraft einzuholen. Bitten Sie stattdessen die Führungskräfte, ihren Teams das Ganze vorher zu erklären. Es ist wichtig, dass die Mitarbeiter verstehen, wozu das Meeting mit Ihnen dient – nämlich ihren Chef zu unterstützen, nicht ihn anzugreifen. Wenn das Meeting dann beginnt, wiederholen Sie, dass das Ziel darin besteht, der Führungskraft zu helfen, ihre Leistung zu verbessern. Erinnern Sie die Mitarbeiterinnen und Mitarbeiter daran, dass es darum geht, eine Unternehmenskultur zu schaffen, in der sich jeder wohlfühlt, dem eigenen Vorgesetzten Feedback zu geben, insbesondere Kritik zu äußern, und dass dieses Meeting ein Schritt in diese Richtung ist, das Ziel jedoch nicht ersetzt.

Noch wichtiger ist, dass Sie Skip-Level-Meetings niemals nur für einige der Ihnen unterstellten Führungskräfte durchführen, sondern für alle. Es muss klar sein, dass es sich dabei um einen Routineprozess handelt, von dem alle Personen profitieren, die Ihnen direkt unterstellt sind. Wenn Sie Skip-Level-Meetings nur dann abhalten, wenn es in einem Team Probleme gibt, werden sie eher als Bestrafung wahrgenommen als hilfreiches Instrument zur Führungskräfteentwicklung.

Es geht nicht darum, von *wem* das Feedback kommt. Vergewissern Sie sich, dass alle Beteiligten verstehen, worum es geht: Alle sollen sich wohl damit fühlen, ihrem Vorgesetzten direktes Feedback zu geben. Es geht aber nicht darum, von wem dieses Feedback kommt. Mit anderen Worten: Sie geben alles weiter, was die Mitarbeiterinnen und Mitarbeiter über ihren direkten Vorgesetzten sagen, aber nicht, *wer* es gesagt hat.

Machen Sie sich Notizen, und teilen Sie diese mit den Anwesenden. Projizieren Sie die Notizen, die Sie sich während des Meetings machen, auf einen Bildschirm, und informieren Sie die Teilnehmenden, dass Sie sie an die Führungskraft weitergeben werden. Ermutigen Sie die Anwesenden, sich zu melden, wenn sie einzelne Notizen für nicht genau genug halten. Wenn sich jemand zu Wort meldet, ändern Sie Ihre Notizen entsprechend, und vergewissern Sie sich, dass die Formulierung nun in Ordnung ist, bevor Sie fortfahren. Wichtig dabei: *Erstellen Sie die Notizen selbst,* anstatt jemand anderen damit zu beauftragen. Erstens zeigen Sie so, dass Sie zuhören und voll bei der Sache sind. Und zweitens erfahren Sie auf diese Weise, wenn Sie etwas falsch verstanden haben.

Bringen Sie das Gespräch in Gang. Das erste Skip-Level-Meeting ist für die Mitarbeiterinnen und Mitarbeiter oft sehr unangenehm. Deshalb gilt es, ihr Vertrauen zu gewinnen. Am einfachsten beginnen Sie mit Lob, um die Anwesenden zum Reden zu bringen: »Was macht Ihre Führungskraft gut?« Fragen Sie dann: »Was könnte sie noch besser machen?« Und schließlich: »Was nervt Sie wirklich?« Wenn Probleme erwähnt werden, lassen Sie die Anwesenden über Lösungen nachdenken, damit das Gespräch nicht zu einer Meckerrunde ausartet. Sollten Sie dennoch viele Beschwerden erhalten, denken Sie daran, dass das eine gute Sache ist. Schlecht haben Sie Ihren Job nur gemacht, wenn sich keiner traut, Kritik zu äußern oder das Feedback übertrieben positiv und oberflächlich ist.

Setzen Sie Prioritäten. Sobald das Gespräch in Gang gekommen ist, sollten Sie die Mitarbeiterinnen und Mitarbeiter daran erinnern, dass sich aufgrund der schieren Anzahl wahrscheinlich nicht alle der vorgebrachten Probleme lösen lassen. Ziel ist es, die Dinge zu verbessern, nicht sie perfekt zu machen. Das wäre unrealistisch. Fordern Sie die Anwesenden deshalb auf, die wichtigsten Probleme zu identifizieren und diese zu priorisieren.

Geben Sie Ihre Notizen gleich nach dem Meeting weiter. Bitten Sie die Teilnehmenden etwa acht Minuten vor Ende des Meetings, sich die Notizen noch einmal anzusehen, und erinnern Sie sie daran, dass Sie das Dokument unmittelbar nach der Besprechung an die Führungskraft weitergeben werden. Dadurch fokussieren Sie das Gespräch, und die Teilnehmenden fühlen sich für ihre Vorschläge verantwortlich. Durch diese Unmittelbarkeit – Sie werden das Dokument in acht Minuten mit der Person teilen, über die Sie gerade gesprochen haben –, haben die Anwesenden weniger das Gefühl, hinter dem Rücken ihres Vorgesetzten über diesen zu sprechen. Außerdem müssen Sie so nicht daran denken, die Notizen zur Freigabe an alle Teilnehmenden zu schicken, bevor Sie sie an die Führungskraft weiterleiten. Das erledigen Sie alles während des Meetings. Dadurch ersparen Sie sich unnötige weitere Schritte, die allzu gerne vergessen werden. Zudem spannen Sie die Führungskraft, die in diesem Meeting bewertet wurde, nicht länger auf die Folter. Denn sie wird sofort wissen wollen, was über sie gesagt wurde!

Prüfen Sie, ob die Ihnen direkt unterstellten Führungskräfte Änderungen vornehmen und diese kommunizieren. Wenn die Führungskraft die von Ihnen festgehaltenen Notizen gelesen hat, sollten Sie gemeinsam mit ihr ein oder zwei konkrete Dinge identifizieren, die sie sofort ändern kann. Das muss nichts Großes und Vages wie »Bessere Beziehungen aufbauen« sein. Wesentlich sinnvoller sind kleine, konkrete Ziele wie »Ich werde Meinungsverschiedenheiten persönlich klären statt per E-Mail«. Ermuntern Sie die Führungskraft, ihrem Team in einer E-Mail darzulegen, was sie gelernt hat und in Zukunft anders machen wird. Bitten Sie sie, Sie in CC zu setzen. Beim nächsten Teammeeting sollte sich die Führungskraft erkundigen, ob den Mitarbeiterinnen und Mitarbeitern die vorgenommenen Änderungen ausreichen. Je sichtbarer die Veränderung ist, desto besser. Überprüfen Sie diese Änderungen in einem Follow-up zum Skip-Level-Meeting, indem Sie die Mitarbeiter fragen, ob die Maßnahmen etwas bewirkt haben. Wenn das Team das Gefühl hat, dass keine Änderungen in die Wege geleitet wurden oder dass das Meeting nichts gebracht hat, sollten Sie dies *sehr* ernst nehmen. Im äußersten Fall müssen Sie die betreffende Führungskraft von ihrer Aufgabe entbinden – und sie entweder auf Mitarbeiterebene zurückstufen, ihr ein anderes Team zuweisen oder sich von ihr trennen.

Führen Sie Skip-Level-Meetings einmal jährlich für alle Ihnen unterstellten Führungskräfte durch. Das größte Problem bei erfolgreichen Skip-Level-Meetings besteht darin, dass sie bald jeder haben will – und zwar ständig. Bei Google hatte ich das Gefühl, jeden zweiten Tag ein Skip-Level-Meeting abzuhalten. Diese Besprechungen kosten jedoch viel Energie und Konzentration und können im Übermaß zu Burn-out führen. Mein Tipp: Veranstalten Sie Skip-Level-Meetings einmal pro Jahr für jede der Ihnen direkt unterstellten Führungskräfte. Sind diese wiederum selbst für andere Führungskräfte verantwortlich, sollten sie dasselbe tun. Auf diese Weise lässt sich der Prozess skalieren, sodass Sie bei fünf Ihnen direkt unterstellten Führungskräften lediglich etwa sieben bis acht Stunden (eine Stunde pro Skip-Level, eine halbe Stunde pro Follow-up) im Jahr benötigen.

Häufige Fragen zu Skip-Level-Meetings

Ich habe mit Dutzenden von Menschen zusammengearbeitet, die zum ersten Mal selbst für Führungskräfte verantwortlich waren, und dabei die Erfahrung gemacht, dass Skip-Level-Meetings immer für viel Interesse, aber auch Nervosität sorgen. Hier sind einige der Fragen, die mir bezüglich dieses Formats am häufigsten gestellt wurden.

Was mache ich, wenn sich herausstellt, dass ein ganzes Team das Vertrauen in den Chef oder die Chefin verloren hat? Zunächst einmal: Das wird nur selten passieren. Seitdem ich Skip-Level-Meetings durchführe, ist mir das nur dreimal passiert. In diesen Fällen bin ich den Problemen auf den Grund gegangen und habe festgestellt, dass die betreffende Führungskraft nie Personalverantwortung hätte übernehmen dürfen.

Was kann ich tun, wenn die Mitarbeiterinnen und Mitarbeiter nicht reden wollen? Nutzen Sie Eisbrecher, etwa indem Sie provozierend fragen: »Also ist alles perfekt?« Sie können auch einige Probleme nennen, die Ihnen zu Ohr gekommen sind. Oder Sie fragen, »Wenn Sie eine Sache ändern könnten, was wäre das?«, und bitten die Teilnehmenden dann reihum, spontan darauf zu antworten. Halten Sie die Spannung aus!

Was sollte ich tun, wenn die Leute nicht mehr aufhören zu reden? Wenn eine Person das Gespräch dominiert, achten Sie auf die Mimik der anderen. Erweckt jemand den Eindruck, er würde stark zustimmen oder widersprechen, fragen Sie die Person, was sie denkt. Wenn jemand gelangweilt aussieht, fragen Sie: »Für Sie scheint dies kein Problem darzustellen. Gibt es denn andere Themen, die Sie beschäftigen?« Scheint es mehr Probleme zu geben, als Sie bewältigen können, sollten Sie diese im Gespräch priorisieren. Erinnern Sie die Teilnehmenden daran, dass Persönlichkeitstransplantationen keine Option sind.

Wie kann ich gleichzeitig loyal gegenüber der betroffenen Führungskraft und offen für das Feedback des Teams sein? Achten Sie darauf, die Führungskraft, zu der Sie Feedback einholen, weder zu bewerten noch zu verteidigen. Wenn die Teilnehmenden den Eindruck haben, dass Sie nach Gründen suchen, um die Führungskraft zu bestrafen, werden sie entweder dichtmachen, oder es wird zu einer Meckerrunde kommen. Machen Sie deutlich, dass Ihre Aufgabe nicht darin besteht, zu urteilen, sondern das Feedback weiterzugeben. Wenn Sie auf ein wirklich großes Problem stoßen, versprechen Sie, der Sache auf den Grund zu gehen. Urteilen Sie nicht vorschnell über etwas. Verteidigen Sie die Führungskraft nicht, machen Sie sie aber auch nicht schlecht. Trotzdem können Sie mit den Anwesenden mitfühlen. Es ist ein riesengroßer Unterschied, ob Sie sagen, »Ich merke, dass das stressig für Sie ist. Das tut mir leid. Lassen Sie uns gemeinsam überlegen, wie wir die Situation verbessern können« oder »Ihr Chef ist wirklich ein Mikromanager. Keine Sorge, ich werde dem ein Ende bereiten!«

* * *

Um diese Vorschläge erfolgreich umzusetzen, sollten Sie sich auf die Grundprinzipien von Radical Candor besinnen. Es geht nicht darum, die Tipps minuziös umzusetzen. Denken Sie daran: Indem Sie wertschätzend aufrichtig sind, zeigen Sie Ihren Mitarbeiterinnen und Mitarbeitern tagtäglich, dass Sie sie und ihre Arbeit *sehen*. Selbst wenn Sie Kritik üben, wird Ihr Team dieses Maß an Aufmerksamkeit implizit als Kompliment verstehen. Und wenn Sie täglich zeigen, dass Ihnen die Menschen wichtig sind, wird Ihr wertschätzend aufrichtiges Feedback viel ernster genommen, ja sogar begrüßt. Sollten Sie hin und wieder das Gefühl haben festzustecken, stellen Sie sich einfach diese beiden Fragen: »Zeige ich meinem Team, dass ich es wertschätze?« und »Bin ich aufrichtig jedem Einzelnen gegenüber?«. Wenn die Antwort auf beide Fragen »Ja« lautet, sind Sie auf dem richtigen Weg.

7.

TEAM

Wie Sie Langeweile und Burn-out vermeiden

In Kapitel 3 habe ich darüber gesprochen, wie wichtig es ist, alle Mitarbeiterinnen und Mitarbeiter in Ihrem Team kennenzulernen, um sie mit den passenden Aufgaben betrauen zu können und so Langeweile und Burnout zu vermeiden. Im Idealfall erzielen alle Ihre Mitarbeiter Top-Leistung. Gleichzeitig sollen aber weder 100 Prozent von ihnen auf den nächsten Job schielen noch vollkommen mit ihrer derzeitigen Tätigkeit zufrieden sein. Es geht darum, ein Gleichgewicht herzustellen zwischen Personen, die nach Wachstum streben, und solchen, die für Stabilität sorgen. Um zu wissen, was die einzelnen Personen in Ihrem Team motiviert, müssen Sie wertschätzend aufrichtige Beziehungen zu ihnen aufbauen.

Im echten Leben ist natürlich nichts perfekt. In der Regel erzielen einige Ihrer Mitarbeiterinnen und Mitarbeiter lediglich mittelmäßige Ergebnisse, und manche underperformen sogar. Den größten Nutzen haben Sie, wenn Sie Zeit in Ihre Top-Performer investieren. Doch Sie müssen auch Wege finden, die anderen Mitarbeiter zu führen. Damit das gelingt, stelle ich Ihnen im Folgenden einige Methoden vor.

ENTWICKLUNGSGESPRÄCHE: DIE MOTIVATION UND ZIELE IHRER MITARBEITER VERSTEHEN, UM SIE AUF IHREM WEG ZU UNTERSTÜTZEN

Wie in Kapitel 3 erwähnt, hat jeder Mensch seine eigene Wachstumskurve, und es wäre falsch, alle zu »Superstars« oder »Felsen in der Brandung« machen zu wollen. Sie brauchen ein Gleichgewicht aus Wachstum und Stabilität. Um zu verstehen, wie die Wachstumskurve Ihrer Mitarbeiterinnen und Mitarbeiter aussieht, sollten Sie mit jeder einzelnen Person Entwicklungsgespräche führen, in denen Sie ihre Ziele und Ambitionen in Erfahrung bringen und sie bei der Erreichung dieser unterstützen. Diese Gespräche sollten Sie mit jedem einzelnen Ihrer direkt unterstellten Mitarbeiter führen, unabhängig davon, wo sich die Person im Teamgefüge, das ich in Kapitel 3 beschrieben habe, befindet.

Sobald Sie diese Gespräche beherrschen, werden Sie sich auf sie freuen. Sie sind *die* Gelegenheit, sich auf der Achse »Wertschätzung« des Radical-Candor-Modells weiter nach oben zu bewegen. Ich empfehle Ihnen sogar, mit diesen Gesprächen zu beginnen, wenn Sie Radical Candor in Ihrem Team einführen. Ja, sie erfordern Zeit, doch Sie können sie im Rahmen der Einzelgespräche durchführen, die Sie sowieso eingeplant haben. Ich

verspreche Ihnen: Sie werden einige der angenehmsten Gespräche als Chef oder Chefin haben.

Russ Laraway, Co-Founder unseres Unternehmens Candor, Inc., ist die beste Führungskraft, mit der ich je zusammengearbeitet habe. In einer schwierigen Zeit bei Google hat er einen besonders effektiven Managementansatz entwickelt. Er war damals Director of Sales und für ein neues Team zuständig, das im Zuge einer Übernahme zu uns gekommen war. Die neuen Mitarbeiterinnen und Mitarbeiter waren pessimistisch, was ihre Entwicklungschancen bei Google anging, und überzeugt, dass ihre Vorgesetzten sie nicht wertschätzten. Nur sehr wenige rechneten damit, in drei Jahren noch bei Google zu arbeiten. Google hatte jedoch mehr als eine Milliarde Dollar für die Übernahme ausgegeben, und das Team musste funktionstüchtig sein, damit sich die Investition rechnete. Russ erkannte: Wenn er nicht zügig handelte, würde von dem Team nicht mehr viel übrig sein. Er wusste, dass er den neuen Mitarbeiterinnen und Mitarbeiter als Erstes zeigen musste, dass sie dem Unternehmen wichtig waren. Aber es sind natürlich die *Vorgesetzten*, die das zeigen müssen – Unternehmen können das ebenso wenig wie Regierungen oder andere Institutionen.

Russ war sich bewusst, dass den Mitarbeiterinnen und Mitarbeitern bei Google – neuen wie bestehenden – ihre berufliche Entwicklung mehr als alles andere am Herzen lag. Das war zum Teil ein finanzielles Problem: Die Wohnkosten im Silicon Valley sind so exorbitant hoch, dass sich nur wenige eine Immobilie leisten können, selbst wenn ihr Arbeitgeber Google heißt. Auch das Alter spielt eine Rolle: Google hatte zu diesem Zeitpunkt eine extrem junge Belegschaft, und nicht wenige würden demnächst ihren

30. Geburtstag feiern. Viele hatten das Gefühl, auf eine Midlife-Crisis zuzusteuern. Während einer Klausurtagung mit ihrem gesamten Team beschloss Sheryl Sandberg, diese unternehmensweite Sorge bezüglich der eigenen beruflichen Entwicklung zu thematisieren. »Ihr braucht eine langfristige Vision und einen Achtzehnmonatsplan«, riet sie den anwesenden Führungskräften.

Russ wurde hellhörig. Wie konnte er seinen Mitarbeiterinnen und Mitarbeitern dabei helfen, ihre langfristige Vision und ihren Achtzehnmonatsplan zu formulieren? Und wie könnte er sie dazu bringen, wiederum ihren direkt unterstellten Mitarbeiterinnen und Mitarbeitern dabei zu helfen – und so weiter, damit sich das Ganze bis nach unten fortsetzen und alle seine 700 Mitarbeiterinnen und Mitarbeiter erreichen würde? Die einzige Lösung, die es bislang gab, nannte sich »persönliche Entwicklungspläne«, doch diese waren nicht besonders nützlich. Einige besagten lediglich, dass jeder selbst für seine berufliche Entwicklung verantwortlich war; andere beschrieben minuziös, was man tun müsse, um befördert zu werden. Sie waren also entweder eine weiße Leinwand oder ein wenig inspirierendes Malen-nach-Zahlen-Bild. Was es brauchte, war im wahrsten Sinne des Wortes »Bildung« – in der Bedeutung von »Entstehen«, »Hervorkommen«: Die Mitarbeiterinnen und Mitarbeiter wussten, was sie wollten. Russ verstand es als seine Aufgabe, ihnen dabei zu helfen, dies zu formulieren und dann auch zu erreichen.

Russ bat »Todd«, seine langfristige Vision für seine berufliche Laufbahn zu beschreiben. Woraufhin Todd das sagte, was er glaubte, das Russ hören wollte – im Wesentlichen, dass er genau wie Russ werden wolle. Russ lachte. »Das ist nicht ehrgeizig genug! Ich bin mir nicht einmal sicher, ob ich diesen Job will. Du willst mehr. Du verdienst mehr!« Doch Todd gab nicht nach. Also versuchte Russ einen anderen Ansatz: »OK. Das ist eine Vision. Aber niemand weiß wirklich, was er später machen will. Gib mir eine andere Vision.« Diesmal gestand Todd, dass er mehr wie ein kleiner Jack Welch als ein Russ Laraway sein wollte (das heißt ein CEO, aber vielleicht kein CEO eines Fortune-500-Unternehmens). Da wusste Russ, dass er auf dem richtigen Weg war.

Etwas Ähnliches geschah, als er denselben Ansatz an »Sarah« ausprobierte. Zunächst sagte auch sie, sie wolle wie Russ sein, und beschrieb dann eine andere, ehrgeizigere Vision. »Gib mir noch eine andere Vision«, forderte Russ sie auf. Und nun erzählte Sarah, wovon sie *wirklich* träumte: einer Spirulina-Farm. Wow, was? Spirulina, erfuhr Russ, ist ein Superfood: ein protein- und eisenreiches Bakterium.

Jetzt war Russ neugierig geworden. Wie sollte ein Job, bei dem man Leute dazu bringt, DoubleClick für ihre Anzeigen zu nutzen, Todd dabei helfen, ein kleiner Jack Welch zu werden, oder Sarah dabei, eine Spirulina-Farm zu führen? Russ beschloss, sich darüber erst einmal keine Gedanken zu machen, sondern stattdessen seine Mitarbeiterinnen und Mitarbeiter besser kennenzulernen. Er hatte geglaubt, sie bereits ziemlich gut zu kennen, aber das war offensichtlich nicht der Fall. Beim nächsten Gespräch wollte Russ von jedem seiner Mitarbeiter mehr über seine Lebensgeschichte erfahren.

Als Sarah von früheren Veränderungen erzählte – sie hatte zum Beispiel eine Sportart aufgegeben und eine andere begonnen –, stellte Russ weitere Fragen. Am Ende des Gesprächs verstand er viel besser, was Sarah bei der Arbeit motivierte. Er notierte dann jeden ihrer Motivatoren (etwa »finanzielle Unabhängigkeit«, »Umweltschutz«, »harte Arbeit«, »Führung«) und erklärte, warum er aufgrund der Geschichten, die sie ihm über ihr Leben erzählt hatte, diese Worte gewählt hatte. Auf diese Weise vergewisserte er sich, ob er sie richtig verstanden hatte. Russ hatte zum Beispiel den Begriff »Führung« als Schlüsselmotivator für Sarah gewählt, weil sie ihm von ihrem ehrenamtlichen Engagement für die Naturschutzgebiete Kaliforniens berichtet hatte. Ihr gefiel dieses Wort jedoch nicht; sie bevorzugte »Verantwortung«. Russ erkannte, wie wertvoll dieses Gespräch war, und beschloss, seine Mitarbeiter in Zukunft erst nach ihrer Vergangenheit zu fragen, bevor er sich mit ihrer Zukunft befasste.

Also machet er sich daran, Sarahs derzeitige Tätigkeit mit dem zu verbinden, was sie auf dem Höhepunkt ihrer Karriere tun wollte. Da Russ sehr analytisch veranlagt war, legte er eine Tabelle an und schrieb in jede Spalte einen von Sarahs Träumen. Als Nächstes fragte er sie, welche Fähigkeiten ihrer Meinung nach für die Verwirklichung der einzelnen Träume am wichtigsten waren. Schließlich wollte er wissen, welche Fähigkeiten sie glaubte bereits sehr gut zu beherrschen.

Diese Analyse half Russ und Sarah herauszufinden, welche Kompetenzen Sarah am dringendsten auf- oder ausbauen wollte. So wurde zum Beispiel deutlich, dass Sarah aktuell vor allem Managementerfahrung sammeln sollte. Sie selbst war davon ausgegangen, sie müsse ihre analytischen und ihre Präsentationsfähigkeiten verbessern. Und wenn sie Director bei Google hätte werden wollen, wäre das auch wichtig gewesen. Aber Managementfähigkeiten waren für die Leitung einer Spirulina-Farm viel nützlicher als Präsentationsfähigkeiten. Außerdem hasste Sarah es, Präsentationen zu halten, und ihre analytischen Fähigkeiten wollte sie nicht ausbauen. *Was* sie aber wollte, war, echte Managementerfahrung sammeln. Und jetzt verstanden sowohl sie als auch Russ, warum.

Gemeinsam erarbeiteten sie einen Plan, wie Sarah mehr Managementverantwortung erhalten und andere erfolgreiche Führungskräfte bei Google sie als Mentoren betreuen könnten. Dabei wurde auch deutlich, dass Sarah schneller Managementerfahrung sammeln könnte, wenn sie bei Google bliebe, als wenn sie das Unternehmen verließe. Außerdem war Russ, ihr direkter Vorgesetzter, für Sarah eine der besten Führungskräfte im Unternehmen. Also beschloss sie, noch ein paar Jahre bei Google zu bleiben, und entwickelte sich zu einer äußerst erfolgreichen Führungskraft. Sie erwarb die Fähigkeiten, die sie brauchte, und sparte Geld für ihre Spirulina-Farm an. Die Arbeit, die zunächst nichts mit dem zu tun zu haben schien, was sie im Leben wirklich wollte, ergab jetzt viel mehr Sinn für sie.

Als Russ erkannte, dass er eine gute Methode für Entwicklungsgespräche entwickelt hatte, veranstaltete er eine Fortbildung für sein Team. Darin zeigte er seinen Managerinnen und Managern, wie sie mit ihren direkten Mitarbeitern nicht nur über ihre beruflichen Ziele oder eine mögliche Beförderung, sondern auch über ihre Lebensgeschichte und ihre Träume sprechen konnten. Er empfahl ihnen, über einen Zeitraum von drei bis sechs Wochen jeweils drei 45-minütige Gespräche mit jedem ihrer direkten Mitarbeiter zu führen.

Mit großem Erfolg: Eine Umfrage zur Mitarbeiterzufriedenheit ergab, dass die Mitglieder seines Teams ihre Zukunft bei Google deutlich optimistischer sahen und ihre Vorgesetzten positiv beurteilten. Solch eine positive Entwicklung hatte in der Personalabteilung noch niemand gesehen.

Das erste Gespräch: Lebensgeschichte

Das erste Gespräch dient dazu herauszufinden, was die Person motiviert. Russ schlug einen einfachen Einstieg vor: »Erzählen Sie mir von Ihrem Leben, angefangen bei Ihrer Kindergartenzeit.« Dann riet er seinen Führungskräften, sich auf die Veränderungen zu konzentrieren, die die Mitarbeiterinnen und Mitarbeiter in ihrem Leben vollzogen hatten, und zu verstehen versuchen, warum sie diese Entscheidungen getroffen hatten. Welche Werte ein Mensch hat, zeigt sich häufig in Momenten der Veränderung. »Sie haben Ihr Studium nach zwei Jahren abgebrochen, um an der Wall Street zu arbeiten. Bitte erzählen Sie mir mehr über diese Entscheidung.« Antworten wie »Ich konnte mir von meinem Stipendium nicht einmal einen Orangensaft leisten und wollte einfach mehr Geld verdienen« oder »Ich war gelangweilt von der ganzen Theorie und der fehlenden praktischen Anwendung« ermöglichen Ihnen, Teile des menschlichen Puzzles zusammenzusetzen. Im ersten Fall könnten Sie »finanzielle Unabhängigkeit« als Hauptmotivation festhalten, im zweiten Fall »greifbare Ergebnisse der eigenen Arbeit sehen«. Wenn Ihnen jemand erzählt, er habe mit dem Joggen aufgehört und mit dem Fußballspielen begonnen, weil er gerne im Team spielt, könnten Sie »Teil eines Teams sein« als Motivator notieren. Wenn dagegen eine Mitarbeiterin mit dem Cheerleading aufgehört und mit dem Schwimmen angefangen hat, weil sie »das Gequatsche satthatte und lieber daran arbeiten wollte, über sich hinauszuwachsen«, könnten Sie »persönliches Wachstum« als Motivator festhalten.

Es geht hier nicht darum, endgültige Antworten zu finden, sondern Ihre Mitarbeiterinnen und Mitarbeiter besser kennenzulernen und zu verstehen, was ihnen wichtig ist.

Viele Vorgesetzte fühlten sich bei dieser Art von Kennenlerngespräch anfangs etwas unwohl. Sie hatten das Gefühl, eine Grenze zu überschreiten, wenn sie Menschen zu ihrem Leben außerhalb der Arbeit befragten. Daraufhin erklärte Russ ihnen zwei Dinge: Erstens sind die meisten Menschen gerne bereit, ein solches Gespräch zu führen, solange es in einem von vertrauens- und respektvollen Rahmen stattfindet. Wenn ein Teil Ihrer Aufgabe darin besteht, sich persönlich zu kümmern, müssen Sie die Menschen auch persönlich kennenlernen. Zweitens kann es vorkommen, dass Sie etwas ansprechen, das *zu* persönlich ist. Wenn Sie merken, dass eine Frage Ihrem Gegenüber unangenehm ist, müssen Sie das respektieren. Ein Beispiel: Eine Mitarbeiterin schien sich bei einigen grundlegenden Fragen über ihre Kindheit sehr unwohl zu fühlen. Als Russ dies bemerkte, ließ er das Thema fallen, und die Mitarbeiterin fuhr fort, ihr Leben nach dem Studium zu beschreiben, wobei sie viel selbstbewusster wurde. Später, als er sie besser kannte, erfuhr Russ, dass sie in ihrer Kindheit ein schweres Trauma erlitten hatte. Doch sie hatte sich nicht wohl dabei gefühlt, das während des Kennenlerngesprächs zu thematisieren, und so hatte Russ nicht nachgehakt.

Russ lässt seine Führungskräfte diese Kennenlerngespräche miteinander üben, damit sie sich wohler damit fühlen, sie zu führen, und darauf achten, die persönliche Wohlfühlgrenze ihres Gegenübers nicht zu überschreiten. Außerdem vergegenwärtigt das Üben dieser Gespräche allen, dass sie ein Ziel haben: zu erfahren, was Menschen bei der Arbeit motiviert.

Es ist sinnvoller, diese Motivationen aus der Lebensgeschichte von Menschen abzuleiten, als sie abstrakt zu diskutieren, denn Abstraktionen können sehr leicht missverstanden werden. Eine Mitarbeiterin könnte zum Beispiel sagen, dass ihr finanzielle Unabhängigkeit sehr wichtig sei, woraus Sie schließen könnten, sie sei materialistisch. Wenn sie Ihnen dagegen die folgende Geschichte erzählt, könnten Sie einen anderen Eindruck gewinnen:

Als sie zwölf Jahre alt war, ging ihre Mutter wieder arbeiten, und die Familie vermisste ihre ständige Anwesenheit zu Hause. Also unternahmen sie eine Reise nach New Orleans, um etwas Zeit miteinander zu verbringen. Als sie durch die Bourbon Street schlenderten, warf die Mitarbeiterin einen Blick in ein Striplokal und sah eine fast nackte Frau, die sich um eine Stange wandte. Sie war entsetzt. Ihr Vater, der bereits ein paar Milch-Punchs intus hatte, bemerkte dies. »Siehst du diese Frau?«, sagte er. »Sie verdient an einem einzigen Tag mehr Geld als deine Mutter in einem ganzen Jahr.« Das machte die Mitarbeiterin unheimlich wütend. Wütend im Namen der Frau an der Stange und im Namen ihrer unterbezahlten Mutter und wütend auf die ganze Welt aufgrund all dessen, was die Bemerkung ihres Vaters über das Frau-Sein implizierte. *Das* meint sie damit, wenn sie sagt, ihr sei finanzielle Unabhängigkeit wichtig. Es ist also nicht einfach nur egoistischer Materialismus.

Bereits dieses erste von drei Gesprächen wird viel bewirken. Erstens haben Sie in den 45 Minuten des Gesprächs mehr getan, um Ihr Gegenüber kennenzulernen, als Sie es auf irgendeine andere Weise tun könnten. Sie haben gezeigt, dass Ihnen die Person am Herzen liegt, und nach einem solchen Gespräch wird sie Ihnen unweigerlich noch *mehr* am Herzen liegen. Außerdem können Sie nun besser beurteilen, welche Möglichkeiten die einzelnen Mitarbeiterinnen und Mitarbeiter auf ihrem Weg unterstützen könnten. Und schließlich sind Sie besser auf das nächste Gespräch vorbereitet. Wenn Sie wissen, was einen Menschen motiviert und warum, sind Sie viel besser in der Lage, seine Träume zu verstehen.

Das zweite Gespräch: Träume

Im zweiten Gespräch geht es darum, in Erfahrung zu bringen, was Menschen motiviert und wovon sie träumen – was sie also auf dem Höhepunkt ihrer Karriere erreichen wollen und wie sie sich das Leben idealerweise vorstellen. Russ hat den Begriff »Träume« ganz bewusst gewählt. Führungskräfte fragen in der Regel nach »langfristigen Zielen« oder »Karrierewünschen« oder »Fünfjahresplänen«, doch indem sie solche Begriffe verwenden, rufen sie eine bestimmte Art von Antwort hervor: eine »professionelle« und nicht wirklich menschliche Antwort. Häufig wird hier auch geantwortet, was der Chef oder die Chefin vermeintlich hören will, nicht was die Person wirklich anstrebt. Es ist ein Balanceakt zwischen dem Versuch, ausreichend ehrgeizig zu erscheinen (»Ich möchte so sein wie Sie«), aber nicht zu ehrgeizig (»Aber Ihren Job möchte ich nicht«). Die Frage »Was möchten Sie beruflich erreichen?« lädt nicht dazu ein, Träume zu beschreiben, die einen ganz anderen Job oder Arbeitgeber beinhalten, wie etwa die Spirulina-Farm aus dem obigen Beispiel. Zudem konzentrieren sich Fragen rund um »Karriere« und »berufliche Entwicklung« meist auf Beförderungen, und diese Gespräche sind nie zufriedenstellend: Menschen, die aufsteigen möchten, haben immer das Gefühl, dass es nicht schnell genug geht, und Menschen, die nicht aufsteigen wollen, fühlen sich faul, weil sie nicht ehrgeizig genug sind, wenn sie nach ihren beruflichen Zielen gefragt werden.

Wenn sich persönliche Entwicklungspläne zu sehr darauf konzentrieren, was Mitarbeiter tun müssen, um aufzusteigen, entstehen Gespräche, in denen die Mitarbeiter befürchten, man könne denken, sie nähmen ihre derzeitige Stelle nicht ernst, und Arbeitgeber befürchten, sie würden ihre Mitarbeiter ermutigen zu gehen. Vielleicht wollen sie gar nicht (weiter) befördert werden, aber aufgrund der Art und Weise, wie das Gespräch strukturiert ist, sagen sie dies nicht. Oder sie wollen aufsteigen, erhalten im Gespräch aber keine Gelegenheit, ihre wahren Gründe dafür darzulegen.

Indem Sie Ihren Mitarbeiterinnen und Mitarbeitern den Raum geben, über ihre *Träume* zu sprechen, helfen Sie ihnen, Möglichkeiten zu finden, die sie diesen Träumen näherbringen. Dadurch wird die Arbeit befriedigender und sinnvoller – und die Mitarbeiterbindung steigt. Eine höhere Mitarbeiterbindung ist allerdings nur ein Nebeneffekt der von Russ entwickelten Entwicklungsgespräche. Die Hauptziele sind eine befriedigende und sinnstiftende Tätigkeit sowie produktive Beziehungen zum eigenen Vorgesetzten.

Wie können Sie diese Standardfragen also vermeiden? Russ empfiehlt, die Gespräche mit der Frage zu beginnen: »Wie stellen Sie sich den Höhepunkt Ihrer beruflichen Laufbahn vor?« Da die meisten Menschen nicht wirklich wissen, was sie tun wollen, »wenn sie einmal groß sind«, rät Russ, die Mitarbeiter drei bis fünf verschiedene Träume für die Zukunft formulieren zu lassen. So können sie sowohl den Traum nennen, von dem sie glauben, dass ihr Chef ihn hören will, als auch die Träume, die ihnen wirklich am Herzen liegen.

Bitten Sie Ihre Mitarbeiterinnen und Mitarbeiter, ein Dokument mit drei bis fünf Spalten zu erstellen. Überschreiben Sie jede Spalte mit einem der Träume, die die Person im letzten Gespräch beschrieben hat. Fügen Sie dann die dafür erforderlichen Kompetenzen als Zeilen ein. Geben Sie an, wie wichtig die jeweilige Kompetenz für die Verwirklichung des Traums ist und wie gut die Person die Kompetenz bereits beherrscht. Dadurch wird meist schön ersichtlich, welche Kompetenzen die Person noch aufbauen muss. Ihre Aufgabe als Führungskraft ist es nun, gemeinsam mit der Person zu überlegen, wie sie diese Fähigkeiten erwerben kann: Welche Projekte können Sie ihr übertragen, wem können Sie sie vorstellen, und welche Weiterbildungsmöglichkeiten gibt es?

Im letzten Teil des zweiten Gesprächs sollten Sie sicherstellen, dass die Träume der Person mit den von ihr genannten Werten übereinstimmen. Wenn jemandem zum Beispiel »harte Arbeit« wichtig ist, warum träumt er dann davon, »früher in Rente zu gehen«? Indem Sie nach den Träumen Ihrer Mitarbeiterinnen und Mitarbeiter fragen, führen Sie offene, bedeutsame Gespräche. In einem Fall bei Google erkannte Russ mithilfe dieser Frage, dass der Mitarbeiter ein pflegebedürftiges Kind hatte, dessen Zustand sich voraussichtlich in der Jugend deutlich verschlechtern würde. Der Vater wollte sicherstellen, dass er sich voll und ganz auf sein Kind konzentrieren könnte, wenn dieses ihn voraussichtlich am meisten brauchen würde. Das rückte seine Pläne für den Vorruhestand in ein ganz anderes Licht.

Die meisten Menschen werden Ihnen keine dramatische »Spirulina-Farm«-Geschichte erzählen. Ich hatte einmal einen Mitarbeiter, dessen Baby schwer krank war. Das Wichtigste war ihm, rechtzeitig nach Hause zu kommen, um einen 30-minütigen Spaziergang mit seiner Frau machen zu können, es dunkel wurde. Angesichts all dessen, worum er sich privat kümmern musste, schien das ziemlich ehrgeizig zu sein, und ich tat alles in meiner Macht Stehende, um sicherzustellen, dass er rechtzeitig Feierabend machen konnte.

Das dritte Gespräch: Achtzehnmonatsplan

Schließlich zeigte Russ den Führungskräften, wie sie ihre Mitarbeiterinnen und Mitarbeiter dazu bringen, sich die folgenden Fragen zu stellen: »Was muss ich lernen, um meinen Träumen näherzukommen? Wie sollte ich die Dinge, die ich lernen muss, priorisieren? Von wem kann ich lernen? Wie kann ich meine Rolle ändern, um das zu lernen?« Sobald sich die Mitarbeiter darüber im Klaren waren, was sie als Nächstes lernen wollten, war es für die Führungskräfte viel einfacher, Weiterbildungsmöglichkeiten zu identifizieren, mit denen die Mitarbeiter in den nächsten sechs bis achtzehn Monaten die Fähigkeiten entwickeln könnten, die sie mindestens einem ihrer Träume näherbringen würden. Diese Übertragung ihrer aktuellen Tätigkeit auf ihre zukünftige Träume war für die Mitarbeiter wesentlich inspirierender als ein »So erklimmen Sie die nächste Stufe auf der Karriereleiter«-Plan.

Und so geht's: Erstellen Sie eine Liste, wie sich die Rolle der Person ändern könnte, damit sie die für die Verwirklichung ihrer Träume erforderlichen Fähigkeiten erwerben kann, von wem sie lernen kann und mit welchen Kursen oder Büchern sie sich weiterbilden kann. Notieren Sie dann neben jedem Punkt, wer was bis wann tut, und formulieren Sie einige Aktionspunkte.

Indem Sie Ihren Mitarbeiterinnen und Mitarbeitern helfen, ihre Werte zu formulieren, und diese dann so gut wie möglich mir ihrer derzeitigen Tätigkeit verknüpfen, stärken Sie automatisch Ihr Team. Jeder Einzelne wird dadurch erfolgreicher und zufriedener, und gemeinsam erzielen Sie Ergebnisse, »von denen [Sie] sich in Alltagsstunden nichts träumen [ließen]«, wie es Thoreau in *Walden* treffend formuliert:

»Wenn er in Richtung seiner Träume fortschreitet, wenn er sich bemüht, das Leben zu leben, welches die Phantasie ihm ausmalt, Erfolge von ihm erzielt werden können, von denen er sich in Alltagsstunden nichts träumen ließ. Manche Dinge wird er aufgeben, eine unsichtbare Grenze wird er überschreiten ... Hast Du Schlösser in die Luft gebaut, so war diese Arbeit nicht notwendigerweise vergeblich. Gerade dort sollen sie sich befinden! Jetzt gib ihnen ein Fundament.«

Es ist *beängstigend*, selbstbewusst seinen Träumen entgegenzugehen. Ein Teil Ihrer Aufgabe als Führungskraft besteht darin, Ihren Mitarbeitern dabei zu helfen, den Mut dazu zu finden. Wenn Ihnen das gelingt, gibt es fast keine zufriedenstellendere Tätigkeit.

Ich habe Ihnen einen Überblick über drei Gespräche gegeben, die auf den ersten Blick recht einfach erscheinen. Letztlich kommt es jedoch darauf an, ob Sie sie richtig führen. Es geht darum, Vertrauen zu Ihren Mitarbeiterinnen und Mitarbeitern aufzubauen und herauszufinden, welche Rolle am besten zu jedem Einzelnen passt, damit Ihr Team Ergebnisse erzielt. Wenn Sie weitere Fragen dazu haben, wie Sie diese Gespräche erfolgreich führen, können Sie Russ unter www.radicalcandor.com/contact direkt kontaktieren. Vielleicht fließen Ihre Fragen sogar in das Buch ein, das er gerade über Entwicklungsgespräche schreibt.

WACHSTUMSMANAGEMENT: HERAUSFINDEN, WER WELCHE ENTWICKLUNGSMÖGLICHKEITEN BRAUCHT UND WIE SIE DIESE BEREITSTELLEN MÖCHTEN

Nun haben Sie mit Ihren Mitarbeiterinnen und Mitarbeitern jeweils drei Gespräche geführt und damit begonnen, auf ihre Ambitionen abgestimmte Entwicklungsmöglichkeiten zu identifizieren. Damit sind Sie auf der Achse »Wertschätzung« deutlich vorangekommen. Jetzt ist es Zeit, sich der Achse »Aufrichtigkeit« zuzuwenden.

Einmal im Jahr sollten Sie für jedes Teammitglied einen Wachstumsplan aufstellen. Betrachten Sie Ihr gesamtes Team, und vergewissern Sie sich, dass Sie verstehen, inwiefern die Ziele und die Wachstumskurve jedes Einzelnen mit den kollektiven Bedürfnissen des Teams übereinstimmen. Vorausgesetzt Ihre Mitarbeiterinnen und Mitarbeiter sind noch nicht da, wo sie sein möchten und sollen, werden Sie dann einige schwierige Gespräche führen müssen.

Namen in Kästchen eintragen (vorläufig!)

Als Erstes sollten Sie Ihre Felsen in der Brandung und Ihre Superstars identifizieren. Schreiben Sie ihre Namen in die entsprechenden Kästchen. Als Nächstes ermitteln Sie die Mitarbeiterinnen und Mitarbeiter in Ihrem Team, die gute, aber keine außergewöhnliche Arbeit leisten. Das ist wahrscheinlich die Mehrheit der Mitarbeiter. Identifizieren Sie dann diejenigen, die schlechte Leistung erbringen, die sich aber Ihrer Meinung nach verbessern sollten – entweder weil sie Anzeichen dafür zeigen, dass sie das können, oder weil ihre Fähigkeiten und Ambitionen auf Verbesserungspotenzial hindeuten. Schließlich – und das ist in der Regel der schwierigste Teil – ermitteln Sie die Personen, die keine gute Arbeit leisten und sich nicht verbessern. Verwenden Sie auf diese Übung nicht zu viel Zeit – 20 Minuten sollten reichen. Denken Sie schnell.

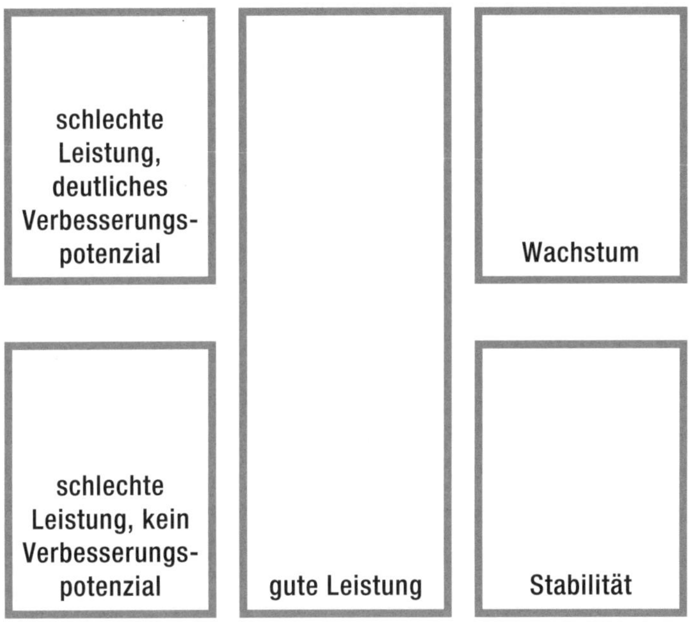

Um sicherzugehen, dass Sie sich hierbei nicht von Vorurteilen leiten lassen, sollten Sie eine externe Meinung einholen. Suchen Sie sich jemanden, der mit der Arbeit Ihrer Mitarbeiterinnen und Mitarbeiter vertraut ist, aber nicht so stark emotional eingebunden ist wie Sie. Das kann Ihre Chefin, ein Kollege oder eine Personalerin sein. Wenn diese Person Ihre Mitarbeiter anders einordnet, als Sie das getan haben, sollten Sie den Grund dafür in Erfahrung bringen, auch wenn Sie anderer Meinung sind. *Vor allem*, wenn Sie anderer Meinung sind.

Wachstumspläne erstellen

Als Nächstes sollten Sie für jede Person einen drei- bis fünfstufigen Wachstumsplan erstellen. Dieser sollte Projekte oder Möglichkeiten enthalten, die die Superstars fordern, und den Felsen in der Brandung das geben, was sie brauchen, um produktiv zu sein. Überlegen Sie, wie Sie Menschen, die gute Arbeit leisten, dazu bringen können, außergewöhnliche Arbeit zu leisten. Welche Art von neuen Projekten, Schulungen oder Unterstützung können Sie ihnen anbieten? Was die Mitarbeiterinnen und Mitarbeiter betrifft, die schlechte Arbeit leisten, aber Verbesserungspotenzial besitzen: Haben Sie diesen Mitarbeitern vielleicht die falsche Rolle zugewiesen? Sind die Erwartungen klar? Benötigen sie zusätzliche Schulungen?

Damit kommen wir zu den Personen, die schlechte Arbeit leisten und sich nicht verbessern. Irgendwann müssen Sie deren Entlassung einleiten. Die meisten Führungskräfte warten damit verständlicherweise zu lange. In einem großen Unternehmen müssen Sie hierzu wahrscheinlich mit der Personalabteilung einen Leistungsverbesserungsplan (auch Performance Improvement Plan, PIP) erarbeiten. Die Art und Weise, wie Sie Entlassungen handeln, kann nicht nur auf die Zukunft der entlassenen Person enorme Auswirkungen haben, sondern auch darauf, wie Ihr Team Sie und das Unternehmen wahrnimmt. Und es kann große Auswirkungen auf Sie selbst haben. Erst neulich haben Russ und ich ein Verkaufsgespräch geführt. Und wer saß uns gegenüber? Jemand, den Russ vor ein paar Jahren entlassen hatte. Wir alle drei waren froh, dass Russ die Sache damals gut gehandelt hatte.

Doch zurück zu den angenehmeren Dingen: Wenn Sie sich regelmäßig Gedanken über die persönliche Entwicklung Ihrer Mitarbeiterinnen und Mitarbeiter machen – und das sollten Sie –, dann brauchen Sie normalerweise nicht mehr als 5 bis 15 Minuten, um einen Wachstumsplan für die jeweilige Person zu erstellen. Es sollte sich eher wie eine sorgfältige Plausibilitätsprüfung anfühlen als wie ein mühsamer Prozess. Auf diese Weise stellen Sie sicher, dass Sie die Wachstumskurve Ihres gesamten Teams im Blick haben.

Nicht zu streng und nicht zu wohlwollend bewerten

Wenn Ihre Managementkolleginnen und -kollegen ebenfalls Wachstumspläne erstellen, sollten Sie sich darüber austauschen und ein gemeinsames Verständnis davon entwickeln, was hervorragende, gute und schlechte Leistung ist. Wenn Sie als Einziger die Hälfte Ihres Teams als Felsen in der Brandung klassifiziert haben, ist es wahrscheinlicher, dass Sie eine andere Messlatte angelegt haben als Ihre Kollegen, als dass Sie das beste Team haben.

Wenn Sie Führungskräfte führen, sollten Sie eine einfache Methode finden, um alle auf dem gleichen Stand zu halten. Sie können zum Beispiel ein gemeinsames Dokument erstellen, alle Führungskräfte bitten, die Namen ihrer Mitarbeiterinnen und Mitarbeiter in die entsprechenden Kästchen einzutragen, und die Kategorisierung dann in der Gruppe besprechen. Bei Meinungsverschiedenheiten sollten die Führungskräfte diese in einer separaten Sitzung klären und Ihnen dann berichten, wie sie sich entschieden haben, oder – wenn sie sich nicht einigen konnten – Sie bitten, eine Entscheidung zu treffen. Das sind schwierige Gespräche, doch sie lohnen sich, weil sie zu mehr Einheitlichkeit unter den Führungskräften führen. Damit alle das System als gerecht empfinden, müssen Sie sicherstellen, dass die Führungskräfte die verschiedenen Arten von High-Performern ähnlich behandeln. Das gibt Ihren Führungskräften auch die Möglichkeit, sich dazu zu äußern, was für sie das richtige Verhältnis zwischen Personen mit steiler und Personen mit flacher Wachstumskurve ist.

Alle Ebenen gleich behandeln

Da Ihnen Ihre direkten Mitarbeiterinnen und Mitarbeiter besonders am Herzen liegen, neigen Sie dazu, das Beste in ihnen zu sehen. Das ist grundsätzlich gut, kann aber in einem wirklich großen Team zu einer Form von unbewusster Voreingenommenheit führen. Wenn Sie ein Team mit 500 Mitarbeiterinnen und Mitarbeitern führen, ist es nur verständlich, dass Sie Ihre direkten Mitarbeiterinnen und Mitarbeitern für die besten halten. Und diese wiederum halten die ihnen direkt unterstellten Mitarbeiterinnen und Mitarbeitern für die besten. Wenn Sie also nicht aufpassen, wird ein unverhältnismäßig hoher Prozentsatz der Personen, die als Felsen in der Brandung oder Superstars gelten, auf den höheren Ebenen zu finden sein, auch wenn diese Bewertung nicht unbedingt der Realität entspricht.

Fairness auf allen Ebenen sicherzustellen fördert die Entwicklung der Mitarbeiter im gesamten Unternehmen und vermeidet unnötige Ressentiments. Allzu oft erhalten Top-Managerinnen und -Manager die besten Bewertungen, obwohl sie in Wirklichkeit lediglich auf der Produktivität Ihrer Mitarbeiter »surfen«. Soweit sollte es nicht kommen. Im Allgemeinen kann man davon ausgehen, dass Spitzenleistungen auf allen Ebenen gleich verteilt sind und dass Top-Führungskräfte eher eine flache Wachstumskurve haben, während jüngere Mitarbeiterinnen und Mitarbeiter sich schnell weiterentwickeln. In der Praxis fällt die Bewertung der meisten Managementteams jedoch umgekehrt aus: Sie klassifizieren eher Personen auf den höheren Ebenen als Superstars als Mitarbeiter auf den unteren Ebenen. In diesem

Fall sollten Sie das kritisch hinterfragen und sich vergewissern, dass es dafür einen erkennbaren und vertretbaren Grund gibt.

PERSONALGEWINNUNG: INNERE HALTUNG UND PROZESS

Im Zuge der Personalgewinnung suchen Sie natürlich neue Mitarbeiterinnen und Mitarbeiter, die gute Arbeit leisten werden. Doch wen sollten Sie einstellen: Felsen in der Brandung oder Superstars? Das kommt darauf an, je nach zu besetzender Stelle. Wichtig ist auch, dass Sie für ein ausgeglichenes Verhältnis zwischen beiden Mitarbeitertypen sorgen. Wenn Sie also zu viele Superstars im Team haben, stellen Sie als Nächstes einen Fels in der Brandung ein.

Prozess

Ihr Einstellungsprozess spielt eine entscheidende Rolle beim Aufbau eines erfolgreichen Teams. Wenn Ihr Unternehmen sehr schnell wächst, werden Sie sehr viel Zeit auf die Personalgewinnung verwenden. Während meiner Zeit bei Google waren das in bestimmten Phasen 25 Prozent.

Im Folgenden beschreibe ich, was meiner Erfahrung nach im Einstellungsprozess bei Google, Apple und in anderen Unternehmen funktioniert hat (und was nicht). Es sind die Grundbausteine eines Recruitings, das so streng und genau wie möglich ist, ohne dabei zu mühsam zu sein. Personalgewinnung ist immer fehlerbehaftet und subjektiv; diese Nachteile lassen sich nicht aus der Welt schaffen, sie können nur *gemanagt* werden. Mit den folgenden Tipps stellen Sie sicher, dass Sie die richtigen Talente gewinnen.

Stellenbeschreibung: Definieren Sie den Team Fit genauso sorgfältig wie die benötigten Kompetenzen, um Bias zu minimieren. Die Stellenbeschreibung sollte von der Person verfasst werden, die die Stelle zu vergeben hat, *nicht* vom Recruitingteam. Sie sollte die Rolle beschreiben sowie die erforderlichen Kompetenzen und die Kriterien für den Team Fit enthalten. Es ist mitunter nicht leicht, den Team Fit zu definieren, weshalb er häufig weggelassen wird. Versuchen Sie, Ihre Unternehmenskultur in drei bis vier Worten zu beschreiben, zum Beispiel »detailorientiert«, »querköpfig« und »direkt« oder »das große Ganze im Blick«, »diszipliniert« und »höflich«. Wie auch immer Ihre Kriterien lauten, klopfen Sie sie im Vorstellungsgespräch sorgfältig ab. Dadurch vermeiden Sie Entscheidungen aus dem Bauch heraus, die häufig auf Voreingenommenheit basieren. Wenn Sie

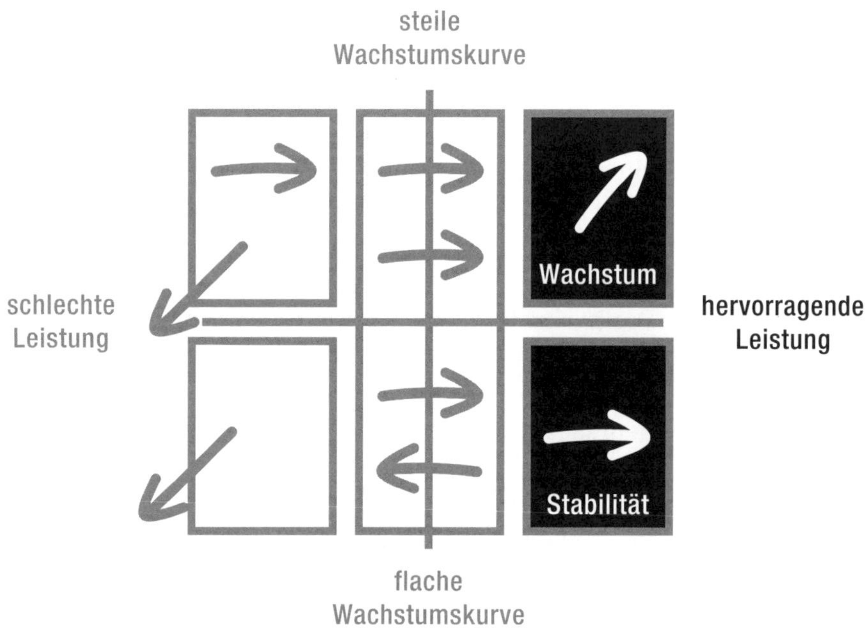

sich außerdem im Vorfeld die Zeit nehmen, die für die Stelle erforderliche Wachstumskurve zu skizzieren, vermeiden Sie einen typischen Bias, den die gesprächsführenden Personen häufig begehen, nämlich Personen einzustellen, die Ihre Ambitionen teilen, die aber für die Stelle ungeeignet sein könnten. Die fertige Stellenbeschreibung sollte dann an alle Mitarbeiterinnen und Mitarbeiter gehen, die die Vorstellungsgespräche führen.

Anonyme Kompetenztests können Bias ebenfalls reduzieren. Vorstellungsgespräche zu führen und diese in internen Feedbackberichten zusammenzufassen erfordert Zeit. Deshalb sollten Sie genau auswählen, wer eingeladen wird. Mit einer guten Vorauswahl lassen sich viele falsch-positive und falsch-negative Bewerberinnen und Bewerber aussortieren. Eine Möglichkeit der Vorauswahl sind Kompetenztests. Dabei bitten Sie potenzielle Kandidaten, ein stellenspezifisches Projekt durchzuführen oder ein entsprechendes Problem zu lösen. Auf diese Weise können Sie die Personen aussortieren, deren Lebenslauf zwar einen guten Eindruck gemacht hat, die bei der praktischen Aufgabe dann aber enttäuschen. Andersherum erhalten Personen, die für die Stelle gut geeignet wären, aber auf dem Papier schlecht aussehen, die Gelegenheit, sich zu beweisen.

Idealerweise führen Sie diese Bewertungen als Blindtests durch. Malcolm Gladwell erzählt eine inzwischen berühmte Geschichte darüber, wie Orchester, die Blindvorpsiele einführten, den Prozentsatz der neu eingestellten weiblichen Musiker um das Fünffache erhöhen konnten. Wann immer möglich sollten Sie den Bewerberinnen und Bewerbern also die Gelegenheit geben, ihre Fähigkeiten unter Beweis zu stellen, ohne dass Sie wissen, wer diese Personen sind.

Einige Unternehmen haben sogar mit Online-Kompetenztests experimentiert, bei denen alle persönlichen Informationen der Bewerber entfernt wurden. So können die Personen, die die Fähigkeiten bewerten, nicht auf das Geschlecht, die ethnische Zugehörigkeit und andere Merkmale der Bewerber schließen. Das ist eine brillante Idee, wenn auch sehr zeitaufwendig und nicht immer praktikabel. Doch immer mehr Dienste wie hired.com bieten vorurteilsfreie Bewerberscreenings an, bei denen Name und Foto herausgefiltert werden, sodass die beurteilenden Personen beim Sichten der Lebensläufe nur auf die Fähigkeiten der Person schauen.

Lassen Sie alle Bewerberinnen und Bewerber dasselbe Auswahlgremium durchlaufen, um aussagekräftige Vergleiche zu ermöglichen. Treffen Sie wenn möglich keine einseitigen Einstellungsentscheidungen. Da Vorstellungsgespräche sehr subjektiv und anfällig für Voreingenommenheit sind, verbessern Sie durch das Einholen verschiedener Meinungen die Qualität Ihrer Entscheidungen. Das bedeutet jedoch, dass Sie konsequent und sorgfältig auswählen müssen, wer die Gespräche führt. Wenn Bob, Charlene und Dory Xavier interviewt haben und ihn gut finden, aber Ebert, Frank und Georgia Zan interviewt haben und ihn gut finden, wie entscheiden Sie dann, wen Sie einstellen? Dadurch haben Sie die Zeit von acht Personen verschwendet.

Ihr Auswahlgremium sollte etwa vier Personen umfassen. Im Idealfall ist es divers zusammengesetzt: Weibliche Bewerberinnen kann es abschrecken, wenn alle Gesprächspartner männlich sind. Und für Angehörige einer unterrepräsentierten Minderheit kann es frustrierend sein, wenn alle Gesprächspartner dieselbe ethnische Zugehörigkeit haben. Es ist auch hilfreich, wenn mindestens einer der Gesprächspartner aus einem anderen Team stammt. So verhindern Sie »verzweifeltes Einstellen«. Dazu kommt es, wenn in einem Team eine »Lücke« besteht und die Verantwortlichen die Stelle unbedingt besetzen wollen, sodass sie Warnsignale ignorieren. Jemand, der die Lücke im Team nicht so stark spürt, kann eher auf diese Gefahrensignale hinweisen.

Zwanglose Vorstellungsgespräche sagen Ihnen mehr über den Team Fit als formelle Gespräche. Ich bin sicher, dass es irgendwo gute Schulungen dazu gibt, wie man Vorstellungsgespräche führt, doch gefunden habe ich sie bislang nicht. Meiner Erfahrung nach lernt man das Führen von

Vorstellungsgesprächen durch Learning by Doing. Lassen Sie die Leute ihren eigenen Stil entwickeln. Ich liebe Geschichten, deshalb besteht meine Gesprächstechnik darin, die Bewerber zu bitten, »mir die mündliche Version Ihres Lebenslaufs zu präsentieren«.

Eine weitere gute Methode ist es, bewusst zwanglosere Momente zu schaffen. Sie können mit den Kandidatinnen und Kandidaten Mittagessen gehen oder sie zum Auto begleiten. Fragen Sie die Mitarbeiter an der Rezeption und in der Disposition, welchen Eindruck sie von den Bewerbern hatten. Wenn sie sich unbeobachtet fühlen, tun oder sagen Menschen aufschlussreiche Dinge. In meinem Team richteten wir uns immer nach der »No Assholes«-Regel von Bob Sutton: Ein Kandidat, den ich einstellen wollte, war so unhöflich zu der Disponentin, dass sie anfing zu weinen. Eine andere Kandidatin behandelte einen Kellner schlecht. Ich habe keinen von beiden eingestellt. Ein anderer Bewerber hob einmal Servietten vom Boden auf, die nicht er hatte fallen lassen. Ihn habe ich eingestellt. Eine mir bekannte Führungskraft, die gute Einstellentscheidungen trifft, begleitet die Kandidatinnen und Kandidaten immer zum Auto. Bei diesen Spaziergängen hat sie unter anderem Folgendes erfahren: Ein Kandidat gab preis, drogenabhängig zu sein, ein anderer prahlte damit, in seiner Familie das Sagen zu haben und seine »Frauen im Zaum halten« zu müssen, ein weiterer scherzte darüber, dass er beim Mittagessen gerne über Kollegen und Kunden lästere.

Halten Sie Ihre Gedanken unmittelbar nach dem Gespräch fest. Schreiben Sie Ihr Feedback zu den Vorstellungsgesprächen auf. Das ist sowohl für Sie als auch für die anderen Mitglieder des Auswahlgremiums aufschlussreich und führt zu besseren Einstellungsentscheidungen. Notieren Sie Ihre Gedanken zu den einzelnen Fähigkeiten sowie zu den Team-Fit-Kriterien.

Vor Kurzem hatte ich ein Vorstellungsgespräch mit einem Bewerber, der charmant war und einen beeindruckenden Lebenslauf vorweisen konnte, aber irgendetwas störte mich. Erst als ich mein Feedback zu dem Gespräch verfasste, wurde mir klar, was es war: Er neigte dazu, große Behauptungen aufzustellen, ohne diese durch Details untermauern zu können. Er sprach davon, dass das System von Unternehmen X »bis ins Unendliche skalierbar« sei, doch als ich mehr darüber wissen wollte, sagte er, dass es ein paar Millionen Datenzeilen pro Tag verarbeiten könne, was wohl kaum unendlich oder überhaupt so beeindruckend ist. Er war auch etwas vage dahingehend, wie genau Unternehmen X seinen Umsatz steigerte und was seine Aufgabe dabei war.

Mir ist bewusst, dass Sie sehr beschäftigt sind und keine Zeit haben, alles aufzuschreiben. Deshalb empfehle ich Ihnen, eine Stunde anzusetzen, dann ein 45-minütiges Gespräch zu führen und sich in den verbleibenden 15 Minuten Notizen zu machen. Auf diese Weise führen Sie fokussiertere Gespräche *und* geben bessere Einstellungsempfehlung.

Persönliche Nachbesprechung/Entscheidung: Wenn Sie die Person nicht *unbedingt* einstellen wollen, unterbreiten Sie ihr kein Angebot. Das ist beste Rat, den ich in Bezug auf Personaleinstellungen je erhalten habe. Und selbst wenn Sie jemanden unbedingt einstellen wollen, sollten Sie so offen sein, sich von den anderen gesprächsführenden Personen überstimmen zu lassen, wenn diese der Meinung sind, dass die Person nicht eingestellt werden sollte. Im Allgemeinen ist eine Tendenz zum Nein im Einstellungsprozess nützlich.

Sobald drei bis vier Kandidaten für eine Stelle interviewt wurden, sollte das Auswahlgremium zusammenkommen, um jeden einzelnen von ihnen zu besprechen. Diese persönlichen Gespräche erfordern echte Disziplin bei der Planung, doch wenn Sie entschieden haben, dass es sinnvoll ist, jeden Bewerber von mehreren Personen befragen zu lassen, dann ist ein persönliches Gespräch der schnellste und sicherste Weg zu einer guten Entscheidung.

Damit diese Meetings zügig verlaufen, sollten Sie das Feedback aller Interviewerinnen und Interviewer für alle sichtbar machen. Das erfordert allerdings von jedem Einzelnen mehr Vorbereitung. Um alle auf den gleichen Stand zu bringen, empfiehlt es sich, ein einstündiges Meeting anzuberaumen, in dem die Teilnehmenden zu Beginn 15 Minuten »Studierzeit« haben, um die Rückmeldungen der anderen zu lesen. Gut geführte Meetings enden in der Regel frühzeitig. Wenn Ihr Team befugt ist, ohne Weiteres eine Entscheidung zu treffen und wenn Sie die Person unbedingt einstellen wollen und niemand Sie überstimmt hat, tun Sie es sofort! Wenn nicht, geben Sie Ihre Empfehlung an die Verantwortlichen weiter, und drängen Sie sie zu einer schnellen Entscheidung.

ENTLASSUNGEN: EIN NOTWENDIGES ÜBEL

Einige Unternehmen investieren nicht viel Zeit in den Einstellungsprozess, weil sie der Meinung sind, dass es einfach ist, Mitarbeiter zu entlassen. Das ist jedoch ein großer Fehler. Beschäftigte zu entlassen ist nicht einfach, weder emotional noch rechtlich. In Unternehmen, in denen es zu einfach ist, Leute zu entlassen, werden schlechte oder ungerechte Entlassungsentscheidungen getroffen, mit dem Ergebnis, dass selbst Mitarbeiterinnen und

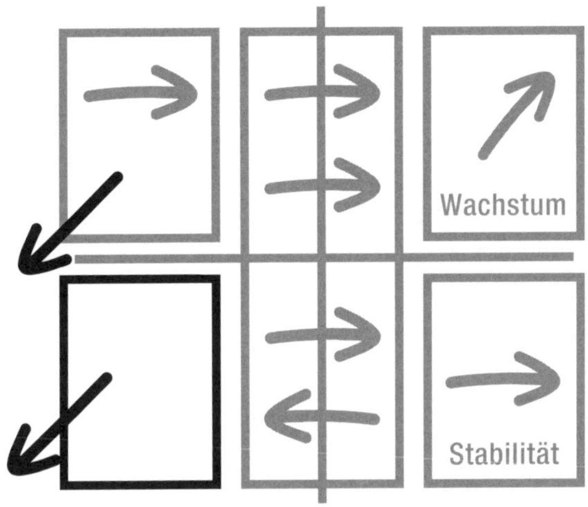

Mitarbeiter, die ihren Job gut machen, Angst bekommen. Wenn Menschen Angst haben, ihren Job zu verlieren, vermeiden sie es, Risiken einzugehen. Sie lernen weniger, entwickeln sich weniger, sind weniger innovativ und schöpfen nicht ihr volles Potenzial aus. Das ist das Gegenteil von Wachstumsmanagement.

Andere Unternehmen begehen den gegenteiligen Fehler: Sie machen es fast unmöglich, Mitarbeiter zu entlassen. In diesen Unternehmen sind den Chefs die Hände gebunden. Einige drücken dann Teammitglieder, die underperformen, ahnungslosen Kollegen aufs Auge, was zu einer bizarren Büropolitik führt. Dadurch müssen diejenigen, die Top-Leistung bringen, Kollegen mittragen, die schlechte Arbeit machen, wodurch Erstere häufig aus Frustration kündigen. Und diejenigen, die schlechte Arbeit leisten, merken, dass es eigentlich egal ist, was sie leisten, und bemühen sich nicht länger. Das führt zu immer mehr Mittelmäßigkeit im Unternehmen.

Menschen zu entlassen ist schwierig, und das sollte es auch sein. Doch es gibt drei Dinge, die Sie tun können, um es der Person, die Sie entlassen, um einiges leichter machen – und auch sich selbst und Ihrem Team.

Warten Sie nicht zu lange

Praktisch alle Führungskräfte, mit denen ich gearbeitet habe, haben sich viel zu spät eingestanden, dass jemand in ihrem Team unzureichende Leistung erbringt. Sie geben es weder sich selbst gegenüber zu noch gegenüber ihren Vorgesetzten oder der Personalabteilung. In meinen Managementkursen bitte ich die Teilnehmenden häufig, ihre Mitarbeiterinnen und Mitarbeiter im jeweiligen Quadranten in der Leistungs-Potenzial-Matrix einzuordnen. Ich sage ihnen, dass das keine Konsequenzen hat. Sie müssen ihre Einschätzung niemandem mitteilen. Es ist eine reine Gedankenübung. Wenn alle fertig sind, frage ich: »Wie viele von Ihnen glauben, dass es in Ihrem Unternehmen Mitarbeiterinnen und Mitarbeiter mit unterdurchschnittlicher Leistung gibt?« In der Regel melden sich alle. Dann frage ich: »Wie viele von Ihnen haben einen einzigen Namen in einem der beiden Quadraten ›schlechte Leistung‹ eingetragen?« Daraufhin melden sich in der Regel nur wenige. Einige lachen, aber alle sind immer sehr erpicht darauf weiterzumachen. Dann zwinge ich sie, so lange sitzen zu bleiben, bis jeder einige Namen in die Quadranten für schlechte Leistung eingetragen hat.

Es gibt vier sehr gute Gründe, warum Sie versuchen sollten, unzureichende Leistungen frühzeitig zu erkennen. Erstens, um fair gegenüber der Person zu sein, die underperformt. Wenn Sie ein Problem frühzeitig erkennen, können Sie der Person Zeit geben, es zu lösen. Sie verringern so auch den Schock, wenn Sie die Person schließlich doch entlassen müssen, weil sie nicht in der Lage oder willens ist, das Problem zu lösen. Zweitens, um Ihrem Unternehmen gegenüber fair zu sein. Wenn Sie Probleme frühzeitig erkennen und angehen, verringern Sie das Risiko, verklagt zu werden, erheblich, genauso wie das Risiko, dem Mitarbeiter noch monatelang Gehalt zahlen zu müssen, während schmerzhafte Gerichtsverfahren laufen. Drittens: Seien Sie fair zu sich selbst. Wenn Sie jemandem in einem Quartal eine gute Bewertung geben und ihn im nächsten entlassen, spricht sich das herum und untergräbt das Vertrauen in Sie. Ganz zu schweigen davon, dass Sie Gefahr laufen, von dem entlassenen Mitarbeiter verklagt zu werden. Es ist zwar zeitaufwendig und unangenehm, Leistungsprobleme anzusprechen, aber noch viel zeitaufwendiger und unangenehmer ist es, eine Klage am Hals zu haben. Viertens, und das ist der wichtigste Punkt, sollten Sie unzureichende Leistungen frühzeitig ansprechen, um denjenigen gegenüber fair zu sein, die wirklich gute Leistungen erbringen. Schlechte Arbeit zu tolerieren ist unfair gegenüber denjenigen, die hervorragende Arbeit leisten.

Entscheiden Sie nicht im Alleingang

Wenn Sie Leistungsprobleme erkannt haben, sollten Sie Ihren Vorgesetzten um Rat fragen, sich mit Ihren Kolleginnen und Kollegen abstimmen (falls erforderlich) und die Personalabteilung um Hilfe bitten. Denken Sie nicht, dass dies Ihre alleinige Entscheidung ist. Sie wollen niemanden aus Wut entlassen, und Sie wollen niemanden behalten, der die Leistung verweigert. Viele Menschen verlieren sich bei diesem hochbrisanten Thema in ihren eigenen Gedanken. Ihre Chefin, Ihre Kollegen und die Personalabteilung können Ihnen helfen, klarer zu denken. Und gute Personalverantwortliche können auch dafür sorgen, dass Sie Menschen auf eine Weise entlassen, die weder Sie noch das Unternehmen vor Gericht bringt.

Im Idealfall gibt es in Ihrem Unternehmen jemanden in der Personalabteilung, der Sie bei der ordnungsgemäßen Dokumentation unterstützt. (Wenn Sie selbst das Unternehmen führen, beauftragen Sie jemanden damit!) Ist dies nicht der Fall, sollten Sie einen Anwalt für Arbeitsrecht, eine erfahrene Personalerin oder eine erfahrene Führungskraft um Hilfe bitten. Fragen Sie sie nicht nur um Rat, sondern lassen Sie sie auch Ihre Dokumentation überarbeiten. Ratschläge sind viel zu abstrakt. Ich habe Dutzende von Fällen erlebt, in denen Führungskräften geraten wurde, wie sie einen Leistungsverbesserungsplan erstellen. Sie sollen ihn fair, aber nicht zu einfach gestalten und sicherstellen, dass er wirklich auf das Leistungsproblem eingeht. Die Führungskräfte hören dabei das »fair«, ignorieren aber das »nicht zu einfach«. Das Ergebnis: Der betreffende Mitarbeiter »besteht« den Leistungsverbesserungsplan, ohne sich mit dem Kernproblem zu befassen, wodurch sich das Leistungsproblem weitere drei oder sechs Monate hinzieht.

Als Vorgesetzter müssen Sie E-Mails und Leistungsverbesserungspläne schreiben. Dabei sollten Sie sicherstellen, dass jemand, der bereits Erfahrung damit hat, sie sorgfältig redigiert. Das kostet Zeit – viel mehr Zeit, als Sie dafür aufwenden wollen. Aber auch hier gilt: Es lohnt sich, die Zeit zu investieren, denn verklagt zu werden ist wesentlich schlimmer!

Kümmern Sie sich

Lassen Sie sich jedoch nicht zu sehr von den Ratschlägen der Personal- und Rechtsabteilung beeinflussen. Atmen Sie tief einmal durch, und treten Sie einen großen Schritt zurück. Sie stehen mit der Person, die Sie entlassen wollen, in einer Beziehung. Diese Person ist Ihnen immer noch sehr wichtig. Überlegen Sie deshalb genau, wie Sie es ihr so leicht wie möglich machen können, auch wenn es dadurch für Sie schwieriger wird oder Sie Risiken eingehen müssen.

Während meiner Zeit bei Juice musste ich einmal jemanden entlassen und hatte Sorge, dass es zu Streitigkeiten kommen würde. Ich erhielt von unserer Anwältin zahlreiche Ratschläge, wie ich vorgehen sollte (wir hatten keine Personalabteilung). Vieles davon war wirklich hilfreich, aber die

Anwältin riet mir immer wieder, einen Wachmann zu engagieren, der den Mitarbeiter hinausbegleiten würde. Ich wusste, dass das für den Mitarbeiter extrem peinlich wäre und er dann eher ausflippen würde. Also fragte ich die Anwältin: »Welches Risiko besteht, wenn ich ihn nicht hinausbegleiten lasse?« Worauf sie mir antwortete, dass er ausrasten könnte. Mir wurde klar, dass genau das passieren könnte, was ich zu verhindern versuchte, wenn ich mich an die gesetzlichen Vorschriften hielt. Also tat ich das Gegenteil: Ich ließ ihn wieder hineingehen und sich von allen verabschieden. Er hat mir später dafür gedankt, und ich hatte immer das Gefühl, dass ich, indem ich auf mein Bauchgefühl gehört habe, anstatt den juristischen Rat zu befolgen, uns allen viel Kummer erspart habe – und wahrscheinlich auch einen Rechtsstreit.

Wenn Sie Mitarbeiter entlassen müssen, tun Sie dies mit Demut. Dabei hilft folgender Gedanke: Sie entlassen die Person nicht, weil sie schlecht ist oder ihren Job schlecht macht, sondern weil der Job – der Job, den Sie ihr gegeben haben – nicht zu ihr passt.

Halten Sie Kontakt

Normalerweise schreibe ich den Menschen, die ich entlassen habe, etwa einen Monat später eine E-Mail, um mich zu erkundigen, wie es ihnen geht. Ich versuche, mich nach Stellen umzuhören, für die sie geeignet sein könnten. Aber auch wenn ich ihnen nichts Konkretes anzubieten habe, melde ich mich. Oft bin ich die letzte Person, von der sie hören wollen, und wenn ich keine Antwort erhalte, hake ich auch nicht nach. Ich kann das verstehen. Aber manchmal ist die Person offen für einen Spaziergang, ein gemeinsames Mittagessen oder einen kurzen Austausch. Ich vergesse nie, wie ich einmal mit einem Mann spazieren ging, der mir herzlich dafür dankte, dass ich ihn entlassen hatte, und dessen Frau ihn gebeten hatte, mir ebenfalls ihren Dank auszusprechen. Es stellte sich heraus, dass die Kündigung nicht nur gut für seine Karriere gewesen war, sondern auch für seine Ehe und die Beziehung zu seinen Kindern.

Es ist schwer, Leute zu entlassen, aber es ist auch schwer, selbst zu kündigen. Manchmal ist es Ihre Aufgabe als Chefin oder Chef, wertschätzend aufrichtig zu sein, wenn etwas einfach nicht funktioniert.

BEFÖRDERUNGEN: SEIEN SIE FAIR

Kaum etwas kann in einem Team derart ein Gefühl von Ungerechtigkeit hervorrufen wie ein Chef, der Beförderungen aufgrund von Vitamin B vornimmt, oder eine Führungskraft, die Mitarbeiter wesentlich schneller befördert als die Führungskraft im Büro nebenan. Doch auch wenn sich mehrere Führungskräfte zusammentun, um sicherzustellen, dass ihre Beförderungen fair sind, kann diese Politik sehr schnell hässlich werden. Meinungsverschiedenheiten können übermäßig persönlich, unausgesprochene Differenzen können giftig werden, und es kommt zu bizarren Tauschgeschäften in Hinterzimmern nach dem Motto: »Ich unterstütze deine Mitarbeiterin, die die Beförderung eigentlich nicht verdient hat, wenn du meinen Mitarbeiter unterstützt.« Hegt eine Führungskraft noch einen Groll aus dem letzten Bewertungszyklus, kann dies dazu führen, dass jemand, der es eigentlich verdient hätte, beim nächsten Mal nicht befördert wird.

Das Engineering-Team von Google löste diese Probleme durch Beförderungsgremien, die zweimal im Jahr für einen Tag außerhalb der Unternehmensmauern zusammenkamen. Dort diskutierten sie über die Beförderung von Mitarbeitern, die ihnen nicht direkt unterstellt waren, sondern einem anderen Team angehörten, und zwar auf der Grundlage relativ objektiver

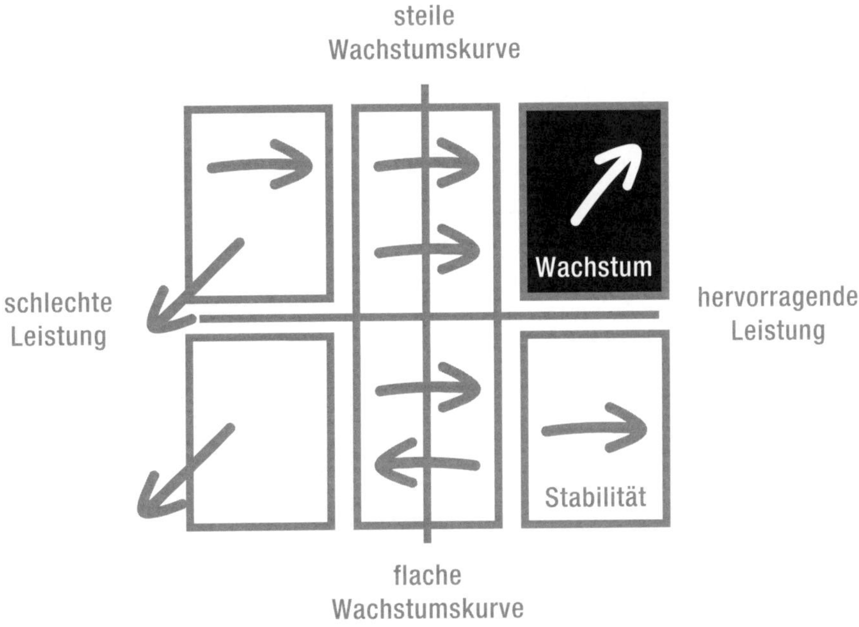

Informationen über die Leistung der jeweiligen Person. Dabei ging es um die Vorteile der Beförderung einer Person, nicht um »meine Mitarbeiterin« gegen »deine Mitarbeiterin«. Vor allem aber löste das Verfahren das uralte Problem der Bevorzugung durch Vorgesetzte. Infolgedessen wurde bei Google noch nie eine Ingenieurin oder ein Ingenieur allein durch Arschkriecherei befördert. (Leider haben andere Teams bei Google kein so strenges Beförderungsverfahren wie der Engineering-Bereich).

Das heißt nicht, dass das System von Google perfekt ist. Es belohnt eher diejenigen, die die sichtbarsten Projekte durchführen, als diejenigen, die hinter den Kulissen wichtige Durchbrüche erzielen. Und die Empfehlungen mancher Vorgesetzter gehen weiter, als sie sollten. Doch es ist immer noch das beste Verfahren, das ich kenne, und es lohnt sich, es nachzuahmen.

Selbst wenn Ihr Unternehmen nicht diesen Aufwand betreibt, um Beförderungen fair zu gestalten, können Sie sich dennoch mit Ihren Kolleginnen und Kollegen beraten. Wenn Sie Führungskräfte führen, können Sie sogar verlangen, dass alle Ihre Mitarbeiterinnen und Mitarbeiter ihre Beförderungspläne miteinander abstimmen, bevor eine Beförderung genehmigt wird. Im Folgenden finden Sie einige Tipps, wie Sie verhindern können, dass die oben beschriebene Politik Ihre Kalibrierungsmeetings ruiniert.

Vorbereiten: Bitten Sie alle Mitglieder Ihres Teams, eine Liste der Personen, die sie befördern möchten, zusammen mit einer Begründung einzureichen. Wenn Sie einen HR-Partner haben, bitten Sie diesen, alle Namen und Begründungen nach Ebenen zu ordnen und daraus eine leicht verständliche Präsentation zu erstellen. Sichten Sie diese Informationen vor dem Meeting, und bilden Sie sich eine Meinung zu jeder Beförderung, gehen Sie dann aber mit einer offenen Einstellung in die Besprechung.

Die Zeit und die Länge der Diskussionen im Blick behalten: Gehen Sie alle Beförderungen nacheinander nach Hierarchieebene durch, vom höchsten zum niedrigsten Dienstgrad. Planen Sie für Beförderungen auf den oberen Ebenen mehr Zeit pro Person ein als für Beförderungen auf den unteren Ebenen; sie sollten aber nicht die *gesamte* Zeit in Anspruch nehmen. Wenn eine Diskussion zu lange dauert, entscheiden Sie entweder selbst vor Ort, oder bitten Sie die Teilnehmenden, die Diskussion außerhalb des Meetings fortzusetzen und Ihnen dann eine Empfehlung zu geben oder im Falle einer Pattsituation zu Ihnen zu kommen, damit Sie sie lösen können.

Ausreichend schlafen, Sport machen und gut frühstücken: Sie müssen am Tag des Meetings ruhig und wenn möglich gut drauf sein. Ermuntern Sie Ihr Team, sich ebenso vorzubereiten.

Nach dem Meeting den Kopf freibekommen: Planen Sie nach dem

Meeting irgendeine Art von Aktivität, um nach dieser anspruchsvollen Aufgabe den Kopf freizubekommen, zum Beispiel einen gemeinsamen Spaziergang. Im Allgemeinen empfehle ich nicht, Alkohol und Arbeit zu vermischen, aber wenn es einen Zeitpunkt gibt, an dem man gemeinsam etwas trinken gehen kann, dann ist es dieser.

Wenn faire Beförderungen weder Ihrem Unternehmen noch Ihrem Vorgesetzten wichtig zu sein scheinen, können Sie Ihren Kolleginnen und Kollegen vorschlagen, sich zusammenzusetzen und sich abzustimmen. Haben diese kein Interesse, können Sie sich immer noch die Personen ansehen, die Sie befördern wollen, und mit anderen Mitarbeitern im Unternehmen vergleichen, um sich zu vergewissern, dass Sie plausibel handeln. Sie tun niemandem einen Gefallen, wenn Sie ihn befördern, obwohl der Rest des Teams der Meinung ist, dass er es nicht wirklich verdient hat.

BELOHNEN SIE IHRE FELSEN IN DER BRANDUNG: NICHT NUR DIE SUPERSTARS VERDIENEN ANERKENNUNG

Beförderung/Status ist nicht alles

Früher war ich immer völlig gelähmt, wenn ich eine E-Mail an mein gesamtes Team bei Google schicken sollte, um eine Beförderung zu feiern. Heute, zehn Jahre später, verstehe ich endlich, was falsch war: Ich hätte diese E-Mail gar nicht schreiben sollen. Die Ankündigung von Beförderungen erzeugt einen ungesunden Wettbewerb um die falschen Dinge: Statusdokumentation statt Kompetenzentwicklung.

Die meisten Beförderungen gehen mit einem höheren Gehalt, mehr Verantwortung und in einigen Unternehmen auch mit mehr Aktienkapital einher. Das ist eine Menge externer Bestätigung. Vermutlich wurden die beförderten Personen bereits vor ihrer Beförderung öffentlich für ihre Arbeit gelobt. Doch wenn Beförderungen in großem Stil öffentlich gefeiert werden, überwiegen die Nachteile, die sich aus dem Fokus auf die Hierarchie ergeben, die Vorteile der öffentlichen Anerkennung der Beförderten.

Wie wäre es stattdessen, die Rollen klar und transparent zu machen? Wenn eine Beförderung mit einem Rollenwechsel einhergeht, sollten Sie diesen bekanntgeben. Aber nicht jeder Rollenwechsel bedeutet eine Beförderung, und nicht jede Beförderung bedeutet einen Rollenwechsel. Konzentrieren Sie sich auf die Arbeit, die die Person leistet, und nicht auf den Status, den sie dadurch im Unternehmen erreicht hat.

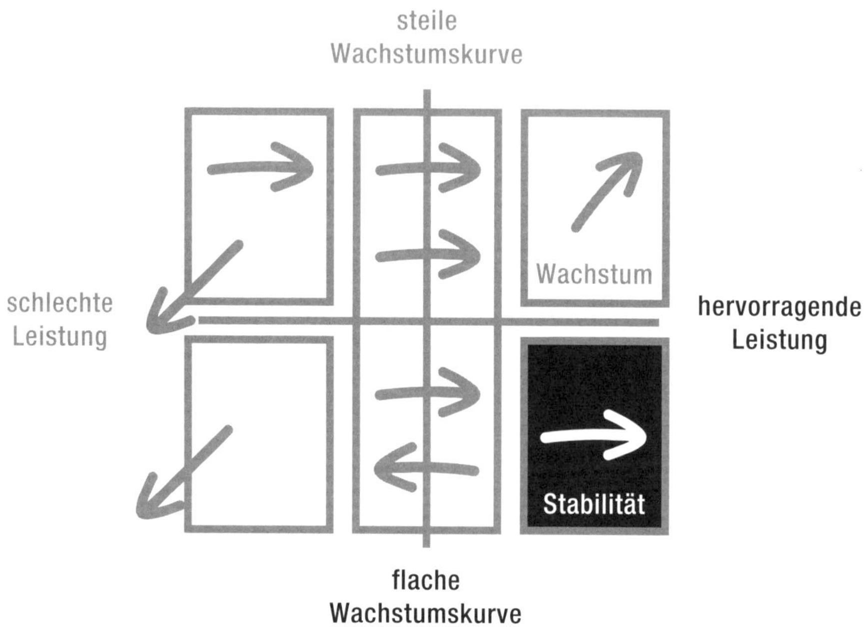

Und was ist mit öffentlichem Lob? Ja, loben Sie Ihre Mitarbeiterinnen und Mitarbeiter auf jeden Fall öffentlich. Aber überlegen Sie genau, *was* Sie loben. Loben Sie die Dinge, von denen Sie sich mehr wünschen: hochwertige Arbeit, verblüffende Innovationen, erstaunliche Effizienz, selbstlose Teamarbeit. Wollen Sie wirklich, dass der Schwerpunkt auf Beförderungen liegt? Wenn nicht, sollen Sie keine so große Sache daraus machen.

Danke sagen

Jim Ottaway, ehemaliger SVP und Vorstandsmitglied von Dow Jones, erzählte mir einmal, wie erstaunt er gewesen sei, dass ein Dankesschreiben, das er zehn Jahren zuvor verfasst hatte, immer noch an der Wand des Büros eines Mitarbeiters hing. Als er erkannte, wie viel ihm das bedeutete, wünschte er sich, er hätte viel mehr solcher Schreiben verfasst. Vorgesetzte – selbst gute – vergessen häufig, wie wichtig die kleinen Dinge, etwa Danksagungen, sind.

Ein Dankeschön geht über ein Lob hinaus. Ein Lob drückt die Bewunderung für gute Arbeit aus. Ein Dankeschön drückt persönliche Dankbarkeit aus. Mit einem Dankeschön erklären Sie nicht nur, warum die Arbeit wichtig ist, sondern auch, warum sie *Ihnen* wichtig ist. Nehmen Sie sich also einen Moment Zeit, um Danke zu sagen. Sie können es persönlich und schriftlich tun. Manchmal bedeutet ein Dankeschön unter vier Augen mehr, manchmal ein Dankeschön in der Öffentlichkeit. Und es schadet eigentlich nie, beides zu tun.

Mitarbeiter als Experten ausweisen

Eine weitere gute Möglichkeit, die Fähigkeiten eines Mitarbeiters hervorzuheben, besteht darin, ihn als Experten auf seinem Gebiet auszuweisen. Seine Expertise können Sie zum Beispiel dadurch anerkennen, dass Sie ihn damit betrauen, seine Fähigkeiten weiterzugeben. Geben Sie der Person ein paar Monate Zeit, um eine Schulung zu konzipieren, damit sie wirklich darüber nachdenken kann, wie sie ihr Wissen vermitteln möchte. Das kann für den Experten sehr befriedigend und für Ihr Team enorm produktiv sein. Nicht jeder unterrichtet jedoch gerne. Sorgen Sie deshalb dafür, dass dies eine Belohnung und keine Bestrafung für die Person darstellt. Für diejenigen, die nicht gerne unterrichten, sollten Sie eine andere Möglichkeit finden, sie als Expertinnen und Experten auf ihrem Gebiet zu etablieren.

Arbeiten öffentlich vorstellen

Mitarbeiter, die hervorragende Arbeit leisten und sich allmählich weiterentwickeln, beklagen sich häufig, dass sie sich unsichtbar fühlen. Dieses Problem können Sie einfach lösen, indem Sie Mitarbeiterinnen und Mitarbeitern, die wichtige, aber zu wenig anerkannte oder missverstandene Aufgaben erledigen, die Möglichkeit geben, ihren Kollegen ihre Arbeit vorzustellen.

ABWESENDE FÜHRUNGSKRÄFTE UND MIKROMANAGEMENT VERHINDERN

Um Ihnen dabei zu helfen herauszufinden, wann Sie ein guter Partner für Ihre Mitarbeiterinnen und Mitarbeiter sind, anstatt in Mikromanagement zu verfallen oder als abwesende Führungskraft aufzutreten, habe ich eine einfache Tabelle entwickelt. Ich hoffe, dass Sie sie dabei unterstützt, besser mit Ihrem Team zusammenzuarbeiten. Eine der besten Möglichkeiten, die Motivation Ihrer Mitarbeiter aufrechtzuerhalten, besteht darin, aktiv mit ihnen zusammenzuarbeiten.

Abwesende Führungskraft	Führungskraft als Partner	Mikromanagement
Packt nicht mit an.	Packt mit an.	Packt mit an.
Hat kein Interesse, fragt nicht nach.	Zeigt Interesse und fragt nach.	Hat kein Interesse; tut so, als wüsste er/sie alles.
Hört nicht zu, sagt nichts.	Hört zu und fragt nach den Gründen.	Hört nicht zu; sagt, wie es geht.
Hat Angst vor *jeglichen* Details.	Fragt nach *relevanten* Details.	Verliert sich in den Details.
Hat keine Ahnung, was vor sich geht.	Ist informiert, weil er/sie mit anpackt.	Fordert unnötige Präsentationen, Berichte und Updates ein, die nur mehr Arbeit machen.
Definiert keine Ziele.	Definiert Ziele gemeinsam mit den Mitarbeitern.	Definiert Ziele willkürlich.
Ist über Probleme nicht im Bilde.	Hört bei Problemen zu, antizipiert Probleme, beteiligt sich am Lösungsbrainstorming.	Sagt den Mitarbeitern, wie Probleme zu lösen sind, ohne sie in ihrer Gesamtheit zu verstehen.
Tritt versehentlich auf Minen und verursacht dadurch Kollateralschäden.	Beseitigt Hindernisse und entschärft explosive Situationen.	Sagt den Mitarbeitern, wie sie Hindernisse beseitigen/Situationen entschärfen sollen und schaut aus sicherer Distanz zu.
Kennt weder die Fragen noch die Antworten.	Gibt sein/ihr Wissen weiter, fragt nach, wenn er/sie etwas nicht weiß.	Tut so, als wisse er/sie Bescheid.
Kennt die Zusammenhänge nicht.	Informiert über wichtige Zusammenhänge.	Hält Informationen zurück.

FAZIT

Es gibt kaum etwas Schöneres, als Teil eines Teams zu sein, in dem alle ihren Job lieben und gerne zusammenarbeiten. Ein solches Team können Sie aufbauen, indem Sie mit jedem Teammitglied Entwicklungsgespräche führen, einmal im Jahr einen Wachstumsplan erstellen, die richtigen Mitarbeiterinnen und Mitarbeiter einstellen, die richtigen Personen entlassen, die richtigen Leute befördern, diejenigen belohnen, die gute Arbeit leisten, aber nicht befördert werden sollten, und sich Ihren Mitarbeitern als Partner anbieten. Es liegt absolut in Ihrer Macht, ein Team zu schaffen, das jeden Tag gerne zur Arbeit kommt. Dann werden Sie gemeinsam Dinge erreichen, die Sie allein niemals schaffen könnten, während gleichzeitig jeder Einzelne seinen Träumen ein Stück näherkommt.

8.

ERGEBNISSE

Wie Sie gemeinsam mehr erreichen – und schneller

Das letztendliche Ziel von Radical Candor besteht darin, gemeinsam Ergebnisse zu erzielen, die Sie allein niemals erzielen könnten. Sie haben eine Feedbackkultur etabliert, und Sie haben ein vorbildliches Team geschaffen, dass die Radical-Candor-Prinzipen »Wertschätzung« und »Aufrichtigkeit« verkörpert. Dadurch laufen Ihre Mitarbeiterinnen und Mitarbeiter zu Höchstform auf. Und was vielleicht am wichtigsten ist: Sie haben einen Prozess der Selbstkorrektur entwickelt, in dem Ihre Mitarbeiter die meisten Probleme untereinander lösen, *bevor* Sie ihnen überhaupt gewahr werden. Das heißt aber nicht, dass Sie jetzt eine Jacht kaufen und damit in die Karibik segeln können. Nein, jetzt können Sie die Früchte von wertschätzender Aufrichtigkeit – all die gewonnene Zeit und Energie – ernten und sie nutzen, um gemeinsam mit Ihrem Team hervorragende Ergebnisse zu erzielen.

Der Neurowissenschaftler und Akademiker Stephen Kosslyn beschrieb einmal in einem Vortrag, wie Teamkolleginnen und -kollegen mit der Zeit »mentale Prothesen« füreinander werden: Was der eine nicht mag oder nicht gut kann, liebt und beherrscht der andere. Gemeinsam seien sie »besser, stärker, schneller«. Besser, stärker und schneller zu werden bedeutet in diesem Fall, die Schritte des GSD-Rads zu befolgen, das ich in Kapitel 4 vorgestellt habe. Ihre Aufgabe ist es, den Prozess des Zuhörens, Präzisierens, Diskutierens, Entscheidens, Überzeugens und Umsetzens derart zu fördern, dass Ihr Team bei der Durchführung von Projekten wie mit *einem* Gehirn denkt und aus den Ergebnissen lernt. Das gilt nicht nur für Hightech-Unternehmen im Silicon Valley. Vor Kurzem sprach ich mit jemandem, der für die Nachwuchsführungskräfteschulungen bei New Jersey Transit verantwortlich war. Ich fragte ihn, was das Unternehmen seinen Mitarbeitern als Erstes beibringe. »Sie sollten die Leute nicht als Erstes herumkommandieren. Dadurch werden sie Sie nur hassen. Sie sollten ihnen als Erstes *zuhören*«, antwortete er mir.

Damit die Dinge reibungslos laufen, müssen Sie zuallererst entscheiden, wer mit wem kommunizieren muss und wie häufig. Das bedeutet Meetings. Jedes Meetings geht mit erheblichen Kosten einher – Zeit –, weshalb Sie deren Dauer und Häufigkeit sowie die Anzahl der teilnehmenden Personen auf ein Minimum begrenzen sollten. Die wichtigsten dieser Meetings sind die Einzelgespräche mit Ihren direkten Mitarbeiterinnen und Mitarbeitern. Hier ein Überblick:

1. Einzelgespräche
2. Teammeetings
3. Nachdenkzeit

4. Meetings zu wichtigen Diskussionen
5. Meetings zu wichtigen Entscheidungen
6. Mitarbeiterversammlungen
7. Meetingfreie Zonen
8. Kanban Boards
9. Rundgänge
10. Die Kultur in den Blick nehmen

EINZELGESPRÄCHE: IHRE MITARBEITER BESTIMMEN DIE AGENDA, SIE HÖREN ZU UND VERSTEHEN

Einzelgespräche sind ein absolutes Muss und die beste Gelegenheit für Sie, Ihren Mitarbeitern zuzuhören, *wirklich* zuzuhören. Schließlich wollen Sie sicherzustellen, dass Sie verstehen, was aus ihrer Sicht funktioniert und was nicht. Zudem bieten sie Ihnen die Möglichkeit, Ihre Mitarbeiter besser kennenzulernen und sich damit auf der Achse »Wertschätzung« des Radical-Candor-Modells nach oben zu bewegen. Denken Sie daran: Dies ist nicht der Moment, alle Ihre Kritikpunkte vorzubringen. Das sollte in den zwei- bis dreiminütigen spontanen Gesprächen erfolgen, die Sie bereits führen.

Einzelgespräche

Ziel der Einzelgespräche ist es, zuzuhören und zu verstehen – zu verstehen, in welche Richtung die einzelnen Mitarbeiterinnen und Mitarbeiter wollen und was sie daran hindert. Sheryl Sandberg hat mir einmal in einem Einzelgespräche in Nullkommanichts geholfen, ein Problem zu lösen, das mir unheimlich wichtig war, mir jedoch bis zu unserem Gespräch unlösbar erschien. Ich war damals für Teams in insgesamt zehn verschiedenen Städten weltweit verantwortlich und wollte allen einen Besuch abstatten. Gleichzeitig war ich 40 und dabei, eine Familie zu gründen. Wenn zwischen Ihnen und Ihrem Ehemann jedoch 5.000 Kilometer liegen, ist es schwer, schwanger zu werden. Was sollte ich also tun? Ich erzählte Sheryl von meinem Dilemma. »Ach, das ist einfach!«, sagte sie. Ich war gespannt. »Beides geht nicht. Und du hast keine Zeit zu verlieren. Du solltest das Schwanger-Werden zu deiner obersten Priorität machen.« Ich war unheimlich erleichtert. Es schien mir *tatsächlich* unmöglich, gleichzeitig zu reisen und schwanger zu werden, und ich war froh, dass Sheryl aussprach, was ich dachte. Doch ich fühlte mich auch niedergeschlagen. Bedeutete dies, dass ich meinen Job nicht machen konnte? Natürlich nicht! »Erinnerst du dich noch an das Offsite-Meeting, das dein Team veranstalten wollte, für das ihr aber die Mittel nicht bekommen habt?«, wollte Sheryl wissen. »Dein Team will herkommen, und du willst nicht reisen. Das nenne ich eine Win-win-Situation.«

Mit den folgenden Tipps stellen Sie sicher, dass Sie und Ihre Mitarbeiterinnen und Mitarbeiter maximal von Einzelgesprächen profitieren.

Mindset

Ihr Mindset ist ganz wesentlich dafür verantwortlich, wie gut die Einzelgespräche verlaufen. Ich habe festgestellt, dass ich viel bessere Gespräche führe, wenn ich diese Termine nicht als Meetings begreife, sondern als gemeinsame Mittags- oder Kaffeepausen, bei denen ich mein Gegenüber besser kennenlernen kann. Wenn sich die Mittagspause dafür anbietet, machen Sie sie zu einem regelmäßigen Termin. Wenn Sie und Ihr Gegenüber gerne spazieren gehen und sich die äußere Umgebung Ihres Büros dafür eignet, machen Sie daraus ein Walking Meeting. Wenn Sie ein Morgenmensch sind, setzen Sie den Termin morgens oder vormittags an, jedoch nicht zu Zeiten, in denen Sie ein Tief haben, zum Beispiel ein Nachmittagstief. Da Sie viele Meetings haben, sollten Sie den Zeitpunkt und Ort wählen, an dem Sie die meiste Energie haben. Übertreiben Sie es aber nicht. Sie stehen vielleicht gerne um fünf Uhr morgens auf und gehen ins Fitnessstudio. Erwarten Sie jedoch nicht, dass das auch bei Ihren Mitarbeitern der Fall ist.

Häufigkeit

Zeit ist nicht skalierbar, aber sie ist für Beziehungen von entscheidender Bedeutung. Einzelgespräche sollten als natürlicher Engpass fungieren, der bestimmt, wie viele direkte Mitarbeiterinnen und Mitarbeiter eine Führungskraft haben kann. Ich treffe mich mit meinen Mitarbeitern gerne für 50 Minuten pro Woche. Aber mehr als etwa fünf Stunden für Einzelgespräche kann ich pro Woche nicht aufbringen. Zuhören ist harte Arbeit, und irgendwann sind meine Kapazitäten dafür erschöpft. Deshalb beschränke ich mich gerne auf fünf direkte Mitarbeiter. Mit Remote-Mitarbeitern veranstalte ich Videocalls und versuche, diese durch häufigere kurze Check-ins zu ergänzen.

Für viele Unternehmen – auch einige, in denen ich gearbeitet habe – ist das unrealistisch. Wenn Sie zehn direkte Mitarbeiter haben, würde ich die Einzelgespräche auf 25 Minuten pro Woche begrenzen. Viele Führungskräfte, die ich kenne, haben 20 direkte Mitarbeiter, und sie können das nicht ändern. Das liegt einfach daran, wie ihr Unternehmen geführt wird. Wenn das bei Ihnen der Fall ist, empfehle ich, jede zweite Woche 25 Minuten für jeden direkten Mitarbeiter anzusetzen. Versuchen Sie außerdem, einige Ihrer Mitarbeiter in Führungspositionen unterzubringen, sodass sich die Zahl Ihrer direkten Mitarbeiter verringert.

Um eine Ausuferung der Meetings zu vermeiden, empfehle ich Führungskräften, die Einzelgespräche zu nutzen, um Entwicklungsgespräche zu führen (siehe Kapitel 7) und gegebenenfalls formelle Leistungsbewertungen durchzuführen.

Nehmen Sie die Termine auch wirklich wahr

Der wohl wichtigste Ratschlag für Einzelgespräche ist, auch wirklich zu erscheinen. In einer idealen Welt haben Sie weniger als zehn direkte Mitarbeiter, sodass Sie mit jedem von ihnen ein Einzelgespräch pro Woche führen können. Doch selbst in dieser idealen Welt werden Sie mindestens zwei oder drei von dreizehn geplanten Einzelterminen aufgrund von Reisen, Krankheit oder Urlaub absagen müssen. Wenn Sie einige dieser Termine für spezielle Einzelgespräche reservieren (zum Beispiel Leistungsbeurteilungen, Einholung von Feedback, Entwicklungsgespräche), werden Sie nur sieben oder acht »reguläre« Einzelgespräche pro Quartal führen können. Und in einer nicht idealen Welt und wenn Sie mehr als zehn direkte Mitarbeiter haben, führen Sie wahrscheinlich jede zweite Woche Einzelgespräche. Das bedeutet pro Quartal drei oder vier Einzelgespräche mit jedem Ihrer direkten

Mitarbeiter. Sagen Sie diese Einzelgespräche also *nicht* ab, egal welche Brände Sie an diesem Tag löschen müssen.

Ihre Mitarbeiter legen die Agenda fest, nicht Sie

Wenn Ihre Mitarbeiterinnen und Mitarbeiter die Agenda für ihre Einzelgespräche selbst bestimmen, sind die Gespräche produktiver, weil Sie dann zuhören können, was *ihnen* wichtig ist. Ich empfehle jedoch, grundlegende Erwartungen an die Tagesordnung und die Art und Weise, wie sie umgesetzt wird, zu stellen. Wollen Sie überhaupt eine strukturierte Agenda? Wenn ja und wenn Sie sie im Voraus sehen wollen, sagen Sie es. Wenn nicht und wenn Sie sich die Agenda nicht vorab ansehen werden, legen Sie die Erwartungen entsprechend fest. Ist es für Sie in Ordnung, wenn sich Ihr Mitarbeiter Stichpunkte auf einer Serviette gemacht hat, oder möchten Sie, dass er sie in einem gemeinsamen Dokument speichert, damit Sie darauf zurückgreifen können? Unabhängig davon, ob Sie eine strukturierte Tagesordnung wünschen oder ein freieres Meeting bevorzugen, sollte die Agenda von Ihrem Mitarbeiter festgelegt werden, nicht von Ihnen. Es ist Ihre Aufgabe, Ihre Mitarbeiter zur Verantwortung zu ziehen, wenn sie unvorbereitet kommen – oder zu entscheiden, dass es in Ordnung ist, von Zeit zu Zeit ein Einzelgespräch ohne Agenda zu führen.

Einige hilfreiche Folgefragen

Hier sind einige Folgefragen, die Sie stellen können, um nicht nur zu zeigen, dass Sie zuhören, sondern auch, dass Sie sich kümmern und helfen wollen, und um die Diskrepanzen zwischen dem, was Ihre Mitarbeiter *tun*, dem, was sie denken, dass sie tun *sollten*, und dem, was sie tun *wollen*, zu identifizieren:

»Warum?«
»Wie kann ich helfen?«
»Was kann ich tun oder lassen, um die Situation einfacher für Sie zu machen?«
»Was lässt Sie nachts nicht schlafen?«
»Welche Ihrer derzeitigen Aufgaben möchten Sie lieber nicht erledigen?«

- **»Möchten Sie nicht daran arbeiten, weil Sie sie nicht interessieren, oder weil Sie denken, sie seien nicht wichtig?«**
- **»Was können Sie tun, um nicht länger an diesen Aufgaben arbeiten zu müssen?«**

»An welchen Aufgaben würden Sie gerne arbeiten?«

- **»Warum arbeiten Sie nicht daran?«**
- **»Was können Sie tun, damit Sie daran arbeiten können?«**

»Wie beurteilen Sie die Prioritäten der Teams, von denen Sie abhängig sind?«

- **»Arbeiten Sie gerade an etwas, das Ihnen unwichtig oder sogar kontraproduktiv erscheint? Was ist das?«**
- **»Woran arbeiten sie nicht, sollten es Ihrer Meinung nach aber?«**
- **»Haben Sie mit diesen Teams über Ihre Bedenken gesprochen? Wenn nicht, warum nicht?« (Wichtiger Hinweis: Hier geht es darum, die Beteiligten dazu zu bringen, das Problem direkt anzusprechen und untereinander zu lösen, anstatt es *für* sie zu lösen, siehe »Lästereien verhindern« in Kapitel 6).**

Zu neuen Ideen anregen

Berücksichtigen Sie bei Einzelgesprächen das Zitat von Jony Ive: »Neue Ideen sind zerbrechlich«. Diese Treffen sollten ein sicherer Ort sein, an dem Ihre Mitarbeiterinnen und Mitarbeiter neue Ideen entwickeln können, bevor diese in größerer Gruppe diskutiert werden. Helfen Sie ihnen, sowohl ihre Gedanken zu diesen Ideen zu ordnen als auch sich die Personen bewusst zu machen, denen sie diese Ideen kommunizieren müssen. Möglicherweise müssen die Ideen Ingenieuren anders vermittelt werden als Vertrieblern. Hier finden Sie einige Fragen, mit denen Sie neue Ideen fördern und gleichzeitig Klarheit einfordern können:

»Was brauchen Sie, um diese Idee weiterzuentwickeln, damit sie mit dem gesamten Team diskutiert werden kann? Wie kann ich helfen?«
»Ich glaube, Sie sind auf etwas gestoßen, aber es ist mir noch nicht ganz klar. Können Sie es noch einmal erklären?«
»Lassen Sie uns das noch ein bisschen weiter durchdenken.«
»Ich verstehe, was Sie meinen, aber ich glaube, dass andere es nicht verstehen werden. Wie können Sie es so erklären, dass es für sie klarer wird?«
»Ich glaube nicht, dass xyz das verstehen werden. Können Sie es noch einmal erklären, damit es klarer für sie wird?
»Ist das Problem wirklich, dass die anderen nicht imstande sind, es zu verstehen, oder liegt es daran, dass Sie es nicht deutlich genug erklären?«

Woher Sie wissen, wann Sie als Chef versagen

Einzelgespräche sind wertvolle Treffen für Ihre Mitarbeiter, in denen sie ihre Gedanken mit Ihnen teilen und entscheiden können, in welche Richtung sie weiterarbeiten. Doch auch für Sie sind diese Treffen wertvoll. Denn sie machen Sie auf erste Warnsignale aufmerksam, dass Sie als Chef versagen. Hier sind einige deutliche Warnsignale:

- **Absagen:** Wenn Ihre Mitarbeiter die Einzelgespräche häufig absagen, ist das ein Zeichen dafür, dass sie die Zusammenarbeit mit Ihnen nicht als fruchtbar empfinden oder dass Sie die Termine in unangebrachter Weise dazu nutzen, angesammelte Kritikpunkte loszuwerden.
- **Lediglich auf den neuesten Stand bringen:** Wenn Ihre Mitarbeiter die Termine lediglich dazu nutzen, Sie auf den neuesten Stand zu bringen, was sie auch gut per E-Mail tun könnten, sollten Sie sie ermutigen, die Zeit in den Gesprächen konstruktiver zu nutzen.
- **Nur gute Nachrichten:** Wenn Ihnen Ihre Mitarbeiter ausschließlich gute Nachrichten überbringen, ist das ein Zeichen dafür, dass sie sich nicht trauen, mit ihren Problemen zu Ihnen zu kommen, oder denken, dass Sie ihnen nicht helfen wollen oder können. Dann sollten Sie ausdrücklich nach den schlechten Nachrichten fragen. Lassen Sie nicht locker, bis Sie etwas Negatives gehört haben.
- **Keine Kritik:** Wenn Sie nie kritisiert werden, gelingt es Ihnen nicht gut genug, Feedback von Ihrem Team einzuholen. Hier hilft die Frage: »Was könnte ich tun oder lassen, damit die Zusammenarbeit mit mir einfacher wird?«
- **Keine Agenda:** Wenn Ihre Mitarbeiter keine Themen haben, über die Sie mit Ihnen sprechen möchten, könnte das bedeuten, dass sie überfordert sind, den Zweck des Treffens nicht verstehen oder dieses nicht für sinnvoll erachten. Seien Sie in diesem Fall direkt, aber höflich: »Das ist Ihre Zeit, aber Sie scheinen nicht viel zu besprechen zu haben. Können Sie mir sagen, warum?«

TEAMMEETINGS: KENNZAHLEN PRÜFEN, ÜBER UPDATES INFORMIEREN UND WICHTIGE ENTSCHEIDUNGEN IDENTIFIZIEREN (ABER NICHT *TREFFEN*)

Praktisch jeder CEO, jeder Mittelmanager und jede Nachwuchsführungskraft, mit der ich gearbeitet habe, tat sich schwer damit, produktive

Teammeetings abzuhalten. Allzu oft entwickeln Führungskräfte eine regelrechte Angst davor: Die Teilnehmenden betrachten die Besprechungen als Zeitverschwendung, und die, die nicht eingeladen sind, sind enttäuscht und fühlen sich schlecht und außen vor. Überzogene Teammeetings können Zeit- und Energieverschwendung sein, doch auch das Gegenteil trifft zu: Gut geführte Meetings können zu Zeitersparnis führen, weil Sie sie auf Probleme aufmerksam machen, Sie auf effiziente Weise auf dem Laufenden halten und alle auf den gleichen Stand bringen, was die gemeinsamen Prioritäten der Woche angeht.

Teammeetings haben drei Ziele: Sie bieten ein Rückblick darauf, wie die vergangene Woche gelaufen ist, sie ermöglichen den Teilnehmenden, wichtige Updates mitzuteilen, und sie zwingen das Team, die wichtigsten Entscheidungen und offenen Fragen für die kommende Woche zu klären. Das war's. Sie sind nicht der Ort, um Diskussionen zu führen oder Entscheidungen zu treffen. Ihre Aufgabe ist es, eine konsistente Agenda festzulegen, dafür zu sorgen, dass sich die Teilnehmenden daran halten, und diejenigen einzufangen, die zu lange reden oder vom Thema abschweifen.

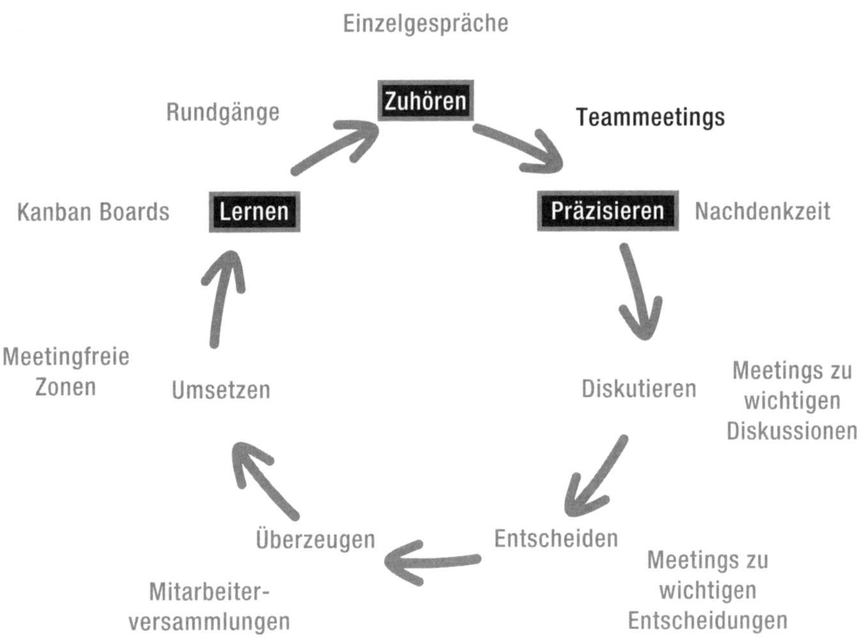

Folgende Tagesordnung finde ich für Teammeetings am effektivsten:

- **Lernen – wichtige Kennzahlen prüfen (20 Minuten)**
- **Zuhören – Updates in einem gemeinsamen Dokument festhalten (15 Minuten)**
- **Klären – wichtige Entscheidungen und offene Fragen identifizieren (30 Minuten)**

Lernen – wichtige Kennzahlen prüfen (20 Minuten): Was ist in der vergangenen Woche gut gelaufen und warum? Was ist schlecht gelaufen und warum? Hierfür empfehle ich, ein Dashboard mit den wichtigsten Kennzahlen zu erstellen. Mit »Dashboard« meine ich kein ausgeklügeltes System, das von der IT-Abteilung eingerichtet wurde, sondern eine Tabellenkalkulation mit einigen Zahlen. Welches sind die wichtigsten Aktivitäten und Ergebnisse, die Sie jede Woche sehen und die Ihnen zeigen, ob Sie hinsichtlich Ihrer Ziele auf dem richtigen Weg sind? Das Dashboard können Sie selbst entwerfen; dafür brauchen Sie keine Unternehmensinfrastruktur. Idealfallweise wird es automatisch aktualisiert; ist dies nicht möglich, sollten Ihr Mitarbeiterinnen und Mitarbeiter die Tabelle einen Tag vor dem Teammeeting aktualisieren. Falls nötig, überprüfen Sie die Tabelle, und insistieren Sie so lange, bis Ihre Mitarbeiter die Updates vorgenommen haben. Machen Sie das Dashboard möglichst für alle zugänglich. Die Notizen aus diesem Meeting sollten in der Regel veröffentlicht werden.

Zuhören – Updates während des Meetings in einem gemeinsamen Dokument festhalten (15 Minuten): Eine der größten Herausforderungen der Teamführung besteht darin, alle Beteiligten auf dem Laufenden zu halten, sodass sie auf Problembereiche oder Überschneidungen hinweisen können, ohne dass viel Zeit verlorengeht. Updates sind etwas anderes als Schlüsselkennzahlen. Zu ihnen gehören Dinge, die Sie nie ins Dashboard aufnehmen würden, zum Beispiel »Wir müssen unsere Ziele für dieses Projekt ändern«, »Ich denke über eine Umstrukturierung nach«, »Ich glaube allmählich, dass ich Person x entlassen muss« oder »Ich werde nächsten Monat operiert und deshalb drei Wochen ausfallen«.

Manche Führungskräfte halten mehrstündige Teammeetings ab, um diese Art von Informationen auszutauschen. Da praktisch jeder lange Besprechungen hasst, sollten Sie das Gegenteil tun. Erstellen Sie ein öffentliches Dokument, in dem alle die wichtigsten Dinge festhalten, die sie in der zurückliegenden Woche getan haben und was sie für die nächste Woche planen. Google hat das so gemacht – die Updates hießen dort »Snippets«.

Ein Snippets-System für Updates ist theoretisch einfach zu handhaben und sorgt dafür, dass Teammeetings nicht aus dem Ruder laufen. Schließlich dauert es nur ein paar Minuten, seine eigenen Snippets zu schreiben und ein paar weitere Minuten, die der anderen zu lesen. In der Praxis sträuben sich jedoch viele Mitarbeiter dagegen, ihre Snippets zu schreiben, und dadurch bricht das ganze System zusammen. Ich tue zwar alles dafür, um endlose Teammeetings zu vermeiden, aber ich fand es gleichzeitig unverhältnismäßig anstrengend, sich fünf Minuten Zeit zu nehmen, um meine Snippets einzutragen. Eine Zeit lang zwang ich mich, es trotzdem zu tun, doch als ich merkte, dass ich nicht allein war, suchte ich nach einer anderen Lösung. Schließlich schrieben wir unsere Snippets während des Meetings. Das hat wesentlich besser funktioniert.

Wenn Ihre Mitarbeiter die Snippets während des Meetings erstellen, sollten Sie Folgendes beachten: Jeder hat fünf bis sieben Minuten Zeit, um drei bis fünf Dinge aufzuschreiben, die er oder sein Team in dieser Woche erledigt hat und die für die anderen wichtig sind, und fünf bis sieben Minuten, um die Snippets der anderen zu *lesen*. Nebengespräche sind nicht erlaubt. Folgefragen werden nach dem Meeting behandelt. Mit dieser einfachen Regel sparen Sie viel Zeit. Denn sonst kann es passieren, dass ein Großteil der Besprechung daraus besteht, dass sich zwei oder drei Personen unterhalten, während der Rest uninteressiert zuhört.

Erstellen Sie ein gemeinsames Dokument, das von mehreren Personen gleichzeitig bearbeitet werden kann. Dazu eignet sich Google Docs, Office 365 oder Evernote. Wenn Ihre Mitarbeiter keine Laptops oder Smartphones haben, können Sie auch Papier und Stift verwenden: Alle schreiben ihre Notizen auf einen Zettel, und diese Zettel lassen sie dann rumgehen.

Wenn Sie Führungskräfte führen, sollten die Snippets dem breiteren Team zugänglich gemacht werden. Dinge, die vertraulich behandelt werden müssen, können deshalb nicht notiert werden, etwa individuelle Leistungsprobleme oder geplante Gehaltsanpassungen. Dafür können Sie ein weiteres Dokument mit »vertraulichen Snippets« anlegen, achten Sie jedoch darauf, dass es nicht zu viele Einträge enthält. Den Großteil der Dinge, die Sie besprechen, sollten Sie mit dem gesamten Team teilen.

Klären – wichtige Entscheidungen und offene Fragen identifizieren (30 Minuten): Welches sind die ein oder zwei wichtigsten Entscheidungen, die getroffen werden müssen, und was sollte unbedingt in dieser Woche diskutiert werden? Wenn Ihr Team aus weniger als 20 Personen besteht, können Sie diese Dinge wahrscheinlich einfach auflisten und ad hoc entscheiden bzw. diskutieren.

Bei größeren Teams sollten Sie formeller vorgehen. Setzen Sie die identifizierten Themen auf die Agenda separater Meetings zu wichtigen Entscheidungen und zu wichtigen Diskussionen, und bestimmen Sie die Verantwortlichen für jedes Meeting. Dies mag zunächst nach *mehr* Besprechungen klingen, doch so können Sie sich tatsächlich zurückziehen und die Personen, die an den Diskussionen und Entscheidungen beteiligt sein wollen, in die Meetings schicken. Die Verantwortlichen für die Diskussions- und Entscheidungsmeetings sind in der Regel nicht Sie oder Ihre direkten Mitarbeiterinnen und Mitarbeiter. Daher sind diese separaten Besprechungen eine Möglichkeit für Sie, Diskussionen und Entscheidungen zu delegieren. So signalisieren Sie, dass es bei diesen Meetings um Fakten geht, nicht um Hierarchie, und vermeiden detail- bzw. realitätsfernes Denken.

Die Agenda für diese Diskussions- und Entscheidungsmeetings sollte dem gesamten Team mitgeteilt werden. So kann jeder, der möchte, daran teilnehmen. Zunächst werden diese Besprechungen wahrscheinlich zu groß sein, aber schon bald werden nur noch die Mitarbeiterinnen und Mitarbeiter teilnehmen, die wirklich dabei sein wollen oder müssen. Die meisten Menschen werden nicht gerne von Entscheidungen ausgeschlossen, die sie betreffen, doch noch weniger gerne nehmen sie an Meetings teil, die für sie irrelevant sind. Mit ein wenig Transparenz wird sich das alles von selbst regeln.

NACHDENKZEIT: IM KALENDER BLOCKIEREN UND DIESE ZEIT ALS HEILIG ERACHTEN

Sie haben gerade gelesen, dass Sie Einzelgespräche und Teammeetings in Ihren Kalender aufnehmen sollten. Darüber hinaus werden Sie wahrscheinlich an einigen Meetings zu wichtigen Diskussionen und wichtigen Entscheidungen teilnehmen müssen. Zusätzlich zu all diesen regulären Meetings werden Ihre Mitarbeiterinnen und Mitarbeiter mit Ihnen über verschiedene Dinge sprechen wollen, und es werden dringende Angelegenheiten auftauchen, um die Sie sich kümmern müssen. Wo sollen Sie da noch die Zeit finden, Ihre eigenen Gedanken zu ordnen oder Ihren Mitarbeitern dabei zu helfen, ihre Gedanken zu ordnen? Wenn Sie hier nichts unternehmen, werden Sie kaum Zeit haben, auf die Toilette zu gehen oder sich etwas zu trinken zu holen, geschweige denn etwas zu essen. Ihr Kalender wird Sie fest im Griff haben. Der einzige ruhige Moment zum Nachdenken, den

Sie dann jemals haben werden, ist zu Hause, spät in der Nacht, wenn Sie eigentlich schlafen sollten.

Ein äußerst erfolgreicher – und vielbeschäftigter – CEO, den ich kenne, hat dieses Problem folgendermaßen gelöst: Er plante jeden Tag zwei Stunden Zeit zum Nachdenken in seinem Kalender ein. Diese Nachdenkzeit verschob er für niemanden. Einmal wollte sich der Präsident eines Landes (ich verrate nicht, welches Land) mit ihm treffen. Der Präsident hatte keine spezifischen Punkte, die er mit dem CEO besprechen wollte, doch die meisten Menschen hätten den Termin allein aus Neugierde wahrgenommen. Nicht jedoch dieser CEO. Der Termin hätte seine Nachdenkzeit beeinträchtigt. Ein äußerst erfolgreicher Zeitungsmanager erzählte einmal, wie er das Büro seines CEO betrat und sah, wie dieser sich in seinem Stuhl zurücklehnte und in die Luft starrte. Als er ihn fragte, wovon er tagträumte, stellte sich heraus, dass es die Idee war, die das Unternehmen für das nächste Jahrzehnt umkrempeln sollte.

Doch nicht nur CEOs können sich das »leisten«. Auch ich habe es so gehandhabt, als ich Mittelmanagerin bei Google war. Mein Rat: Planen Sie etwas Zeit zum Nachdenken ein, und betrachten Sie diese Zeit als heilig. Lassen Sie Ihre Mitarbeiterinnen und Mitarbeiter wissen, dass Sie in dieser Zeit für keine anderen Termine zur Verfügung stehen. Werden Sie sehr,

sehr wütend, wenn sie Sie verplanen wollen. Ermutigen Sie alle in Ihrem Team, ebenfalls Nachdenkzeit einzuplanen.

MEETINGS ZU WICHTIGEN DISKUSSIONEN: ES GEHT UMS DISKUTIEREN, NICHT UMS ENTSCHEIDEN

In Meetings zu wichtigen Diskussionen werden Debatten über wichtige Fragen, mit denen das Team konfrontiert ist, geführt, aber keine Entscheidungen getroffen. Sie dienen drei Zwecken:

Sie beugen Spannungen vor. Besprechungen sorgen häufig für Reibungen und Frustration, weil die eine Hälfte der Teilnehmenden denkt, es gehe darum, eine Entscheidung zu treffen, während die andere Hälfte glaubt, es gehe ums Diskutieren. Diejenigen, die eine Entscheidung treffen wollen, sind genervt, weil die Debattierer scheinbar nicht auf eine Entscheidung hinarbeiten. Und diejenigen, die diskutieren wollen, sind frustriert, weil die Entscheider sich weigern, die Dinge sorgfältig zu durchdenken und jeden Aspekt zu beleuchten. Wenn dagegen jeder weiß, dass das Meeting ohne eine Entscheidung enden wird, sind alle entspannter.

Wichtige Entscheidungen können bei Bedarf hinausgezögert werden. Wenn ein Thema wirklich wichtig ist und die Anwesenden sich nicht einig können, wie es weitergehen soll, kommt es zu Reibungen und Frustration. Indem Sie ein solches Thema auf die Tagesordnung setzen, zwingen Sie die Anwesenden dazu, sich immer wieder damit zu befassen, relevante Informationen zu beschaffen, Input von Experten einzuholen oder einfach noch sorgfältiger darüber nachzudenken.

Sie fördern eine Debattenkultur. Gut funktionierende Teams sollten ständig diskutieren. Regelmäßige Besprechungen und das Identifizieren von Themen können helfen, das Diskutieren und den Umgang mit Meinungsverschiedenheiten zu trainieren und die Toleranz dafür zu stärken. Bei existenziellen Fragen – »Sollen wir in einen neuen, risikoreichen Markt eintreten, der enorme Investitionen erfordert?« – sollten die Stakeholder an mehreren offenen Diskussionen teilnehmen. Regelmäßige Debatten, ja sogar Streitigkeiten, senken die Spannung, weil sie explosive Auseinandersetzungen verhindern. Das Prinzip der selbstorganisierenden Kritikalität – viele kleine Korrekturen schaffen Stabilität, aber eine große Korrektur endet in der Katastrophe – gilt für menschliche Beziehungen ebenso wie für Märkte.

Die Organisation dieser Besprechungen ist recht einfach: Teilen Sie nach dem Teammeeting Ihrem breiteren Team (wenn Sie Führungskräfte führen) sowie Personen in anderen Teams, die mit Ihrem Team zusammenarbeiten, das Thema, den Verantwortlichen und die Teilnehmenden für das Diskussionsmeeting mit. Die einzigen Personen, die an diesem Meeting verpflichtend teilnehmen müssen, sind diejenigen, die Sie im Teammeeting bestimmt haben. Ansonsten dürfen alle am Diskussionsmeeting teilnehmen bzw. ihm beiwohnen. Der oder die Verantwortliche ernennt eine Person, die das Protokoll erstellt und es später an alle relevanten Akteure weiterleitet.

Auch die Regeln sind relativ einfach: Stellen Sie klar, dass jeder sein Ego an der Tür abgeben muss. Ziel ist es, gemeinsam die beste Antwort zu finden. »Gewinner« oder »Verlierer« sollte es nicht geben. Es hat sich bewährt, dass die Teilnehmenden nach der Hälfte der Zeit die Rollen wechseln. Dies stellt sicher, dass sie einander zuhören, sich darauf konzentrieren, die beste Antwort zu finden, und ihr Ego bzw. ihre Position zurückstellen.

Das einzige Ergebnis des Meetings sollte eine sorgfältige Zusammenfassung der Fakten und Fragen sein, die sich herauskristallisiert haben, eine klarere Beschreibung der zur Verfügung stehenden Optionen sowie eine Empfehlung, ob die Diskussion fortgesetzt oder nun eine Entscheidung getroffen werden sollte.

MEETINGS ZU WICHTIGEN ENTSCHEIDUNGEN: FAKTENBASIERT UND EGOBEFREIT ENTSCHEIDEN

Auf ein Diskussionsmeeting folgen in der Regel, aber nicht immer, Meetings zu wichtigen Entscheidungen. Sie erfüllen zwei wichtige Funktionen. Die erste ist offensichtlich: Sie dienen dazu, wichtige Entscheidungen zu treffen. Die zweite ist subtiler: Es kann schwierig sein, den Zeitpunkt zu bestimmen, an dem genug diskutiert wurde und nun eine Entscheidung getroffen werden sollte. Hier habe ich noch keine allgemeingültigen Prinzipien gefunden. Doch allein dass man sich bewusst macht, wann man entscheidet und wann man diskutiert, hilft herauszufinden, wann eine Entscheidung wirklich getroffen werden muss. Das ist der Hauptgrund, warum ich empfehle, zwei getrennte Meetings abzuhalten.

Meetings zu wichtigen Entscheidungen folgen denselben Organisationsprinzipien und Regeln wie Meetings zu wichtigen Diskussionen. Die Person, die das Meeting leitet, ist der »Entscheider«, den Sie im Teammeeting bestimmt haben. Dort haben Sie auch die Personen bestimmt, die zwingend anwesend sein müssen; ansonsten kann jeder teilnehmen, der möchte. Es sollte ein Protokoll erstellt werden, dass im Anschluss an alle Beteiligten geht. Alle Teilnehmenden geben ihr Ego an der Tür ab. Es gibt keine

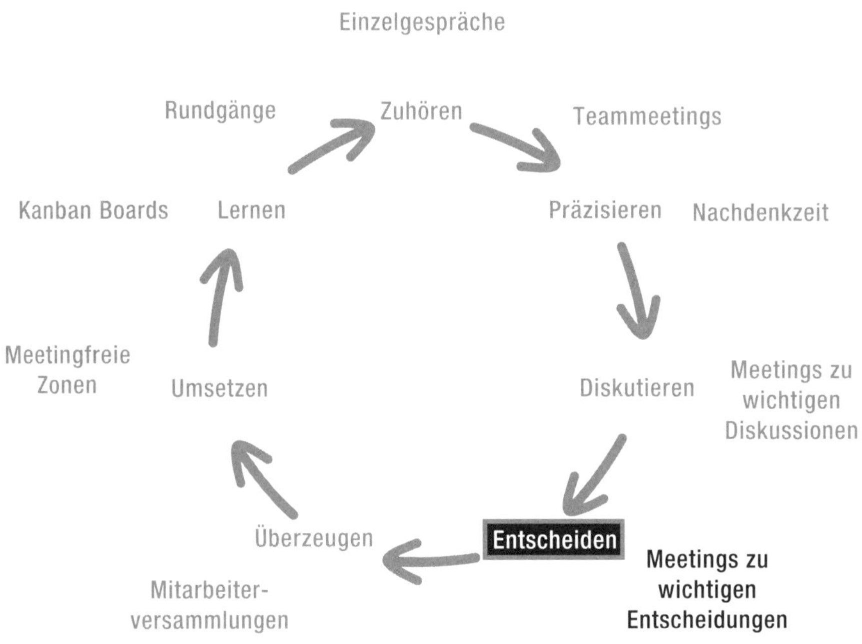

Gewinner oder Verlierer. Das Ergebnis des Meetings ist eine sorgfältige Zusammenfassung der Besprechung, die allen Beteiligten zur Verfügung gestellt wird. Wichtig ist, dass die Entscheidungen endgültig sind, denn sonst werden sie immer wieder angefochten und stellen in Wirklichkeit keine Entscheidungen, sondern Diskussionen dar.

Den in diesen Meetings getroffenen Entscheidungen müssen Sie genauso folgen wie alle anderen. Geht es um ein Thema, das Ihnen sehr wichtig ist, sollten Sie selbst an dem Meeting teilnehmen oder der Person, die das Meeting leitet, zu verstehen geben, dass Sie ein Vetorecht haben. In diesem Fall sollte der Entscheider Ihnen die Entscheidung zur Freigabe vorlegen, bevor das Protokoll verschickt wird. Setzen Sie Ihr Vetorecht jedoch sparsam ein, sonst verlieren diese Meetings ihren Sinn.

MITARBEITERVERSAMMLUNGEN: DIE BELEGSCHAFT MITNEHMEN

Wenn Ihre Belegschaft maximal zehn Personen umfasst, brauchen Sie wahrscheinlich kein separates Meeting, um sicherzustellen, dass alle hinter der getroffenen Entscheidung stehen. Sobald Ihr Unternehmen jedoch wächst, müssen Sie überlegen, wie Sie alle mitnehmen können. Es ist schockierend, wie schnell getroffene Entscheidungen Personen, die nicht in den Prozess involviert waren, mysteriös oder sogar schädlich erscheinen. Bei 100 oder mehr Mitarbeiterinnen und Mitarbeitern können Sie sich mithilfe regelmäßiger Mitarbeiterversammlungen die breite Unterstützung für getroffene Entscheidungen sichern. Zudem erfahren Sie, ob es abweichende Meinungen gibt.

Im Silicon Valley sind unternehmensweite Mitarbeiterversammlung sehr beliebt. Bei Apple heißen sie »Town Hall«, bei Dropbox »Whiskey Friday«, bei Google »TGIF« (Thank God, it's Friday) und bei X »Tea Time«. Aus der Art und Weise, wie Mitarbeiterversammlungen im Silicon Valley durchgeführt werden und warum, lässt sich einiges lernen.

Mitarbeiterversammlungen bestehen in der Regel aus zwei Teilen: Präsentationen, um die Mitarbeiterinnen und Mitarbeiter davon zu überzeugen, dass das Unternehmen gute Entscheidungen trifft und den richtigen Kurs verfolgt, und einer Frage-und-Antwort-Runde, um abweichende Meinungen anzuhören und diese direkt zu adressieren. Im Idealfall sind die Antworten des Managements auf die Fragen, die häufig recht anspruchsvoll sind, überzeugender als die Präsentationen.

Eine der besten Mitarbeiterversammlungen, denen ich beigewohnt habe, war das TGIF bei Google, das nach der Übernahme von Keyhole erfolgte, dem Softwareunternehmen, dessen Technologie Google Earth zugrunde liegt. Es war lustig, unter anderem weil Larry und Sergey so begeistert von der Übernahme waren – wie Kinder, die ein cooles neues Spielzeug bekommen haben. Aber es lieferte auch die beste Erklärung dafür, was sie mit »alle Informationen der Welt organisieren« meinten. Es ging nicht nur um Websites und Bücher, sondern buchstäblich um alle Informationen der Welt! Die Aufregung im Meeting war mit Händen zu greifen.

Die Präsentationen in Mitarbeiterversammlungen konzentrieren sich meistens auf die ein oder zwei Vorhaben, die besonders spannend und wichtig sind. Es geht darum, alle Anwesenden über die übergeordneten Prioritäten des Unternehmens zu informieren und breite Unterstützung einzuholen. In der Regel präsentieren die Teams, die an dem Projekt arbeiten. Das war eine wichtige Vorgehensweise bei Google, denn so konnten die Mitarbeiterinnen und Mitarbeiter üben, andere zu überzeugen. Zudem waren die meisten Teams ganz erpicht darauf, ihr Projekt vorzustellen: »Ihr Team möchte präsentieren? Dann Bühne frei!«

Die Frage-und-Antwort-Runde wird meistens von dem oder der CEO oder den Gründern geleitet und hat das Ziel, herauszufinden, was die Mitarbeiter wirklich denken. Deshalb ist es auch sinnvoll, dass die Verantwortlichen die häufig unangenehmen, herausfordernden oder heiklen Fragen beantworten. Wie diese Fragen beantwortet werden, entscheidet darüber, ob viele Menschen auf einmal zu der Überzeugung gelangen, dass das Unternehmen die richtigen Entscheidungen trifft.

Ich habe immer bewundert, wie Larry Page und Sergey Brin die Frage-und-Antwort-Runden während der TGIF-Meetings bei Google gehandelt haben. Sie beantworteten jede Woche aufs Neue die unterschiedlichsten Fragen und verfielen dabei nie in diesen übertriebenen, überbordenden Ton, den CEOs manchmal an den Tag legen. Ihre Antworten waren stets spontan, menschlich und absolut authentisch, wenn auch manchmal sarkastisch. Gelegentlich waren sie sogar so überraschend ehrlich, dass Eric Schmidt sich bewogen fühlte, ans Mikrofon zu treten und zu erklären: »Ich denke, was Sergey (oder Larry) damit *eigentlich* sagen will, ist …« Woraufhin Sergey (oder Larry) lediglich grinste und mit den Schultern zuckte. Beim nächsten TGIF stellten sie sich dann wieder den heiklen Fragen der Belegschaft. Damals waren sie noch nicht einmal 30, doch sie hatten instinktiv verstanden, wie wichtig es ist, große Entscheidungen zu erklären und die Mitarbeiter zum Widerspruch zu ermutigen.

MEETINGFREIE ZONEN: WIE MEETINGS NICHT ÜBERHAND NEHMEN

Zu diesem Zeitpunkt fühlt sich das GSD-Rad vielleicht eher wie das Meetings-aus-der-Hölle-Rad an. :-) Wenn Sie nicht aufpassen, können die Meetings Überhand nehmen und die Umsetzung für Einzelpersonen und Teams erschweren. Als Vorgesetzter ist es eine Ihrer wichtigsten Aufgaben, dafür zu sorgen, dass Ihre Mitarbeiterinnen und Mitarbeiter Zeit für die Umsetzung haben.

Ein Ansatz, der vielfach ausprobiert wurde, besteht darin, Stühle aus den Konferenzräumen zu entfernen. Das hat theoretisch den Effekt, dass die Meetings kürzer werden, da die meisten Menschen nicht bereit sind, länger als etwa eine Stunde um einen Tisch herumzustehen. Es gibt Untersuchungen, die zeigen, dass Menschen im Stehen kreativer sind als im Sitzen. Manche sagen, Sitzen sei das neue Rauchen, also könnte es auch gesundheitliche Vorteile geben. Zudem sparen Sie Geld für Möbel. Das klingt alles sehr verlockend, aber es funktioniert nicht wirklich. Ich kenne kein Unternehmen, das das Prinzip »Keine Stühle in Konferenzräumen« durchgezogen hat.

Bei Google haben verschiedene Teams versucht, den »meetingfreien Mittwoch« oder den »meetingfreien Donnerstag« auszurufen, dies jedoch nicht lange durchgehalten. Greg Badros, ein leitender Ingenieur bei Google und Facebook, setzte sich das Ziel, 25 Prozent seiner Meetings vorzeitig zu beenden. Diese Idee gefiel mehr sehr, aber ich glaube nicht, dass er das Ziel jemals erreicht hat.

Meiner Erfahrung nach ist es am wirksamsten, Feuer mit Feuer zu bekämpfen. Deshalb habe ich nicht nur Zeit zum Nachdenken in meinem Kalender reserviert, sondern auch Zeit, um allein zu sein und Dinge zu erledigen. Ich habe andere dazu ermuntert, das Gleiche zu tun. Das half ihnen, öfter Nein zu unnötigen Meetings zu sagen.

KANBAN BOARDS: AKTIVITÄTEN UND ARBEITSABLÄUFE VISUALISIEREN

Taiichi Ohno, Wirtschaftsingenieur bei Toyota, entwickelte das Planungssystem Kanban, um das Lieferkettenmanagement in der Fertigung effizienter zu gestalten. Andere haben das System angepasst, um Arbeitsabläufe zu visualisieren. Im einfachsten Fall stellt man dazu eine Tafel mit drei Spalten auf: »Zu erledigen«, »In Arbeit« und »Erledigt«. Zudem benötigt man Post-its in verschiedenen Farben. Die Farben stehen für verschiedene Personen oder Teams. Diese notieren ihre Aufgaben auf den Post-its in ihrer Farbe und schieben sie zwischen den Phasen »Zu erledigen«, »In Arbeit« und »Erledigt« hin und her. So kann man schnell sehen, wer den Engpass darstellt. Kanban ist eine großartige Methode, um die persönliche Verantwortlichkeit zu fördern. Gleichzeitig sieht so jeder im Team, wer Hilfe braucht und wer sie bereitstellen kann. Ein Kanban Board unterscheidet sich von einem Dashboard dahingehend, dass es Aktivitäten und laufende Arbeiten zusammenfasst. So können Teams Probleme erkennen und lösen, *bevor* sie die Ergebnisse beeinträchtigen.

Dadurch dass der Fortschritt für alle sichtbar ist, erhält das Team mehr und nicht weniger Autonomie. Wenn klar ist, wo Engpässe bestehen, fließen die Ressourcen dorthin, wo sie am dringendsten gebraucht werden, ohne dass das Management eingreifen muss. Wenn ich als Teil des oben erwähnten Engineering-Teams mit meinen Aufgaben schon weiter bin, als ich sein muss, bin ich motiviert, der Person zu helfen, die noch nicht so weit

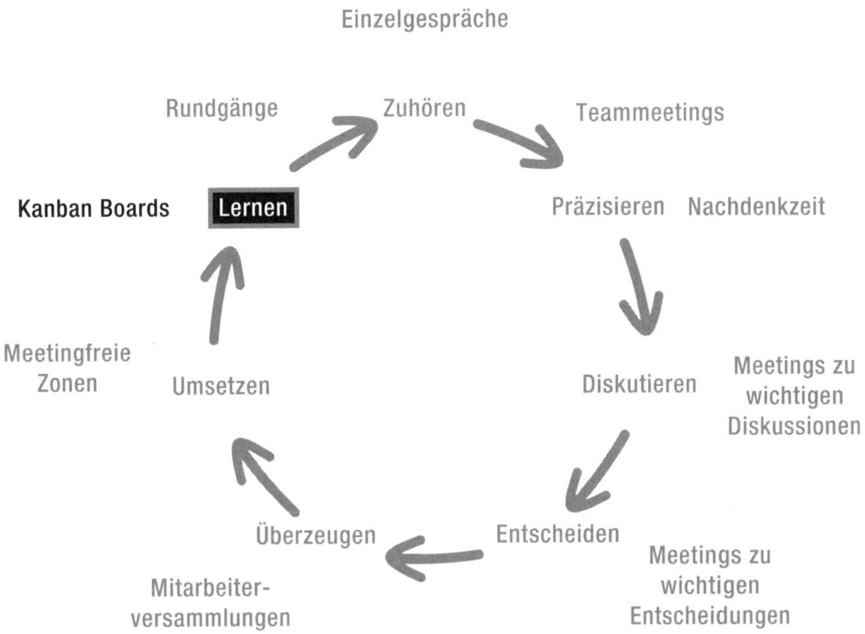

ist, weil ich weiß, dass meine Arbeit umsonst ist oder sich verzögert, wenn diese Aufgabe nicht erledigt wird.

Aktivitäten zu messen und Arbeitsabläufen zu visualisieren ist auch deshalb so wichtig, weil es in Zeiten, in denen es einem Unternehmen wirklich gut geht, schwierig ist, anhand der Ergebnisse zu erkennen, wer nur mitläuft und wer die Dinge tatsächlich vorantreibt. Ähnlich verhält es sich, wenn die Konjunktur aufgrund von Faktoren, die niemand beeinflussen kann, zurückgeht. Wenn man dann nur die Ergebnisse misst, lässt sich schwer sagen, wer gute Arbeit leistet, um den Karren aus dem Dreck zu ziehen, und wer einfach nur in Panik gerät oder die Situation verschlimmert. Freunde, die bei Yahoo! und AOL tätig waren, haben mir erzählt, dass wenn die Dinge gut liefen, ganze Teams mit hohen Boni versehen wurden. Fing es jedoch an, schlecht zu laufen, wusste niemand, was zu tun war. Sie hatten lediglich die Ergebnisse gemessen und wussten nicht, was diese verursacht hatte oder was sie tun sollten, als die Ergebnisse schlecht ausfielen.

Durch das Messen von Aktivitäten und die Visualisierung von Arbeitsabläufen können Sie sicherstellen, dass jeder und jede Einzelne versteht, wie das, was er oder sie tut, zum Erfolg beiträgt – oder nicht. Kurz nachdem ich die Leitung von AdSense übernommen hatte, sollte das Verkaufsteam Kaltakquise bei großen Websites betreiben. Gleichzeitig erhielten die Vertrieblerinnen und Vertriebler jeden Tag unzählige Anfragen von kleineren

Websites, und natürlich war es viel einfacher, diese zu beantworten, als Kaltakquise zu betreiben. Mit anderen Worten: Die Vertrieblerinnen und Vertriebler sollten eigentlich große Fische fangen, aber da so viele kleine Fische ins Boot sprangen, machten sie sich nicht die Mühe, die großen zu fangen. Wenn man nur die großen Summen betrachtete, die wir einnahmen, konnte man denken, dass es dem Team gut ging. Erst als wir uns eine Aktivitätskennzahl ansahen – die Anzahl der Kaltakquiseanrufe, die das Team tätigte –, wurde uns klar, dass wir ein Problem hatten: Wir brauchten kein teures Vertriebsteam, nur um Bestellungen entgegenzunehmen. Nachdem wir begannen, die Aktivitäten zu messen, stiegen die Einnahmen deutlich. So konnten wir auch herausfinden, wer die guten Vertriebsmitarbeiter waren. Bestellungen entgegenzunehmen ist eine ganz andere Fähigkeit als verkaufen.

Die Messung von Aktivitäten führt auch zu mehr Respekt zwischen den Teams. Es ist immer wieder überraschend, wie schnell ein Team davon ausgeht, dass ein anderes Team nur herumsitzt und nichts tut, und wie viel Unmut dadurch entsteht. Wenn man dagegen auf einem Kanban Board sehen kann, was die Kolleginnen und Kollegen tun, stellt sich der Respekt ganz von selbst ein.

Indem Sie Aktivitäten messen und für alle Beteiligten sichtbar machen, ermöglichen Sie außerdem Bewertungen und Beförderungen, die regelmäßiger die Top-Performer belohnen und weniger anfällig für Verzerrungen sind, denen wir alle unterliegen. Jack Rivkin, der bei Shearson Lehman Hutton den Bereich Equity Research leitete, begann damit, nicht nur die Ergebnisse, sondern auch die Aktivitäten seiner Analysten zu messen. Dadurch wurde allen klarer, was die Ergebnisse tatsächlich beeinflusste. Infolgedessen kletterte Rivkins Team im *Institutional Investor*-Ranking von Platz 15 im Jahr 1987, als Rivkin die Leitung übernahm, auf Platz 4 im Jahr 1989 und 1990 auf Platz 1. Die objektive Messung hatte noch einen weiteren positiven Effekt: Fairness. Da jeder sehen konnte, was den Erfolg ausmachte, war es weniger wahrscheinlich, dass Einstellungs-, Bewertungs- und Beförderungsentscheidungen unter Voreingenommenheit getroffen wurden. In Rivkins Team arbeiteten mehr Frauen als in jedem anderen der Branche.

RUNDGÄNGE: KLEINE PROBLEME FRÜHZEITIG ERKENNEN, UM GROSSE PROBLEME ZU VERMEIDEN

Ein offenes Ohr für Ihre direkten Mitarbeiterinnen und Mitarbeiter zu haben ist relativ einfach, auch wenn es Zeit und Disziplin erfordert. Wenn Sie jedoch Führungskräfte führen, ist es viel schwieriger, »tief« in die Organisation hineinzuhorchen. Schließlich können Sie nicht jedem zuhören. Und Sie können keine Einzelgespräche mit Hunderten oder Tausenden von Menschen führen. Wenn Sie Sprechstunden abhalten, werden sich Woche für Woche dieselben drei Kauze bei Ihnen melden. Was können Sie also tun?

Niemand, den ich kenne, verstand es besser, Kontakt zu Mitarbeiterinnen und Mitarbeitern im gesamten Unternehmen herzustellen, als Dick Costolo. Er unternahm viele Dinge, um dies zu erreichen, aber eines davon war ziemlich simpel: Er ist einfach herumgelaufen.

Versuchen Sie sich ein Beispiel an Dick zu nehmen, indem Sie jede Woche eine Stunde für einen Rundgang einplanen. Management by Walking Around ist eine bewährte Führungsmethode. Dem Historiker Stephen B. Oates zufolge erfand Abraham Lincoln diese Technik, indem er seine Truppen während des amerikanischen Bürgerkriegs informell inspizierte. In den 1970er-Jahren gehörte sie zur Unternehmenskultur von Hewlett Packard.

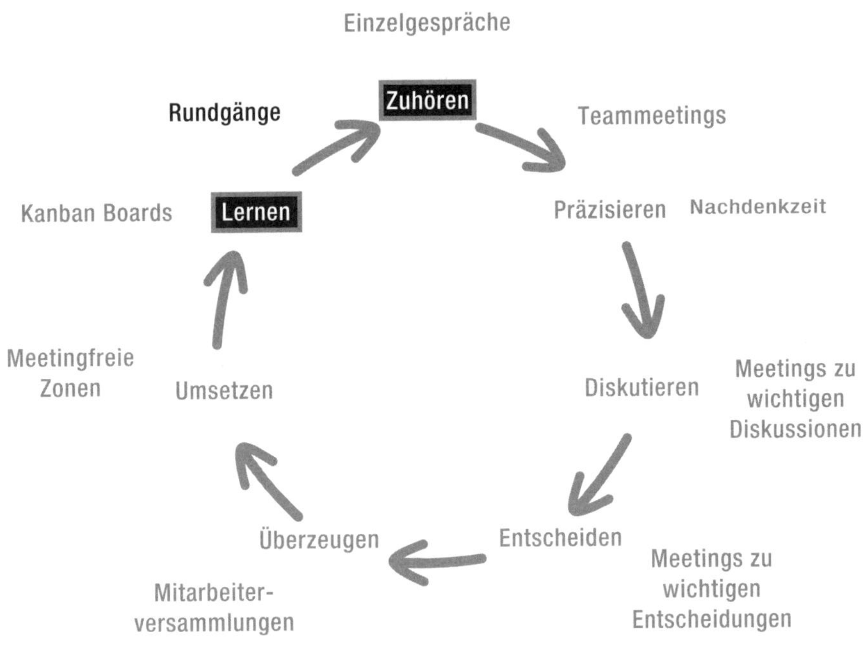

Rundgänge sind nicht schwierig. Achten Sie auf die Dinge, die Ihnen entgehen, wenn Sie am Schreibtisch in Arbeit vertieft sind oder mit gesenktem Kopf von einer Besprechung zur nächsten hetzen. Fragen Sie Menschen, die Ihnen auffallen – idealerweise Menschen, mit denen Sie schon länger nicht mehr gesprochen haben –, woran sie gerade arbeiten. Identifizieren Sie einige kleine Probleme, und behandeln Sie diese wie »das Universum durch ein Sandkorn«. Sich dieser kleinen Probleme bewusst zu werden kann in mehrfacher Hinsicht nützlich sein:

Zunächst finden Sie heraus, wo der Teufel im Detail steckt. Allzu oft sind Vorgesetzte die Letzten, die erfahren, wenn etwas schiefläuft. Das liegt in der Regel nicht daran, dass die Mitarbeiter Ihnen Probleme absichtlich verheimlichen, sondern daran, dass sie nur mit den wirklich wichtigen Dingen zu Ihnen kommen wollen. Ein Problem kann jedoch wichtiger sein, als sie denken.

Zweitens beugen Sie dadurch, dass Sie kleine Probleme erkennen und vielleicht sogar selbst die Ärmel hochkrempeln, um sie zu beheben, einer »Das ist nicht meine Aufgabe«- oder schlimmer noch einer »Das ist unter meiner Würde«-Mentalität in Ihrem Team vor. Wenn Sie auf die Details achten, werden andere das auch tun.

Drittens: Wenn Sie zeigen, dass Sie sich um die kleinen Dinge kümmern, die zur Zufriedenheit Ihrer Kunden oder Mitarbeiter beitragen, kümmern sich plötzlich *alle* mehr um die kleinen Dinge, und dann funktionieren auch einige der großen Dinge langsam besser.

Zu einem bestimmten Zeitpunkt versuchte Dick bewusst, bei Twitter (X) eine Kultur zu schaffen, in der die Mitarbeiterinnen und Mitarbeiter kleine Prozesse und Ärgernisse beheben, anstatt sich nur darüber zu beschweren. Eines Tages begegnete er während seines Rundgangs zwei Personen, die sich über das schmutzige Geschirr beschwerten, das sich in der Büroküche stapelte. Normalerweise hätte er das zu den Akten gelegt und sich darüber geärgert. Doch er war ja auf seinem Rundgang, und so nahm er sich einen Moment Zeit, um das Problem selbst zu beheben: Er blieb stehen und sah sich um. »Meint ihr, das wäre ein besserer Platz für das Geschirr?«, fragte er die beiden Mitarbeiter und deutete auf einen ebenso passenden, aber weniger sichtbaren Platz. Sie nickten zustimmend, und zu ihrem Erstaunen begann Dick, das schmutzige Geschirr selbst dorthin zu stellen. Natürlich hörten sie auf, sich zu beschweren und packten mit an. Diese Geschichte machte schnell die Runde.

DIE KULTUR IN DEN BLICK NEHMEN: ALLE BEOBACHTEN SIE, DOCH DAS HEISST NICHT, DASS ES NUR UM SIE GEHT

»Die Kultur isst die Strategie zu Mittag.«[20] Die Teamkultur beeinflusst die Teamergebnisse maßgeblich, und die Persönlichkeit der Führungskraft wiederum beeinflusst die Teamkultur stark. Wer Sie sind, hat also einen großen Einfluss auf die Kultur Ihres Teams.

Ben Silbermann, Gründer und CEO von Pinterest, erzählte mir einmal von seiner Befürchtung, dass die Unternehmenskultur zu sehr seine eigene Persönlichkeit widerspiegele. Er war introvertiert – das Unternehmen war introvertiert. Er diskutierte nicht gerne – im Unternehmen wurde nicht so viel diskutiert, wie er es sich gewünscht hätte. Diese Beobachtung beschäftigte mich, denn ich hatte in Bezug auf meine eigenen Mitarbeiterinnen und Mitarbeiter oft dasselbe Gefühl, aber nie den Mut, es auszusprechen. Es gab Tage, an denen meine Mitarbeiter meine Schwächen wie ein Spiegelkabinett vervielfachten. Die Teamkultur spiegelte häufig meine Persönlichkeit wider, doch nicht immer so, wie ich es gerne gehabt hätte.

Das kann einem Angst machen. Es ist praktisch unmöglich, sich als Mensch zu ändern, doch heißt das dann auch, dass Sie die Kultur Ihres Teams nicht wirklich verändern können? Sie haben einen großen Einfluss. Gibt es keine Möglichkeit, diesen Einfluss zu kontrollieren?

Zum Glück geht es wie bei allen Dingen nicht nur um Sie. Konzentrieren Sie sich bei der Beurteilung anderer auf das Verhalten und nicht auf den Charakter, auf die Handlungen und nicht auf die »Grundausstattung«. Wenn Sie sich regelmäßig und aufrichtig um Feedback bemühen, werden unweigerlich die ungeheuerlichsten dieser Eigenschaften ans Licht kommen. Und wie ich in früheren Kapiteln beschrieben habe, wird Ihre Fähigkeit, wertschätzend aufrichtige Beziehungen zu Ihren Mitarbeiterinnen und Mitarbeitern zu pflegen, Ihre Kultur in Richtung Radical Candor bewegen – oder davon weg. Sie werden auch andere Aspekte Ihrer Kultur beeinflussen, allein indem Sie bewusst die Schritte des GSD-Rads durchlaufen.

Die Menschen hören zu und beobachten Sie, ob Sie wollen oder nicht

Als Chef liegen Sie praktisch unter dem Mikroskop. Plötzlich hören Ihnen die Leute in einer Intensität zu, die Sie bislang nicht kannten. Sie schreiben dem, was Sie sagen, der Kleidung, die Sie tragen, und dem Auto, das Sie

20 Wird abwechselnd Peter Drucker, Jack Welch und anderen zugeschrieben.

fahren, eine Bedeutung zu – manchmal ist diese richtig, manchmal nicht. Führungskraft zu werden ist in gewisser Weise so, als würden Sie verhaftet werden. Alles, was Sie sagen oder tun, kann und wird gegen Sie verwendet werden.

Als Chef von Goldman Sachs spazierte Bob Rubin einmal über das Börsenparkett, um ein Gefühl dafür zu bekommen, was vor sich ging. Er blieb stehen und unterhielt sich mit einem Trader, der gerade eine Transaktion zum Kauf von Gold abgeschlossen hatte. »Ich mag Gold«, sagte Bob flapsig. Ein paar Wochen später stellte er mit Erstaunen fest, wie viel Gold das Unternehmen in letzter Zeit gekauft hatte. »Warum haben wir so viel in Gold investiert?«, wollte Bob wissen. »Weil du es uns gesagt hast. Du hast gesagt, du magst Gold!«, erhielt er als Antwort. Bob dachte, er hätte einfach eine freundliche Bemerkung gemacht und nicht einen Kaufauftrag erteilt.

Während meiner Zeit bei Apple erzählte mir jemand, dass sich das Shuttle-Programm, mit dem die Mitarbeiterinnen und Mitarbeiter zwischen Cupertino und San Francisco hin- und hergefahren werden sollten, verzögert hatte, weil Steve noch das Leder für die Innenausstattung der Busse auswählen musste. Eines Tages aß ich zufällig mit dem Leiter des Shuttle-Programms zu Mittag und fragte ihn, ob die Geschichte wahr sei. Er lachte und verneinte. Als ich dann aber wissen wollte, wie die Farbgebung der Busse denn nun ausgewählt worden sei, gab er zu, dass er auf den Parkplatz gegangen sei und sich Steves Auto angesehen habe: silberne Außenfarbe, schwarze Ledersitze. Und die Shuttle-Busse? Ebenfalls silberne Außenfarbe, schwarze Ledersitze.

Nun muss man nicht so wahnsinnig erfolgreich sein wie Bob Rubin oder Steve Jobs, um als Chef einen größeren Einfluss zu haben, als man beabsichtigt. Zu Beginn meiner Karriere sagte ich einmal zu einem Vertriebler, der gerne schwarze, glänzende Hemden trug: »Ich mag Männer in weißen Oxford-Hemden.« Zu meinem Leidwesen erschien er schon am darauffolgenden Tag in einem weißen Oxford-Hemd und danach eine Woche lang jeden Tag. Zugegeben, ich hatte eine Andeutung gemacht. Als frischgebackene Führungskraft war ich es jedoch nicht gewohnt, dass man meine Andeutungen so ernst nahm.

Als Chef oder Chefin kann es Ihnen passieren, dass Sie etwas sagen oder tun, von dem Sie erwarten, dass es nicht ernst genommen wird, während Sie sich in Wirklichkeit viel weiter auf der Achse »Aufrichtigkeit« nach rechts bewegt haben, als Sie vorhatten.

Präzisieren: Kommunizieren Sie klar und unmissverständlich

Angesichts des hohen Maßes an Beobachtung, der Sie als Chef oder Chefin ausgesetzt sind, sollten Sie darauf achten, was Sie sagen – selbst wenn Sie glauben, dass Sie gar nichts sagen.

Als ich bei Google tätig war, fuhr ich einen orangefarbenen Honda Element, der sich ziemlich eindeutig als der meine identifizieren ließ, weil er praktisch allein unter den vielen Prius-Fahrzeugen und anderen kraftstoffsparenden Autos war, die Google subventionierte. Da mein Büro einige Kilometer vom Büro meines Chefs entfernt war, fuhr ich häufig zu Besprechungen. Einen Parkplatz zu finden war eine Katastrophe, und mein Terminkalender war voll, sodass ich häufig wahllos und an Stellen parkte, die eigentlich keine Parkplätze waren. Im Unternehmen setzte ich mich für eine »Bitte um Verzeihung, nicht um Erlaubnis«-Kultur ein, in der die Mitarbeiter die Freiheit hatten, Regeln zu hinterfragen. Deshalb funktionierte dies. Hätte ich dagegen versucht, eine Kultur nach dem Motto »Zweimal nachdenken, bevor man handelt« zu schaffen, hätte ich zumindest eine Erklärung für mein Parkverhalten liefern und es wahrscheinlich auch ändern müssen. Während meiner Zeit bei Apple habe ich übrigens nicht so geparkt ...

Klar diskutieren und entscheiden: Lassen Sie Dinge, die Ihrer Kultur schaden können, nicht einfach geschehen

Es gibt eine Reihe von Diskussionen und Entscheidungen, die man als Führungskraft gerne an die Personalabteilung delegieren würde. Dabei geht es häufig um Dinge, für die Sie Ihre Gehirnzellen lieber nicht verschwenden möchten. Nennen Sie die Veranstaltung nun »Feiertagsfeier« oder »Weihnachtsfeier«? Wird es dort einen Weihnachtsbaum geben oder nicht? Einen Menora-Leuchter? Werden Sie Alkohol ausschenken? Wie gehen Sie damit um, wenn Sie am Montagmorgen BHs, Unterhosen und einen Jockstrap auf dem Tisch im Konferenzraum vorfinden? Was tun Sie, wenn jemand in Ihrem Team gerade jemand anderem in den Hintern getreten hat? Es war zwar nur ein freundschaftlicher Seitwärtstritt, den man früher seinen Freunden in der Schule verpasst hat, aber der andere ist empört. Wer entscheidet, wie damit umgegangen wird?

Glauben Sie mir, es ist verlockend, sich bei diesen Entscheidungen zurückzuhalten. Doch wenn Sie das tun, werden diese Entscheidungen von der Personalabteilung oder Anwälten für Arbeitsrecht getroffen – ohne Ihren Einfluss, und das lenkt Ihre Kultur in eine Richtung, in der das Gesetz dem gesunden Menschenverstand widerspricht. Wenn niemand eine

Entscheidung trifft, landen Sie im Reich von *Herr der Fliegen*. Beides ist nicht die Kultur, die Sie wollen.

Überzeugen: Achten Sie auf die kleinen Dinge

Als ich meine Stelle bei Apple antrat, erhielt ich eine gut organisierte, dreiteilige Mappe, die mit den Worten »Ah, Papierkram!« beschriftet war. Man hatte sich wirklich Gedanken gemacht, wie man den lästigen Papierkram, der mit einem neuen Job einhergeht, so angenehm wie möglich machen könnte. Die Mappe war eine Schönheit – hübsch gestaltet, ohne übertrieben teuer zu wirken. Die gewählten Worte brachten mich zum Lächeln. Und die Sorgfalt, mit der die Dokumente zusammengestellt worden waren, vermittelte mir schon vor Arbeitsbeginn, welche Art von Arbeit von mir erwartet würde.

Wenn Sie auf vermeintlich kleine Details achten, können Sie Menschen wirkungsvoll davon überzeugen, dass es sich lohnt, Ihre Kultur zu verstehen und sich ihr anzupassen. Die Büroumgebung ist ein Teil des Tons und der Kultur. Das Silicon Valley ist berühmt für seine skurrilen Büros und Spitzenköche. Doch selbst wenn Sie sich diese Art von Großzügigkeit nicht leisten können, können Sie dafür sorgen, dass der Kaffee in der Küche den Mitarbeiterinnen und Mitarbeiter wirklich schmeckt, und zusätzlich ein paar Beutel grünen Tee bereitstellen. Ein New Yorker Verlag führte einmal infolge von Beschwerden über den schlechten Kaffee eine Art Pepsi-Test für Kaffee durch. Dadurch stieg der Kaffeekonsum drastisch an, und eine Mitarbeiterumfrage ergab, dass diese Maßnahme sehr geschätzt wurde.

Die Arbeitsumgebung beeinflusst die Kultur. Möchten Sie eine Zen-ähnliche, geordnete, gut beleuchtete Umgebung oder eine hektische Umgebung, in der überall Zeugs rumsteht? Die kleinen Entscheidungen, die Sie treffen, bringen Ihre Mitarbeiter dazu, sich entsprechend der Kultur zu verhalten, die Sie aufbauen wollen.

Umsetzen: Ihr Handeln sollte Ihre Kultur widerspiegeln

Es ist erstaunlich, wie eine kleine Handlung Ihrerseits die Teamkultur beeinflussen kann, selbst wenn Sie nicht mehr da sind.

Als ich einmal mein Büro bei Google betrat, musste ich feststellen, dass ein Sofa verrückt worden war und man nun einige zusätzliche Schritte machen musste, um darum herumzugehen. Ich wollte keine Feng-Shui-Kultur schaffen, aber diese Couch störte mich, und so beschloss ich, sie umzustellen. Ich versuchte gerade, eine Kultur der Effizienz zu fördern, und diese zusätzlichen Schritte waren alles andere als effizient. Also rückte ich das Sofa wieder an seinen alten Platz. Ein Mitarbeiter aus meinem Team sah mich und scherzte: »Ich glaube, Kim hat einen neuen Job.« Ich lächelte, wehrte mich aber gegen seine Einstellung: »Wenn dir etwas im Weg steht, ist es *immer* deine Aufgabe, es zu beseitigen!« Zwei Jahre, nachdem ich Google verlassen hatte, besuchte ich einen alten Freund und sah folgenden Slogan an der Wand: »Im AdSense-Team verschieben wir die Sofas!« Scott Sheffer, der meinen Job übernommen hatte, betonte immer wieder, ich hätte ihm vor allem dadurch zum Erfolg verholfen, dass ich mich auf die Kultur des Teams konzentrierte.

Lernen

Manchmal laufen die Dinge dumm. Wenn Sie Vorgesetzter sind und Mist passiert, ist es Ihre Verantwortung, daraus zu lernen und etwas zu ändern. Tun Sie das nicht, schaffen Sie eine Kultur, in der Ihre Mitarbeiter nicht aus Fehlern lernen.

Bei Google wollten mein Team und ich eine lockere, ungezwungene Kultur fördern. Dazu verwandelten wir unter anderem einen Konferenzraum in einen »gemütlichen Teamraum«, ohne Tische oder Stühle, nur mit ein paar Sofas und Sitzsäcken. Dort hielt ich in der Regel meine Teammeetings ab. Eines Montagmorgens betraten wir Raum und fanden Männerunterwäsche und einen BH zwischen den Sofakissen. Sex im Büro war *nicht* die Kultur, die ich anstrebte. Damit war es mit dem »gemütlichen Teamraum« vorbei. Wir mussten einen anderen Weg finden, um ungezwungen zu sein.

Zuhören …

Das Erstaunlichste an einer Kultur ist, dass sie sich selbst reproduziert, wenn sie einmal stark ist. Sie haben eine Reihe von bewussten Maßnahmen ergriffen, um die Kultur zu beeinflussen, doch erst wenn es nicht mehr um Sie geht, wissen Sie, dass Sie damit erfolgreich waren. Als wir weltweit AdSense-Teams aufbauten, war ich unsicher, wie die Teamkultur an den einzelnen Standorten aussehen würde. Ich wollte alle Teams dazu ermutigen, Autorität infrage zu stellen – meine Autorität im Besonderen, aber auch Autorität im Allgemeinen. Ich hatte das Gefühl, dass ich allen Büros einen persönlichen Besuch abstatten musste, um dies zu verdeutlichen. Da ich jedoch versuchte, schwanger zu werden, konnte ich nicht reisen. Ich machte mir vor allem Sorgen um das Team in China. Vor dem Hintergrund dessen, was ich über die chinesische Kultur wusste, dachte ich, dass es dort besonders schwierig sein würde, unsere antiautoritäre Kultur zu reproduzieren. Wie in Kapitel 1 beschrieben, sprach ich mit dem Leiter des dortigen Teams,

Roy Zhou, ausführlich darüber. Aber würde sich die Kultur wirklich so umsetzen lassen, wenn ich nicht vor Ort wäre? Ich war so besorgt, dass ich, wenn ich nicht schon 40 gewesen wäre, die Familienplanung aufgeschoben und mich stattdessen auf Weltreise begeben hätte.

Dann hatte jemand aus dem chinesischen Team die Idee, dass alle weltweiten AdSense-Büros jeweils ein Video drehen sollten, um die Teams einander vorzustellen. Ich muss zugeben, dass ich mir davon nicht viel versprach. Doch die Ergebnisse haben mich umgehauen: Menschliche Wärme und menschlicher Humor waren einfach universell. Das antiautoritäre Verhalten in Peking war ebenso unverkennbar »AdSense-like« wie in Mountain View oder Dublin. Und doch waren die Nationalitäten sehr unterschiedlich. Wie war das möglich? Wenn ich jedes dieser Videos selbst gedreht hätte, sozusagen als Propaganda-Clip für die AdSense-Kultur, hätte ich mit dem Ergebnis nicht zufriedener sein können. Aber ich hatte mit keinem einzigen der Videos etwas zu tun. Was war also geschehen? Die Kultur hatte sich selbst reproduziert. Ich hatte dazu beigetragen, etwas zu schaffen, das größer war als ich selbst. Das war einer der magischsten Momente in meiner Karriere.

LOS GEHT'S

Herzlichen Glückwunsch! Mit dem Lesen dieses Buches haben Sie einen wichtigen Schritt getan, um die Führungskraft zu werden, die Sie sein wollen. Nicht, dass ich alle Antworten hätte, doch sich Zeit zu nehmen, um darüber nachzudenken, wie Sie ein besserer Chef oder eine bessere Chefin sein können, ist ein großer Schritt.

Nun gilt es, die Empfehlungen in diesem Buch in die Tat umzusetzen. Womit sollten Sie beginnen? Was ist der Modus Operandi? Konzepte und Techniken vorzustellen ist etwas völlig anderes, als sie umzusetzen, und ich möchte sicherstellen, dass Sie auf dem richtigen Fuß starten. Der Leitfaden auf den folgenden Seiten zeigt Ihnen, wie Sie Schritt für Schritt eine Kultur der wertschätzenden Aufrichtigkeit in Ihrem Team aufbauen. Seit der Veröffentlichung dieses Buches hat sich viel getan, und ich hatte Gelegenheit zu sehen, wo Führungskräfte mit diesem Leitfaden Schwierigkeiten haben. Deshalb finden Sie im Nachwort ausführlichere Tipps dazu, wie Sie Geschichten erzählen, Kritik einholen, Lob aussprechen und Ihr Feedback bewerten.

ERZÄHLEN SIE IHRE GESCHICHTEN

Erklären Sie Ihren Mitarbeiterinnen und Mitarbeiter das Radical-Candor-Model, damit sie verstehen, was Sie vorhaben. Sie können ihnen auch dieses Buch empfehlen oder die Videos auf der Website zu Radical Candor. Doch am besten erklären Sie das Konzept mit Ihren eigenen Worten. Wie lautet Ihre Version der »Ähm«-Geschichte oder der »Bob«-Geschichte? Erzählen Sie Ihren Mitarbeiterinnen und Mitarbeiter *Ihre* Geschichten. Zeigen Sie, dass Sie verletzlich sind. Ihre persönlichen Geschichten verdeutlichen besser als jede Managementtheorie, was Sie wirklich meinen und warum Sie es wirklich meinen. Deshalb habe ich Sie an meinen persönlichen Geschichten teilhaben lassen. *Ihre* Geschichten bedeuten Ihren Mitarbeitern viel mehr als meine, weil *sie* Ihnen etwas bedeuten.

KRITIK EINSTECKEN, BEVOR SIE KRITIK ÄUSSERN

Bitten Sie Ihr Team, Sie zu kritisieren. Lesen Sie dazu noch einmal den Abschnitt »Spontanes Feedback einfordern« in Kapitel 6. Und denken Sie daran, nicht lockerzulassen, wenn Ihre Mitarbeiterinnen und Mitarbeiter wenig sagen – denn sie werden zunächst wenig sagen. Halten Sie das aus, um voranzukommen. Seien Sie wachsam, wenn Sie keine Kritik erhalten. Sie können eine Kopie des Radical-Candor-Modells aus Kapitel 2 erstellen und darin notieren, wer Ihnen welches Feedback gibt. Nur weil jemand Sie nicht kritisiert, heißt das nicht, dass die Person Sie für perfekt hält. Wenn Sie feststellen, dass Sie keine Kritik erhalten, probieren Sie Michael Dearings Methode der orangenen Box aus Kapitel 6 aus.

Feedback einzuholen, vor allem Kritik, ist nicht etwas, das Sie einmal tun und dann als erledigt abhaken. Ab heute tun Sie es *täglich*. Allerdings in Form kurzer, ein- bis zweiminütiger Gespräche, nicht in Form von Meetings, die Ihren Kalender vollstopfen. Es ist etwas, dessen Sie sich bewusst sein sollten, jedoch nichts, das Sie planen. Es wird sich zunächst sonderbar anfühlen, doch sobald es zur Routine geworden ist, wird es sich sonderbar anfühlen, es *nicht* zu tun. Dann werden Sie nicht mehr aufhören, Feedback einzuholen, genauso wenig wie Sie jemals aufhören werden, Wasser zu trinken oder sich die Zähne zu putzen.

Jetzt sind Sie für Entwicklungsgespräche mit Ihren Mitarbeiterinnen und Mitarbeiter bereit. Beginnen Sie mit den Personen, mit denen Sie am längsten zusammenarbeiten. (Lesen Sie hierzu noch einmal den Abschnitt »Entwicklungsgespräche« in Kapitel 7.)

Genauso wie das Einholen von Kritik sind auch Entwicklungsgespräche keine einmalige Angelegenheit, die Sie nach getaner Arbeit von Ihrer Liste streichen. Denken Sie daran: Menschen verändern sich, und Sie müssen sich mit ihnen verändern! Deshalb empfiehlt es sich, pro Jahr eine Runde Entwicklungsgespräche mit jedem Ihrer Mitarbeiter zu führen – am besten während der Einzelgespräche.

Optimieren Sie gleichzeitig die Einzelgespräche. Stellen Sie sicher, dass Sie Einzelgespräche führen, die Ihren Mitarbeitern wirklich etwas bringen. Ich sage hier »gleichzeitig«, weil Sie mindestens drei bis sechs Wochen für die drei Gespräche mit jedem Mitarbeiter brauchen und ein oder zwei Wochen Pause zwischen den drei Gesprächen einplanen sollten. (Lesen Sie hierzu noch einmal den Abschnitt »Einzelgespräche« in Kapitel 8.)

Weiter geht's. Nachdem Sie das Radical-Candor-Modell erklärt, Feedback eingeholt, Entwicklungsgespräche geführt und Ihre Einzelgespräche optimiert haben, werden Sie feststellen, dass Sie allmählich das Vertrauen Ihrer Mitarbeiterinnen und Mitarbeiter gewinnen und eine bessere Kultur aufbauen. Jetzt sind Sie soweit, *selbst* unmittelbare Wertschätzung und Kritik zu äußern. Zur Erinnerung: Spontanes Feedback gibt man am besten in ein- bis zweiminütigen Gesprächen. (Sehen Sie sich hierzu noch einmal den Abschnitt »Unmittelbares Feedback geben« in Kapitel 6 an.) Holen Sie Feedback zu Ihrem Feedback ein (siehe hierzu den Abschnitt »Das eigene Feedback bewerten« in Kapitel 6). Denken Sie daran: Auch wenn Sie der Meinung sind, bereits wertschätzend aufrichtiges Feedback zu geben, hat einer Ihrer Mitarbeiter Ihre Rückmeldung vielleicht gar nicht als Kritik aufgefasst, bei einem anderen ist sie als schädlich empathisch angekommen und bei einem dritten als aggressiv offen. Sie müssen Ihr Feedback für jeden einzelnen Mitarbeiter anpassen. Dazu müssen Sie sich nicht nur Ihrer selbst bewusst sein, sondern auch der Beziehungen und der Kultur in Ihrem Team.

Atmen Sie einmal tief durch, und machen Sie eine Bestandsaufnahme. Wie kommen Sie voran? Was klappt gut? Was klappt nicht? An wen können Sie sich wenden? An Ihren Chef? An Ihr Team? An eine Mentorin außerhalb der Arbeit? An einen Coach? An Mitstreiter aus der Radical-Candor-Community? Probieren Sie keine weiteren neuen Dinge aus, bevor Sie nicht das Gefühl haben, (1) bei einen fundamentalen Managementbaustein beträchtlich weitergekommen zu sein, nämlich dem Einholen und Geben von Feedback, (2) Ihre direkten Mitarbeiterinnen und Mitarbeiter besser kennengelernt zu haben und (3) zufrieden mit Ihren Einzelgesprächen zu sein.

Wenn Sie in allen drei Bereichen Fortschritte gemacht haben, können Sie allmählich Ihre Team-, Entscheidungs- und Diskussionsmeetings optimieren. Sie haben eine Vertrauensgrundlage geschaffen, die Voraussetzung dafür ist, dass Sie Dinge erledigt bekommen. Als Nächstes sollten Sie dafür sorgen, dass Ihre Teammeetings so produktiv wie möglich sind. Während des Meetings prüfen Sie Kennzahlen, tauschen sich über Updates aus und identifizieren wichtige Entscheidungen und Diskussionen (siehe hierzu den Abschnitt »Teammeetings« in Kapitel 8). Anschließend können Sie die Meetings zu großen Entscheidungen und großen Diskussionen einführen (siehe dazu die entsprechenden Abschnitte in Kapitel 8).

Nun heißt es wieder Feedbackgeben. Ermuntern Sie Ihre Mitarbeiterinnen und Mitarbeiter dazu, sich *gegenseitig* Feedback zu geben. Stellen Sie die Regel auf, dass sich die Teammitglieder nicht gegenseitig in den Rücken fallen, oder fordern Sie einen klaren Eskalationsprozess ein. Machen Sie deutlich, dass die Mitarbeiter nicht hinter dem Rücken ihrer Kollegen zu Ihnen kommen dürfen, um sich über diese zu beschweren. Hierzu können Sie ihnen den Abschnitt »Lästereien verhindern« in Kapitel 6 zu lesen geben, noch wichtiger ist jedoch, dass Sie diese Regel durchsetzen. Sie müssen dranbleiben. Das kann zwar mitunter zusätzliche Meetings bedeuten, um

Streitigkeiten beizulegen, doch am Ende sparen Sie damit Zeit, da Sie weniger Konfliktsituationen managen müssen.

Behalten Sie die Anzahl Ihrer Meetings im Blick. Ihr Terminkalender sollte nicht überfrachtet sein. Überlegen Sie genau, welche Dinge Sie *nicht* tun müssen. Planen Sie Nachdenkzeit ein (siehe hierzu Kapitel 8). Die meisten Unternehmen kämpfen permanent mit vollgestopften Terminkalendern. Kämpfen Sie den richtigen Kampf, nicht nur für sich, sondern auch für Ihr Team!

Planen Sie die Zukunft Ihrer Mitarbeiter. Erstellen Sie für jeden Mitarbeiter einen Wachstumsplan (siehe Kapitel 7). Achten Sie darauf, dass Sie keine Kultur schaffen, in der alle immer nur auf Beförderungen aus sind, und überlegen Sie, wie Sie Ihren Felsen in der Brandung Wertschätzung entgegenbringen können (siehe Kapitel 7).

Jetzt ist wieder Zeit für Feedback. Ihre Mitarbeiter sollen ihren Kollegen Feedback zu deren Feedback geben. Da Ihre Mitarbeiter zahlreicher sind als Sie selbst, sollten Sie alles tun, um sie dazu zu animieren, sich häufiger wertschätzend aufrichtiges Feedback zu geben, denn dadurch stärken Sie nicht nur eine Kultur der wertschätzenden Aufrichtigkeit, sondern erreichen auch mehr Hebelwirkung als durch jede Art von Führung, die Sie persönlich geben oder erhalten können. Wenn sich Ihre Mitarbeiter sträuben, versuchen Sie es im nächsten Teammeeting mit Dan Woods' »Whoops the Monkey«-Methode (siehe »Feedback unter Kollegen« in Kapitel 6). Dies ist auch ein guter Moment, um zu überprüfen, ob Sie weiterhin erfolgreich Feedback einholen und geben. Denken Sie daran: Es ist schwierig, es ist unnatürlich, aber es ist der Grundbaustein guter Führung.

Machen Sie Rundgänge. Sie nutzen das Radical-Candor-Konzept jetzt schon eine Weile. Hat sich etwas im Team verändert? Welche Dinge möchten Sie erfahren, hören aber von Ihren Mitarbeitern nichts darüber? Planen Sie jede Woche etwas Zeit ein, um durchs Büro zu gehen und informelle Gespräche mit Ihren Mitarbeiterinnen und Mitarbeitern zu führen (siehe dazu den Abschnitt »Rundgänge« in Kapitel 8). Wenn Sie den Eindruck haben, dass die Dinge noch nicht rundlaufen und Ihre Mitarbeiter immer noch skeptisch sind, kehren Sie zu Schritt 1 zurück. Sie können auch überlegen, eine Fix-it-Woche für das Management einzuführen (siehe Kapitel 6). Wie fühlt sich Ihre Kultur an? Was können Sie tun, um sie zu verbessern (siehe »Die Kultur in den Blick nehmen« in Kapitel 8)?

Wenn Sie Führungskräfte führen, können Sie Skip-Level-Meetings ausprobieren. Diese müssen Sie nur einmal pro Jahr durchführen, doch es empfiehlt sich, sie in einem Zeitraum von zwei Wochen zu bündeln, damit sich niemand hervorgehoben fühlt (siehe »›Denen da oben‹ die Wahrheit sagen« in Kapitel 8).

Seien Sie auch in anderen Bereichen wertschätzend aufrichtig. Das gilt für Einstellungen, Beförderungen und Entlassungen (siehe Kapitel 7) sowie für formelle Leistungsbeurteilungen (siehe Kapitel 6).

Das klingt nach einer Menge Arbeit, doch es ist weniger aufwendig, als es scheint. Wenn Sie alle Tipps in diesem Buch berücksichtigen, benötigen Sie etwa zehn Stunden pro Woche, von denen fünf auf Einzelgespräche entfallen, die Sie wahrscheinlich sowieso schon führen. Einige Prozesse wie Entwicklungsgespräche, Skip-Level-Meetings und Kalibrierungsrunden finden natürlich nicht jede Woche statt, sondern kommen gebündelt, sodass Sie in manchen Wochen acht Stunden auf Ihre wesentlichen Führungsaufgaben verwenden müssen, in anderen zwölf oder fünf. Aber damit haben Sie pro Woche immer noch 15 Stunden zum Nachdenken und Umsetzen und weitere 15 Stunden, um sich um die verschiedenen unvorhergesehenen Dinge zu kümmern, mit denen Ihre Mitarbeiter auf Sie zukommen werden.

Mit anderen Worten: Radical Candor erfordert Zeit, verschafft Ihnen aber auch Zeit, in der Sie Ihren fachlichen Interessen nachgehen und Unvorhergesehenes managen können. Vor allem aber erfordert Radical Candor Achtsamkeit und die Bereitschaft, seine ganze Menschlichkeit mit ins Büro zu nehmen.

Dieser »Modus Operandi« wird Ihnen helfen, Prioritäten zu setzen und zu entscheiden, was Sie wann mit wem tun. Aber wahrscheinlich haben Sie bereits einige Fragen. Wenn Sie sich einmal mit anderen Führungskräften austauschen möchten, die gerade Radical Candor einführen, wenn sich weitere Fragen ergeben haben oder Sie Management-Dilemmata mit uns teilen wollen, freuen wir uns, von Ihnen zu hören, Ihre Fragen zu beantworten und Sie dabei zu unterstützen, Radical Candor in Ihrem Unternehmen real werden zu lassen.

Einfach Dinge zu beschließen oder zu glauben, dass etwas eine gute Idee ist, bewirkt meistens keine echte Veränderung. Deshalb geht es im zweiten Teil dieses Buches darum, wie Sie die Empfehlungen und Tipps, die ich Ihnen gegeben habe, in die Tat umsetzen. Verhaltensänderungen herbeizuführen ist schwierig, aber es *ist* möglich. Den ersten Schritt haben Sie mit dem Lesen dieses Buches bereits getan. Eine Transformation am Arbeitsplatz setzen Sie am besten in Gang, indem Sie sich genau überlegen, warum Sie diese Veränderung herbeiführen möchten, und sich dann an diesen Idealen orientieren, während Sie konkret identifizieren, was Sie anders machen möchten.

Verzetteln Sie sich nicht in den Details, bevor es überhaupt losgegangen ist, denn es ist der Erfolg beim Tun, der Sie dranbleiben lässt und vorwärtsbringen wird. Denken Sie daran: *Indem Sie wertschätzend aufrichtige Beziehungen zu Ihren Mitarbeiterinnen und Mitarbeitern aufbauen, schaffen Sie eine schreckliche Quelle des Leids aus der Welt: den schlechten Chef.* Sie werden Ergebnisse erzielen, die Sie nie für möglich gehalten hätten. Sie werden eine Umgebung schaffen, in der Ihre Mitarbeiterinnen und Mitarbeiter gerne (zusammen-)arbeiten. Und was Sie vielleicht am meisten überraschen wird: Sie werden feststellen, dass die Art und Weise, wie Sie arbeiten, auf andere Lebensbereiche überschwappt und alle Ihre Beziehungen bereichert.

Obwohl ich mich in diesem Buch hauptsächlich auf die positiven Erfahrungen konzentriert habe, die ich in meinem Berufsleben gemacht habe, weiß ich dennoch, wie es ist, in einem furchtbar langweiligen Job zu ackern, mit einem Chef, der allem die Freude aussaugt. Und das Schlimmste daran war, was diese negativen Erfahrungen mit meinem *Privat*leben gemacht haben. Es ist einfach nicht möglich, am Wochenende ein strahlendes Freudenbündel zu sein, wenn man die Woche über todlangweilige Aufgaben erledigt hat und dabei von einem Dementor überwacht wurde.

Doch so schlimm muss es nicht sein. Sie *können* sich einen Moment Zeit nehmen, Ihren Mitarbeiterinnen und Mitarbeitern auf einer ganz grundlegenden menschlichen Ebene zu zeigen, dass *Ihnen* wichtig ist, was *ihnen* wichtig ist. Sie können Ihre Mitarbeiterinnen und Mitarbeiter warnen, wenn sie dabei sind, einen Fehler zu begehen – nicht weil Sie besser sind, sondern weil sie Ihnen wichtig sind. Sie können Ihren Mitarbeiterinnen und Mitarbeitern helfen, ihren Träumen näherzukommen, und ihnen sogar zeigen, wie *sie* Ihnen helfen können, dasselbe zu tun. Sie können gemeinsam daran arbeiten, Ergebnisse zu erzielen, auf die Sie alle stolz sind. Und während Sie diese Dinge tun, die absolut in Ihrer Macht stehen, wird Radical Candor Ihre Arbeit und Ihr Leben verändern.

NACHWORT ZUR ÜBERARBEITETEN AUFLAGE

Wie Sie Radical Candor einführen

Von Jason Rosoff, Amy Sandler und Kim Scott

Seit der Veröffentlichung dieses Buches haben wir mit Tausenden von Menschen zusammengearbeitet, um Radical Candor in ihren Unternehmen Wirklichkeit werden zu lassen. Dabei haben sich Bereiche herauskristallisiert, in denen Vorschläge, die wir für selbsterklärend hielten, es nicht waren. Den Verantwortlichen gefielen viele Schlüsselideen und -konzepte dieses Buches, doch sie taten sich schwer, sie in die Praxis umzusetzen. Deshalb möchten wir im Folgenden unsere Tipps und Erklärungen weiter konkretisieren, damit Sie Radical Candor noch besser in Ihrem Berufs- und Privatleben umsetzen können.

SIE

Rollenspiele und Storytelling nutzen

In Kapitel 5 empfehlen wir Ihnen, fokussiert zu bleiben, denn »Sie können sich nicht um andere kümmern, wenn Sie sich nicht um sich selbst kümmern«. Wenn es darum geht, wertschätzende Aufrichtigkeit zu praktizieren, gibt es immer einen roten Faden: **Sie**. Aber was genau sollten Sie *tun*? Viele Leserinnen und Leser haben uns gesagt, dass die erste Ausgabe von *Radical Candor* diesen Punkt nicht deutlich genug erklärt hat.

Ein Risikokapitalgeber fragte Kim zum Beispiel, wie er einem seiner Kunden helfen könne. Jedes Mal, wenn der Mitarbeiter den Unternehmern Feedback gab, beendeten sie die Zusammenarbeit mit ihm. Kim ließ sich einige dieser Gespräche beschreiben und hatte danach das Gefühl, dass es sich um mehr als nur schlechte Kommunikation handelte.

»Glaubt er, dass er schlauer ist als alle anderen?«, fragte Kim.

»Oh, ja, definitiv.«

»Dann hat er kein Kommunikationsproblem, sondern ein Arroganzproblem. Er muss sich seiner selbst bewusster werden und mehr auf die Beziehungen achten.«

Der Risikokapitalgeber ließ die Schultern hängen: »Oje, das ist ein deutlich schwierigeres Problem, als ich dachte.«

»Ja. Erst wenn er ein gewisses Maß an Demut und Selbsterkenntnis entwickelt hat, wird er erkennen, wie er auf andere wirkt.«

Über Selbstwahrnehmung – die Fähigkeit, die eigenen Stärken und Schwächen zu erkennen – ist viel geschrieben worden. Über Beziehungsbewusstsein – die Wirkung, die wir auf andere haben – weniger. Sir können

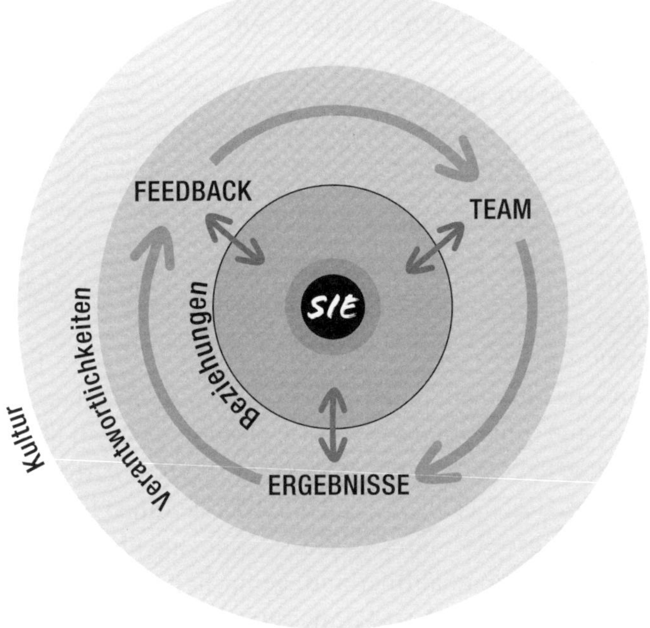

noch so freundlich und hilfsbereit sein wollen, das Richtige denken und fühlen und sich Ihrer Schwächen bewusst sein: Vielleicht sagen Sie dennoch etwas Destruktives, ohne es vorherzusehen oder sich dessen bewusst zu sein. Oder Sie wollen es nicht sehen und entscheiden sich deshalb, es zu ignorieren.

Wie können wir lernen, beziehungsbewusster zu sein und diese Bewusstheit zum Guten zu nutzen und nicht, um unser Gegenüber zu manipulieren? Beziehungsbewusstsein bedeutet nicht, dass das, was Sie zu sagen haben, den anderen niemals verärgern wird. Es bedeutet, dass Sie lernen müssen zu erkennen, wann Sie jemanden verärgert haben, und zu zeigen, dass Ihnen der andere wichtig ist, selbst wenn das, was Sie zu sagen haben, für den anderen unangenehm sein könnte. Es bedeutet, in der Lage und bereit zu sein, sowohl die kurzfristige als auch die langfristige Wirkung zu erkennen, die Sie auf Ihr Gegenüber haben, und sich so anzupassen, dass diese Wirkung positiv und nicht negativ ist.

Sie können sowohl Ihre Selbstwahrnehmung als auch Ihr Beziehungsbewusstsein verbessern. Dazu haben wir zwei hilfreiche Methoden entwickelt: Storytelling und Rollenspiele. Diese Methoden haben wir mit Menschen in ganz unterschiedlichen Positionen und an ganz unterschiedlichen

Arbeitsplätzen weltweit getestet und dabei festgestellt, dass sie in verschiedenen Branchen und Kulturen funktionieren.

Methode: Wie lautet Ihre Geschichte?

Storytelling ist eine großartige Möglichkeit, sowohl seine Selbstwahrnehmung als auch sein Beziehungsbewusstsein zu entwickeln. Im letzten Abschnitt von »Los geht's« gibt es einen kurzen Absatz dazu, aber unsere Leserinnen und Leser haben uns gebeten, genauer zu erklären, wie die Methode funktioniert und warum. Deshalb finden Sie im Folgenden eine Übung hierzu, die wir in unseren Workshops durchführen:

Denken Sie zunächst an Ihre Radical-Candor-Geschichte. Erinnern Sie sich dazu an eine Situation, in der Sie etwas vermasselt haben, man Ihnen das gesagt hat und Ihnen dieses Feedback, obwohl es in dem Moment etwas wehtat, auf lange Sicht geholfen hat. Wenn Sie Ihren Mitarbeiterinnen und Mitarbeitern *Ihre* Geschichte erzählen und was sie Ihnen bedeutet, wird sie wesentlich wirkungsvoller sein als Kims Geschichte über den Moment, in dem ihre Chefin sie darauf aufmerksam gemacht hat, dass sie in einer Präsentation bei jedem dritten Wort »ähm« sagte. Wenn Sie ein wenig Verletzlichkeit zeigen, indem Sie Ihre Radical-Candor-Geschichte erzählen, tun Sie zwei wichtige Dinge gleichzeitig: Erstens zeigen Sie Selbsterkenntnis und Demut. Zweitens zeigen Sie, dass Sie Kritik wirklich zu schätzen wissen. Dadurch wird es einfacher, Feedback einzuholen – und je mehr Feedback Sie bekommen, desto besser wird Ihre Selbstwahrnehmung.

Die nächsten drei Geschichten (Ihre Geschichten über aggressive Offenheit, manipulative Unaufrichtigkeit und schädliche Empathie) werden Ihnen und Ihrem Team helfen zu erkennen, wann Sie Ihr Ziel, freundlich zu sein, verfehlt haben: Sie helfen beim Aufbau von Beziehungsbewusstsein.

Machen Sie sich zunächst Gedanken über Ihre Geschichte über aggressive Offenheit: Gab es eine Situation, in der Sie Kritik geäußert haben, nur um hilfreich zu sein, die andere Person Sie jedoch als aggressiv offen wahrgenommen hat? Oder vielleicht einen Moment, in dem Sie Kritik geäußert haben, aber vielleicht wirklich wütend waren und nicht so reine Absichten hatten? Was ist damals passiert? Gehen Sie hier in die Tiefe. An welchen Moment denken Sie mit Schauder zurück und fragen sich, wie Sie bloß so unverschämt sein konnten? Ihre Geschichte ist naturgemäß besser als die Geschichte, die Kim über die unhöfliche E-Mail zu den unübersichtlichen Websites erzählt hat, die sie an den Chef des Chefs ihres Chefs geschickt hat (Kapitel 2), denn es ist *Ihre* Geschichte. Sie hilft Ihnen zu verstehen, welche Wirkung Sie auf andere haben. Sie wird auch Ihren Mitarbeiterinnen und

Mitarbeitern helfen, Sie zu verstehen und zu verstehen, wie man am besten mit Ihnen kommuniziert, sodass sie Ihnen helfen können zu erkennen, wenn Sie sich ungewollt wie ein Idiot verhalten. Sie wird Ihr Beziehungsbewusstsein stärken.

Denken Sie als Nächstes über Ihre Geschichte über schädliche Empathie nach: Wann haben Sie ein Feedback nicht geben, weil Sie nett sein sollten, nur um dann mitanzusehen, wie die Person darunter leidet, dass Sie ihr schlechtes Verhalten nicht korrigiert haben? Erzählen Sie nicht Kims Bob-Geschichte aus Kapitel 2, sondern Ihre eigene. Wann haben Sie versucht, nett zu sein, nur um dann festzustellen, dass Sie versehentlich grausam waren? Das Bedauern, das Sie empfinden, wenn Sie sich an diesen Vorfall erinnern, und die Verletzlichkeit, die Sie zeigen, wenn Sie von dem Vorfall erzählen, werden Ihr Beziehungsbewusstsein stärken.

Und schließlich, und das ist das Schwierigste von allem, überlegen Sie, wie Ihre Geschichte über manipulative Unaufrichtigkeit lauten könnte: Wann haben Sie es versäumt, einen Mitarbeiter direkt auf ein Problem hinzuweisen und stattdessen mit anderen darüber gesprochen? Oder haben Sie einmal jemandem gesagt, dass seine Arbeit gut ist, sie aber hinter seinem Rücken behindert? Es ist wirklich schwer, sich selbst als hinterhältig, passiv-aggressiv oder politisch agierend zu sehen, aber wir *alle* machen uns von Zeit zu Zeit dieses Verhaltens schuldig. Das Erzählen dieser Geschichten kann Ihnen helfen, ähnlich schlechtes Verhalten in Zukunft zu vermeiden. Und wie Sie sich wahrscheinlich schon denken können: Sie stärken dadurch auch Ihre Selbstwahrnehmung und Ihr Beziehungsbewusstsein.

Wenn Menschen ihre eigene Geschichte auspacken und sie mit ihren Mitarbeiterinnen und Mitarbeitern teilen, werden sie sich der Diskrepanz zwischen ihren Absichten und der Wirkung, die sie auf andere haben, bewusster. Bewusstsein ist der erste Schritt zur Veränderung. Es *ist* möglich, Ihre Wirkung mit Ihren Absichten in Einklang zu bringen.

Diese Art des Storytellings kann Ihnen helfen, sich bewusster zu werden, was wertschätzende Aufrichtigkeit für *Sie* selbst bedeutet und welche Wirkung sie auf andere hat. Jeder Mensch ist anders, deshalb ist es wichtig, sich bewusst zu machen, dass das, was für eine Person hilfreich ist, für eine andere Person sehr schmerzhaft sein kann. Deshalb müssen Sie Ihre Worte jedes Mal anpassen, um dem anderen gegenüber deutlich und freundlich zu sein, ohne sich dabei wie ein Chamäleon zu fühlen. Das ist schwierig. Das Feedback-Dreieck, unsere Version eines Rollenspiels, kann Ihnen dabei helfen.

Methode: Das Feedback-Dreieck

Diese Übung hat sich als besonders nützlich dabei erwiesen zu erkennen, welche Wirkung die eigenen Worte auf andere haben, und infolgedessen Worte zu wählen, die freundlicher und klarer sind. Und so funktioniert's:

Setzen Sie sich zu dritt zusammen. Beschreiben Sie ein Feedback, von dem Sie wissen, dass Sie es jemandem hätten geben sollen, es aber nicht getan haben. Ein Kollege spielt die Rolle des Feedback-Empfängers. Die Übung ist effektiver, wenn die Person, die den Feedback-Empfänger spielt, die Abwehrreaktion übertrieben darstellt. Wenn Sie den Feedback-Empfänger dazu ermutigen, schwierig zu sein, hilft ihm das, sich an schlechte Feedback-Momente zu erinnern, die er selbst erlebt hat. Das erhöht die Dramatik, und diese führt paradoxerweise zu realistischeren Ergebnissen. Außerdem ermöglicht es dem Feedbackgeber, besonders schwierige Momente zu üben.

Ihr anderer Kollege spielt die Rolle des Beobachters und verfolgt den Verlauf des Gesprächs mithilfe des Radical-Candor-Modells. Vielleicht beginnt der Feedbackgeber wertschätzend aufrichtig, zieht sich dann aber schnell auf schädliche Empathie zurück, weil der Feedback-Empfänger verärgert scheint oder sogar weint. Oder er will wertschätzend aufrichtig sein, äußert seine Kritik aber so sanft, dass sie am Ende schädlich empathisch wirkt. Aus Frustration darüber, dass der Feedback-Empfänger es nicht »blickt«, verfällt er dann vielleicht in aggressiv offenes Verhalten. Oder er beginnt wertschätzend aufrichtig, doch der Feedback-Empfänger wird wütend und reagiert unhöflich. Das wiederum macht den Feedbackgeber wütend, und er wird aggressiv offen.

Diese Muster beobachten wir ständig: Gesprächsausfälle, die im Rahmen eines Rollenspiels amüsant, im echten Leben aber schmerzhaft sind. Sie in die Vierfelder-Matrix des Radical-Candor-Modells einzutragen kann eine Art Kompass sein, der den Beteiligten ein Gefühl der Handlungsfähigkeit vermittelt. Wenn sie erkennen, welche Wirkung sie auf andere haben, können sie diese Informationen nutzen, um das Gespräch wieder in die richtigen Bahnen zu lenken, anstatt sich lediglich zu verteidigen oder schuldig zu fühlen. Selbsterkenntnis bedeutet nicht automatisch Selbstgeißelung.

Sowohl der objektive Beobachter als auch der Feedback-Empfänger helfen der dritten Person zu erkennen, wie ihr Feedback ankam: vielleicht zu aggressiv, vielleicht nicht deutlich genug. Dies stärkt das Beziehungsbewusstsein aller Beteiligten. Sie können mit den Augen des Beobachters und des Feedback-Empfängers sehen, welche Wirkung ihre Worte hatten, unabhängig von ihrer Absicht. Und es macht Spaß. In einer Übung, in der die Teilnehmenden dramatisch sein dürfen und ein Beobachter mithilfe der

Radical-Candor-Matrix Missverständnisse aufspürt, sind Lacher garantiert.[21] Der Humor bringt etwas Wichtiges zum Vorschein, das für uns zunächst unsichtbar war.

Beim Erlernen vieler Fähigkeiten wie Mathematik, Verkauf, Technik, Klavier, Sport üben wir, um besser zu werden. Im Falle von Kommunikation haben wir jedoch häufig keine Gelegenheit, das zu üben. Deshalb ist das Feedback-Dreieck oder die Improvisation eine wirklich hilfreiche Methode, um uns unserer eigenen Absichten bewusster zu werden und herauszufinden, wie wir die Diskrepanz zwischen diesen Absichten und der Art und Weise, wie andere unsere Aussagen wahrnehmen, überbrücken können. Die Praxis zeigt auch, dass das Geben und Empfangen von Feedback sowie Selbstwahrnehmung und Beziehungsbewusstsein Fähigkeiten sind, die wir mit Übung entwickeln können.

ZUNÄCHST KRITIK EINHOLEN

Bei Radical Candor sollten Sie sich an folgende Reihenfolge halten:

1. Kritik üben
2. Lob aussprechen
3. Kritik üben
4. Die Kritik bewerten und anpassen
5. Feedback zwischen anderen fördern

In der ersten Ausgabe dieses Buches wird dieser Ablauf beschrieben, doch was sich bei den Leserinnen und Lesern am meisten eingeprägt hat und was am häufigsten wiederholt wurde, waren Kims Geschichte, wie Sheryl Sandberg sie auf ihre »ähms« anspricht, und Kims Geschichte, wie sie es versäumt, Bob rechtzeitig Feedback zu geben, und ihn dann entlassen muss. In der einen Geschichte geht es um eine Chefin, die erfolgreich Feedback gibt, in der anderen darum, was passiert, wenn eine Chefin es versäumt, Feedback zu geben. Dass sich diese Geschichten so eingeprägt haben, liegt

21 Die Akteure von The Second City, einem Comedyclub aus Chicago, der auch Führungskräftetrainings anbietet, haben *uns* Radical Candor auf diese Weise beigebracht. Sie bezieht sich auf den evolutionären Zweck von Humor: sich sein eigenes Verhalten bewusst machen – Selbsterkenntnis.

vor allem daran, dass fast jeder schon einmal eine ähnliche Situation erlebt hat – sei es aus Vorgesetzten- oder Mitarbeitersicht.

Leider enthielt die erste Ausgabe keine ähnlich einprägsame Geschichte über einen Chef, der einen Mitarbeiter *um Feedback bittet*. Daher hatten viele Leserinnen und Leser den Eindruck, dass es bei Radical Candor in erster Linie um Führungskräfte geht, die ihre Mitarbeiter kritisieren. Nichts könnte weiter von der Wahrheit entfernt sein. Also suchte Kim nach einer Geschichte über das Einholen von Feedback. Hier ist sie:

Kims Geschichte über das Einholen von Feedback

Kürzlich sagte meine Tochter: »Mama, ich wünschte, du wärst nicht die Radical-Candor-Frau!« Das ist natürlich nicht die ideale Art und Weise, Kritik zu äußern. Es war nicht so sehr Situation – Verhalten – Wirkung, sondern eher, »Ich wünschte, du wärst ein anderer Mensch.« Autsch! Doch wenn ich Feedback bekam, vor allem in einer Position von Autorität, war es meine Aufgabe, zuzuhören und zu lernen, statt zu belehren und die Kritik zu kritisieren, auch wenn ich das, was sie sagte, nicht gerne hörte.

Da ich zu Schuldgefühlen neige, nahm ich sofort an, dass meine Tochter meinte, ich würde sie wegen meiner Arbeit vernachlässigen. Ich sagte mir jedoch, dass ich nicht davon ausgehen dürfe, ich hätte verstanden, was sie sagen wollte. Vielmehr müsste ich mit der Absicht zuhören zu verstehen, was sie meinte. Das bedeutete, dass ich nicht abwehrend reagieren durfte, sondern um eine Klärung bitten und vielleicht sogar noch mehr Kritik einstecken musste.

»Wer sollte ich nach deiner Vorstellung sein? Was würdest du dir wünschen?«, fragte ich sie.

»Ich wünschte, du wärst die Frau, die sich um ihren eigenen Kram kümmert!«

Ihre Kritik war das gegenteilige Problem dessen, was ich zunächst angenommen hatte. Sie fühlte sich nicht vernachlässigt, sie wollte, dass ich mich zurückhalte!

In Ergänzung zu dieser Geschichte möchten wir Ihnen einige Forschungsergebnisse darüber vorstellen, warum das Einholen von Feedback auf Ihrer To-do-Liste ganz oben stehen sollte. Beim Einholen von Feedback geht es nicht nur darum, dass Sie sich besser wahrnehmen, sondern auch darum, eine Atmosphäre zu schaffen, in der sich alle Mitarbeiterinnen und Mitarbeiter ausreichend psychologisch sicher fühlen, um sich gegenseitig wertschätzend aufrichtiges Feedback zu geben. Amy Edmondson von der Harvard Business School definiert psychologische Sicherheit als »eine gemeinsame Überzeugung, dass das Team sicher ist, um zwischenmenschliche Risiken einzugehen«[22]. In Ihrem Buch *Die angstfreie Organisation: Wie Sie psychologische Sicherheit am Arbeitsplatz für mehr Entwicklung, Lernen und Innovation schaffen* bietet sie eine Vielzahl von Forschungsergebnissen, die zeigen, dass Menschen in psychologisch sicheren Umgebungen davon überzeugt sind, »dass sie möglicherweise ein Leistungsfeedback erhalten, das nicht den Erwartungen entspricht«. Aber sie sind bereit und in der Lage, »zwischenmenschliche Risiken einzugehen, um Ideen und Bedenken miteinander zu teilen«. Es gibt nichts Besseres, was Führungskräfte tun können, um schneller die Bedingungen für psychologische Sicherheit zu schaffen, als selbst Kritik einzuholen und gut darauf zu reagieren.

Warum ist psychologische Sicherheit am Arbeitsplatz so wichtig? Über einen Zeitraum von zwei Jahren führte eine Gruppe der Personalabteilung von Google mehr als 200 Befragungen der Mitarbeiterinnen und Mitarbeitern durch und analysierte dabei mehr als 250 Eigenschaften von über 180 aktiven Teams. Dabei stellte sich heraus, dass die Zusammensetzung des Teams – zum Beispiel wie viele Navy SEALs, Introvertierte oder Olympioniken mit Doktortitel im Team sind – weniger wichtig war als die Art und Weise, *wie* sie miteinander interagierten, ihre Arbeit strukturierten und ihre Beiträge bewerteten. Sie fanden heraus, dass die fünf Schlüsseldynamiken für erfolgreiche Teams psychologische Sicherheit, Verlässlichkeit, Struktur und Klarheit, Bedeutung und Wirkung sind, wobei psychologische Sicherheit bei weitem die wichtigste der fünf Dynamiken war, weil sie die Grundlage für die anderen vier bildet.[23]

Wenn Führungskräfte Kritik einfordern, konstruktiv darauf reagieren und sie belohnen, normalisieren sie Feedback allmählich als positive Kraft. Wenn der CEO um Kritik bittet und seine Mitarbeiterinnen und Mitarbeiter dafür belohnt, gibt er damit den mittleren Führungskräften zu verstehen, dasselbe zu tun. Wenn Menschen auf allen Ebenen des Unternehmens erkennen, dass ehrliches Feedback sicher ist und sogar gefördert wird, entsteht ein positiver Kreislauf, der Teams hervorbringt, die auf einem bemerkenswert hohen Niveau arbeiten. Menschen sind innovativer, wenn sie weniger Angst haben, Risiken einzugehen, und wenn sie aus Fehlern lernen, anstatt sie zu verstecken und zu wiederholen.

Es genügt jedoch nicht, nur einmal zu sehen, wie der Chef um Feedback

---

22 Edmondson, Amy: Psychological Safety and Learning Behavior in Work Teams, In: Administrative Science Quarterly, Vol. 44, No. 2 (Juni 1999), S. 350–383.

23 Vgl. https://rework.withgoogle.com/blog/five-keys-to-a-successful-google-team/

bittet. Die Angst, den Mächtigen vor den Kopf zu stoßen, verschwindet nicht so leicht. Mitarbeiter können nur dann wirklich sicher sein, dass ihr Chef Feedback will, wenn dieser es sich zur Gewohnheit macht, Feedback regelmäßig einzuholen. Das bedeutet, es in die Arbeitsabläufe zu integrieren, sodass es automatisch geschieht. Wenn Sie sich jede Woche Zeit für Einzelgespräche nehmen und am Ende jedes Gesprächs um Feedback bitten, werden Ihre Mitarbeiterinnen und Mitarbeiter dies als »normal« ansehen. Indem Sie eine regelmäßige Routine etablieren, signalisieren Sie Ihren Mitarbeitern, dass Sie sie um Feedback bitten werden. Dadurch werden sie aufmerksamer darauf achten, was Sie als Chef besser machen oder ändern könnten, um die Arbeit der Mitarbeiter effektiver zu gestalten. Ein weiterer guter Zeitpunkt, um Feedback einzuholen, ist, wenn Ihre Mitarbeiter wirklich wütend auf Sie sind. Wir meiden Menschen instinktiv, wenn sie wütend sind, doch genau dann ist es am wahrscheinlichsten, dass sie uns die ungeschminkte Wahrheit sagen.

Wir hoffen, dass eine Geschichte und einige Forschungsergebnisse besser erklären, warum Sie zunächst zeigen sollten, dass Sie Kritik aushalten können, bevor Sie selbst wertschätzend aufrichtiges Feedback geben. Doch *wie* können Sie um Kritik bitten? Im Folgenden gehen wir auf jeden der vier Tipps zum Einholen von Kritik, die im Buch gegeben werden, näher ein.

FRAGEN, MIT DENEN SIE UM FEEDBACK BITTEN KÖNNEN

Viele unserer Workshop-Teilnehmerinnen und -Teilnehmer haben uns gebeten, ihnen genauer zu erklären, wie sie eine »Standardfrage« für das Einholen von Feedback finden.

Auf die Frage »Haben Sie Feedback für mich?« werden Sie höchstwahrscheinlich hören: »Ach nein, alles in Ordnung.« Um eine substanziellere Antwort zu erhalten, müssen Sie auf authentische Weise um Kritik bitten und dabei die Bedürfnisse der anderen Person berücksichtigen. Angesichts der unendlich vielen Permutationen und Kombinationen, die in einer »Sie + die anderen«-Gleichung möglich sind, gibt es nicht die eine »richtige« Frage. Tatsächlich haben viele unserer Workshop-Teilnehmerinnen und -Teilnehmer festgestellt, dass es nützlich ist, sich drei oder vier Fragen zurechtzulegen, die sie je nach Mitarbeiter und Situation anpassen können. Die richtigen Fragen helfen Ihnen, Ihre blinden Flecken zu erkennen. Im Folgenden zeigt Ihnen Jason, wie er auf seine Feedback-Einladungsfrage kam.

Jasons Geschichte

Als ich Führungskraft wurde, machte ich viele der klassischen Fehler, die neue Führungskräfte machen. Der vielleicht auffälligste davon war, dass ich andere so führte, wie ich selbst geführt werden wollte. Ich mag es, mit großen Problemen allein gelassen zu werden. Ich bin introvertiert, und für mich stellt das Lösen anspruchsvoller Aufgaben in Einzelarbeit eine spannende Gelegenheit dar zu wachsen. Ich wurde selbst selten so geführt, wie ich es gerne hätte. Deshalb dachte ich, dass ich allen einen Gefallen tue, wenn ich als Führungskraft große, erfolgskritische Aufgaben verteile und meine Mitarbeiter mit einem »Ich weiß, dass du das kannst!« losschicke.

Als ich einige Jahre als Produktleiter gearbeitet hatte, kam eine Mitarbeiterin, nennen wir sie »Ann«, aus dem Produktteam zu mir und fragte, ob wir reden könnten. Sie war sichtlich aufgeregt, was für sie völlig untypisch war, und meine Antennen waren in Alarmbereitschaft versetzt. Wir gingen in einen ruhigen Raum, und sie sah mich direkt an und sagte in einem Atemzug: »Ich weiß, du wolltest mir bloß deine Unterstützung signalisieren, als du mir dieses Projekt übertragen und mir gesagt hast, dass du an mich glaubst, aber es ist sehr kompliziert und übersteigt meine Kompetenzen. Ich habe das Gefühl, du gibst mir gerade genug Seil, um mich zu erhängen.«

Ich war fassungslos. Ich sagte ihr, dass ich mich schrecklich fühle, und fragte sie, was ich tun könne, um zu helfen. Sie wusste genau, was sie brauchte: etwas von meiner Zeit und einige externe Ressourcen. Ich dachte, ich würde ihr einen Gefallen tun, wenn ich sie in Ruhe ließe, aber das hatte sie wirklich aus der Bahn geworfen, und das Projekt war viel langsamer angelaufen als nötig. Mir wurde klar, dass ich ein Problem hatte: Ich wusste nicht, wann ich mich einmischen und wann ich mich zurückhalten sollte. Das veranlasste mich dazu, genau das zu fragen: »Wann hätte ich mich in der letzten Woche mehr oder weniger in deine Arbeit einbringen müssen?« Ich lernte, dass meine Mitarbeiterinnen und Mitarbeiter nicht nur unterschiedliche allgemeine Präferenzen hatten, sondern dass diese Präferenzen auch von der Art der Aufgabe abhingen.

Hier sind einige Merkmale guter Feedback-Einladungsfragen:

- ***Aufrichtig:*** Menschen haben gute Bullshit-Detektoren. Wenn sie den Eindruck gewinnen, Sie plappern bloß etwas nach, was Sie in einem Buch gelesen haben – selbst in einem großartigen Buch –, werden sie Ihnen nicht glauben.
- ***Stellen Sie keine Ja-oder-Nein-Fragen:*** Alle Eltern wissen, dass sie ihrem Kind auf die Frage »Hattest du einen schönen Tag?« wahrscheinlich

nicht viel mehr als ein Ja oder Nein entlocken werden. Fragen wie »Erzähle mir, was das Schönste und was das Schlimmste an deinem Tag war« sind in der Regel aufschlussreicher. Das Gleiche gilt für das Einholen von Feedback. Tatsächlich wiesen mehrere Workshop-Teilnehmerinnen und -Teilnehmer auf einen Fehler in der Frage hin, die Kim in der ersten Ausgabe dieses Buches empfohlen hatte. Das Problem bei der Frage »Gibt es irgendetwas, das ich tun oder lassen könnte, damit die Zusammenarbeit mit mir einfacher wird?« ist, dass man Menschen, die Konflikte scheuen, damit einen einfachen Ausweg bietet: Sie können einfach Nein sagen. Für diese Menschen ist wertschätzende Aufrichtigkeit am schwierigsten, deshalb müssen sie ermutigt werden. Fragen Sie stattdessen: »*Was* könnte ich tun oder lassen?« Wenn der anderen Person nichts einfällt, ermutigen Sie sie, weiter nachzudenken. Kündigen Sie an, dass Sie sie nächste Woche wieder fragen werden – und vergessen Sie es nicht.

- ***Spezifisch vs. offen:*** Manche Menschen fühlen sich sicher, wenn sie eine offene Frage wie »Was könnte ich tun oder lassen, damit die Zusammenarbeit mit mir einfacher wird?« beantworten. Denjenigen dagegen, bei denen das nicht der Fall ist, könnte eine spezifische Frage helfen, zum Beispiel: »Ich befürchte, dass ich die Leute manchmal unterbreche, bevor sie Gelegenheit hatten, sich angemessen zu äußern. Wann haben Sie das bei mir beobachtet? Werden Sie mich darauf aufmerksam machen, falls Ihnen das nächste Woche bei mir auffällt?« Auch hier gibt es kein Patentrezept. Sie müssen herausfinden, welche Fragen Kritik und welche Schweigen hervorrufen. Lassen Sie sich von dem Schweigen nicht abschrecken. Versuchen Sie es weiter, bis Sie etwas erreicht haben!
- ***Häufigkeit:*** Wenn Sie nur einmal alle sechs Monate um Kritik bitten, werden Sie bei den Antworten eine Aktualitätsverzerrung feststellen: Ihre Mitarbeiterinnen und Mitarbeiter werden Ihnen etwas erzählen, das vor einer Woche passiert ist, und dabei eine viel wichtigere Sache vergessen, die vor drei Monaten passiert ist. Außerdem kann es dann zu spät sein, das Problem von vor drei Monaten zu beheben. Indem Sie häufig um Feedback bitten, erhöhen Sie die Wahrscheinlichkeit, dass das Feedback auch umsetzbar ist. Häufigkeit fördert auch die »Feedback-Ausdauer«: Wenn Sie nur alle sechs Monate joggen gehen, wird jeder Lauf schmerzhaft sein. Wenn Sie es dagegen jeden Tag tun, wird es Ihnen fehlen, wenn Sie nicht joggen gehen.

Im Folgenden finden Sie einige hervorragende Feedback-Einladungsfragen unserer Workshop-Teilnehmerinnen und -Teilnehmer. Wie Sie sehen, ist der Tonfall von Person zu Person sehr unterschiedlich:

- **Wann hätte ich mich in der letzten Woche mehr oder weniger in Ihre Arbeit einbringen müssen?**
- **Bitte sagen Sie mir, warum ich hier danebenliege.**
- **Was hätte ich diese Woche anders machen können, um Ihnen die Arbeit zu erleichtern?**
- **Wie kann ich Ihre berufliche Entwicklung jetzt am besten unterstützen?**
- **Was habe ich in der letzten Woche getan, das es schwierig gemacht hat, mit mir zu arbeiten?**
- **Welchen blinden Fleck haben Sie bei mir wahrgenommen?**
- **Das Wichtigste, was Sie für uns beide tun können, ist, mir zu sagen, wenn ich etwas falsch gemacht habe.**
- **Ich habe das Gefühl, dass ich in diesem Meeting nicht so gut war, wie ich hätte sein können, aber ich bin mir nicht sicher, was ich falsch gemacht habe. Können Sie mir helfen, es herauszufinden?**
- **Ich versuche wirklich, xyz besser zu machen. Ich weiß, dass es ein Problem ist, aber ich denke nicht immer daran. Können Sie mir helfen, indem Sie mich darauf hinweisen, wenn Sie es sehen?**

Methode: Bitten Sie um Feedback zu Ihrer Feedback-Einladungsfrage
Brainstormen Sie einige mögliche Feedback-Einladungsfragen. Stellen Sie dann einer Kollegin oder einem Kollegen ein oder zwei Ihrer Fragen, und beurteilen Sie anhand der Antworten:

1. Hat die Frage zu nützlichem Feedback geführt?
2. Klang die Frage natürlich, das heißt wie etwas, das Sie tatsächlich sagen würden?

HÄUFIG GESTELLTE FRAGEN

F: Muss ich jede Woche dieselbe Feedback-Einladungsfrage verwenden? Das wird langsam langweilig.

A: Im Allgemeinen führt Beständigkeit (in Bezug auf den Zeitpunkt, zu dem Sie um Feedback bitten, und die Frage, die Sie verwenden) dazu, dass sich Ihre Mitarbeiterinnen und Mitarbeiter wohler damit fühlen, Ihnen Feedback zu geben; es ist dann Teil einer erwarteten Routine. Es ist jedoch absolut in Ordnung, für etwas Abwechslung zu sorgen, vor allem wenn Ihre Frage keine Reaktionen hervorruft. Dass Sie kein gutes Feedback erhalten, sollte nicht als Ausrede dafür herhalten, nicht mehr darum zu bitten. Doch wenn das, was Sie tun, nicht funktioniert, versuchen Sie etwas Neues. Fragen Sie, warum es nicht funktioniert. Sagen Sie mit Ihren eigenen Worten: »Ich weiß, dass ich nicht perfekt bin. Ich weiß, dass es wahrscheinlich tausend Dinge gibt, die ich jeden Tag falsch mache. Warum will mir das niemand sagen?«

F: Was ist, wenn die Antwort ein Problem enthält, die ich nicht lösen kann?

A: Geben Sie zunächst zu, dass Sie nicht wissen, wie Sie das Problem lösen können. Fragen Sie Ihre Mitarbeiter, ob sie Ihnen helfen können, das Problem zu lösen. Wenn keiner von Ihnen eine Lösung parat hat, fragen Sie sich kritisch: Handelt es sich wirklich um etwas, das Sie nicht lösen können? Sagen Sie Ihrem Gegenüber, dass Sie etwas Zeit brauchen, um über das Problem nachzudenken, dass Sie sich aber *auf jeden Fall* wieder melden werden. Wenn Sie zu dem Schluss kommen, dass Sie das Problem nicht lösen können, erklären Sie, warum Sie es nicht lösen können.

F: Ich bin eine neue Führungskraft und arbeite mit Menschen zusammen, die viel älter sind als ich. Wirke ich schwach, wenn ich um Kritik bitte?

A: Eines der effektivsten Dinge, die Sie in Bezug auf Ihre direkten Mitarbeiterinnen und Mitarbeiter tun können und besonders in Bezug auf denjenigen, die älter sind, ist, sie um ihre Einschätzung und ihre Erfahrung zu bitten. Ältere Mitarbeiter neigen dazu, jüngere Führungskräfte als arrogante Besserwisser abzutun. Beweisen Sie ihnen das Gegenteil!

F: Wo soll ich anfangen? Wenn ich ganz ehrlich bin, habe ich Angst vor Kritik.

A: Das ist normal! Niemand will wirklich Kritik hören. Konzentrieren Sie sich auf die Tatsache, dass Sie nur die Probleme lösen können,

von denen Sie wissen, und dass wenn die Person Sie schon auf das Problem aufmerksam macht, Sie Ihnen vielleicht auch helfen wird, es zu lösen. Wenn Sie zu Perfektionismus neigen, denken Sie daran, dass Sie auch nur ein Mensch sind und Fehler machen – tatsächlich werden Sie nur durch Fehler besser. Entwickeln Sie eine »Noch nicht«-Mentalität, wie sie Carol Dweck beschreibt: »Ich habe von einer Highschool in Chicago gehört, an der die Schülerinnen und Schüler eine bestimmte Anzahl von Kursen bestehen mussten, um ihren Abschluss zu machen. Wenn sie einen Kurs nicht bestanden haben, bekommen sie die Note »Noch nicht«. Ich fand das fantastisch, denn wenn man durchfällt, denkt man: Ich bin nichts, ich habe nichts erreicht. Doch wenn man die Note »Noch nicht« bekommt, versteht man, dass man sich auf einer Lernkurve befindet. Es eröffnet einem einen Weg nach vorn.«[24] Vielleicht haben Sie in einer wichtigen Präsentation ein paar Tippfehler gemacht. Vielleicht haben Sie in einem Meeting zu lange gesprochen, und die Anwesenden hatten das Gefühl, dass Sie zu viel Redezeit beanspruchen. Das bedeutet nicht, dass Sie eine Katastrophe sind, sondern ein Mensch.

DAS UNBEHAGEN AUSHALTEN

Viele Teilnehmerinnen und Teilnehmer haben uns rückgemeldet, dass sie nicht wirklich wissen, wie sie den Tipp »Halten Sie das Unbehagen aus« in die Tat umsetzen sollen, also führen wir dies hier weiter aus.

Wenn Sie jemanden um Kritik bitten, bringen Sie ihn in eine unangenehme Situation. Seien Sie trotzdem nicht schädlich empathisch, und nehmen Sie die Person nicht aus der Verantwortung. Geben Sie ihr etwas Zeit und Raum, um ihre Antwort zu formulieren. Ihre Mitarbeiterinnen und Mitarbeiter werden in der Regel erst einmal schweigen, wenn Sie Ihre Feedback-Einladungsfrage gestellt haben. Widerstehen Sie der Versuchung, diese Stille zu füllen. Die Stille ist für Sie und Ihr Gegenüber unangenehm, doch es ist Ihre Aufgabe, sie auszuhalten und anzunehmen. In unseren Workshops gucken die Teilnehmerinnen und Teilnehmer oft verwirrt, wenn wir das sagen. Der Aha-Effekt stellt sich häufig erst ein, wenn wir sie üben

24 https://en.tiny.ted.com/talks/carol_dweck_the_power_of_believing_that_you_can_improve

lassen, die Feedback-Einladungsfrage zu stellen und dann schweigend abzuwarten. Das hört sich einfach an, erfordert jedoch enorm viel Disziplin.

Übung: Leise bis sechs zählen
Stellen Sie Ihre Feedback-Einladungsfrage einem Ihnen freundlich gesinnten Kollegen, und zählen Sie dann leise bis sechs. Sagen Sie nichts, egal wie unangenehm es für Sie ist oder wie der andere guckt. Bei der Umsetzung von Radical Candor geht es vor allem darum, unangenehme soziale Situationen auszuhalten. Dieser Tipp kann Ihnen helfen, sich von dem Unbehagen abzulenken. Zählen Sie, wie viele Sekunden Ihr Kollege die Stille aushalten kann, bevor er etwas sagt. Die meisten Menschen schaffen es nicht bis sechs. Sie werden *irgendetwas* sagen. Es mag nicht tiefgründig sein, aber es ist ein Anfang.

Einige Menschen werden natürlich schweigen. Wenn das der Fall ist, sagen Sie ihnen, dass Sie ihnen mehr Zeit geben werden, dass Sie aber auf sie zurückkommen, weil Sie wirklich an ihrem Feedback interessiert sind. Und vergessen Sie nicht, noch einmal nachzufragen. Lassen Sie sie – oder sich selbst – nicht aus der Verantwortung!

ZUHÖREN, UM ZU VERSTEHEN, NICHT UM ZU ANTWORTEN

Dies ist ein weiterer häufig getwitterter Satz aus *Radical Candor*, doch viele Leserinnen und Leser haben uns gesagt, dass er ihnen nicht wirklich geholfen hat, mit ihrer Abwehrhaltung angesichts von Kritik umzugehen.

Kritik kann eine Kampf-, Flucht- oder Erstarrungsreaktion (Fight-Flight-Freeze) in uns auslösen, selbst wenn wir um Kritik gebeten haben. Ungerechtfertigte Kritik ist hart, gerechtfertigte Kritik aber ebenso, vor allem wenn sich auf etwas bezieht, das wir an uns selbst nicht mögen.

Finden Sie heraus, was Ihnen hilft, das Gehörte zu verarbeiten, ohne in eine Abwehrreaktion zu verfallen: Das kann eine Atemübung sein oder ein großer Schluck aus einer Wasserflasche. Vor allem aber sollten Sie mit anderen üben.

Übung: Zuhören
Suchen Sie sich einen Partner, mit dem Sie üben können (Arbeitskollege, Freundin, Familienmitglied). Einer von Ihnen spricht drei Minuten lang, dann tauschen Sie die Rollen und hören der anderen Person zu, ohne sie

zu unterbrechen. Sie können über alles sprechen, was Ihnen wichtig ist, Berufliches wie Privates.

Wenn Sie der Zuhörer sind, schenken Sie dem Sprecher Ihre volle Aufmerksamkeit. Sie können nicken oder sagen, »Ich verstehe«. Dies ist jedoch nicht der Zeitpunkt für Fragen, und Sie sollten das Gesagte auch nicht auf etwas beziehen, das *Ihnen* wichtig ist, etwa Ihre Lieblingsgeschichte vom Hawaii-Urlaub oder dass Sie dem Sprecher unbedingt den einen Tipp geben wollen, der sein Leben für immer verändern wird ... Ihre Aufgabe ist es nicht, Ratschläge zu geben, sondern *zuzuhören*.

Wir haben festgestellt, dass Kolleginnen und Kollegen, die seit über zehn Jahren im selben Team arbeiteten, mit dieser Übung in drei Minuten mehr übereinander erfahren haben als in einem Jahrzehnt gemeinsamer Arbeit. Zuhören, wirklich zuhören, ist unglaublich effizient!

ZUHÖREN GREIFBAR MACHEN: BELOHNEN SIE DIE OFFENHEIT

Wenn jemand Kritik an Ihnen übt, geht er ein Risiko ein. Ihre Aufgabe ist es, dafür zu sorgen, dass die Person für dieses Risiko belohnt wird, sonst wird sie es nicht wieder tun. Wir haben festgestellt, dass man wertvolles Feedback am besten belohnt, indem man das Problem schnell löst oder deutlich macht, warum man es nicht lösen kann, und dann versucht, es zu umgehen.

Feedback kann unserer angeborenen Neigung zur Negativität zum Opfer fallen. Das heißt, selbst wenn Sie in neun von zehn Fällen gut auf Kritik reagieren, werden sich Ihre Mitarbeiterinnen und Mitarbeiter an das eine Mal erinnern, in dem Sie eine Abwehrhaltung eingenommen haben. Laut Rick Hanson, Autor von *Das resiliente Gehirn*, wirkt unser Gehirn »wie ein Klettband bei schlechten Erfahrungen, aber wie Teflon bei guten Erfahrungen«. Wir neigen dazu, uns darauf zu konzentrieren, wenn Feedback furchtbar schiefläuft, und erzählen dann gerne davon.

Zeigen Sie deutlich, dass Sie Offenheit belohnen. Sara Blakely, CEO von Spanx, spielte den Song »Oops! I Did It Again« ab, als sie vor versammelter Unternehmensmannschaft eine Reihe von Fehlern beschrieb, die sie gemacht hatte. Feiern Sie Ihre Fehler, und zeigen Sie, dass Sie sich nur dann verbessern können, wenn andere Sie auf Ihre Fehler hinweisen. Indem Sie öffentlich über das hilfreiche Feedback sprechen, das Sie erhalten haben, und darüber, wie Sie versucht haben, es zu berücksichtigen, signalisieren

Sie, dass Sie Feedback als Geschenk betrachten und nicht als Tritt ans Schienbein.

Übung: Zuhören greifbar machen

Erstellen Sie eine Liste mit den drei bis vier Malen, in denen Sie in letzter Zeit von Ihren Kolleginnen und Kollegen kritisiert wurden. Wenn Ihnen nichts einfällt, bedeutet das nicht, dass Sie perfekt sind, sondern entweder, dass Sie nicht hören, was Ihre Kollegen sagen, oder dass diese sich nicht wohl dabei fühlen, Sie zu kritisieren. Wenn Sie nichts auf Ihrer Liste haben, machen Sie sich auf die Suche. Und suchen Sie nach Kritik, nicht nach Lob!

Teilen Sie bei einer Teambesprechung oder einem Stand-up-Meeting mit, welches Feedback Sie in der vergangenen Woche erhalten haben, was Sie daraus gelernt haben, wie dankbar Sie dafür sind und was Sie zu tun beabsichtigen. Bitten Sie Ihr Team um Hilfe, während Sie versuchen, Ihr Verhalten zu ändern oder das angesprochene Problem zu lösen. Machen Sie deutlich, dass Sie zusätzliches Feedback in den genannten Bereichen begrüßen, und nehmen Sie es dankbar an, wenn Sie es erhalten.

Wenn Sie sich etwas Zeit nehmen, um zu zeigen, was Sie mit dem erhaltenen Feedback tun, geschehen zwei gute Dinge: Erstens machen Sie Ihr Zuhören greifbar. Führungskräfte bemühen sich häufig sehr, auf Feedback einzugehen, vergessen dann aber, ihre Bemühungen mit dem Team zu teilen. Zeigen Sie, dass Sie sich anstrengen! Zweitens erfahren Sie, ob Sie das Problem gelöst haben. Manchmal werden Sie feststellen, dass Sie zu weit oder nicht weit genug gegangen sind, um das angesprochene Problem zu lösen. Vielleicht haben Sie in dem Bestreben, niemanden zu unterbrechen, zugelassen, dass das Meeting zur Saalschlacht wurde, oder Sie sind mit zunehmender Dauer der Meetings in Ihr altes Verhalten zurückverfallen. So oder so erhalten Sie die die Chance, Ihre Reaktion anzupassen.

Übung: Belohnen Sie auch Kritik, mit der Sie nicht einverstanden sind

Denken Sie an ein negatives Feedback zurück, das Sie vor Kurzem erhalten haben und mit dem Sie grundsätzlich nicht einverstanden waren, und versuchen Sie nun, einen Aspekt dieser Kritik zu finden, dem Sie zustimmen können. Teilen Sie dies dem Feedbackgeber mit, um zu zeigen, dass Sie zugehört haben und offen für Kritik sind. Lassen Sie die Person dann wissen, dass es einige Aspekte der Kritik gibt, mit denen Sie nicht einverstanden sind, und fragen Sie sie, ob sie zu einem längeren Gespräch bereit ist. Ist dies der Fall, erklären Sie so genau wie möglich, *warum* Sie in diesen Punkten nicht zustimmen oder warum eine Änderung Ihres Verhaltens zu schlechteren Ergebnissen führen würde. So zu tun, als würden Sie zuhören, dabei aber das Gesagte schweigend abtun, ist das Schlimmste, was Sie einer Beziehung antun können. Dadurch fühlt sich Ihr Gegenüber unsichtbar und vernachlässigt. Eine Meinungsverschiedenheit auf Augenhöhe kann eine Beziehung stärken, eine Person zu ignorieren tut dies eher selten.

IN IHREN ZEITPLAN INTEGRIEREN

Nun, da Sie die vier Elemente des Kritik-Einholens geübt haben – sich eine gute Feedback-Einladungsfrage überlegen; das Unbehagen aushalten; mit der Absicht zuhören, zu verstehen; und das Zuhören greifbar machen, indem Sie die Offenheit belohnen –, können Sie die vier Aspekte zusammenzufügen und das Einholen von Feedback zu einer Gewohnheit machen.

Um eine neue Gewohnheit zu entwickeln, ist es wichtig, den Aufwand zu minimieren. Das bedeutet, dass Sie sie in Ihre bestehenden Routinen einbauen müssen. Der ideale Zeitpunkt, um Feedback einzuholen, ist am Ende Ihrer regelmäßig stattfindenden Einzelgespräche mit Ihren Mitarbeiterinnen und Mitarbeitern. Es muss jedoch nicht unbedingt ein Einzelgespräch sein, denn jeder Mensch geht an diese Treffen anders heran. Sie sollten dennoch regelmäßig um Kritik bitten, damit es so selbstverständlich wie Zähneputzen und Zahnseide-Verwenden wird und nicht so unangenehm wie eine jährliche Zahnreinigung. Zudem hat es sich bewährt, die andere Person unter vier Augen um Feedback zu bitten, damit sie sich nicht bedroht fühlt und damit auch die Bedrohung für Ihr Ego geringer ist und Sie gelassen und neugierig bleiben können.

Denken Sie daran, dass es sich bei den ersten 20 Malen, die Sie um Feedback bitten, unnatürlich anfühlen wird. Ihre Aufgabe ist es, dieses Unbehagen zu überwinden.

Übung: Feedback zum letzten Tagesordnungspunkt Ihre Einzelgespräche machen

Teilen Sie Ihren Mitarbeiterinnen und Mitarbeitern mit, dass Sie sie in den nächsten Einzelgesprächen um Feedback bitten werden. Geben Sie auch die Frage, die Sie zu stellen gedenken, bekannt. Damit diese Praxis zur Routine wird, ist es gerade am Anfang wichtig, den Mitarbeitern Zeit zu geben, über Verhaltensweisen nachzudenken, die ihnen wirklich wichtig sind.

LOB: AUF DAS POSITIVE KONZENTRIEREN

In den Kapiteln 2 und 6 haben wir über Lob und Kritik gesprochen. Obwohl der Schwerpunkt dort auf der Tatsache liegt, dass Lob wichtiger ist als Kritik, haben die meisten Menschen solch eine Angst vor Kritik, dass sie das Loben einfach auslassen. Das ist ein großer Fehler. Im Folgenden möchten wir Ihnen zeigen, wie wir mit den Teilnehmerinnen und Teilnehmer unserer Workshops das Loben üben.

Bei der Mitarbeiterführung ist Kritik wie eine Bremse und Lob wie ein Gaspedal. Wenn Sie vorankommen wollen, müssen Sie das Gaspedal mehr benutzen als die Bremse. Wenn Sie Ihre Bremse allerdings nie benutzen, verursachen Sie Unfälle und kommen nicht weiter. Und Sie fühlen sich sicherer, wenn Sie wissen, dass Ihre Bremse funktioniert.

Zu Beginn seiner beruflichen Laufbahn war Jason im technischen Vertriebsinnendienst tätig. Dort half er den Kunden, recht komplexe technische Sachverhalte zu verstehen, was viel Geduld und Organisationstalent erforderte (zwei Fähigkeiten, an denen Jason damals noch arbeitete). Bei einem Kundengespräch war er besonders unorganisiert, was den Kunden verwirrte und verärgerte. Jason war frustriert. Er erinnert sich:

Jasons Geschichte

Glücklicherweise führten wir diese Gespräche zu zweit, und als mein Kollege Dave bemerkte, was vor sich ging, schaltete er sich ein und lenkte das Gespräch um, indem er sagte: »Ich glaube, was Jason sagen wollte, war ...« Ich war erstaunt, wie viel effizienter und klarer Dave in der Lage war, das zu sagen, was ich nicht zu erklären vermochte. Als der Kunde verstand, was ich zu sagen versucht hatte, wurde das Gespräch wesentlich besser. Es war mir sehr peinlich, aber ich war auch sehr dankbar, dass das Feuer, das ich gelegt hatte, gelöscht war.

Dann tat Dave etwas, das mich wirklich überraschte. Der Kunde stellte eine Frage, und Dave sagte, »Ich glaube, Jason kann das am besten beantworten«, und spielte damit den Ball an mich zurück. Ich konnte nicht glauben, dass er mir immer noch zutraute, das Gespräch zu führen, aber ich wollte sein Vertrauen nicht enttäuschen. Also habe ich den Rest des Gesprächs geführt, und alles lief reibungslos.

Nach dem Gespräch wusste ich, dass ich Dave ein Lob schuldig war. Ich fühlte mich komisch, weil ich erst einmal zugeben musste, wie sehr ich es vermasselt hatte, doch ich nahm all meine Demut zusammen und suchte ihn nach dem Mittagessen auf. Als wir aus der Küche gingen, nahm ich ihn zur Seite und sagte: »Dave, ich war so dankbar, dass du während des Gesprächs eingesprungen bist. Ich glaube, der Kunde wäre wirklich sauer gewesen, wenn das Gespräch so weitergelaufen wäre. Ich war ins Schwimmen geraten, fühlte mich völlig unfähig, und du hast mich gerettet. Und als du mir den Ball zurückgespielt hast, gab mir das die Zuversicht, es noch einmal zu versuchen. Bitte fühle dich ermutigt, auch in Zukunft wieder einzuspringen!«

Dave blickte mich verwirrt an, was ich nicht erwartet hatte, und nach kurzem Schweigen sagte er: »Ich hatte ehrlich gesagt keine Ahnung, dass ich dir so geholfen habe. Ich hatte keinen Plan, ich habe einfach gehandelt. Ich hatte ehrlich gesagt sogar Sorge, dass du dir auf die Füße getreten fühlen könntest.« Worauf ich erwiderte: »Du hast das wirklich gut gemacht. Ich habe eine Menge daraus gelernt.« Wir beendeten das Gespräch und Dave versprach, dass er diesen Muskel bei Bedarf wieder spielen lassen würde. Ich wiederum hoffte, dass ich in Zukunft nicht mehr so viel Mist bauen würde, dass er dazwischengehen müsste. Das Wichtigste war jedoch, dass Dave verstanden hatte, dass ich die Art und Weise, wie er eingegriffen hatte, zu schätzen wusste. Hätte ich ihn nicht gelobt und ihm gedankt, hätte er sich vielleicht weiterhin Sorgen gemacht, mir auf die Füße zu treten, und wäre mir beim nächsten Mal nicht zu Hilfe geeilt.

Manchmal zögern Menschen, andere zu loben, weil es viel einfacher ist, »klug« zu wirken, wenn man kritisiert. Das Ziel von Feedback ist jedoch, anderen zum Erfolg zu verhelfen, nicht zu beweisen, wie klug man ist.

Lob wird häufig auch als Waffe eingesetzt: »Person xyz ist großartig. Was ist nur mit dem Rest von euch los?« Führungskräfte, die so vorgehen, werfen die Person, die erfolgreich war, im Grunde genommen vor einen Bus voller nun verärgerter Kollegen. Eine Wiederholung des Erfolgs wird sich so nicht einstellen. Gutes Lob ist spezifisch und aufrichtig und inspiriert andere, anstatt hässliche Vergleiche anzustellen.

Sich auf das Loben zu konzentrieren, erfordert echte Disziplin. Nachdem Sie Kritik eingeholt haben, was schwierig und schmerzhaft war, ist die Versuchung groß, nun selbst Kritik zu üben. Und wahrscheinlich haben sich mittlerweile einige Kritikpunkte angesammelt. Und sehr häufig stört uns das, was uns stört, bereits so lange, dass wir nichts anderes mehr sehen oder fühlen. Dabei sind uns all die Dinge entgangen, die wir an der Zusammenarbeit mit der anderen Person schätzen. Wenn Sie nur das Negative sehen, sind Sie wahrscheinlich nicht in der richtigen Verfassung, um Kritik zu üben. Konzentrieren Sie sich also auf die positiven Dinge, und loben Sie zuerst.

Lob hilft den Menschen zudem, sich auf ihre Stärken zu konzentrieren und mehr von dem zu tun, was ihnen Spaß macht, und weniger von dem, was sie nicht mögen. Manchmal müssen Sie dafür sorgen, dass ein Mitarbeiter ein bestimmtes Leistungsniveau erreicht, damit ein Fehler nicht zum Verhängnis wird. Grundsätzlich zahlt es sich jedoch mehr aus, sich auf die Stärken der Person zu konzentrieren als auf ihre Schwächen und die Vorteile zu maximieren, anstatt die Nachteile zu minimieren. Lob zeigt, was funktioniert, und macht es nutzbar und wiederholbar. Andere zu loben gibt uns nicht nur ein gutes Gefühl, es ist auch sehr praktisch. Lob zeigt, wie eine Stärke zum Erfolg führen kann und wie Menschen auf einem Erfolg aufbauen können, um weitere Erfolge zu erzielen. Lob zeigt, dass Ihnen die andere Person am Herzen liegt (Wertschätzung), und es fordert den anderen direkt heraus (Aufrichtigkeit), da es ihn ermutigt, mehr großartige Arbeit zu leisten.

BEIM LOBEN GENAUSO DISZIPLINIERT SEIN WIE BEIM KRITISIEREN

In unseren Workshops stellen wir immer eine Frage (die wir von Karen Sipprell, Kims Kollegin bei Apple, übernommen haben): »Wie viel Zeit nehmen Sie sich, um sicherzustellen, dass Sie alle Fakten kennen, bevor Sie eine Mitarbeiterin oder einen Mitarbeiter loben?« Die Antwort lautet in der Regel: Gar keine.

Wenn Sie in Ihrem Lob vage sind, kann dies dazu führen, dass sich die andere Person bevormundet fühlt. Zudem erzielt ein vages Lob auf lange Sicht wenig Wirkung. Ein leeres »Toll gemacht!« kann herablassend klingen und demoralisieren und genau das Gegenteil dessen bewirken, was Sie vielleicht beabsichtigt haben. *Konkretes* Lob hilft der Person und dem Team dagegen zu verstehen, wie Erfolg aussieht. Ehrgeizige Teammitglieder erhalten dadurch ein Vorbild, dem sie folgen können. Denken Sie daran: Die Regeln für wertschätzend aufrichtiges Feedback gelten sowohl für Lob als auch für Kritik: Geben Sie bescheiden, hilfreich und unmittelbar Feedback; loben Sie öffentlich und kritisieren Sie vertraulich; und bewerten Sie keine Persönlichkeitsmerkmale.

Methoden zum Lobaussprechen

Tun Sie sich mit einer Kollegin oder einem Kollegen zusammen, und loben Sie sich gegenseitig in einem konkreten Punkt. Wir haben festgestellt, dass sich Menschen nach dieser Übung gesehen, verbunden und inspiriert fühlen. Häufig kommt es zu Aussagen wie: »Ich mache xyz schon seit Jahren und wusste nicht, dass es jemandem aufgefallen ist!« Diese Personen gehen mit einer gesteigerten Motivation an die Arbeit zurück.

Es ist eigentlich nicht schwierig, Dinge zu finden, für die man sich gegenseitig loben kann, selbst wenn Sie jemanden gerade erst in einem Workshop kennengelernt haben. Es fällt uns leichter, uns auf die positiven Dinge zu konzentrieren, wenn wir uns vornehmen, neugierig zu sein, und dann etwas wirklich Konkretes sagen, zum Beispiel: »Danke, dass Sie die Frage nach dem Zuspätkommen gestellt haben; ich war mir nicht sicher, ob wir darüber sprechen würden, und das hat das Gespräch vorangebracht« oder »Danke, dass Sie mir zugehört haben, als ich über meine Tochter gesprochen habe; ich musste das unbedingt loswerden«.

Obwohl der wesentliche Zweck des Lobens darin besteht, anderen zu zeigen, in welche Richtung wir wollen bzw. wie wir uns gute Arbeit vorstellen, hilft diese kurze Übung auf wirksame und schnelle Weise, mehr Wertschätzung füreinander und für uns selbst zu entwickeln. Wir lernen hier schnell und einfach, die Dinge, die wir schätzen, beim Namen zu nennen.

DAS EIGENE FEEDBACK BEWERTEN

»Ob Ihr Feedback verstanden wurde, entscheidet sich am Ohr Ihres Gegenübers, nicht an Ihren Lippen.« Dies war eine weitere oft getwitterte Zeile aus dem Buch, doch in unseren Workshops wurde deutlich, dass der Satz zwar eingängig, aber nicht selbsterklärend ist. Wie können Sie diesen Gedanken in die Praxis umsetzen?

Die Teilnehmerinnen und Teilnehmer hofften häufig, dass sie mit ein paar magischen Worten sicherstellen könnten, dass ihr Feedback zwar deutlich ist, aber nicht die Gefühle des anderen verletzt. Doch leider gibt es keine Worte, die gleichzeitig als Skalpell und emotionales Novocain dienen. Manchmal tut wertschätzende Aufrichtigkeit ein bisschen weh. Wenn das der Fall ist, müssen Sie sich persönlich kümmern (Wertschätzung). Häufiger ist es jedoch so, dass wertschätzende Aufrichtigkeit nicht wehtut, weil sie gar nicht gehört wurde. Dann ist es Ihre Aufgabe, dem anderen gegenüber aufrichtig zu sein.

Sie können das Radical-Candor-Modell wie einen Kompass verwenden, um Ihre Kritik zu bewerten und das Gespräch in eine bessere Richtung zu lenken. Achten Sie genau auf die Reaktion der anderen Person auf das, was Sie gesagt haben, und entscheiden Sie dann, ob Sie Wertschätzung zeigen oder noch klarer und direkter in Ihrer Aufrichtigkeit sein müssen.

Die Art und Weise, wie Sie zuhören, ist wichtiger als die Art und Weise, wie Sie sprechen. Wenn Sie mitfühlende Aufrichtigkeit anbieten, sollten Sie behutsam beginnen und dann die Reaktion Ihres Gegenübers prüfen. Hören Sie zu, was die Person sagt, beobachten Sie ihre Körpersprache, schauen Sie ihr in die Augen, und fragen Sie sich: *Wie fühlt sich die Person wohl? Hat sie mich gehört?* (Wenn Sie am Telefon sind oder am Computer sitzen, können Sie das nicht tun.)

Wenn Ihr Gegenüber traurig zu sein scheint, sollten Sie zeigen, dass Ihnen der andere wichtig ist. Das ist schwierig, denn wenn wir jemandem gegenübersitzen, der traurig wirkt, neigen wir dazu, von dem, was wir gerade gesagt haben, Abstand zu nehmen. Damit bewegen wir uns jedoch auf der Achse »Aufrichtigkeit« in die falsche Richtung. Stattdessen sollten wir jetzt Wertschätzung zeigen.

In der Vierfelder-Matrix sieht das ganz einfach aus, in der Praxis ist es allerdings viel schwieriger. Deshalb empfiehlt es sich, Schauspieler zu engagieren, die wissen, wie man auf Kommando weint, und Rollenspiele mit

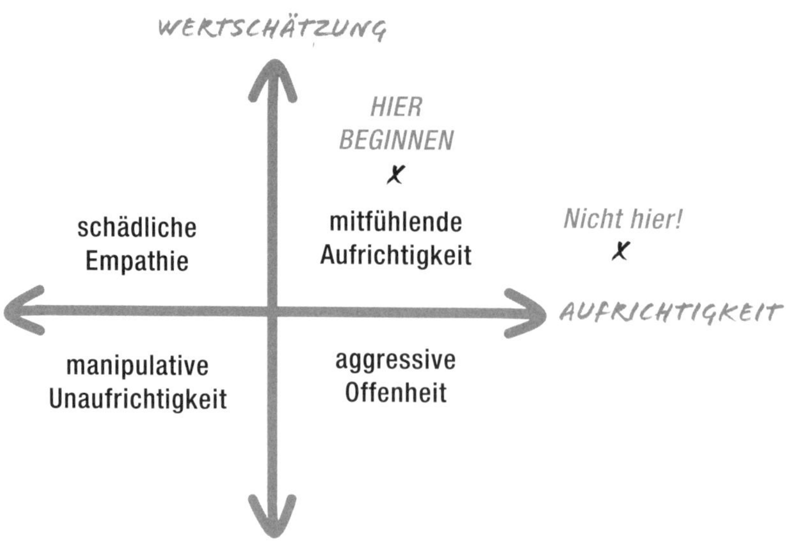

ihnen durchzuführen. Ich habe schon so manche knallharte Führungsraft aus dem Silicon Valley erlebt, die – mit einem weinenden Gegenüber konfrontiert – jegliche Absichten, dem anderen gegenüber aufrichtig zu sein, aufgab, obwohl sie wusste, dass es nur die Tränen eines Schauspielers in einem Rollenspiel sind. Anstatt die Botschaft zu vermitteln, die sie eigentlich vermitteln sollten, sagen sie Dinge wie, »Mach dir keine Sorgen. Das ist doch keine große Sache«, dabei *ist* es eine große Sache, und es könnte die Karriere des anderen zerstören, wenn er nichts ändert. Indem Sie das Radical-Candor-Modell als Kompass verwenden, vermeiden Sie die Falle der schädlichen Empathie und erkennen, dass Sie sich auf der Achse »Wertschätzung« durchaus in die richtige Richtung bewegen können, ohne dabei auf der Achse »Aufrichtigkeit« die falsche Richtung einzuschlagen.

Ebenso verhält es sich, wenn Ihr Gegenüber wütend reagiert. Auch dann sollten Sie auf die Emotionen eingehen und zeigen, dass Ihnen die Person wichtig ist. Das ist schwierig, denn wenn der andere wütend ist, wird man schnell selbst wütend. Nichts wirft Sie auf der Achse »Wertschätzung« mehr zurück als Wut. In Rollenspielen habe ich erlebt, wie selbst die ausgeglichensten Führungskräfte die Nerven verlieren, wenn ein Schauspieler, der einen wütenden Mitarbeiter spielt, unhöflich wird. Und das in einem Rollenspiel, in dem sie wissen, dass es darum geht, sich persönlich zu kümmern! Als wir die Schauspielerinnen und Schauspieler baten, dem Feedbackgeber zu sagen, »Der Fisch stinkt vom Kopf her«, reagierten einige

Wenn Ihr Gegenüber traurig ist, müssen Sie Wertschätzung zeigen.

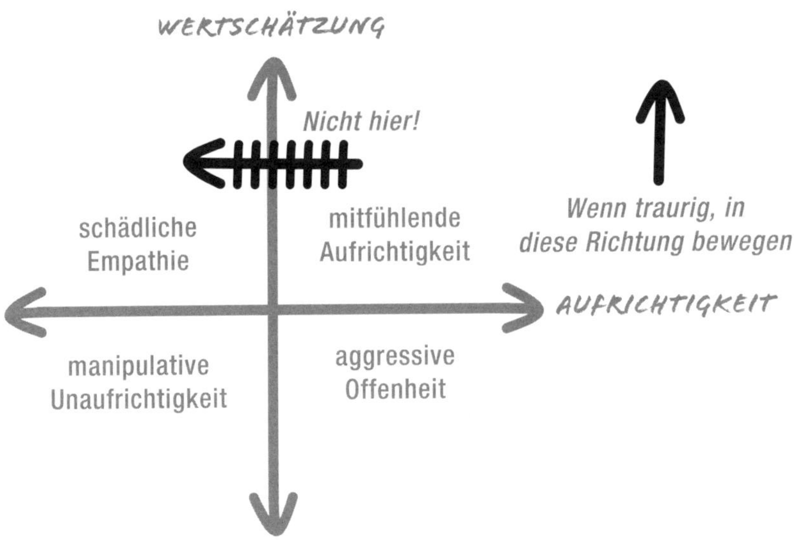

Teilnehmerinnen und Teilnehmer unglaublich unverschämt oder »feuerten« ihr Gegenüber sogar.

Wenn Sie mit negativen Emotionen konfrontiert werden und zeigen möchten, dass Ihnen die andere Person wichtig ist, hilft es, die Emotion zu benennen, die Sie sehen. »Es scheint, als hätte ich Sie verärgert/frustriert. Das wollte ich nicht. Ich versuche, Ihnen zu helfen. Wie kann ich das besser ausdrücken?« Verwenden Sie nicht meine Formulierung, sondern Ihre eigenen Worte. Aber Sie verstehen die Idee. Oft reicht es schon, das Gefühl zu benennen, damit sich der andere gesehen fühlt. Angesichts negativer Gefühle neigen wir dazu, so zu tun, als gäbe es sie nicht. Dieses Ignorieren führt jedoch dazu, dass sich die andere Person nicht gesehen oder entwertet fühlt – und das ist keine gute Art, Wertschätzung zu zeigen.

Vergessen Sie nicht: Sie könnten die Emotion, die Sie sehen, missverstehen. Wenn Kim zum Beispiel anfängt zu weinen, dann ist sie wahrscheinlich wütend, nicht traurig. Seien Sie also bescheiden, wenn Sie die Emotion benennen. Und was auch immer Sie tun, bewerten Sie die Emotion nicht, und sagen Sie der Person auch nicht, dass sie diese Emotion nicht fühlen sollte. Streichen Sie die Phrase »Nehmen Sie es nicht persönlich« aus Ihrem

Wenn Ihr Gegenüber wütend ist, müssen Sie Wertschätzung zeigen.

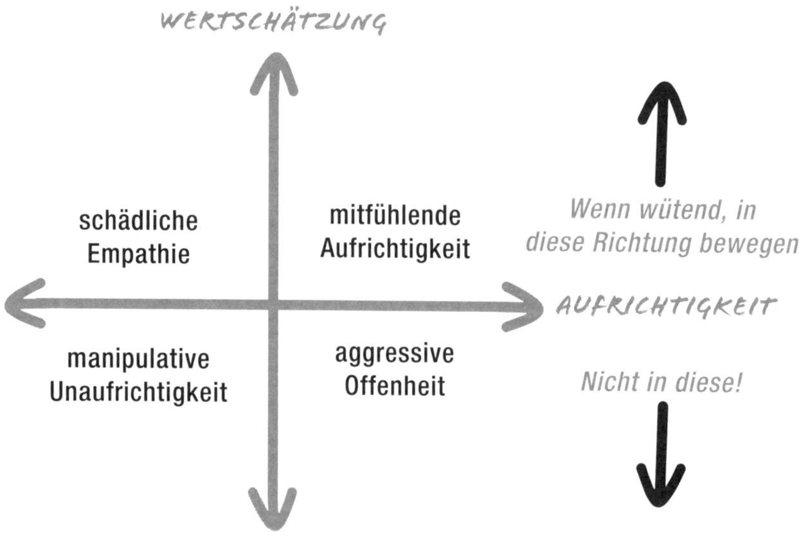

Wortschatz! Wenn alles andere nicht hilft, können Sie auf negative Gefühle einfach mit der Frage reagieren: »Wie kann ich helfen?«

Ein andermal bringen Sie vielleicht den Mut auf, jemandem ein Feedback zu geben, aber die andere Person hört Sie einfach nicht. Sie ist defensiv oder blind oder hoffnungslos optimistisch. In diesem Fall sollten Sie sich auf der Achse »Aufrichtigkeit« nach rechts bewegen. Ganz klar in seiner Kritik zu sein kann sich hart anfühlen, und die meisten Menschen sträuben sich zu Recht dagegen, hart zu sein. Hier kann das Motto »Es ist nicht gemein, es ist deutlich« helfen.

In diesen Momenten hilft es, eine langfristige Sichtweise einzunehmen. Wenn die Person gerade dabei ist, einen Fehler zu machen, der ihr langfristig schaden wird, kann sie ihn nur beheben, wenn sie sich dessen bewusst ist, auch wenn diese Erkenntnis in diesem Moment ein wenig wehtut.

Manchmal macht die andere Person zu, weil sie mit dem, was Sie sagen, nicht einverstanden ist, es aber nicht sagen will. In diesem Fall müssen Sie sie dazu bringen, Ihnen zu sagen, wenn sie mit Ihrem Feedback nicht einverstanden ist und warum. Womöglich reagiert die andere Person dann aggressiv, erklärt Ihnen, warum Sie ein schrecklicher Mensch sind, und zählt alle Ihre Fehler auf. Wenn das passiert, geben Sie zu, dass Sie nicht perfekt sind, und schlagen Sie vor, diese Probleme in einem separaten Gespräch zu thematisieren. Doch jetzt wollen Sie erst einmal über das eigentliche Thema sprechen. Ein nützliches Motto für Kritik lautet: Zuhören – infrage

Wenn Ihr Gegenüber Sie nicht hört, seien Sie noch aufrichtiger!

stellen – unterstützen. Geben Sie Ihrem Gegenüber die Chance, Sie herauszufordern, und gehen Sie nicht zu schnell dazu über, eine Verpflichtung zur Veränderung einzufordern. Ziel ist es, die Person zu ermutigen, sich auf das Gespräch einzulassen, zuzuhören und mitzumachen, auch wenn das bedeutet, dass sie mit Ihrer Kritik nicht einverstanden ist (*vor allem*, wenn sie nicht einverstanden ist).

Wenn Sie Ihr Feedback vorgebracht haben und Ihr Gegenüber Sie nicht gehört hat, kann es auch helfen zu fragen: »Würden Sie mir bitte sagen, was Sie gerade verstanden haben, nur um sicherzugehen, dass wir auf demselben Stand sind?« Es kann auch helfen, wenn Sie Ihren Eindruck kommunizieren: »Ich habe das Gefühl, dass ich nicht gehört werde.« Oder Sie können fragen: »Darf ich noch direkter zu Ihnen sein?«

Ein häufiger Fehler besteht darin, auf die Konsequenzen hinzuweisen, mit denen der andere rechnen muss, wenn er das Feedback nicht ernst nimmt, bevor er die Möglichkeit hatte, dem Feedback zu widersprechen. Viele Führungskräfte sagen zu schnell, »Ihr Job ist in Gefahr, wenn Sie das nicht regeln«. Das mag zwar stimmen, doch wenn Ihr Gegenüber mit Ihrem Feedback nicht einverstanden ist, fühlt sich das für den anderen wie eine unfaire Konsequenz an. Immerhin versuchen Sie, die Person intrinsisch dazu zu motivieren, sich zu verbessern und weiterzuentwickeln. Wenn Sie zu schnell extrinsische Sanktionen ankündigen, kann dies die intrinsische Motivation, sich zu verbessern, beeinträchtigen, nach dem Motto: *Wenn ich sowieso gehen muss oder wenn ich ohne Gerichtsverfahren verurteilt wurde, warum sollte ich dann überhaupt versuchen, das Problem zu lösen?* Wenn das Problem dazu führt, dass die betreffende Person einen Leistungsverbesserungsplan durchlaufen muss oder demnächst entlassen wird, ist es natürlich besser, ihr dies frühzeitig zu sagen. In einer perfekten Welt jedoch, in der Sie regelmäßig spontanes Feedback geben, wird sich die Person entweder von sich aus verbessern oder sie wird erkennen, dass sie sich entweder nicht verbessern kann oder nicht will, und sich nach einer anderen Rolle umsehen bzw. sich einen anderen Job suchen. Leider ist die Welt nicht perfekt, und manchmal unternimmt die Person nichts, egal wie deutlich Sie sie auf ein Problem hinweisen. In diesem Fall müssen Sie sie vielleicht entlassen. Wir wünschten, wir könnten Ihnen sagen, dass Radical Candor immer funktioniert und Sie nie jemanden entlassen müssen, doch das wäre gelogen. Sollte es doch einmal dazu kommen, wissen Sie zumindest, dass Sie der Person eine faire Chance gegeben haben.

Es kann auch hilfreich sein, mehrere konkrete Beispiele für das Problem anzuführen, auf das Sie Ihr Gegenüber aufmerksam machen wollen. Wenn

Sie bereits nach dem ersten Beispiel mit Ausreden unterbrochen werden, können Sie sagen, »Bevor wir zu sehr in die Tiefe gehen, möchte ich Ihnen einige weitere Beispiele nennen, damit Sie das Muster erkennen, das ich sehe. Wenn ich fertig bin, höre ich mir Ihre Sichtweise an. Das verspreche ich. Ich bin offen dafür zu hören, dass ich mich irre. Und wenn sich herausstellt, dass ich recht habe, bin ich hier, um Ihnen zu helfen, das Problem zu lösen.« Wie immer gilt: Sagen Sie das mit Ihren Worten, nicht mit unseren.

DIVERSITY UND INCLUSION

Wir alle kennen Momente, in denen wir über eine Beleidigung, die uns jemand bei der Arbeit an den Kopf knallt, so verblüfft sind, dass es uns schwerfällt, überhaupt zu reagieren, geschweige denn auf wertschätzend aufrichtige Weise. Oder auf mitfühlend aufrichtige Weise. Wenn uns jemand mit einem abwertenden oder stereotypen Begriff bezeichnet, ist unser erster Instinkt normalerweise nicht, der Person zu zeigen, dass sie uns wichtig ist, sondern eine Beleidigung zurückzuschleudern oder eine selbstschützende Haltung einzunehmen.

Die Dichterin Claudia Rankine bringt es in ihrem Buch *Citizen: An American Lyric* auf den Punkt: »Was hat er gerade gesagt? Hat sie das gerade wirklich gesagt? Habe ich das richtig gehört? Kam das gerade aus meinem Mund, seinem Mund, deinem Mund? Das ist unerhört ... Doch dann sagt die Stimme in deinem Kopf leise, dass du den Fuß vom Hals nehmen sollst, denn es geht nicht darum, lediglich miteinander auszukommen.«

Wie können wir mit solchen Situationen im beruflichen Kontext umgehen? Eine junge Frau erzählte in einem Workshop, dass sie sich einmal im Monat mit Freunden zum Spaghetti-Essen trifft und sie dann solche Geschichten austauschen und üben, was sie hätten sagen können. Die Übung kann Vergangenes nicht ungeschehen machen, doch sie hilft, in Zukunft besser zu reagieren, denn leider wiederholen sich solche Situationen immer wieder, vor allem beim Thema Diversity und Inclusion.

Uns gefiel die Idee eines »Übungsessens«, und wir fragten uns, ob es nicht eine sichere Möglichkeit gäbe, dies am Arbeitsplatz durchzuführen. Wir beschrieben die Idee Kelly Leonard von The Second City, dem Improtheater, in dem Tina Fey, Bill Murray und viele andere großgeworden sind. Wie wäre es, wenn wir Improvisation und Radical Candor nutzen könnten, um anderen beizubringen, wie man für diese Art von Gesprächen eine

»Ausdauer für Vielfalt« entwickelt? Mit der Hilfe von Anne Libera, Bina Martin und Becca Barish von Second City beschlossen wir, einen Workshop mit dem Titel »Improvising Radical Candor« zu entwickeln, der genau das tut. Die Katharsis, die die Teilnehmerinnen und Teilnehmer verspüren, wenn sie verschiedene Antworten auf die empörenden Dinge üben, die sie im Büro zu hören bekommen, zeigt auf eindrucksvolle Weise, wie effektiv Improvisation und wertschätzende Aufrichtigkeit sein können, wenn es um Fragen von Diversity und Inclusion geht. Der Workshop erhielt in dem ersten Unternehmen, in dem wir ihn ausprobierten, die höchste Bewertung von 20 verschiedenen Schulungen. Der Einsatz von Impro als spielerische Übung hat den Teilnehmerinnen und Teilnehmern wirklich geholfen, Radical Candor selbst in den schwierigsten Situationen umzusetzen.

WIE GEHT ES WEITER?

Seit der Veröffentlichung von *Radical Candor* konzentrieren sich unsere Programme in erster Linie auf den elementaren Baustein von Führung: spontane Feedbackgespräche. Wenn Führungskräfte erst einmal wissen, wie sie Feedback einholen und selbst Feedback geben, sind sie motiviert weiterzumachen und zu lernen, wie sie alle ihre Führungsaufgaben erfüllen können.

Derzeit erweitern wir unser Angebot um Themen wie die Förderung von wertschätzender Aufrichtigkeit unter Kolleginnen und Kollegen. Wir erklären, wie man eine Praxis der sauberen Eskalation etabliert und Meetings einführt, in denen »denen da oben« die Wahrheit gesagt wird. Darüber hinaus arbeiten wir daran, mit Führungskräften Themen der Teambildung zu vertiefen, etwa Entwicklungsgespräche und Wachstumsmanagement. Nicht zuletzt unterstützen wir Managerinnen und Manager dabei, auf wertschätzend aufrichtige Weise Ergebnisse zu erzielen. Dabei konzentrieren wir uns darauf, das in diesem Buch beschriebene Get-Stuff-Done-Rad vorzustellen und den Teilnehmenden zu vermitteln, wie man es mit schnelleren, produktiveren Einzelgesprächen, Teammeetings, Meetings zu wichtigen Diskussionen und Entscheidungen, Mitarbeiterversammlungen und Zielvereinbarungen umsetzen kann. Darüber hinaus helfen wir Führungskräften herauszufinden, welche Meetings und Prozesse sie abschaffen können, damit jeder Zeit hat, seine Aufgaben während der Arbeit zu erledigen anstatt spät abends zu Hause. Alle diese Inhalte zusammengenommen bieten einen

Managementstandard. Für diejenigen, die diese Ideen in großem Umfang skalieren möchten, werden wir auch digitale Inhalte mit Second City Works erstellen, die unsere Vor-Ort-Workshops ergänzen.

Wir laden Sie ein, mit uns zusammenzuarbeiten und uns Feedback zu unserer Arbeit zu geben. Denn wie John Stuart Mill in *Über die Freiheit* schrieb: »[W]enn es nicht gestattet ist, [eine Idee] kräftig und rückhaltslos zu bestreiten [...], [wird] [a]uch der Sinn der Lehre selbst [...] in Gefahr sein, verloren zu gehen oder geschwächt und seines lebendigen Einflusses auf den Charakter und die Handlungsweise beraubt zu werden. Das Dogma wird ein rein formales Bekenntnis, wirkungslos für das Gute, doch wird es den Grund überdecken und dadurch das Wachstum einer wirklichen, von Herzen gefühlten Überzeugung aus Vernunft oder Erfahrung verhindern.«

Mit anderen Worten: Wir sind auf Ihre Kritik angewiesen, um diese Ideen in die Tat umsetzen zu können. Wenn Sie uns Feedback zu diesen Methoden und Ideen zukommen lassen, werden wir uns bemühen, Ihnen nicht nur zu antworten, sondern Ihre Anregungen auch in den nachfolgenden Ausgaben dieses Buches und in unseren Schulungen zu berücksichtigen.

Sie erreichen uns online unter www.RadicalCandor.com, per E-Mail unter RadicalCandor@RadicalCandor.com und auf X unter @Candor. Danke, dass Sie uns auf unserer Mission unterstützen, die Welt von schlechten Chefinnen und Chefs zu befreien!

BONUSKAPITEL

Eine wertschätzend aufrichtige Leistungsbeurteilung

Die Teilnehmerinnen und Teilnehmer unserer Workshops fragen uns immer wieder, mit welcher Art von formellem Leistungsbeurteilungsprozess sich am bestem eine Kultur der wertschätzenden Aufrichtigkeit fördern lässt. Bevor ich diese Frage beantworte, möchte ich eines klarstellen: Halbjährlich oder jährlich stattfindende Mitarbeitergespräche sind Teil des Leistungsmanagements, und dieses unterscheidet sich klar von Feedback zur beruflichen Entwicklung. Bei Radical Candor geht es hauptsächlich um Feedback zur beruflichen Entwicklung, und dieses sollte regelmäßig – idealerweise jede Woche – in spontanen Zwei-Minuten-Gesprächen erfolgen. Wenn Sie Mitarbeiterentwicklung und Leistungsmanagement verwechseln, riskieren Sie, all die harte Arbeit, die Sie in den Aufbau einer wertschätzend aufrichtigen Kultur investiert haben, zunichtezumachen.

Warum ist es so wichtig, zwischen Mitarbeiterentwicklung und Leistungsmanagement zu unterscheiden? Die Bewertungen und Belohnungen bzw. Sanktionen, die mit dem Leistungsmanagement einhergehen, lösen bei den Betroffenen häufig eine Bedrohungsreaktion aus, infolge derer sie weniger offen dafür sind, Vorschläge hinsichtlich ihrer beruflichen Entwicklung anzunehmen. Wenn Sie jemandem eine Bewertung geben, überlegt die Person natürlich, wie sie Sie dazu bringen kann, ihr eine bessere Bewertung zu geben, damit sie einen höheren Bonus oder eine Beförderung erhält, oder wie sie es vermeiden kann, entlassen zu werden. Sie konzentriert sich auf die Konsequenzen, nicht auf ihre Entwicklung. Von Mitarbeiterinnen und Mitarbeitern zu verlangen, sich auf die Entwicklung ihrer Fähigkeiten zu konzentrieren, wenn gleichzeitig ein fetter Bonus winkt oder ihr Job auf dem Spiel steht, ist schlicht nicht realistisch.

Das ist jedoch kein Grund, Leistungsbeurteilungen abzuschaffen. Vielmehr spricht dies dafür, Entwicklungsgespräche und Leistungsmanagement zu trennen. Die Mitarbeiterinnen und Mitarbeiter erwarten jedoch häufig, dass die formelle Bewertung und das Feedback zu ihrer beruflichen Entwicklung irgendwann zusammenfließen, und zwar ein- oder zweimal im Jahr. Wenn Sie also versuchen, eine Kultur der wertschätzenden Aufrichtigkeit zu schaffen, ist es wichtig, den Unterschied zwischen Entwicklungsgesprächen (spontane Gespräche, die wöchentlich stattfinden) und Mitarbeitergesprächen, also Leistungsbeurteilungen (der formelle jährliche oder halbjährliche Prozess, der den Mitarbeitern zeigt, wo sie stehen), deutlich zu machen. Bei den Entwicklungsgesprächen sollte es ausschließlich darum gehen, die einzelnen Mitarbeiter dabei zu unterstützen, sich zu verbessern, während sich das Leistungsmanagement darauf konzentrieren sollte, Vergütungs- und Beförderungsentscheidungen transparenter zu gestalten.

Radical Candor legt den Schwerpunkt auf die Mitarbeiterentwicklung und auf die Gewohnheit, häufig und spontan Feedback einzuholen und zu geben. Das heißt aber nicht, dass ich nicht an Leistungsbeurteilungen glaube. Mich besorgt nur der Trend, dass viele Unternehmen sie zu vernachlässigen oder ganz abzuschaffen scheinen. Ich sage voraus, dass die meisten dieser Unternehmen Leistungsbeurteilungen wieder einführen müssen. Es wäre bereits ein großer Schritt in die richtige Richtung, wenn Unternehmen ihre Ressourcen darauf verwenden würden, ihren Führungskräften beizubringen, häufigere und aussagekräftigere Entwicklungsgespräche zu führen, bevor sie ein neues und verbessertes Leistungsmanagementsystem installieren. Wenn sie jedoch das Leistungsmanagement abschaffen und ihre Entwicklungsanstrengungen nicht verstärken, dann werden die Führungskräfte für ihre Führung schlicht nicht zur Verantwortung gezogen.

Bei gutem Leistungsmanagement geht es im Wesentlichen um Ergebnisse, Fairness, Mitarbeiterbindung und Transparenz. Es geht darum sicherzustellen, dass die Mitarbeiterinnen und Mitarbeiter mit den besten Fähigkeiten mehr Verantwortung erhalten, wenn sie dies wünschen, damit sie mehr bewirken können. Das verbessert die Ergebnisse von einzelnen Mitarbeitern und dem Team insgesamt. Außerdem wäre es unfair, Inkompetenz zu fördern oder jemandem, der schlampige Arbeit leistet, den gleichen Bonus zu zahlen wie jemandem, der hervorragende Arbeit leistet. Gleichzeitig geht es um Mitarbeiterbindung: Sie müssen Ihre Top-Talente identifizieren und alles tun, damit diese zufrieden und produktiv sind und nicht kündigen. Und ganz wichtig, ein gutes Leistungsmanagementsystem macht Entscheidungen über Gehälter, Beförderungen und Entlassungen transparenter, und durch diese Transparenz werden Führungskräfte zur Verantwortung gezogen, was zu besseren, gerechteren Entscheidungen führt.

Im Folgenden werde ich auf allgemeine Probleme im Zusammenhang mit diesem Prozess eingehen, doch zunächst möchte ich einige Schritte skizzieren, wie Sie Ihr Leistungsmanagement allmählich umgestalten können, falls Sie dies für notwendig erachten:

1. **Ein Leistungsmanagementteam bilden:** Das Leistungsmanagement sollte ein dynamischer Prozess sein, bei dem Sie Ihre Verfahren und Bewertungskategorien regelmäßig überprüfen. Entscheidend ist auch, dass der Prozess sich nicht verselbständigt, dass er überschaubar bleibt und nicht zu viel Zeit in Anspruch nimmt.

2. **Mehrere Perspektiven zusammenbringen:** Dem Team sollten sowohl operative Führungskräfte als auch Personalverantwortliche angehören. Führungskräfte aus dem operativen Bereich bringen ihr Fachwissen über die spezifischen, für die Arbeit erforderlichen Fähigkeiten ein. Zudem müssen sie einbezogen werden, damit das Ganze Wirkung zeigt. Personalverantwortliche sind sich eher der unbeabsichtigten Folgen bewusst, die sich aus schlecht konzipierten Systemen ergeben können. Allzu oft delegieren operative Führungskräfte zu viele Aufgaben an die Personalabteilung und weigern sich dann, an dem System mitzuwirken. Das ist, gelinde gesagt, nicht produktiv.

3. **Die wichtigsten Elemente Ihrer bestehenden Leistungsbeurteilung überprüfen (siehe unten):** Nach der Überarbeitung sollten Sie die vorgeschlagenen Änderungen einem größeren Kreis von funktionalen Führungskräften vorstellen, nützliches Feedback einbeziehen, Fragen beantworten und Ihre Gestaltungsprinzipien erläutern. Da alle Beteiligten mitreden werden wollen, sollten Sie die Regel »Zuhören – infrage stellen – unterstützen« vereinbaren: Stellen Sie sicher, dass die Mitarbeiterinnen und Mitarbeiter wissen, dass Sie die Ideen des Leistungsmanagementteams infrage stellen können, und dass Sie wenn möglich Feedback einbeziehen, doch am Ende müssen sich alle auf das System festlegen, das das Leistungsmanagementteam vorschlägt. Andernfalls wird sich der Prozess endlos und unproduktiv hinziehen.

4. **Kommunizieren:** Nehmen Sie den neuen Leistungsbeurteilungsprozess zum Anlass, um den Mitarbeitern (a) zu erklären, dass die berufliche Entwicklung formell von der Leistungsbeurteilung abgekoppelt wurde, und (b) zu betonen, dass das Ziel des neuen Leistungsbeurteilungsprozesses darin besteht, auf ein faireres und transparenteres Verfahren hinzuarbeiten, und dass Feedback nicht nur wünschenswert ist, sondern erwartet wird. Informieren Sie die Mitarbeiterinnen und Mitarbeiter jährlich über das erhaltene Feedback und darüber, wie es umgesetzt wird.

5. **Einen regelmäßigen Überprüfungszyklus (alle drei Jahre) etablieren:** Dabei optimiert das Leistungsmanagementteam den Prozess auf der Grundlage von Rückmeldungen aus dem Unternehmen. Ein wichtiges Ziel ist auch hier die Minimierung des Zeitaufwands, den der Prozess für alle Beteiligten bedeutet.

Denken Sie daran: Willkür ist der Feind, Fairness ist das Ziel. Sinn und Zweck von Leistungsbeurteilungen ist es, den Mitarbeiterinnen und Mitarbeitern zu zeigen, dass Sie sich für ein faires Vergütungssystem einsetzen und dieses ein integraler Bestandteil der Erfüllung des Unternehmensauftrags ist. Wenn die Mitarbeiter mit dieser Erkenntnis aus dem Prozess herausgehen, auch wenn sie das unmittelbare Feedback nicht immer mögen werden, haben Sie Ihr Ziel erreicht. Wenn die Mitarbeiter dagegen das Gefühl haben, dass der Prozess ungerecht bestrafend, willkürlich oder demütigend ist oder dass er eher politisches Geschick belohnt als Teamfähigkeit und Ergebnisse, haben Sie den positiven Kreislauf, den Radical Candor in Gang setzen soll, unterlaufen.

BESTANDTEILE EINER FORMELLEN LEISTUNGSBEURTEILUNG

Wie bereits erwähnt, hat jedes Unternehmen unterschiedliche Anforderungen an seine Leistungsbeurteilungen. Somit kann ich keinen einheitlichen Prozess entwerfen, so gerne ich das auch tun würde. Ich kann Sie aber durch die wichtigsten Überlegungen führen, die Sie und Ihr Team anstellen sollten, und zeigen, wie Radical Candor dabei Ihr Denken beeinflussen kann:

1. Bewertung oder keine Bewertung
2. Bewertungskategorien
3. Karriereleitern
4. Die richtige Bewertungsskala
5. Der Ton macht die Musik
6. Was aus der Bewertung folgt
7. Verteilung der Bewertungen
8. Erzwungene Verteilung oder nicht
9. Die Bewertungen kalibrieren
10. Häufigkeit
11. 360-Grad-Feedback vs. einseitige Bewertungen durch Führungskräfte
12. Transparent oder vertraulich
13. Einfach oder komplex

1. Bewertung oder keine Bewertung

Immer mehr Expertinnen und Experten sind der Meinung, dass Leistungsbewertungen von Natur aus fehlerhaft sind. Und tatsächlich gibt es Hinweise darauf, dass sie häufig mehr über den Bewerter als über den Bewerteten aussagen und dass Mitarbeiterinnen und Mitarbeiter aufgrund der Bewertung weniger risikobereit sein könnten, wenn sie, falls sich die eingegangenen Risiken nicht auszahlen, übermäßig hart bestraft werden. Schließlich – und Sie wissen, dass ich diese Kritik teile – wird argumentiert, dass ein zu starker Fokus auf Bewertungen Entwicklungsgesprächen im Wege steht.

Diese Probleme sind real. Doch wir müssen auch den Nutzen von Bewertungen sehen. Bewertungen können eine wichtige Rolle spielen, wenn es darum geht, den Entscheidungsfindungsprozess hinter Boni, Beförderungen und Entlassungen transparent zu machen. Eine Mitarbeiterin erhält vielleicht regelmäßig spontanes Feedback, versteht jedoch nicht, was das für ihr Gehalt oder ihre Karriere bedeutet, bis sie ihre Bewertung sieht. Wenn Sie Bewertungen abschaffen, kann das dazu führen, dass schädliche Empathie Einzug hält. Eine Bewertung kann der Anlass für ein schwieriges Gespräch sein, das der Mitarbeiterin letztendlich hilft. Bewertungen erleichtern zudem die Kalibrierung von Managemententscheidungen, was zur Fairness beiträgt. Wenn es keine Leistungsbeurteilungen gibt, können die Einschätzungen der einzelnen Führungskräfte nur schwer miteinander verglichen werden. In einer solchen Situation werden weniger effektive Mitarbeiter, deren Vorgesetzte die Dinge schleifen lassen, manchmal mehr belohnt, während effektivere Mitarbeiter, deren Vorgesetzte strenger sind, niedrigere Prämien erhalten oder nicht so schnell befördert werden. Wenn Führungskräfte Bewertungen vornehmen, lässt sich viel einfacher erkennen, wer eher wohlwollend und wer eher streng »benotet«, und entsprechend nachjustieren.

Kommunizieren Sie klar, dass das Ziel der Bewertung darin besteht, so transparent wie möglich zu kommunizieren, wie der oder die Vorgesetzte die Leistung des Mitarbeiters in den letzten Monaten beurteilt und wie sich diese Leistung auf die Vergütung des Mitarbeiters auswirkt. Machen Sie auch deutlich, dass Bewertungen Grenzen haben, und stellen Sie sicher, dass die Mitarbeiter sie als Kommunikationsinstrument verstehen, nicht als rechtskräftiges Urteil.

2. Bewertungskategorien

Die entscheidende Frage, die Sie sich hier stellen müssen, ist, ob Sie den Prozess einfach gestalten, indem Sie eine »allgemeine Leistungsbewertung« nutzen, oder ob Sie mehrere Leistungsfaktoren definieren und diese einzeln bewerten. Es bedeutet einen gewissen Aufwand, die wichtigsten Leistungsfaktoren zu ermitteln, doch es bringt große Vorteile mit sich. Wenn Sie drei oder vier wirksame Kategorien ermitteln, helfen Sie einerseits Ihren Führungskräften, sich auf die Bereiche zu konzentrieren, in denen die Mitarbeiter noch Verbesserungsbedarf haben, und verdeutlichen andererseits Ihren Mitarbeitern, warum sie die entsprechende Vergütung oder Beförderung (nicht) erhalten haben. Bedenken Sie jedoch: Aus Rückmeldungen zu 360-Grad-Feedback und Leistungsbeurteilungen geht eindeutig hervor, dass zu viele Leistungsfaktoren eher verwirren und das Verfahren verkomplizieren. Beschränken Sie sich deshalb auf drei bis vier. Nochmals: Es geht darum, Willkür zu vermeiden und Fairness anzustreben.

Nun sollte Ihr Leistungsmanagementteam die drei oder vier Kategorien auswählen. Hier zeigt sich, wie wichtig es ist, dass operative Führungskräfte und Personalverantwortliche zusammenarbeiten. Nehmen Sie sich Zeit, um bei der Festlegung der Kategorien eine gemeinsame Linie zu finden. Es lohnt sich auch, darüber nachzudenken, wie Sie die Kategorien benennen. Mit den Worten, die Sie wählen, zeigen Sie Ihren Mitarbeitern entweder, dass es sich um einen Prozess handelt, der sorgfältig auf den Unternehmensauftrag ausgerichtet ist, oder einen Prozess, der an eine gesichtslose Bürokratie ausgelagert wurde. Wenn Ihre Mitarbeiterinnen und Mitarbeiter das Gefühl haben, dass eine willkürliche Bürokratie über ihr Gehalt und ihre Karriereaussichten entscheidet, werden sie sich kaum zu Höchstleistungen motivieren lassen.

Sie werden wahrscheinlich mit drei oder vier allgemeinen Begriffen beginnen, die Ihre wichtigsten Leistungsfaktoren darstellen. Wenn Sie diese gefunden haben, überlegen Sie, wie jedes Wort oder jeder Satz so abgeändert werden könnte, dass er weniger nach HR klingt und mehr das widerspiegelt, was Ihr Unternehmen erreichen will. Ist »Teamfähigkeit« der richtige Begriff, oder wäre es vielleicht besser, von »die No-Assholes-Regel« oder »Zusammenarbeit« zu sprechen? Stellen Sie sicher, dass die Worte das widerspiegeln, was Ihr Unternehmen sein will. Diese Details sind entscheidend, wenn Sie die Leistungsbeurteilung mit einem Sinn für echte Transparenz und Fairness im Dienste Ihrer gemeinsamen Ziele verknüpfen möchten.

Hier sind vier gängige Kategorien, die als Oberbegriffe dienen, damit sie allgemein anwendbar sind:

- **Ergebnisse:** Erreicht die Person ihre Ziele und tut, was sie tun soll? Verfügt sie über die erforderlichen Fähigkeiten und Fachkenntnisse, um ihrer Rolle effektiv auszuführen?
- **Teamfähigkeit:** Wie gut arbeitet die Person mit anderen zusammen, um die Ergebnisse zu erreichen? Hilft sie anderen, erfolgreich zu sein,

oder ist ihr Weg sprichwörtlich von Leichen gesäumt? Legt sie wertschätzende Aufrichtigkeit an den Tag, indem sie sowohl aufrichtig als auch wertschätzend ist?

- **Innovationsfähigkeit:** Bringt die Person neue Ideen ein, die die Spielregeln verändern, oder hilft sie dem Team, bekannte Aufgaben auf eine neue, bessere Weise zu erledigen? Bei Innovationsfähigkeit geht es nicht nur um Ideen, die Funktionssprünge ermöglichen, wie es beispielsweise beim iPhone der Fall war, sondern auch um inkrementelle Ideen. Vielleicht findet die Person heraus, dass das Team mithilfe programmierbarer Tastaturen Routinefragen des Kundensupports schneller beantworten und sich dadurch auf interessantere und wichtigere Aufgaben konzentrieren kann.
- **Effizienz:** Arbeitet die Person produktiv und schnell und trägt zur Produktivität und Schnelligkeit des Teams bei? Vielleicht ist sie in der Lage, ihre Arbeit etwas schneller zu erledigen, und kann so den anderen zeigen, wie es geht.

Teamfähigkeit und Ergebnisse sind ziemlich offensichtliche Kategorien. Ich habe Innovationsfähigkeit und Effizienz dazugenommen, weil es wichtig ist, über Neues nachzudenken, das man tun kann, aber auch darüber, wie sich bestehende Aufgaben effizienter erledigen lassen. Oft bedarf es großer Innovationen, um herauszufinden, wie man effizienter arbeiten kann, und die durch Effizienz gewonnene Zeit wiederum verschafft Ihnen den geistigen Freiraum zur Entwicklung inkrementeller Innovationen. Hier gilt es, die Faktoren zu ermitteln, die für Ihr Unternehmen relevant und spezifisch sind.

Ich empfehle, diese Kategoriebewertungen nur als ersten Schritt zu verstehen. Ihre Führungskräfte sollten sich nicht auf diese Kategorien beschränken. Bevor Sie sich mit Ihren Mitarbeiterinnen und Mitarbeiter zusammensetzen, fragen Sie sich, ob diese möglicherweise einen Mehrwert schaffen, der hier nicht abgebildet wird. Damit zeigen Sie vor allem Mitarbeitern, die in bestimmten Bereichen schlechtere Leistung erbringen, die aber Entwicklungspotenzial besitzen, dass Sie sie nicht lediglich als vier Zahlen in einem Formular betrachten. Folgen Sie dem Prozess, halten Sie sich aber nicht sklavenhaft an ihn.

3. Karriereleitern

Ich halte nicht viel von Karriereleitern, weil schlechte Leitern dazu führen, dass Mitarbeiter eher auf Beförderungen schielen, als gute und sinnvolle

Arbeit zu leisten. Karriereleitern sind jedoch ein notwendiges Übel. Natürlich sollte die Leistung eines kürzlich eingestellten Hochschulabsolventen nicht an denselben Maßstäben gemessen werden wie die eines CEO. Deshalb müssen Sie definieren, was Teamfähigkeit für einen Berufsanfänger im Vergleich zu einer mittleren Führungskraft, einem Abteilungsleiter, einem Bereichsleiter und so weiter bedeutet. Auch hier ist die Sprache wichtig. Wenn Sie zu konkret werden, konzentrieren sich die Mitarbeiter manchmal zu sehr darauf, irgendwelche Kästchen auf einer Checkliste abzuhaken, anstatt ihre Fähigkeiten in sinnvoller Weise weiterzuentwickeln. Eine Karriereleiter sollte nicht wie ein falsches Versprechen formuliert sein, das Sie nicht halten können, nach dem Motto: *Wenn Sie dieses und jenes tun, werden Sie befördert.* Wenn Karriereleitern zu konkret formuliert sind, wird es auch zu einem Wildwuchs an Karriereleitern kommen. Dann haben Sie anstatt einer Karriereleiter für die wichtigsten Funktionen im Unternehmen schnell für jede Untergruppe eine eigene Karriereleiter, und die Mitarbeiter werden sich mit den anderen Untergruppen darüber streiten, warum die eigene Karriereleiter nicht fair ist. Sind Karriereleitern dagegen zu abstrakt formuliert, haben sie keinen Bezug zur täglichen Arbeit der Mitarbeiter und lesen sich wie eine Liste nichtssagender Begriffe. Hier hilft es, wenn operative Führungskräfte, die die Aufgabe auf der jeweiligen Ebenen bereits wahrgenommen haben, die Beschreibungen für die einzelnen Stufen der Karriereleiter erstellen. Die Personalabteilung kann diese Beschreibungen dann überarbeiten.

4. Die richtige Bewertungsskala

Es gibt zahlreiche Studien zu der Frage, wie viele Bewertungsstufen optimal sind (das heißt, ob jede Kategorie auf einer Skala von 1 bis 3 oder von 1 bis 5 bewertet werden sollte usw.). Statistikern zufolge maximieren fünf bis sieben Bewertungsstufen die Aussagekraft, ohne das Ganze zu komplex zu machen. Personalfachleute, mit denen ich gesprochen habe, sagen jedoch, dass dies zu viele Bewertungsstufen seien.

Mehr als vier Bewertungsstufen vermitteln ein falsches Gefühl von Genauigkeit. Führungskräfte haben dann den Eindruck, die Leistung ihrer Mitarbeiter derart genau beurteilen zu müssen, wie es eigentlich nicht möglich ist. Wenn Führungskräfte zu viele Bewertungsstufen zur Verfügung haben, neigen sie außerdem dazu, die Mitarbeiter in jeder Bewertungsrunde etwas besser zu bewerten, um ihnen das »Gefühl« zu geben, sich verbessert zu haben. Das ist allerdings kein Leistungsmanagement, sondern Blödsinn, und es vermittelt ein falsches Gefühl von Fortschritt. Da die Leistung eines

Menschen variiert und er immer Höhen und Tiefen haben wird, wird er auch mal ein schwächeres Quartal haben, und wenn sich das nicht in seiner Bewertung widerspiegelt, dann messen Führungskräfte lediglich die Zeit, die er arbeitet, aber nicht die Leistung.

Wenn Sie nur drei Bewertungsstufen anbieten, werden die meisten Mitarbeiterinnen und Mitarbeiter nichts aus ihrer Bewertung mitnehmen, da die überwiegende Mehrheit (in der Regel etwa 80 Prozent) in der Mitte liegt. Bei vier Stufen müssen Sie dagegen das breite Mittelfeld zwischen denjenigen aufteilen, die über dem Durchschnitt liegen, und denjenigen, die darunter liegen. Viele Führungskräfte sträuben sich dagegen, weil sie dann schwierige Gespräche führen müssen. Doch wenn Sie sich als Mitarbeiter in diesem Mittelfeld befinden, haben Sie das Recht zu erfahren, was Ihr Vorgesetzter und Ihr Team denken.

Ich habe mich für vier Bewertungsstufen entschieden, da sie im Allgemeinen das beste Verhältnis zwischen Einfachheit und Aussagekraft bieten. Aber es kann gute Gründe geben, warum Sie es anderes machen. So oder so sollte Ihr System die Führungskräfte dazu anhalten, den Mitarbeitern zu zeigen, wo sie stehen und welche Auswirkungen dies auf ihre Vergütung und ihre berufliche Zukunft hat. Da die spontanen Radical-Candor-Gespräche auf den intrinsischen Wunsch, sich zu verbessern, abheben, verdienen die extrinsischen Konsequenzen der Mitarbeiterleistung ein zielgerichtetes Gespräch.

Vier Bewertungsstufen vermitteln den Mitarbeiterinnen und Mitarbeitern einen klaren Eindruck darüber, wo sie stehen, ohne ihnen das Gefühl zu geben, dass eine feinere Abstufung ein noch genaueres Ergebnis liefern würden. Indem Sie die vier von Ihnen gewählten Kategorien getrennt bewerten (siehe unten), machen Sie die Leistungsbeurteilung zu einem Diagnoseinstrument, das konkrete Verbesserungsbereiche aufzeigt (zum Beispiel: »Ihre Ergebnisse sind erstaunlich, aber Ihre mangelnde Teamfähigkeit wird Sie zurückhalten.«) und nicht lediglich als Zuckerbrot und Peitsche fungiert, was bei einer einzigen Gesamtbewertung der Fall wäre. Mit anderen Worten: Vier ist die Zahl, bei der Sie einige der Vorteile einer feinen Abstufung nutzen können, ohne einen falschen Eindruck von Genauigkeit zu vermitteln.

Ein Nachteil von vier Stufen ist, dass Sie damit Personen, deren Leistung wirklich außergewöhnlich ist und zum Beispiel zu den besten 5 oder sogar 1 Prozent zählt, nicht bewerten können. Im Falle dieser Mitarbeiter müssen Sie ganz konkrete Dinge unternehmen, um sie zu halten. Ein formeller Prozess wird hier nicht ausreichen.

Hier sehen Sie das Bewertungsraster, das meine Empfehlungen

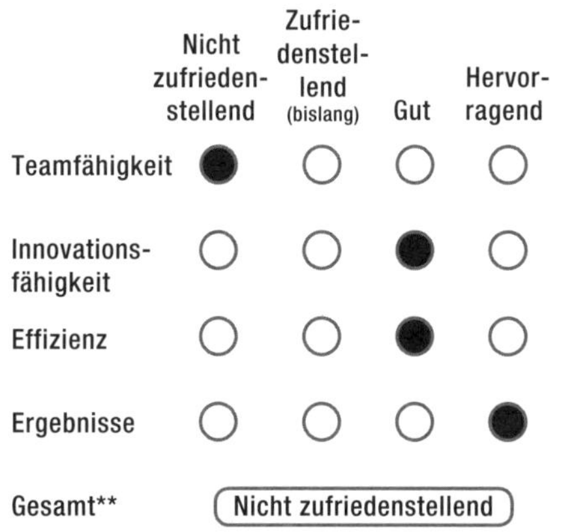

** Wenn Sie in einer Kategorie die Bewertung »nicht zufriedenstellend« vergeben, ist die Gesamtbewertung ebenfalls »nicht zufriedenstellend«. Damit die Person eine hervorragende Bewertung erhält, muss ihre Leistung sowohl in den Kategorien »Teamfähigkeit« und »Ergebnisse« als auch in einer weiteren Kategorie mit »hervorragend« bewertet werden. Andernfalls wird der Durchschnittswert ermittelt und aufgerundet.

widerspiegelt. Auch hier gilt: Übernehmen Sie es nicht einfach, sondern finden Sie heraus, was in Ihrer Situation am besten funktioniert, und zwar unter Einbeziehung verschiedener Stakeholder. Und verwenden Sie keine so allgemeinen Begriffe wie die, die ich hier verwende.

Ich empfehle Ihnen, nicht mit Durchschnittswerten zu arbeiten, wenn Sie die einzelnen Kategorien bewerten. Die Gesamtbewertung »hervorragend« sollten nur die Mitarbeiterinnen und Mitarbeiter erhalten, deren Leistung in *allen* Kategorien hervorragend ist. Ebenso sollten Mitarbeiter, deren Leistung in einer Kategorie als »nicht zufriedenstellend« bewertet wurde, insgesamt die Bewertung »nicht zufriedenstellend« erhalten. So erreichen Sie eine angemessene Verteilung der Gesamtbewertungen.

5. Der Ton macht die Musik

Zur Ermittlung des Durchschnittswerts werden Sie Worte in Zahlen umwandeln. Wenn Sie dann aber die Bewertung vornehmen, eignen sich Worte besser als Zahlen. Sie könnten einfach Zahlen (1, 2, 3, 4) oder Symbole (✓–, ✓, ✓+, ✓++) verwenden. Mein Eindruck ist jedoch, dass Worte einen potenziell anonymen Prozess menschlicher machen. Stellen Sie sicher, dass die von Ihnen gewählten Worte zum Ausdruck bringen, dass Sie die Arbeit der Person bewerten möchten, um ihr zu helfen, sich beruflich weiterzuentwickeln, und nicht, um ihr ein Etikett zu verpassen oder sie als Mensch zu beurteilen.

Jeder Begriff sollte für alle Beteiligten an zentraler Stelle klar definiert werden (zum Beispiel im Intranet), zusätzlich kann er im Mitarbeitergespräch erläutert werden. Einigen Unternehmen ist es zum Beispiel wichtig klarstellen, dass die Bewertung »nicht zufriedenstellend« bedeutet, dass »Sie und Ihr(e) Vorgesetzte(r) gemeinsam einen Plan ausarbeiten müssen, der Ihnen hilft, die hier aufgeführten Probleme zu lösen, denn wenn Sie diese Probleme nicht angehen, werden Sie wahrscheinlich in einen Leistungsplan aufgenommen, der bei Nichterfüllung zur Kündigung des Arbeitsverhältnisses führen könnte«.

In anderen Unternehmen ist die Bewertung »nicht zufriedenstellend« vielleicht weniger schlimm. Die Definitionen sollten nicht seitenlang sein und auch nicht in juristischer Sprache verfasst sein, sondern zwei bis drei Sätze für jede Kategorie umfassen. Jeder Satz sollte vom Leistungsmanagementteam auf seine Verständlichkeit geprüft werden. Denken Sie daran: Es geht um Einfachheit und Klarheit. Das Ergebnis sollte leicht zu verstehen und schnell zu erfassen sein.

6. Was aus der Bewertung folgt

Bewertungen sind die Grundlage für variable Vergütungen, Beförderungen und Kündigungen. Sie verfolgen drei Ziele: (1) den Mitarbeiterinnen und Mitarbeitern die Gründe für diese Entscheidungen transparent machen, (2) die Führungskräfte dazu veranlassen, sorgfältig abzuwägen, und (3) den gesamten Prozess einfach, transparent und fair gestalten. *Irgendetwas* wird diese Entscheidungen beeinflussen. Wenn Menschen diese Entscheidungen nicht bewusst treffen, neigen sie dazu, andere zu belohnen, weil sie sie »mögen« oder aufgrund kürzlich gemachter Erfahrungen oder Vorurteile. Bewertungen vorzunehmen und zu erläutern, wie diese die Entscheidung beeinflussen, zwingt Führungskräfte dazu, die jeweilige Entscheidung genauer zu durchdenken und zu kommunizieren. Und wenn die Führungsspitze dem gesamten Unternehmen klar kommuniziert, dass sie Zeit und Mühe in einen korrekten Prozess investiert hat, stärkt dies eine Kultur der wertschätzenden Aufrichtigkeit.

Wichtig ist auch, mit der natürlichen Reaktion auf Bewertungen umzugehen: Menschen versteifen sich häufig auf das Negative statt auf das Positive. Daher müssen Führungskräfte ihren Mitarbeiterinnen und Mitarbeiter zu verstehen geben, dass sie nicht allein sind, sondern dass die Führungskraft ihnen helfen wird, sich zu verbessern. Des Weiteren sollten sie nach Möglichkeiten suchen, die Rolle einer Person an ihre Stärken anzupassen (oder ihr eine Rolle anzubieten, für die sie besser geeignet ist). Natürlich besteht die Gefahr, dass ein Mitarbeiter gehen muss, wenn er in einem bestimmten Bereich nicht zumindest ein grundlegendes Leistungsniveau erreicht.

Wenn eine Person in jeder Kategorie hervorragende Leistung erbringt außer in der Kategorie »Teamfähigkeit«, in der sie mit »zufriedenstellend (bislang)« bewertet wurde, muss geprüft werden, ob die Person ihre Teamfähigkeit im Rahmen von Schulungen verbessern kann. Und zumindest kurzfristig sollte man ihr mehr individuelle Aufgaben übertragen, anstatt sie mit Führungsaufgaben zu betrauen, bei denen sie ein ganzes Team beeinträchtigen oder demoralisieren könnte.

Bei der Frage, was aus der Leistungsbeurteilung folgt, sollten Sie sich auf die Stärken Ihrer Mitarbeiterinnen und Mitarbeiter konzentrieren. Anstatt zu versuchen, jemanden dazu zu bringen, sich in einem Bereich zu verbessern, in dem er derzeit zufriedenstellende Leistung erbringt, sollten Sie ihm eher mehr von der Arbeit geben, in der er gut ist. Geben Sie Ihren Mitarbeitern Aufgaben, die ihren Stärken entsprechen, anstatt sie zu drängen, mehr Dinge zu tun, die sie nicht so gut können, denn das könnte ihrer Arbeitsmoral schaden. Es ist leider keine Seltenheit, dass sich Führungskräfte auf die Schwächen Ihrer Mitarbeiter konzentrieren, anstatt ihnen mehr Aufgaben zuzuweisen, in denen sie gut sind. Das kann äußerst kontraproduktiv sein.

Radical Candor liegt unter anderem die Hoffnung zugrunde, dass Mitarbeiter Spitzenleistung erbringen, wenn sie sinnvolle Aufgaben haben. Was heißt das dann für Mitarbeiter, die in allen Kategorien zufriedenstellend abschneiden, sich aber nie wesentlich verbessern? Idealerweise erhalten sie eine Aufgabe, in der sie hervorragende Leistung erbringen können. Zudem sollte niemand, der bislang zufriedenstellende Arbeit leistet, befördert werden. Voraussetzung für eine Beförderung sollte sein, dass Mitarbeiter über einen längeren Zeitraum mehrheitlich eine Gesamtbewertung von »hervorragend« erhalten haben.

Wenn ein Vorgesetzter die Leistung eines Mitarbeiters mit »nicht zufriedenstellend« bewertet, sollte diese Bewertung nicht einfach bis zur nächsten Leistungsbeurteilung in der Luft hängen. Stattdessen sollte die Führungskraft einen Plan ausarbeiten, der dem Mitarbeiter hilft, sich zu verbessern. Die Personalabteilung sollte der Führungskraft eine Person zur Seite stellen, die sie bei der Dokumentation von Leistungsproblemen unterstützt und sicherstellt, dass der Mitarbeiter versteht, welche Konsequenzen es hat, wenn sich seine Leistung nicht verbessert. Vorgesetzte vermeiden es manchmal, diese Bewertung abzugeben, um nicht die schwierigen nächsten Schritte gehen zu müssen. Aufgabe der Personalabteilung ist es hier, zu beraten und zu unterstützen.

Belohnungen

Natürlich stehen Beförderungen und Vergütung ganz oben auf der Liste dessen, was Mitarbeiter infolge einer positiven Bewertung erwarten. Doch Geld ist nicht alles, vor allem dann nicht, wenn die Mitarbeiter ihre Arbeit wirklich lieben. Sie sollten der Person nicht nur einen dicken Scheck überreichen, sondern ihr auch zeigen, dass sie Ihnen am Herzen liegt. Nutzen Sie diesen positiven Moment, um herauszufinden, wie die Person über ihre Arbeit und über Sie als Vorgesetzten denkt. Überlegen Sie, wie Sie ihre Effektivität weiter fördern und Frustration vermeiden können. Ich habe einmal erlebt, wie der Gründer eines Unternehmens, das von meinem Unternehmen aufgekauft worden war, ein riesiges Vergütungspaket ablehnte, weil er so frustriert war, dass er nichts bewirken konnte. Er ging mit Tränen in den Augen und sagte: »Ich fühle mich hier nicht *gehört*.« Das hat sich mir eingeprägt, denn auch ich habe ein Unternehmen verlassen, das mir eine »für immer gültige« Aktienoptionen gewährte, die mich dazu verleiten sollten, »für immer« im Unternehmen zu bleiben. Das hat nicht funktioniert. Ich kündigte und nahm einen Job an, bei dem ich weniger als halb so viel verdiente. Und warum? Weil der Chef meines Chefs sich standhaft weigerte, mir auch nur ein einziges Mal zuzuhören. Natürlich sind viele Menschen nicht in der glücklichen Lage, auf dieses Geld verzichten zu können. Doch Menschen leisten ihre beste Arbeit selten, wenn man ihnen Handschellen anlegt. Und wenn sie es sich leisten können, kehren sie einer frustrierenden oder erniedrigenden Situation häufig den Rücken, egal wie lukrativ sie ist. Seinen Mitarbeitern zuzuhören ist also ebenso wichtig, wie sie gut zu bezahlen.

Wenn Sie Top-Bewertungen vergeben, sollten Sie unbedingt sicherstellen, dass Sie alles in Ihrer Macht Stehende tun, um diese Mitarbeiter zu halten. Geld ist wichtig, doch andere immaterielle Werte sind noch wichtiger. Erinnern Sie Ihre Führungskräfte daran.

7. Verteilung der Bewertungen

Es gibt natürlich auch praktische Überlegungen zur Verteilung der Bewertungen, nicht zuletzt, wie man den »Vergütungskuchen« aufteilt. Wenn Sie denjenigen, die eine hervorragende Bewertung erhalten, hohe Boni gewähren, können Sie es sich wahrscheinlich nicht leisten, dass 50 Prozent Ihrer Mitarbeiterinnen und Mitarbeiter in diese Kategorie fallen. Generell würde ich eine zu starre Verteilung vermeiden, denn Sie können in einem bestimmten Jahr das Glück haben, ein außergewöhnlich fähiges Team zu haben oder aber eine ganze Reihe von Mitarbeitern, die miserable Arbeit leisten, und Sie wollen ja nicht, dass eine erwartete Verteilung Ihren Blick auf die Realität versperrt. Grundsätzlich ist der Kalibrierungsprozess (mehr dazu weiter unten) das Wichtigste.

Meiner Erfahrung nach benötigen immer mindestens 5 Prozent der Mitarbeiterinnen und Mitarbeiter die Art von starkem Weckruf, der mit der schlechtesten Bewertung einhergeht. Aber vielleicht ist das in Ihrem Kontext auch zu hart oder nicht hart genug. Eine sehr gute Bewertung bedeutet, dass Sie Ihre Mitarbeiter überdurchschnittlich belohnen möchten, weil Sie sie fair bezahlen (sie haben mehr geleistet als andere!) und halten wollen. Im Allgemeinen habe ich festgestellt, dass diese Gruppe ungefähr (sehr grob geschätzt) 15 Prozent der Belegschaft ausmacht. Wie bereits erwähnt, gibt es in der Regel 1 bis 5 Prozent der Mitarbeiter, deren Arbeit wirklich außergewöhnlich ist und die Sie unbedingt halten sollten. Es ist wichtig, diese Personen zu identifizieren, es besteht jedoch keine Notwendigkeit, eine spezielle Bewertung für sie vorzunehmen. Damit verbleiben etwa 40 Prozent Ihrer Mitarbeiter, die mit »zufriedenstellend (bislang)« bewertet werden, und 40 Prozent, die mit »gut« bewertet werden.

Da ich Ihr Unternehmen nicht kenne, weiß ich nicht, ob die oben beschriebene Verteilung für Sie die richtige ist. Sie müssen entscheiden, was die Konsequenzen der einzelnen Bewertungen sind und wie die Verteilung demnach in Ihrem Unternehmen aussehen sollte.

Ich empfehle jedoch, die erwartete Verteilung für alle im Unternehmen transparent zu machen. Denn wenn Sie das nicht tun, werden die Kalibrierungsrunden (siehe Punkt 9) undurchsichtig und übermäßig frustrierend.

8. Erzwungene Verteilung oder nicht

Es wird viel darüber diskutiert, ob man die Verteilung erzwingen sollte. Das heißt, ob man den Führungskräften vorschreiben sollte, einen festen Prozentsatz an nicht zufriedenstellenden, guten usw. Bewertungen zu vergeben. Dies kann nützlich sein, wenn Sie vermeiden wollen, dass Ihre Führungskräfte das System auf zwei gängige Weisen manipulieren: entweder indem sie alle Mitarbeiterinnen und Mitarbeiter belohnen oder allen eine mittlere Bewertung geben, um schwierige Gespräche zu vermeiden. Es kann jedoch auch zu ungerechten Bewertungen führen.

Einer der Vorteile der Kategorien (Teamfähigkeit, Innovationsfähigkeit, Effizienz und Ergebnisse) und der Berechnung der Gesamtbewertung, wie ich sie oben beschrieben habe, besteht darin, dass sie den Druck auf die Führungskräfte bei der Verteilung etwas verringern. Wenn diese es für angemessen halten, können sie jedem einzelnen Mitarbeiter in ihrem Team sagen, dass er in einem Bereich hervorragende Arbeit leistet, und sich trotzdem an die gewünschte Verteilung halten. Die Frage ist, ob es sinnvoll ist, Führungskräfte zu *zwingen,* sich an diese Verteilung zu halten.

Über die Nachteile dieser erzwungenen Verteilung (Forced Distribution) ist bereits viel geschrieben worden. Die unbeabsichtigten Folgen und die politischen Spielchen sind alles andere als schön. Ich habe selbst nie eine erzwungene Verteilung erlebt, aber ich habe verrückte Geschichten von Unternehmen gehört, die damit gearbeitet haben. So fiel es einem Vice President eines Unternehmens schwer, die leistungsschwachen Mitarbeiterinnen und Mitarbeiter zu identifizieren, weshalb er die schlechtesten Bewertungen wie beim russischen Roulette vergab. Er war seinem Team gegenüber sehr transparent und hielt sich für sehr clever – er musste nie schwierige Gespräche mit seinen Mitarbeitern darüber führen, warum sie eine schlechte Bewertung erhielten, oder seinem Chef erklären, warum er die Verteilung nicht eingehalten hatte. Er war einfach ein fauler, unfairer Manager. Diese Art von Geschichten hat mich davon überzeugt, dass eine erzwungene Verteilung eine schlechte Idee ist.

Ich empfehle Ihnen, erzwingen Sie die Verteilung nicht, üben Sie aber einen gewissen Druck auf sie aus:

- Kommunizieren Sie klar, wie die erwartete Verteilung aussieht.
- Erfassen Sie die »nicht-bedauerte Fluktuation« (Personen, die entlassen wurden oder denen eine Kündigung nahegelegt wurde) in der Statistik für die schlechteste Bewertung. Messen Sie die nicht-bedauerte Fluktuation im Zeitverlauf. Andernfalls halten Führungskräfte an ihren leistungsschwachen Mitarbeitern fest, um die gewünschte Verteilung zu erreichen, anstatt sie zu entlassen.
- Jede Führungskraft sollte ihre Verteilung für die anderen Führungskräfte einsehbar machen, ebenso jeder Abteilungsleiter, jeder Bereichsleiter usw.
- Führungskräfte, die von der erwarteten Verteilung abweichen, sollten schriftlich erklären, warum dem so ist. Fragen Sie hier kritisch nach, und erlauben Sie auch Ihren Kolleginnen und Kollegen, kritisch nachzufragen. Wenn die Kurve eines Teams im Vergleich zu anderen Teams auffällig verzerrt ist, sollten Sie sich fragen, ob dieses Team im aktuellen Bewertungszyklus wirklich mehr bzw. weniger geleistet hat als die anderen Teams. Ist dies nicht der Fall, sollte die zuständige Führungskraft eine Neubewertung vornehmen. Das Gleiche gilt umgekehrt: Hat ein Team etwas Außergewöhnliches geleistet, sollte sich

dies in der Bewertung der zuständigen Führungskraft widerspiegeln. Die meisten Führungskräfte bewegen sich in der Mitte der Verteilung mit einer Tendenz zu positiven Bewertungen, das heißt, sie vergeben zu viele gute und zufriedenstellende Bewertungen und zu wenige hervorragende und nicht zufriedenstellende Bewertungen. Deshalb sind Kalibrierungsrunden so wichtig.

9. Die Bewertungen kalibrieren

Eine Kalibrierungsrunde ist ein Meeting, bei dem eine Gruppe von Führungskräften zusammenkommt und sicherstellt, dass sie alle Mitarbeiterinnen und Mitarbeiter auf die gleiche Weise bewerten und nicht der eine zu streng und der andere zu wohlwollend bewertet. Wenn Sie selbst Führungskräfte führen, sollten Sie dafür sorgen, dass alle Ihre Mitarbeiter zusammenkommen und sich abstimmen. Wenn Sie selbst Führungskraft sind und Ihr Chef dies nicht tut, sollten Sie sich mit Ihren Kolleginnen und Kollegen absprechen.

Kalibrierungsmeetings sind aus zwei Gründen wichtig: Zum einen wegen Transparenz und Fairness. Diese Aspekte sorgen dafür, dass die Führungskräfte ehrlich bleiben, denn sie wissen, dass sie ihre Bewertungen vor ihren Kollegen und sogar höheren Managementebenen verteidigen müssen. Zum anderen bieten Kalibrierungsmeetings Nachwuchsführungskräften Orientierung. Sie sind eine gute Möglichkeit, sich mit den Leistungserwartungen und kulturellen Normen vertraut zu machen. Der große Nachteil dieser Besprechungen ist, dass sie sich über Stunden hinziehen können. Setzen Sie sich deshalb ein festes Ende, und halten Sie sich daran.

Kalibrierungsrunden sind immer schmerzhaft. Nehmen wir einmal an, Geoff leitet ein Team von sechs Mitarbeiterinnen und Mitarbeitern. Er hält sie alle für fantastisch, insbesondere Tony, dessen Arbeit er als »hervorragend« einstuft. Geoffs Kollegin Wilma, die ebenfalls für sechs Mitarbeiterinnen und Mitarbeiter zuständig ist, hält Tony dagegen nicht für so großartig. Sie würde seine Arbeit wahrscheinlich mit »zufriedenstellend« bewerten. Wenn sich Wilma zu Wort meldet, könnte dies Geoff wütend oder verlegen machen. Wenn sie dagegen nichts sagt, wird sie sich über Geoff ärgern. Ihre Chefin, Ann, *muss* deshalb ein schwieriges Gespräch anstoßen. Denn wenn sie das Thema nicht anspricht, hat das mehrere negative Folgen: Erstens wird sie dann die gewünschte Verteilung nicht einhalten. Und zweitens wird Geoff der Ruf anhaften, zu wohlwollend zu bewerten. Die Mitarbeiter werden immer noch gerne für Wilma arbeiten, doch sie werden es als ungerecht empfinden, dass Geoffs Team mehr Geld bekommt und schneller befördert wird, nur weil Geoff wohlwollender bewertet. Dadurch entstehen seltsame Anreize. Ann könnte das Problem lösen, indem sie Geoff zur Seite nimmt und mit ihm spricht, doch damit verpasst sie die Gelegenheit, im Team ein gemeinsames Verständnis davon zu schaffen, was »hervorragend« bedeutet. Zudem hindert sie Geoff und Wilma daran, wertschätzend aufrichtig miteinander zu kommunizieren. Wenn Ann alle in ihrem Team dazu auffordert, sich gegenseitig herauszufordern, werden sie schneller an einem Strang ziehen – und auch stärkere Beziehungen aufbauen, als wenn Ann versuchen würde, die Bewertungen selbst zu kalibrieren. Am wichtigsten ist jedoch, dass das Ergebnis sowohl für Geoffs als auch für Wilmas Mitarbeiter fairer sein wird, wenn Ann das Gespräch zwischen Geoff und Wilma forciert.

Wenn Ann mehrere Ebenen unter sich hat, werden die Kalibrierungsrunden noch wichtiger, denn je größer ein Unternehmen ist, desto häufiger kommt es vor, dass unverhältnismäßig viele Topmanager die besten Bewertungen erhalten, während Mitarbeiter auf der unteren Ebene mehrheitlich schlechte Bewertungen erhalten.

Während meiner Zeit bei Google bat ich unsere Personalabteilung, die Bewertungen nach Ebenen zu gruppieren. Obwohl sich Google um flache Hierarchien bemühte, gab es allein in meinem Team acht verschiedene Ebenen – Ebene 2 bis 9. Ebene 2 waren die Kundenservicemitarbeiter, Ebene 9 entsprach einem Director II. Auf den ersten Blick sah unsere Verteilungskurve gut aus. Doch als wir uns die Verteilung der Bewertungen der Ebene-2-Mitarbeiter im Verglich zu denen der Mitarbeiter auf den Ebenen 7 bis 9 ansahen, stellten wir fest, dass die schlechten Bewertungen mehrheitlich an die Mitarbeiter der Ebene 2 vergeben worden waren und nur die Mitarbeiter auf Ebene 8 eine Top-Bewertung erhalten hatten. Als ich mir ansah, wie ich meine sechs Mitarbeiterinnen und Mitarbeiter bewertet hatte, stellte ich fest, dass die Verteilung am unausgewogensten war. Das kam mir wie Selbstbetrug vor, und ich wusste, dass es nicht fair war.

Bevor wir uns die Bewertungen noch einmal ansahen und die einzelnen Ebenen neu kalibrierten, überlegten wir: Waren wir wirklich der Meinung, dass es einen solchen Unterschied zwischen den einzelnen Ebenen geben sollte? Es gab einige Argumente, die für eine andere Bewertungsverteilung bei den Berufsanfängern sprachen. Die ersten Jahre in einem Unternehmen können eine Art Ausleseprozess sein. Einige Investmentbanken und Beratungsfirmen nehmen häufig Absolventinnen und Absolventen direkt nach dem Studium in ein zweijähriges Programm auf und laden am Ende nur etwa 10 Prozent ein, zu bleiben; alle anderen müssen nach den zwei Jahren gehen. Das bedeutet, dass etwa 90 Prozent der Jüngeren das Unternehmen wieder verlassen. Diese Unternehmen sprechen nicht von nicht erfüllten Erwartungen oder schlechter Leistung – sie nennen es einfach ein Zwei-Jahres-Programm und setzen die Erwartung so hoch, dass am Ende nur wenige Mitarbeiter gebeten werden zu bleiben. Im Endeffekt bedeutete das, 90 Prozent der Mitarbeiter auf Ebene 2 eine schlechte Bewertung zu geben. Sollten wir so etwas tun? Wir entschieden uns dagegen; unser Team sollte ein Ort sein, an dem die Leute nach dem College einen Job bekommen und bleiben. Die Fähigkeiten, die sie in den ersten zwei Jahren erlernten, würden sie wertvoller machen. Deshalb einigten wir uns darauf, dass die Verteilung auf allen Ebenen gleich sein sollte. Auch Sie werden über dieses Thema sprechen müssen, aber möglicherweise zu ganz anderen Schlussfolgerungen kommen.

Mein Bauch sagt mir, dass es gerechter ist, die gleiche Verteilung auf allen Ebenen anzuwenden. Das ist jedoch nur ein Gefühl, keine Empfehlung. In manchen Situationen kann es gute Gründe geben, die Verteilung je nach Ebene zu variieren. Ich empfehle Ihnen aber dringend, diese Entscheidung bewusst zu treffen.

10. Häufigkeit

Einige Unternehmen führen jedes Quartal Leistungsbeurteilungen durch, andere ein- oder zweimal im Jahr und viele nie. In dem Start-up, das ich mitgegründet habe, habe ich nie Leistungsbeurteilungen durchgeführt und auch nicht verstanden, warum ich das tun sollte. Das ging nach hinten los, doch ich brauchte eine Weile, um es zu erkennen. Bei Google führten wir Leistungsbeurteilungen zunächst viermal pro Jahr durch, dann zweimal pro Jahr. Das funktionierte ziemlich gut, bis das System komplizierter und zeitaufwendig wurde.

Keine Leistungsbeurteilungen durchzuführen ist eine schlechte Idee. Wenn Sie sie jedoch viermal pro Jahr durchführen, belasten Sie die Führungskräfte stark, und die Mitarbeiter haben wenig Zeit, sich bis zur nächsten Bewertungsrunde zu verbessern. Deshalb empfehle ich zwei Leistungsbeurteilungen pro Jahr. Eine leichtere, die mündlich und nur zwischen Vorgesetztem und Mitarbeiter erfolgt; und eine schriftliche, inklusive eines einfachen 360-Grad-Feedbacks.

Denken Sie daran, dass die Empfehlung, zweimal im Jahr eine Leistungsbeurteilung vorzunehmen, nur für das Leistungsmanagement und nicht für die Mitarbeiterentwicklung gilt. Spontane Entwicklungsgespräche sollten wöchentlich in vertraulichem Rahmen stattfinden, etwa zwei Minuten dauern und keine Bewertung und keinen Prozess beinhalten. Unternehmen, die mit der Zeit häufigere Bewertungen vornehmen, verwechseln oft Leistungsmanagement und Mitarbeiterentwicklung. Entwicklung ist eine tägliche bzw. wöchentliche Angelegenheit. Doch wenn Bewertungen zu häufig erfolgen, werden sie mit Feedback zur Mitarbeiterentwicklung verwechselt, und Gespräche, die die Mitarbeiter intrinsisch motivieren sollen, lösen stattdessen Widerstand aus, weil Menschen beurteilt werden und diese Beurteilung extrinsische Belohnungen und Sanktionen nach sich zieht.

Das System sollte alle Führungskräfte daran erinnern, täglich bzw. wöchentlich in zweiminütigen Gesprächen Feedback zu geben und einzuholen. Es sollte die Verantwortlichen auch daran erinnern, dass, wenn es irgendwelche Überraschungen in den Bewertungen gibt, nicht genug Mitarbeiterentwicklung stattgefunden hat.

11. 360-Grad-Feedback vs. einseitige Bewertungen durch Führungskräfte

Ich plädiere sehr für 360-Grad-Feedback, bei dem Mitarbeiter »oberhalb«, »unterhalb« und »seitwärts« der zu bewertenden Person Input geben. 360-Grad-Bewertungen sind eine der wirksamsten Maßnahmen, um sicherzustellen, dass die subjektive Sichtweise einer Führungskraft nicht zu Bevorzugungen oder einer ungerechten oder suboptimalen Zuweisung von Ressourcen führt. Wenn Führungskräfte zu viele Entscheidungen im Alleingang treffen, wirkt sich das negativ auf die Ergebnisse aus und erschwert es ihnen, eine wertschätzend aufrichtige Beziehung zu ihren Mitarbeitern zu pflegen. Kaum etwas schadet Beziehungen mehr als einseitige Macht. Wenn der Chef Ihres Chefs Sie um Feedback zu Ihrem Chef bittet, ist das zudem ein klares Signal, ihm die Wahrheit über »die da oben« zu sagen, was ebenfalls wichtig für eine Kultur der wertschätzenden Aufrichtigkeit ist. Wenn diese Beurteilungen transparent sind, können 360-Grad-Bewertungen auch eine Kultur des aufrichtigen und zugewandten Feedbacks stärken.

Der Teufel steckt jedoch im Detail. 360-Grad-Feedback ist in der Regel zeitaufwendiger, als es sein müsste. Während der Performance-Reviews bei Google verbrachte ich etwa 30 bis 60 Minuten mit jedem Peer-Review, den ich verfassen musste, und ich sollte normalerweise etwa 20 verfassen. Meinen Kolleginnen und Kollegen ging es genauso. Es hatte jedoch durchaus Vorteile, ein so ausführliches Feedback zu schreiben, denn es hat mich wirklich zum Nachdenken gebracht. Ich denke jedoch, dass 80 Prozent des Wertes dieser Beurteilungen auch dadurch erreicht werden könnten, dass ich meinen Mitarbeitern einfach mitteile, wie ich ihre Leistung in Bezug auf die vier Kriterien einschätze. Gerade 360-Grad-Peer-Reviews können für die Beurteiler sehr viel leichter sein, als sie es in den meisten Unternehmen sind. Ich empfehle, die Mitarbeiter einfach aufzufordern, ihre Kollegen in jeder der vier Kategorien zu bewerten. Für die Bewertungen »zufriedenstellend (bislang)« und »gut« ist keine schriftliche Ausformulierung erforderlich; für die Bewertungen »nicht zufriedenstellend« und »hervorragend« sollten nicht mehr als 75 Wörter verwendet werden. Die erwartete Verteilung sollte aufgezeigt und die tatsächliche Verteilung, die der Bewerter erreicht hat, berechnet werden, damit dieser sich selbst korrigieren kann, wenn er sieht, dass er eher zu streng oder zu wohlwollend bewertet.

Indem Sie alle dazu anhalten, ihre Bewertungen anhand der gewünschten Verteilung vorzunehmen, verhindern Sie, dass die Bewertungen mehr über den Bewerter aussagen als über den Bewerteten. Außerdem werden die Mitarbeiter dazu angehalten, sich wirklich Gedanken über die Leistung anderer zu machen und ihre Einschätzung zu kommunizieren.

12. Transparent oder vertraulich

Wenn Sie sich für 360-Grad-Feedback entscheiden, müssen Sie auch entscheiden, ob es transparent (was die Mitarbeiter über ihre Kollegen schreiben, ist für diese sichtbar) oder vertraulich (was die Mitarbeiter über ihre Kollegen schreiben, ist nur für die Vorgesetzten der Kollegen sichtbar) sein soll. Ich empfehle dringend Transparenz, denn vertrauliches Feedback ermutigt nicht dazu, anderen gegenüber aufrichtig zu sein, und es schadet oft auch der Dimension »Wertschätzung« im Radical-Candor-Modell. Menschen sind eher aggressiv offen, wenn sie andere anonym bewerten.

Vertrauliches Feedback hat einige Vorteile. Erstens können sich die Mitarbeiter dann theoretisch kurzfassen. Wenn sie dagegen wissen, dass der andere sieht, was sie über ihn schreiben, werden sie ihre Worte wahrscheinlich sorgfältiger wählen. Zweitens sorgt Vertraulichkeit manchmal dafür, dass Mitarbeiter einem Vorgesetzten Feedback geben, das sie sonst nicht geben würden.

Doch vertrauliches Feedback hat auch einige erhebliche Nachteile. Erstens zwingt es die Kolleginnen und Kollegen nicht dazu, direkt miteinander zu sprechen. Damit wird die Chance verpasst, eine Kultur des direkten, aufrichtigen Feedbacks zu schaffen. Im schlimmsten Fall wird so hinterhältiges Verhalten gefördert. Zweitens müssen die Führungskräfte das gesamte Peer-Feedback für alle Mitarbeiter lesen und zusammenfassen, da es für sie nicht transparent ist. Infolge dieser Synthese geht manchmal Wert verloren. Durch transparentes 360-Grad-Feedback fördern Sie eine Kultur des direkten Feedbacks, die Führungskräfte sparen Zeit, und die Mitarbeiter erhalten qualitativ hochwertigeres Feedback von ihren Kollegen.

Leistungsbeurteilungsbogen für Mitarbeiter x (2. Quartal 20xx)

KEINE ÜBERRASCHUNGEN! Idealerweise kommt Ihre Bewertung für die Mitarbeiterin oder den Mitarbeiter nicht überraschend. Sie sollten regelmäßige spontane Entwicklungsgespräche mit Ihren Kollegen, Ihren Mitarbeitern und Ihrem Vorgesetzten führen. Wenn Sie Feedback wünschen, klicken Sie hier. Wenn Sie Feedback eingefordert, aber nicht erhalten haben, klicken Sie hier. Und wenn Sie Ihre Bewertung zuvor noch nie mit Ihrer Mitarbeiterin oder Ihrem Mitarbeiter geteilt haben, finden Sie hier Tipps für ein persönliches Gespräch, bevor Sie das Formular absenden.

	BEWERTUNG				ANMERKUNGEN
	Nicht zufriedenstellend	Zufriedenstellend (bislang)	Gut	Hervorragend	Für »zufriedenstellend (bislang)« und »gut« sind keine Erläuterungen nötig. Für »nicht zufriedenstellend« und »hervorragend« bitte max. 75 Wörter verwenden.
Teamfähigkeit	○	○	○	○	
Innovationsfähigkeit	○	○	○	○	
Effizienz	○	○	○	○	
Ergebnisse	○	○	○	○	
Gesamt**	wird automatisch berechnet				** Wenn Sie in einer Kategorie die Bewertung »nicht zufriedenstellend« vergeben, ist die Gesamtbewertung ebenfalls »nicht zufriedenstellend«. Damit die Person eine hervorragende Bewertung erhält, muss ihre Leistung sowohl in den Kategorien »Teamfähigkeit« und »Ergebnisse« als auch in einer weiteren Kategorie mit »hervorragend« bewertet werden. Andernfalls wird der Durchschnittswert ermittelt und aufgerundet.
Erwartete Verteilung	5 %	40 %	40 %	15 %	
Ihre Verteilung (nachdem Sie 60 % der Peer-Reviews abgeschlossen haben)					

(1 %) Erwartungsgemäß erhalten 5 % der Mitarbeiterinnen und Mitarbeiter die Bewertung »nicht zufriedenstellend«. Bei Ihnen sind es nur 1 %. Bitte überprüfen Sie Ihre Bewertungen. Wenn Sie die erwartete Verteilung nicht einhalten können, erläutern Sie hier bitte Ihre Gründe.
(30 %) Erwartungsgemäß erhalten 40 % der Mitarbeiterinnen und Mitarbeiter die Bewertung »zufriedenstellend (bislang)«. Bei Ihnen sind es nur 30 %. Bitte überprüfen Sie Ihre Bewertungen. Wenn Sie die erwartete Verteilung nicht einhalten können, erläutern Sie hier bitte Ihre Gründe.
(50 %) Erwartungsgemäß erhalten 40 % der Mitarbeiterinnen und Mitarbeiter die Bewertung »gut«. Bei Ihnen sind es 50 %. Bitte überprüfen Sie Ihre Bewertungen. Wenn Sie die erwartete Verteilung nicht einhalten können, erläutern Sie hier bitte Ihre Gründe.
(19 %) Erwartungsgemäß erhalten 15 % der Mitarbeiterinnen und Mitarbeiter die Bewertung »hervorragend«. Bei Ihnen sind es 19 %. Bitte überprüfen Sie Ihre Bewertungen. Wenn Sie die erwartete Verteilung nicht einhalten können, erläutern Sie hier bitte Ihre Gründe.

Ich plädiere sehr dafür, beim 360-Grad-Feedback alle Unternehmensebenen einzubeziehen. Wenn Sie den Prozess nur auf Managementebene durchführen, verschaffen Sie den Führungskräften einen weiteren Vorteil, den Mitarbeiter weiter unten in der Hierarchie nicht haben. Beziehen Sie also alle ein. (Und wenn Sie schon dabei sind, schaffen Sie auch Eckbüros und Chefparkplätze ab.)

Je früher Sie allen Beteiligten beibringen, wie man gutes Feedback formuliert, desto besser und nützlicher wird dieses sein. Ich empfehle eine »Show, don't tell«-Lektion in gutem Schreiben. Je abstrakter das Feedback, desto verwirrender. Je konkreter es dagegen ist – je eher Sie also über eine Situation berichten können, die veranschaulicht, was Sie mit Ihrem Feedback meinen, desto besser. Es ist hilfreich, den Mitarbeitern beizubringen, wie man ein gutes Leistungsfeedback schreibt. Doch am besten lernt es sich natürlich durch Learning by Doing, indem die Mitarbeiter also selbst Feedback verfassen und Feedback erhalten.

Und wenn die Menschen wissen, dass die Person, über die sie schreiben, weiß, dass sie es sind, die das Feedback verfassen, werden sie sich eher bemühen, hilfreiches Feedback zu formulieren. Natürlich werden sie auch versucht sein, gar nichts zu sagen. Deshalb ist es so wichtig, sie dazu anzuhalten, die gewünschte Verteilung einzuhalten. Ich würde mich für ein transparentes Peer-Feedback entscheiden. Ich bin jedoch nicht dagegen, im Beurteilungsbogen ein Feld zu ergänzen, in dem die Leute vertrauliches Feedback geben können.

13. Einfach oder komplex

Ein umfangreicher Leistungsbeurteilungsprozess ist für alle, die Beurteilungen und 360-Grad-Feedback für Mitarbeiter »oberhalb«, »unterhalb« und »seitwärts« von ihnen verfassen, enorm zeitaufwendig.

Das Verfahren bei Google war anfangs recht einfach, wurde jedoch mit zunehmender Größe des Unternehmens immer schwerfälliger. Bevor ich das Unternehmen 2010 verließ, investierte ich jeweils vier Stunden in die schriftliche Beurteilung meiner direkten Mitarbeiterinnen und Mitarbeiter. Auch wenn das in Summe nur sechs Personen waren, bedeutete das immer noch 24 Stunden zweimal im Jahr. Zudem musste ich noch Peer-Feedback verfassen, was weitere 20 Stunden Arbeit bedeutete. Und nur weil gerade Leistungsbeurteilungen anstanden, ruhte das Geschäft ja nicht. Deshalb gab es jedes Jahr vier Wochen, in denen wir alle praktisch einen Zweitjob hatten und schlecht gelaunt waren. Die Leute blieben zu lange auf, um ihre Reviews zu schreiben, und fingen sich eine Erkältung ein. Die Erkältungen machten die Runde. Allmählich fürchteten wir alle die Zeit, in der wieder Leistungsbeurteilungen anstanden. Wir fingen an, sie als »Perfkrastination« zu bezeichnen, weil andere wichtige Dinge sowohl bei der Arbeit als auch zu Hause liegenblieben. Ich glaube zwar, dass ich durch den Zwang, diese Zeit zu investieren, mehr darüber nachgedacht habe, wie ich mein Team führe, doch ich bin mir nicht sicher, ob sich der Tribut, den dieser Prozess für das Unternehmen forderte, am Ende ausgezahlt hat.

Ein guter Rat: Selbst wenn man einen guten Prozess eingeführt hat, entwickeln Prozesse irgendwann ein Eigenleben, wenn man sie nicht aktiv steuert. Ein großes Problem bei Google war, dass die Leistungsbeurteilungen in den Beförderungsprozess einflossen. Der Beförderungsprozess selbst wurde immer umständlicher. Und die Managementgehälter waren exorbitant hoch. Ein leitender Ingenieur, den ich kannte, hatte einen Hochschulabsolventen in seinem Team, der in seinem LKW auf dem Parkplatz lebte, weil er sich die Miete in Mountain View und seinen Studienkredit nicht leisten konnte. Gleichzeitig erhielten die Vice Presidents Gehaltspakete in Höhe von 100 Millionen Dollar. Wenn so viel auf dem Spiel steht, ist es lächerlich, den Leuten zu sagen, »Macht euch keine Sorgen um eure Beförderung«. Und wenn alles, was Sie vor zwei Jahren im Rahmen eines Peer-Review über einen Kollegen geschrieben haben, im Beförderungsgremium gelesen wird und die Gefahr besteht, dass diese Person nicht befördert wird, werden Sie jedes Wort, das Sie schreiben, viel zu lange abwägen.

Selbst wenn Sie Ihren VPs keine irrsinnigen Gehälter zahlen, können die Prozesse in Ihrem Unternehmen schleichend ausufern. Daher müssen Sie aktiv kontrollieren, wie lange der Prozess dauert, und dafür sorgen, dass er nicht über das gewünschte Maß hinauswächst.

Solange Sie die Kontrolle über Ihren Prozess behalten, empfehle ich eine

Ansicht, bevor die Führungskraft den Beurteilungsbogen für Mitarbeiter x ausfüllt (2. Quartal 20xx)

	BEWERTUNG				ANMERKUNGEN
	Nicht zufriedenstellend	Zufriedenstellend (bislang)	Gut	Hervorragend	Für »zufriedenstellend (bislang)« und »gut« sind keine Erläuterungen nötig. Für »nicht zufriedenstellend« und »hervorragend« bitte max. 75 Wörter verwenden.
Teamfähigkeit		2	2	6	
Innovationsfähigkeit			2	8	
Effizienz	1	8	1		Mitarbeiter: »Jan braucht zu lange, um zur Sache zu kommen. Wenn er etwas von mir will, soll er einfach fragen. Wir haben das besprochen, aber es ist bislang nicht besser geworden.«
Ergebnisse		2	8		
Gesamt*	Gut				

* Wenn Sie in einer Kategorie die Bewertung »nicht zufriedenstellend« vergeben, ist die Gesamtbewertung ebenfalls »nicht zufriedenstellend«. Damit die Person eine hervorragende Bewertung erhält, muss ihre Leistung sowohl in den Kategorien »Teamfähigkeit« und »Ergebnisse« als auch in einer weiteren Kategorie mit »hervorragend« bewertet werden. Andernfalls wird der Durchschnittswert ermittelt und aufgerundet.

einfache Leistungsbeurteilung, die zweimal im Jahr stattfindet. Denken Sie daran, dass der Prozess weniger Zeit in Anspruch nimmt und wertschätzend aufrichtiger ist, wenn alle 360-Grad-Feedbacks transparent sind. Da das 360-Grad-Feedback nicht zusammengefasst und anonymisiert werden muss, ist es für die Führungskräfte weniger zeitaufwendig, das Feedback für ihre Mitarbeiter zu formulieren. Ein einfaches Beurteilungstool würde ähnlich wie die oben beschriebene 360-Grad-Methode aussehen: Die Führungskräfte bewertet ihre Mitarbeiterinnen und Mitarbeiter in jeder Kategorie und begründen diese Bewertung nur dann schriftlich, wenn die Person die niedrigste oder eine der beiden höchsten Bewertungen erhält.

Ansicht, nachdem die Führungskraft den Beurteilungsbogen für Mitarbeiter x ausgefüllt, aber noch nicht abgeschickt hat (2. Quartal 20xx)

Bewertung durch die Führungskraft

KEINE ÜBERRASCHUNGEN! Idealerweise kommt Ihre Bewertung für die Mitarbeiterin oder den Mitarbeiter nicht überraschend. Sie sollten wöchentliche Gespräche mit Ihren Mitarbeiterinnen und Mitarbeitern führen, in denen Sie Feedback einholen und Feedback geben. Wenn Sie Ihre Bewertung zuvor noch nie mit Ihrer Mitarbeiterin oder Ihrem Mitarbeiter geteilt haben, finden Sie hier hilfreiche Tipps.

BEWERTUNG | ANMERKUNGEN

Für »zufriedenstellend (bislang)« und »gut« sind keine Erläuterungen nötig. Für »nicht zufriedenstellend« und »hervorragend« bitte max. 75 Wörter verwenden.

	Nicht zufriedenstellend	Zufriedenstellend (bislang)	Gut	Hervorragend	Anmerkungen
Teamfähigkeit	○	○	● !!!	○	Jans Kolleginnen und Kollegen haben seine Leistung aus zwei Gründen besser bewertet als ich. Erstens (hier weiterlesen)
Innovationsfähigkeit	○	○	○	●	Jans Projekt X war ein Gamechanger für unser Team. Seine kreative (hier weiterlesen)
Effizienz	○	●	○	○	Jan arbeitet sehr viel und ist sich nicht immer der Bedürfnisse seiner (hier weiterlesen)
Ergebnisse	○	○	●	○	Könnte Jan seine Effizienz steigern, würden sich seine Ergebnisse und seine Teamfähigkeit verbessern (hier weiterlesen)
Gesamt*	Gut				

* Wenn Sie in einer Kategorie die Bewertung »nicht zufriedenstellend« vergeben, ist die Gesamtbewertung ebenfalls »nicht zufriedenstellend«. Damit die Person eine hervorragende Bewertung erhält, muss ihre Leistung sowohl in den Kategorien »Teamfähigkeit« und »Ergebnisse« als auch in einer weiteren Kategorie mit »hervorragend« bewertet werden. Andernfalls wird der Durchschnittswert ermittelt und aufgerundet.

Sie haben Jans Teamfähigkeit schlechter bewertet als seine Kolleginnen und Kollegen. Bitte erläutern Sie dies in den Anmerkungen. Bitte die Erläuterung auch hier einfügen und absenden.

	Nicht zufriedenstellend	Zufriedenstellend (bislang)	Gut	Hervorragend
Erwartete Verteilung	5%	40%	40%	15%
Ihre Verteilung	2%	35%	43%	20%

!!! Ihre Mitarbeiterinnen und Mitarbeiter wurden besser bewertet als erwartet. Bitten Sie sie, ihre Peer-Reviews anzupassen, oder erläutern Sie hier, warum Ihr Team über der erwarteten Verteilung liegt. Hat Ihr Team wirklich mehr erreicht als andere Teams?

Die Gesamtbewertung wird automatisch berechnet, und die Verteilung der Bewertungen der jeweiligen Führungskraft wird mit der erwarteten Verteilung verglichen. Weicht die Verteilung der Führungskraft von der erwarteten Verteilung ab, muss die Führungskraft dies erläutern. Das Ausfüllen des Beurteilungsbogens sollte pro Mitarbeiter nicht länger als 30 Minuten in Anspruch nehmen.

Wenn Ihr Unternehmen regelmäßiges, spontanes Feedback fördert und einfordert, wird ein komplexer Beurteilungsprozess praktisch überflüssig.

Die Führungskraft erhält eine Zusammenfassung des Peer-Feedbacks und kann sich diese ansehen, bevor sie die endgültige Bewertung erstellt. Der Bericht zeigt, wie viele Personen welche Bewertung abgegeben haben, und wenn die Führungskraft auf die Bewertung klickt, sieht sie in etwa Folgendes:

Im Anschluss daran kann die Führungskraft ihre Beurteilung des Mitarbeiters vornehmen. Weicht diese deutlich von der Beurteilung seiner Kollegen ab, muss sie dies erklären.

Als Letztes werden alle Führungskräfte, die mehr als 30 Mitarbeiterinnen und Mitarbeiter führen, darüber informiert, ob die Peer-Reviews oder ihre eigene Bewertung von der erwarteten Verteilung abweicht.

FAZIT

Ich hoffe, dass Ihnen dieses Bonuskapitel Anregungen geliefert hat, wie sich die Entwicklungsgespräche, die ich in diesem Buch beschreibe, mit einem Leistungsmanagement verknüpfen lassen, um eine Kultur der wertschätzenden Aufrichtigkeit zu etablieren. Ich würde mich über Feedback dazu freuen, insbesondere von Menschen, die Erfahrung mit der Implementierung von Leistungsmanagementsystemen haben. Schicken Sie mir Ihre Gedanken dazu gerne an PerformanceReviews@RadicalCandor.com.

DANKSAGUNGEN

Dieses Buch zu schreiben war das Schwierigste, was ich je bewerkstelligt habe, und ohne die Großzügigkeit und Unterstützung vieler Menschen wäre ich niemals fertiggeworden. Kein Buch ist jemals das Werk nur einer Person, und ich verstehe wirklich nicht, warum wir an dem Mythos des »Autors« festhalten.

Die erste Schwierigkeit bestand darin, Zugang zu meinem Kopf zu bekommen. Dazu war viel freie Zeit nötig; Zeit, in der ich nicht bloß am Computer saß und schrieb, sondern lange, ausschweifende Spaziergänge machte, um nachzudenken, und lange Gespräche führte, um Ideen zu diskutieren. Das ließ keine Zeit mehr für einen regulären Job. Vielen Dank an mein Team bei Dropbox, allen voran Olga Navarskaya, Oliver Jay und

Johann Butting, dafür, dass sie so verständnisvoll waren, als ich kurzerhand beschloss, das Unternehmen zu verlassen, um dieses Buch schreiben zu können. Mein Dank gilt ebenso Dick Costolo, Drew Houston, Adam Bain, Joanna Strober, Ryan Smith, Shannon Miller, Jack Dorsey und Kevin Gibbon, die mir immer wieder Beratertätigkeiten anbieten, dank derer ich die nötige Flexibilität und Zeit zum Schreiben hatte und meine Rechnungen bezahlen konnte.

Als Nächstes kam der noch schwierigere Teil: wieder raus aus meinem Kopf zu kommen, nachdem ich hineingekommen war. Dabei halfen mir mein Lektor, das Wohlwollen meiner Freunde und die Großzügigkeit von Fremden.

Wenn man ein Buch schreibt, fühlt man sich häufig wie ein Schiffsbrüchiger. Tim Bartlett, mein Lektor und Verantwortlicher für dieses Buch, war die Rettungsinsel, die mich davor bewahrt hat, beim Schreiben verrückt zu werden. Er hat nicht nur durch das ganze Chaos hindurchgesehen und die guten Teile dieses Buches klar genug erkannt, um es verlegen zu wollen, sondern es auch auf beeindruckende Weise aufgeräumt. Schreiben ist wirklich Teamwork zwischen Autor und Lektor, und durch Tim fühlte ich mich meisterhaft betreut. Er wusste, wo gekürzt und wo erweitert werden musste, wann er sagen musste, »Hallooo! Und wo ist die Wertschätzung geblieben?«, und wann er mir das Manuskript schließlich aus den Händen reißen musste. Sein klares Denken bereichert buchstäblich jede Seite dieses Buches. Tim ist ein großartiger Lektor, und sein Name sollte eigentlich neben meinem auf der Titelseite prangen.

Ich möchte mich auch bei Tims Frau und seinen Kindern bedanken, denn durch die Arbeit an diesem Buch hatte er weniger Zeit für seine Familie und für Urlaube. Und wenn wir schon beim Thema Urlaub sind, möchte ich auch meinem Mann, meinen Kindern, meinen Eltern und Geschwistern, meinen Schwiegereltern und meinen Schwägerinnen und Schwägern für ihr Verständnis und ihre Unterstützung in jenen Zeiten danken, in denen ich sie allein ließ, um dieses Buch zu schreiben und zu überarbeiten.

Auch dem gesamten Team bei St Martin's Press, das dieses Buch auf den Weg gebracht hat, bin ich außerordentlich dankbar. Laura Clarks war vom ersten Moment an von diesem Buch begeistert, was nicht nur dem Buch selbst, sondern auch mir persönlich enorm gutgetan hat. Von ihr habe ich viel darüber gelernt, wie man Ideen vermarktet. Gabi Gantz, Alice Pfeifer, Karlyn Hixson, Eric C. Meyer, Kathy Parise und James Iacobelli waren allesamt sehr hilfsbereit und in jeder Phase geduldig mit mir. Einige Mitarbeiterinnen und Mitarbeiter von St Martin's habe ich nicht persönlich kennengelernt, doch auch sie haben alles dafür getan, dieses Buch zu veröffentlichen und unter die Leserinnen und Leser zu bringen. Das gilt besonders für Jeremy Pink, den ich nie gesehen habe, dem ich mich aber verbunden fühle, weil er buchstäblich jeden einzelnen Satz in diesem Buch verbessert hat. Die Arbeit, die Verlagsmitarbeiterinnen und -mitarbeiter leisten, um Ideen publik zu machen, ist für unsere Welt so wichtig, wird aber leider durch die Branche, in der ich tätig war, nicht einfacher gemacht. Ich freue mich auf viele zukünftige Jahre, in denen ich gemeinsam mit Verlagsmenschen einen besseren Weg nach vorn finden und die Zusammenarbeit zwischen Techbranche und Verlagswesen verbessern kann.

Dieses Buch wäre nie in den Händen von Tim oder dem Team bei St Martin's gelandet, wenn mir nicht viele Menschen auf dem Weg dorthin geholfen hätten. Meine Freunde Adam Richman und Kim Keating haben mich mit Ratschlägen zum Veröffentlichen von Büchern überhäuft. Mein Agent Howard Yoon las einen Entwurf dieses Buches noch am selben Tag, an dem die Seiten in seinem Postfach landeten, und rief mich mit einer Begeisterung an, die mir zeigte, dass die vergangenen drei Jahre nicht umsonst gewesen waren; und das zu einem Zeitpunkt, zu dem ich das unbedingt hören musste. Er hat sogar die Bewerbung für *mich* verfasst, als ich mich schwer damit tat. Zudem hat er mir mehrere Monate bei der Überarbeitung geholfen, was dringend nötig war, weil das Buch unter seinem eigenen Gewicht zu ersticken drohte. Howard ist ein ganz besonderer Agent, von dessen Sorte es nicht viele gibt; er beherrscht die Kunst der Worte genauso wie die Kunst des Verkaufens.

Und bevor überhaupt Howard oder Tim dieses Buch zu Gesicht bekam, haben viele Freunde und Familienmitglieder Entwurf für Entwurf gelesen, Wort für Wort abgewogen oder mich von meinem Schreibtisch weggezerrt, um lange Spaziergänge zu machen, während derer ich wieder ein wenig Abstand gewinnen konnte.

Meine Eltern, Allen and Mary Malone, haben mindestens fünfzehn verschiedene Entwürfe des Buches gelesen und nie Anzeichen von Langeweile gezeigt. Wenn das nicht ein Akt der Liebe ist, weiß ich nicht, was es ist.

Mein Mann Andy hat entschieden darauf bestanden, das Buch nicht *Grausame Empathie* zu nennen, wie ich es fast zwei Jahre lang vorhatte. Ich weiß nicht, warum ich überhaupt dagegen argumentiert habe. Andy ist der Inbegriff des Verstands, und wenn er auf etwas beharrt, hat er immer recht.

Diverse Leute haben verschiedene Versionen dieses Buches redigiert, und ich bin ihnen allen zu großem Dank verpflichtet. Denni Cawley hat die schwierigsten ersten Fassungen lektoriert und mir bei der Recherche geholfen. Sierra Kephart-Clary hat zu einem späteren Zeitpunkt Ordnung in das Chaos gebracht. James Buckhouse hat die Bearbeitung zu etwas Schönem und Spaßigem gemacht, genau dann, als ich es dringend brauchte. Katya Rice hat mich davor bewahrt, zu abstrakt oder zu konkret zu werden, und hat tausend kleine Änderungen vorgenommen und mir gleichzeitig geholfen, mich weder zu unscharf auf den Wald zu konzentrieren noch zu detailliert auf die Bäume.

Alice Traux war während zwei Bearbeitungsrunden ein wahrer Pol der Vernunft. Sie ist unerbittlich in ihrem Unwillen, auch nur den Hauch eines Klischees zu akzeptieren, und hat mir immer den Spiegel vorgehalten, wenn ich etwas geschrieben habe, das keinen Sinn ergab. Gleichzeitig war sie stets um mein Wohlergehen besorgt und dadurch eine unerschöpfliche Trostspenderin. Für all das danke ich ihr sehr.

Jim und Mary Ottaway haben eine frühe Version dieses Buches lektoriert und mich angespornt, weiterzuschreiben, und ganz am Ende hat Jim noch einmal in heldenhafter Schnelligkeit und Gründlichkeit die letzte Fassung redigiert.

Mein großer Dank gilt außerdem Catharine Burhenne-Sanderson, Steve Diamond, Maria Gotsch, Ellen Konar und Albert Ni, Jane Penner und Gretchen Ruben, die nicht nur das Buch gelesen, sondern auch unzählige Spaziergänge mit mir gemacht, Mittagessen mit mir eingenommen und Gläser Wein mit mir getrunken haben und mich dabei überzeugt haben, ganze Abschnitte des Buches zu überdenken. Dadurch habe ich mich während des Schreibens etwas weniger einsam gefühlt. Sie haben mir geholfen, klarer zu denken, als ich mich schwertat, den ein oder anderen Gedanken rüberzubringen, und ihr Mitgefühl mit mir hat mich dazu angehalten, Empathie für den Leser zu empfinden.

Olga Navarskaya hat mich davon überzeugt, dass mein ursprüngliches Radical-Candor-Modell nicht stimmig war und der Überarbeitung bedurfte. Das dauerte ganze drei Monate, und ich hätte es nicht geschafft, wenn ich mir nicht ständig ihren skeptischen Gesichtsausdruck vor Augen geführt hätte.

Den kompletten zweiten Teil dieses Buches verdanke ich Daniel Rubin, der meinem widerspenstigen Geist über mehrere Monate einschärfte, dass eine Managementphilosophie allein gar nichts verändert oder niemandem hilft.

Unendlich dankbar bin ich Josh Cohen, Michael Chu, Michael Dearing, Drew Houston, Jared Smith, Russ Laraway, Elisse Lockhart, Charles Morris, Venkat Rao, Caroline Reitz, Sheryl Sandberg, Michael Schrage, Myra Strober,

Richard Tedlow, Valerie Yakich und Chris Yeh, die das Buch sehr sorgfältig gelesen und bearbeitet haben und dabei unzählige wertvolle Vorschläge und Anmerkungen gemacht haben.

Während ich das Buch schrieb, haben mich viele Leute gefragt, ob sie es lesen könnten, und einige von ihnen haben mir wertschätzend aufrichtiges Feedback gegeben, wodurch ich Schwachstellen des Buches erkannt habe. Andere haben einfach ihr Interesse bekundet und mich dadurch ermuntert, weiterzumachen. Das waren Dinara Abilova, Alina Adams, Matt Adams, Richard Alfonsi, Brett Berson, Gina Bianchini, Jeff Bidzos, Nick Bloom, Simon Bolger, Adam Brandenburger, Jenna Buffaloe, Matthew Carpenter, Andrew Catton, Denni Cawley, Lawrence Coburn, Betsy Cohen, Kate Connally, Jack Dorsey, Sarah Friar, Maria Giacona, Kevin Gibbon, Adam Grant, Josh Grau, Karen Grove, James Groves, Matt Hogan, Adam Hundt, Kate Jhaveri, Neeru Khosla, Elizabeth Kim, Janet Kim, Aliza Knox, Brett Kopf, Jayant Kulkarni, Christine Lee, Battle Malone, Tim Martin, Ben Matasar, Blaire Mattson, Michael Maughan, Jamie McCollough, Shannon Miller, Dobromir Montauk, Maran Nelson, Yu-Shen Ng, Andrew Peterson, Ann Poletti, Kanjun Qiu, Adam Regelmann, Robyn Reiss, Katya Rice, Louisa Ritter, Margaret Rosser, Matt Rosser, Dan Rummel, Johnny Russ, Scott Sheffer, Lindsey Semple, Lauren Sherman, Dimitar Simeonov, Mason Simon, Ryan Smith, Mollie Solon, Donna Staton, Michael Stoppelman, Jason Strober, Joanna Strober, Shea Tate-Di, Jason Tan, Joseph Ternasky, Sophia Tsai, Casey Tunguz, Tomasz Tunguz, Dash Victor und Jackie Xu. Jeder und jedem Einzelnen von ihnen bin ich zu großem Dank verpflichtet.

Es wird häufig gesagt, dass große Künstler bei anderen kopieren und stehlen. Ich weiß nicht, ob ich eine große Künstlerin bin, doch ich weiß, dass ich viele Ideen in diesem Buch gestohlen habe. Vieles davon sind einfach Dinge, die die Menschen, mit denen ich gearbeitet habe, gemacht haben.

Drei Menschen haben dieses Buch ganz besonders beeinflusst: Shona Brown, Russ Laraway, und Sheryl Sandberg.

Shona Brown, SVP of Business Operations bei Google, ist eine unbesungene Heldin und hält sich lieber im Hintergrund, weshalb über sie in diesem Buch weniger zu lesen ist. Es war eine Dosis besonders wohlwollender wertschätzender Aufrichtigkeit, die mich dazu gebracht hat, meine aktuelle berufliche Laufbahn einzuschlagen. Der Managementansatz bei Goolge wurde zu großen Teilen von Shona erdacht, konzipiert und operationalisiert. Ihren Führungsansatz beschreibt sie sehr schön in ihrem Buch *The Edge of Chaos*, und dass ihre Ideen funktionieren, zeigte sie dann, als sie sie bei Google umsetzte. Sie hat die Einstellungs-, Beurteilungs-, Vergütungs-,

Entwicklungs- und Beförderungsverfahren bei Google ganz wesentlich geprägt; ebenso die Zielsetzung und Zielerreichung, die Entscheidungsfindung und die kontinuierliche organisationale Umstrukturierung, die Google geholfen hat, auch mit zunehmender Größe beweglich zu bleiben. Ihre Designentscheidungen haben maßgeblich zur Entwicklung des Unternehmens beigetragen.

Russ Laraway dabei zuzusehen, wie er seine Mitarbeiterinnen und Mitarbeiter führte und führt, hält für mich immer wieder neue Erkenntnisse darüber bereit, wie man ein toller Chef bzw. eine tolle Chefin ist. Er hat mir nicht nur viel über Management beigebracht, sondern erinnert mich auch täglich daran, was es heißt, ein guter Mensch zu sein.

Sheryl Sandberg ist die beste Chefin, die ich je hatte. Ihr ist es zu verdanken, dass sich mein Leben in eine völlig andere Richtung entwickelt hat. Immer wieder hat sie mich dazu gebracht, Dinge zu tun, die ich mir nie hätte vorstellen können, und mir geholfen, meinen Träumen einen Schritt näherzukommen.

Dieses Buch enthält Dutzende Geschichten über das, was ich von den Menschen, mit denen ich zusammengearbeitet habe, gelernt habe. Ihnen allen möchte ich für ihre Bemühungen danken, gute Vorgesetzte zu sein, und dafür, dass sie Vorbilder für mich waren. Ich hoffe, ich habe ihre Ideen in diesem Buch korrekt wiedergegeben. Es gibt auch einige Menschen, von denen ich viel über das Chefsein gelernt habe, die aber lieber im Hintergrund bleiben möchten. Vieles von dem, worüber ich geschrieben habe, habe ich implizit von Tom Pickett und Scott Sheffer gelernt, mit denen ich bei Google zusammengearbeitet habe, sowie von Alan Warren, mit dem zusammen ich Juice gegründet habe.

Last but not least gilt mein ewiger Dank Dan Pink. Er hat mir geholfen zu erkennen, dass ich da an etwas Bedeutendem dran war, und diesem Buch während einer kurzen Aufzugfahrt seinen Titel gegeben.

Alle, die mir geholfen haben, dieses Buch zu schreiben, haben mich gelehrt, dass wenn man offen für Radical Candor ist, man in diesen Momenten eine Mitmenschlichkeit und Sinnhaftigkeit erlebt, die ansonsten unscheinbar bliebe: während der Aufzugfahrt, die man tätigen muss, weil man seine Tasche vergessen hat; beim Gassigehen mit dem Hund; wenn man mit 140 Zeichen auf einen bemerkenswerten Tweet eines völlig Fremden antwortet oder wenn man nach langer Zeit wieder Kontakt mit einem alten Freund aufnimmt, um sich über eine neue Idee auszutauschen.

STICHWORTVERZEICHNIS